高等学校通识教育系列教材

计算机基础与高级办公应用
（第二版）

黄 蔚 凌 云 沈 玮 主编
熊福松 张志强 李小航 编著

清华大学出版社
北京

内 容 简 介

本书第1~4章着重介绍现代信息技术,主要让读者理解计算机软、硬件工作原理和网络与信息安全,并了解大数据、云计算、人工智能、物联网、虚拟现实技术及增强现实技术等计算机新技术;第5~8章着重介绍 Windows、Word 2016、Excel 2016 及 PowerPoint 2016 的基本使用方法。本书可帮助读者理解和掌握计算机基础理论知识,并能熟练运用办公自动化软件,为后续课程的深入学习以及将来的工作与生活奠定良好的基础。

本书可供多层次、不同专业的高等学校非计算机专业本科生使用,尤其适合文科专业的学生使用;通过合理选取内容,可以满足不同学时的教学需要,并可作为计算机等级考试一级、二级(高级 Office 应用)的参考书,也可供一般工程技术人员和对计算机技术感兴趣的读者参考。

本书封面贴有清华大学出版社防伪标签,无标签者不得销售。
版权所有,侵权必究。举报: 010-62782989,beiqinquan@tup.tsinghua.edu.cn。

图书在版编目(CIP)数据

计算机基础与高级办公应用/黄蔚,凌云,沈玮主编.—2版.—北京:清华大学出版社,2021.8(2024.9重印)
高等学校通识教育系列教材
ISBN 978-7-302-58796-5

Ⅰ.①计… Ⅱ.①黄… ②凌… ③沈… Ⅲ.①电子计算机-高等学校-教材 ②办公自动化-应用软件-高等学校-教材 Ⅳ.①TP3

中国版本图书馆 CIP 数据核字(2021)第 156478 号

责任编辑: 刘向威　常晓敏
封面设计: 文　静
责任校对: 胡伟民
责任印制: 杨　艳

出版发行: 清华大学出版社
网　　址: https://www.tup.com.cn, https://www.wqxuetang.com
地　　址: 北京清华大学学研大厦 A 座　　邮　编: 100084
社 总 机: 010-83470000　　　　　　　　邮　购: 010-62786544
投稿与读者服务: 010-62776969, c-service@tup.tsinghua.edu.cn
质量反馈: 010-62772015, zhiliang@tup.tsinghua.edu.cn
课件下载: https://www.tup.com.cn, 010-83470236

印 装 者: 三河市人民印务有限公司
经　　销: 全国新华书店
开　　本: 185mm×260mm　　印　张: 24　　字　数: 596 千字
版　　次: 2018 年 9 月第 1 版　2021 年 9 月第 2 版　　印　次: 2024 年 9 月第 10 次印刷
印　　数: 22501~25500
定　　价: 69.00 元

产品编号: 091378-01

前 言

　　计算机及相关技术的发展与应用在当今社会生活中发挥着前所未有且越来越重要的作用。计算机与人类的生活息息相关，是不可或缺的工作和生活工具。因此，计算机教育应面向社会，与时代同行。为进一步推动高等学校计算机基础教育的发展，教育部高等学校计算机科学与技术教学指导委员会发布了《关于进一步加强高等学校计算机基础教学的意见暨计算机基础课程教学基本要求（试行）》（简称白皮书）。白皮书建议各高等学校在课程设置中采用"1＋X"方案，即"大学计算机基础"课程＋若干必修或选修课程方案。

　　全书内容共分 8 章。第 1 章是计算机组成及工作原理；第 2 章是计算机软件与信息表示；第 3 章是计算机网络与信息安全；第 4 章是计算机新技术；第 5 章是 Windows 操作系统；第 6 章是文字处理软件 Word 2016；第 7 章是电子表格软件 Excel 2016；第 8 章是演示文稿软件 PowerPoint 2016。其中，第 1～3 章重点对计算机信息技术相关的基础知识做了全面介绍，属于基本原理性质的内容，讲解力求简洁、透彻；第 4 章属于技术性质的内容，只做了粗略介绍，允许初学者"知其然而不知其所以然"，将来在学习和工作中还可以进一步学习和加深理解；第 5 章介绍了 Windows 操作系统的基本用法，主要是针对计算机基础较薄弱的用户，帮助这部分用户快速掌握计算机的基本使用方法；第 6～8 章介绍了 Microsoft Office 2016 中的 3 个常用软件，包括 Word、Excel 和 PowerPoint。针对目前国内有相当一部分地区在中小学就开设信息技术类课程的现状，本书对 Office 软件的介绍进行了提升，涵盖了从基础到高级的知识。尤其是 Excel 部分，通过大量实例，介绍了办公应用中的很多实用技术。

　　本书的出版得到了苏州大学高等教育教改研究课题（5731504520）和苏州大学教材培育项目（5831503620）的资助。

　　全书由黄蔚、凌云、沈玮主编，熊福松、张志强和李小航编著，朱锋和金海东老师对本书的编写给予了很多指导性意见。此外，本书的编写也得到了苏州大学东吴学院大学计算机系全体老师的大力支持，在此表示衷心的感谢。

　　本书的编写力求做到由浅入深、层次分明、概念清晰，在选取案例时追求生动、通俗、易懂，同时涉及的知识点尽量是全面、实用且新颖的。由于编者水平有限，书中难免存在疏漏之处，敬请广大读者和同行不吝指正。

编　者

2021 年 6 月

目 录

第 1 章　计算机组成及工作原理 ··· 1

 1.1　计算机概述 ·· 1
  1.1.1　计算机发展历史 ··· 1
  1.1.2　计算机分类 ·· 3
 1.2　微电子技术 ·· 7
  1.2.1　集成电路 ·· 7
  1.2.2　摩尔定律 ·· 7
 1.3　计算机的组成与工作原理 ··· 8
  1.3.1　冯·诺依曼体系结构 ··· 8
  1.3.2　五大基本部件 ·· 9
  1.3.3　计算机的工作原理 ·· 11
 1.4　PC 的组件 ·· 13
  1.4.1　主板 ··· 14
  1.4.2　CPU ··· 19
  1.4.3　存储器 ··· 22
  1.4.4　输入输出设备 ·· 26
 习题 ·· 31
 阅读材料 1：芯片制造与光刻机 ··· 33
 阅读材料 2：未来计算机 ··· 36

第 2 章　计算机软件与信息表示 ··· 41

 2.1　软件概述 ·· 41
  2.1.1　程序与软件 ·· 41
  2.1.2　软件的分类 ·· 41
 2.2　操作系统 ·· 44
  2.2.1　操作系统概述 ·· 44
  2.2.2　操作系统的功能 ·· 46
  2.2.3　常见操作系统 ·· 55
 2.3　信息与信息表示 ·· 59
  2.3.1　信息 ··· 59

2.3.2　数制与数制转换 ·· 61
　　2.3.3　数值的编码 ·· 67
　　2.3.4　文本的编码 ·· 71
　　2.3.5　图像的编码 ·· 76
　　2.3.6　其他信息的编码 ·· 80
习题 ··· 81
阅读材料：鸿蒙操作系统 ··· 83

第3章　计算机网络与信息安全 ·· 88

3.1　通信技术 ·· 88
　　3.1.1　通信系统 ··· 88
　　3.1.2　网络传输介质 ··· 89
　　3.1.3　网络互联设备 ··· 92
　　3.1.4　数据交换技术 ··· 94
　　3.1.5　多路复用技术 ··· 97

3.2　计算机网络基础 ··· 98
　　3.2.1　计算机网络概述 ·· 98
　　3.2.2　计算机网络的组成 ··· 99
　　3.2.3　计算机网络的分类 ··· 102
　　3.2.4　计算机网络体系结构 ·· 106

3.3　局域网 ·· 112
　　3.3.1　局域网简介 ·· 112
　　3.3.2　以太网 ··· 113
　　3.3.3　无线局域网 ·· 114

3.4　Internet ··· 115
　　3.4.1　Internet简介 ··· 115
　　3.4.2　IP地址 ·· 117

3.5　信息安全 ··· 120
　　3.5.1　信息安全概述 ··· 120
　　3.5.2　数据加密技术 ··· 121
　　3.5.3　身份鉴别技术 ··· 123
　　3.5.4　防火墙 ··· 124
　　3.5.5　计算机病毒及其防治 ·· 125

习题 ··· 127
阅读材料：雪人计划 ··· 129

第4章　计算机新技术 ·· 132

4.1　云计算 ·· 132
　　4.1.1　云计算概述 ·· 132

  4.1.2 云计算的分类 ·· 134
  4.1.3 云计算的关键技术及存在的问题 ······························ 135
 4.2 人工智能 ·· 137
  4.2.1 什么是人工智能 ·· 137
  4.2.2 人工智能的研究途径 ··· 137
  4.2.3 人工智能的研究领域 ··· 138
  4.2.4 人工智能的进展 ·· 146
 4.3 物联网 ·· 147
  4.3.1 物联网概述 ·· 147
  4.3.2 物联网的关键技术 ·· 149
  4.3.3 物联网的应用 ··· 150
 4.4 虚拟现实与增强现实技术 ································· 151
  4.4.1 虚拟现实技术概述 ·· 151
  4.4.2 虚拟现实技术基础及硬件设备 ······························ 151
  4.4.3 增强现实技术概述 ·· 155
  4.4.4 虚拟现实和增强现实技术的应用 ··························· 156
 4.5 区块链技术 ·· 160
  4.5.1 区块链技术概述 ·· 160
  4.5.2 区块链的概念 ··· 160
  4.5.3 区块链的类型 ··· 160
  4.5.4 区块链的特征 ··· 161
  4.5.5 区块链的架构模型 ·· 161
  4.5.6 区块链的核心技术 ·· 162
  4.5.7 区块链的应用 ··· 163
 4.6 数字人民币 ·· 164
  4.6.1 数字人民币的概念 ·· 164
  4.6.2 数字人民币发展历史 ··· 165
  4.6.3 数字人民币的基本理念 ······································ 166
  4.6.4 数字人民币的期待作用及价值意义 ························· 167
习题 ·· 167
阅读材料1：北斗卫星导航系统 ······································ 169
阅读材料2：人工智能的应用——AlphaGo ······················ 171

第5章　Windows 操作系统 ·· 176

 5.1 Windows 操作系统简介 ·································· 176
  5.1.1 Windows 10 的配置要求 ·································· 176
  5.1.2 Windows 10 的桌面管理 ·································· 176
 5.2 文件管理 ·· 182
  5.2.1 管理文件和文件夹 ·· 183

5.2.2　查找文件和文件夹 ······ 185
　　5.2.3　改变文件和文件夹的显示方式 ······ 185
5.3　控制面板 ······ 187
　　5.3.1　系统 ······ 188
　　5.3.2　用户账户管理 ······ 188
　　5.3.3　设置 Internet 属性 ······ 191
　　5.3.4　外观和个性化 ······ 191
　　5.3.5　卸载应用程序 ······ 192
5.4　常用附件 ······ 193
　　5.4.1　记事本 ······ 193
　　5.4.2　写字板 ······ 193
　　5.4.3　画图 ······ 194
　　5.4.4　命令提示符 ······ 194
　　5.4.5　截图工具 ······ 195
5.5　Windows 管理工具 ······ 196
　　5.5.1　磁盘清理 ······ 196
　　5.5.2　磁盘碎片整理程序 ······ 196
　　5.5.3　系统信息 ······ 196
　　5.5.4　任务管理器 ······ 196
　　5.5.5　注册表编辑器 ······ 198
习题 ······ 200

第 6 章　文字处理软件 Word 2016 ······ 202

6.1　Word 2016 概述 ······ 202
　　6.1.1　文字处理软件概述 ······ 202
　　6.1.2　Word 2016 的主要功能 ······ 203
　　6.1.3　工作界面 ······ 203
6.2　文档操作 ······ 205
　　6.2.1　新建文档 ······ 205
　　6.2.2　打开文档 ······ 205
　　6.2.3　保存和关闭文档 ······ 206
　　6.2.4　合并文档 ······ 207
　　6.2.5　保护文档 ······ 207
6.3　文档内容编辑 ······ 208
　　6.3.1　输入文本 ······ 208
　　6.3.2　编辑文本 ······ 209
　　6.3.3　查找替换 ······ 211
6.4　文档格式设置 ······ 214
　　6.4.1　字符格式 ······ 214

- 6.4.2 段落格式 ... 215
- 6.4.3 边框和底纹 ... 218
- 6.4.4 分栏 ... 219
- 6.4.5 页面设置与打印输出 ... 221
- 6.4.6 其他格式 ... 222
- 6.4.7 格式的复制与清除 ... 225
- 6.5 图文混排 ... 225
  - 6.5.1 插入图片 ... 225
  - 6.5.2 设置图片格式 ... 225
  - 6.5.3 文本框 ... 228
  - 6.5.4 艺术字 ... 228
  - 6.5.5 绘制图形 ... 229
  - 6.5.6 公式 ... 230
- 6.6 表格 ... 230
  - 6.6.1 创建表格 ... 230
  - 6.6.2 编辑表格 ... 231
  - 6.6.3 修饰表格 ... 233
  - 6.6.4 表格与文字的转换 ... 234
  - 6.6.5 管理表格数据 ... 234
- 6.7 高级编排 ... 235
  - 6.7.1 样式 ... 235
  - 6.7.2 长文档编辑 ... 237
  - 6.7.3 审阅文档 ... 240
  - 6.7.4 邮件合并 ... 241
- 6.8 域 ... 242
  - 6.8.1 什么是域 ... 242
  - 6.8.2 插入域 ... 243
  - 6.8.3 域操作 ... 244
- 6.9 宏 ... 244
  - 6.9.1 什么是宏 ... 244
  - 6.9.2 "开发工具"选项卡 ... 245
  - 6.9.3 录制宏 ... 245
  - 6.9.4 管理宏 ... 247
  - 6.9.5 运行宏 ... 247
  - 6.9.6 保存宏 ... 248
  - 6.9.7 宏安全性 ... 249
- 习题 ... 249

第 7 章 电子表格软件 Excel 2016 · · · · · · 252

7.1 Excel 2016 概述 · · · · · · 252
7.1.1 基本概念 · · · · · · 252
7.1.2 主要功能 · · · · · · 252
7.1.3 界面组成 · · · · · · 253

7.2 基本操作 · · · · · · 254
7.2.1 工作表操作 · · · · · · 254
7.2.2 单元格、行、列基本操作 · · · · · · 256

7.3 输入和导入数据 · · · · · · 258
7.3.1 输入文本型数据 · · · · · · 258
7.3.2 数值型数据 · · · · · · 258
7.3.3 日期与时间型数据 · · · · · · 259
7.3.4 逻辑型数据 · · · · · · 259
7.3.5 快速输入数据 · · · · · · 259
7.3.6 导入外部数据 · · · · · · 261

7.4 编辑和整理数据 · · · · · · 263
7.4.1 数据的查找和替换 · · · · · · 263
7.4.2 操作的撤销和恢复 · · · · · · 264
7.4.3 批注的插入 · · · · · · 264

7.5 格式化工作表 · · · · · · 264
7.5.1 套用表格格式 · · · · · · 264
7.5.2 设置字体格式 · · · · · · 265
7.5.3 设置数字格式 · · · · · · 265
7.5.4 设置对齐方式 · · · · · · 266
7.5.5 设置边框和填充色 · · · · · · 267
7.5.6 设置行、列格式 · · · · · · 269
7.5.7 格式的复制和删除 · · · · · · 270

7.6 公式和函数 · · · · · · 270
7.6.1 运算符 · · · · · · 270
7.6.2 公式的使用 · · · · · · 271
7.6.3 公式中单元格的引用方式 · · · · · · 272
7.6.4 函数的使用 · · · · · · 274
7.6.5 常用函数 · · · · · · 275

7.7 图表操作 · · · · · · 276
7.7.1 插入图表 · · · · · · 277
7.7.2 图表的编辑和美化 · · · · · · 278

7.8 数据管理 · · · · · · 280
7.8.1 数据列表与记录单 · · · · · · 280

		7.8.2 数据的排序 …… 281
		7.8.3 数据的筛选 …… 283
		7.8.4 数据的分类汇总 …… 285
	7.9	打印工作表 …… 286
		7.9.1 设置页面布局 …… 286
		7.9.2 打印预览和打印 …… 288
	7.10	实用高级操作技巧 …… 288

- 7.10.1 设置数据验证 …… 288
- 7.10.2 数据的保护、共享及修订 …… 291
- 7.10.3 设置条件格式 …… 295
- 7.10.4 数学函数 …… 299
- 7.10.5 文本函数 …… 300
- 7.10.6 统计函数 …… 302
- 7.10.7 查找和引用函数 …… 305
- 7.10.8 日期和时间函数 …… 308
- 7.10.9 逻辑函数 …… 309
- 7.10.10 数据库函数 …… 310
- 7.10.11 信息函数 …… 312
- 7.10.12 合并计算 …… 313
- 7.10.13 高级排序 …… 314
- 7.10.14 高级筛选 …… 316
- 7.10.15 创建复杂图表 …… 318
- 7.10.16 数据透视表和数据透视图 …… 320
- 7.10.17 其他实用操作 …… 325

习题 …… 328

第 8 章 演示文稿软件 PowerPoint 2016 …… 332

- 8.1 PowerPoint 2016 概述 …… 332
  - 8.1.1 PowerPoint 2016 的启动与退出 …… 332
  - 8.1.2 PowerPoint 2016 的窗口与视图 …… 332
  - 8.1.3 PPT 制作的一般流程 …… 336
- 8.2 演示文稿的基本操作 …… 337
  - 8.2.1 新建演示文稿 …… 337
  - 8.2.2 操作幻灯片 …… 337
  - 8.2.3 打开、关闭和保存演示文稿 …… 339
- 8.3 编辑演示文稿 …… 339
  - 8.3.1 输入和编辑文本 …… 339
  - 8.3.2 插入图片和艺术字 …… 340
  - 8.3.3 绘制和编辑图形 …… 341

8.3.4 插入和编辑表格 342
8.3.5 制作和编辑图表 342
8.3.6 插入和编辑 SmartArt 图形 344
8.3.7 插入声音和视频 345
8.3.8 插入和编辑超链接 346
8.4 设置幻灯片外观 349
8.4.1 使用幻灯片版式 349
8.4.2 设置幻灯片背景 350
8.4.3 设置页眉和页脚 350
8.4.4 应用主题 350
8.4.5 应用幻灯片母版 352
8.5 设置动画效果 354
8.5.1 为幻灯片的对象设置动画效果 354
8.5.2 设置幻灯片切换效果 357
8.6 放映演示文稿 358
8.6.1 设置放映方式 358
8.6.2 排练计时 359
8.6.3 画笔的使用 359
8.6.4 观看放映 359
8.7 打印与打包演示文稿 360
8.7.1 打印演示文稿 360
8.7.2 打包演示文稿 360

习题 363

参考文献 365

附录 习题参考答案 366

第 1 章　计算机组成及工作原理

1.1　计算机概述

计算机是 20 世纪人类最伟大的科学技术发明之一，对人类的生产和社会生活产生了极大的影响。计算机是一种能够根据程序指令对复杂任务进行自动、高速、精确处理的电子设备。通常所说的计算机主要是指电子计算机，它在人们的日常生活中几乎无处不在、无所不能。现代电子计算机虽然只经历了短短的几十年发展过程，但是它却彻底改变了人类的生活和生产方式。

1.1.1　计算机发展历史

1946 年 2 月，美国宾夕法尼亚大学研制成了大型电子数字积分计算机（Electronic Numerical Integrator and Calculator，ENIAC），它最初专门用于火炮弹道计算，后经多次改进成为能进行各种科学计算的通用计算机，例如天气预报、原子核能、风洞试验设计等。ENIAC 是一个约 1m 宽、30.5m 长、总重量达 30t 的庞然大物，如图 1-1 所示，它每秒可以执行 5000 次加法或 400 次乘法运算，是手工计算速度的 20 万倍，只需要 3s 就可以完成此前需要 200 人手工计算两个月的弹道计算。ENIAC 是计算机发展史上的一个里程碑，也是公认的世界上第一台现代电子计算机。

图 1-1　世界上第一台现代电子计算机（ENIAC）

伴随电子技术的发展，计算机所采用的元器件经历了从电子管到晶体管，从分离元件到集成电路，再到高集成度的微处理器阶段。每一次物理元器件的变革都是一次新的突破，促使计算机性能出现新的飞跃。概括地说，自 1946 年以来，根据所采用的电子元器件不同，可以将电子计算机的发展划分为四代。

第一代——电子管计算机（1946—1959 年）。第一代计算机的逻辑器件采用电子管，如图 1-2 所示。主存储器有水银延迟线存储器、阴极射线示波管、静电存储器等类型，内存储器（简称内存）大小仅几千字节，外存储器（简称外存）使用磁带、磁鼓、纸带、卡片等。运算速度为每秒几千次至几万次。第一代计算机没有系统软件，使用机器语言和汇编语言编程。这一时期的计算机主要用于科学计算，只被运用于少数尖端领域。第一代计算机的体积庞大、运算速度慢、存储容量小、可靠性低,但它们奠定了以后计算机技术发展的基础,对计算机的发展产生了深远的影响。

第二代——晶体管计算机(1959—1964年)。第二代计算机的逻辑器件采用晶体管,如图1-3所示。主存储器均采用磁心存储器,内存容量扩大到几万字节,磁鼓和磁盘开始用作主要的辅助存储器,利用I/O(输入/输出)处理机进行输入输出处理。运算速度明显提高,每秒可以执行几万次到几十万次的加法运算。计算机中出现了操作系统,配置了子程序库和批处理管理程序,还出现了高级语言,如Fortran、COBOL、ALGOL等。计算机不仅继续大量用于科学计算,还被用于数据处理和工业过程控制。中小型计算机开始大量生产并逐渐被工商企业用于商务处理。与第一代计算机相比,第二代计算机的晶体管体积小、寿命长、发热小、功耗低、价格便宜,使得计算机电子线路的结构大有改观,存储容量大为增加,运算速度也得到大幅提高。

图1-2 电子管　　　图1-3 晶体管　　　图1-4 中小规模集成电路

第三代——中小规模集成电路计算机(1964—1970年)。第三代计算机的逻辑器件采用中小规模集成电路,如图1-4所示。与晶体管电路相比,集成电路计算机的体积、重量、功耗都进一步减小,运算速度、逻辑运算功能和可靠性进一步提高。半导体存储器逐步取代了磁心存储器的主存储器地位,内存容量大幅度提高,磁盘成了不可缺少的辅助存储器,并且开始普遍采用虚拟存储技术。运算速度达到每秒几百万次。操作系统软件在规模和功能上发展很快,功能日趋成熟和完善;软件技术进一步提高,提出了结构化、模块化的程序设计思想,出现了结构化的程序设计语言Pascal;软件开始形成产业,出现了大量面向用户的应用程序。第三代计算机的应用进入了更多的科学技术领域和工业生产领域。

图1-5 大规模及超大规模集成电路

第四代——大规模及超大规模集成电路计算机(1970年至今)。20世纪70年代以来,集成电路的集成度迅速从中、小规模发展到大规模、超大规模的水平,如图1-5所示。微处理器和微型计算机应运而生,各类计算机的性能迅速提高。金属氧化物半导体电路(Metal Oxide

Silicon,MOS)的出现,使计算机的主存储器由半导体存储器完全替代了服役达20年之久的磁心存储器,主存储器的功能和可靠性进一步提高,存储容量向百兆字节、千兆字节发展;外存储器除了硬盘外,还出现了光盘。运算速度向每秒十万亿次、百万亿次及更高速度发展。这个时期,操作系统不断地完善,应用软件成为现代工业中的一个重要产业,计算机的发展进入到网络时代。

计算机在提高性能、降低成本、普及和深化应用等方面的发展仍在继续,节奏进一步加快,学术界和工业界不再沿用"第 X 代计算机"的说法。人们正在研究开发的计算机系统,主要着力于智能化,它以知识处理为核心,可以模拟或部分替代人的智能活动,具有自然的人机通信能力。当然,这是一个需要持续努力才能逐步实现的目标。

1.1.2 计算机分类

计算机及相关技术的迅速发展带动计算机的类型也不断分化,形成了各种不同种类的计算机。计算机按结构原理可分为模拟计算机、数字计算机和混合式计算机;按用途可分为专用计算机和通用计算机。较为普遍的一种分法是按照计算机的运算速度、字长、存储容量等综合性能指标,将计算机分为巨型机、大型机、小型机、微型机和嵌入式计算机等。

1. 巨型机

巨型机是一种超大型电子计算机,具有很强的计算和处理数据的能力,其主要特点表现为高速度和大容量,配有多种外部设备及丰富的、高性能的软件系统,如图1-6所示。巨型机实际上是一个巨大的计算机系统,主要用来承担重大的科学研究、国防尖端技术和国民经济领域的大型计算课题及数据处理任务。例如,大范围天气预报,卫星照片整理,原子核物理探索,洲际导弹、宇宙飞船研究等。

目前,我国最快的超级计算机"神威太湖之光"安装在无锡国家超级计算中心。线性系统软件包基准测试测得其运行速度达到每秒93千万亿次浮点运算。"神威太湖之光"拥有10 649 600个计算核心,包括40 960个节点,速度是"天河二号"的2倍,效率是其3倍。

2. 大型机

大型机也称为大型主机。大型机使用专用的处理器指令集、操作系统和应用软件。大型机最初是指装在非常大的带框铁盒子里的大型计算机系统,以用来与小一些的迷你机和微型机相区别,如图1-7所示。

图1-6 巨型机

图1-7 大型机

大型机和巨型机的主要区别如下。

（1）大型机使用专用的指令系统和操作系统，巨型机使用通用处理器及 UNIX 或类 UNIX 操作系统（如 Linux）。

（2）大型机擅长非数值计算（数据处理），巨型机擅长数值计算（科学计算）。

（3）大型机主要用于商业领域，如银行和电信，而巨型机用于尖端科学领域，特别是国防领域。

（4）大型机大量使用冗余等技术确保其安全性及稳定性，所以内部结构通常有两套，而巨型机使用大量处理器，通常由多个机柜组成。

（5）为了确保兼容性，大型机的部分技术较为保守。

3. 小型机

小型机是指采用精简指令集处理器，性能和价格介于 PC 服务器和大型机之间的一种高性能计算机，如图 1-8 所示。在中国，小型机习惯上是指 UNIX 服务器。

图 1-8　小型机

UNIX 服务器具有区别于 x86 服务器和大型机的特有体系结构，基本上各厂家的 UNIX 服务器均使用自家 UNIX 版本的操作系统和专属处理器。使用小型机的用户一般看中的是 UNIX 操作系统和专用服务器的安全性、可靠性、纵向扩展性以及高并发访问下的出色处理能力。

现在生产 UNIX 服务器的厂商主要有 IBM、HP、浪潮、富士通和甲骨文（收购了 SUN 公司）。典型机器如 IBM 曾经生产的 RS/6000、HP 的 Superdome、浪潮公司的天梭 K1950 等。

4. 微型机

微型机又称微型计算机、微机、微电脑。微型机是由大规模集成电路组成的体积较小的电子计算机。它是以微处理器为基础，配以内存储器及输入输出接口电路和相应的辅助电路而构成的裸机。

微型机的特点是体积小、灵活性大、价格便宜、使用方便。自 1981 年美国 IBM 公司推出第一代微型机 IBM-PC 以来，微型机以其执行结果精确、处理速度快、性价比高、轻便小巧等特点迅速进入社会各个领域，且技术不断更新，产品快速换代，从单纯的计算工具发展成为能够处理数字、符号、文字、语言、图形、图像、音频、视频等多种信息的强大多媒体工具。如今的微型机产品无论从运算速度、多媒体功能、软硬件支持还是易用性等方面都比早期产品有了很大飞跃。

微型机主要包括台式机、电脑一体机、笔记本电脑、平板电脑和智能手机等。

1）台式机

台式机也称桌面机,是一种主机、显示器等设备相对独立的计算机,相较于笔记本电脑,其体积较大,一般需要放置在电脑桌或者专门的工作台上,因此命名为台式机。台式机的性能相对来说比笔记本电脑强。

台式机一般具有如下特点。

(1) 散热性。台式机具有笔记本电脑所无法比拟的优点,台式机的机箱因空间大、通风条件好等因素而一直被人们广泛使用。

(2) 扩展性。台式机的机箱方便用户进行硬件升级,如台式机机箱的硬盘驱动器插槽是 4~5 个,非常方便日后的硬件升级。

(3) 保护性。台式机全方位保护硬件不受灰尘的侵害。

(4) 明确性。台式机机箱的开、关键,重启键,USB 接口,音频接口都在机箱前置面板上,使用方便。

2）电脑一体机

电脑一体机是由一台显示器、一个键盘和一个鼠标组成的计算机,如图 1-9 所示。它的芯片、主板与显示器集成在一起,显示器就是一台计算机,因此只要将键盘和鼠标连接到显示器上,机器就能使用。随着无线技术的发展,电脑一体机的键盘、鼠标与显示器可实现无线连接,机器只有一根电源线。这就解决了一直为人诟病的台式机线缆多而杂的问题。有的电脑一体机还具有电视接收、AV 功能。

3）笔记本电脑

笔记本电脑也称手提电脑或膝上型电脑,是一种小型、可携带的个人电脑,通常重 1~3kg。它和台式机架构类似,但是笔记本电脑提供了更好的便携性,如图 1-10 所示。

图 1-9 电脑一体机

图 1-10 笔记本电脑

笔记本电脑大体上可以分为 6 类:商务型、时尚型、多媒体应用型、上网型、学习型、特殊用途型。商务型笔记本电脑一般移动性强、电池续航时间长、商务软件多;时尚型笔记本电脑外观时尚,主要针对时尚女性;多媒体应用型笔记本电脑则有较强的图形、图像处理能力和多媒体能力,尤其是播放能力,为享受型产品;上网型笔记本电脑即上网本,轻便、配置低,具备上网、收发邮件以及即时信息(IM)等功能,可以实现流畅播放流媒体和音乐;学习型笔记本电脑机身设计为笔记本外形,全面整合学习机、电子词典、复读机、学生计算机等多种机器功能;特殊用途型笔记本电脑服务于专业人士,可以在酷暑、严寒、低气压、战争等恶劣环境下使用,如奥运会前期在"华硕珠峰大本营 IT 服务区"使用的华硕笔记本电脑。

4）平板电脑

平板电脑是一款无须翻盖、没有键盘、大小不等、形状各异但功能完整的计算机。其构成组件与笔记本电脑基本相同，但它是利用触控笔或数字笔在屏幕上书写，而不是使用键盘和鼠标输入，并且打破了笔记本电脑键盘与屏幕垂直的 L 型设计模式，如图 1-11 所示。它除了拥有笔记本电脑的所有功能外，还支持手写输入或语音输入，移动性和便携性更胜一筹。

5）智能手机

智能手机是由掌上电脑演变而来的。最早的掌上电脑并不具备手机通话功能，但是随着用户对掌上电脑的个人信息处理方面功能的依赖，厂商将掌上电脑的系统移植到手机中，于是出现了智能手机。智能手机比传统手机具有更多的综合性处理能力。

智能手机同传统手机的外观和操作方式类似，但是传统手机使用的都是生产厂商自行开发的封闭式操作系统，所实现的功能非常有限，不具备智能手机的扩展性。智能手机可以像计算机那样随意安装和卸载应用软件，具有独立的操作系统、独立的运行空间，用户可以自行安装软件、游戏、导航等第三方服务商提供的程序，并可以通过移动通信网络来实现无线网络接入，如图 1-12 所示。

图 1-11　平板电脑

图 1-12　智能手机

智能手机作为一种新型的移动终端，也可以归入微型机一类。但是，由于手机要求体积非常小，便于携带，因此它与普通计算机在硬件设计上有很大的不同。

5. 嵌入式计算机

嵌入式技术是针对某个特定的应用，比如针对网络、通信、音频、视频、工业控制等的"专用"计算机技术。嵌入式计算机一般由嵌入式微处理器、外围硬件设备、嵌入式操作系统以及用户的应用程序 4 部分组成，如图 1-13 所示。

图 1-13　嵌入式计算机

嵌入式计算机在应用数量上远远超过了各种通用计算机,制造工业、过程控制、通信、仪器、仪表、汽车、船舶、航空、航天、军事装备、消费类产品等均是嵌入式计算机的应用领域。

1.2 微电子技术

1.2.1 集成电路

集成电路(Integrated Circuit,IC)又称微电路(Microcircuit)、微芯片(Microchip)、芯片(Chip),是把一定数量的常用电子元件,如电阻、电容、晶体管等,以及这些元件之间的连线,通过半导体工艺集成在一起的具有特定功能的电路。

单块芯片上所容纳的元件数目称为集成度。一般来说,集成度越高,性能越强大。集成电路按集成度高低可分为如下6种。

(1) 小规模集成电路(Small Scale Integrated circuits,SSI):集成度<100。

(2) 中规模集成电路(Medium Scale Integrated circuits,MSI):100<集成度<1000。

(3) 大规模集成电路(Large Scale Integrated circuits,LSI):1000<集成度<10万。

(4) 超大规模集成电路(Very Large Scale Integrated circuits,VLSI):10万<集成度<100万。

(5) 特大规模集成电路(Ultra Large Scale Integrated circuits,ULSI):100万<集成度<1亿。

(6) 极大规模集成电路(Giga Scale Integration circuits,GSI):集成度>1亿。

不过需要注意的是,对于超大规模以上的集成电路,有时候人们不那么严格地区分超大、特大和极大规模,而是笼统地称为超大规模集成电路。

第四代计算机中的主要部件几乎都和集成电路有关,如 CPU、显卡、主板、内存、声卡、网卡、光驱等,并且最新技术把越来越多的元件集成到一块集成电路板上,使计算机拥有了更多功能,在此基础上产生了许多新型计算机,如掌上电脑、指纹识别计算机、声控计算机等。

集成电路在通信中的应用也非常广泛,如通信卫星、手机、雷达等,我国自主研发的北斗导航系统就是其中典型的一例。北斗导航系统是我国具有自主知识产权的卫星定位系统,与美国GPS、俄罗斯格洛纳斯、欧盟伽利略系统并称为全球四大卫星导航系统。它的成功研究,打破了卫星定位导航应用市场由美国GPS垄断的局面。

除此之外,集成电路技术在日常生活中的其他各个领域都有广泛应用。如在汽车上,微控制器、功率半导体器件、电源管理器件、LED驱动器等汽车集成电路器件的应用使得汽车能够处于最佳工作状态;再如在热能动力工程领域中的应用,最简单的莫过于温控计,当然,火电厂中的信息管理系统也离不开集成电路技术。总之,集成电路技术的发展使人们的生活越来越美好,越来越便利。

1.2.2 摩尔定律

摩尔定律是由Intel(英特尔)创始人之一戈登·摩尔(Gordon Moore)提出来的。其内容为:当价格不变时,集成电路上可容纳的元器件的数目每隔18～24个月便会增加一倍,性能也将提升一倍。这种指数级的增长,促使20世纪70年代的大型家庭计算机转化成20

世纪 80 年代或 20 世纪 90 年代更先进的机器，然后又孕育出了高速度的互联网、智能手机，以及现在的车联网、智能冰箱和自动调温器等。

可以说摩尔定律是整个计算机行业最重要的定律，它其实是一个预言，这个看起来自然而然的进程，实际很大程度上也是人类有意控制的结果。芯片制造商有意按照摩尔定律预测的轨迹发展，软件开发商的新软件产品也日益挑战现有设备的芯片处理能力，消费者需要更新、配置更高的设备，设备制造商赶忙去生产可以满足处理要求的下一代芯片……

20 世纪 90 年代以来，半导体行业每两年就会发布一份行业研发规划蓝图，协调成百上千家芯片制造商、供应商跟着摩尔定律走。这份规划蓝图使整个计算机行业跟着摩尔定律按部就班地发展。

但是现在，这种发展轨迹可能要告一段落了。由于同样小的空间里集成越来越多的硅电路，产生的热量也越来越大，这种原本两年处理能力加倍的速度已经慢慢下滑。此外，还逐渐出现了更多、更大的问题。5 nm 工艺是硅芯片的一个技术分水岭，因为电子的行为受限于量子的不确定性，晶体管将变得不可靠，并且芯片制造的核心设备光刻机需要从深紫外光(Deep Ultraviolet Light，DUV)技术向极紫外光(Extreme Ultraviolet Light，EUV)技术发展，目前全球仅有荷兰 ASML 掌握该项技术。EUV 光刻机是一种高尖端的机器，里面有 80 000 多个精密零部件，许多零件非常复杂，甚至有些关键部件在全球就只有一两家公司能够制造。虽然中国有着强大的制造业，且模仿能力超强，但是国内配套零部件的生产在短期内还无法追上，技术经验和人才储备更是远远不足，这些成为了我国芯片制造发展的阻碍。但是中国对芯片半导体的自主突击已经开始，中国的技术实力比当初要强得多，全面突破只是时间问题。

1.3 计算机的组成与工作原理

1.3.1 冯·诺依曼体系结构

冯·诺依曼(1912—1957 年)，布达佩斯大学数学博士，美籍匈牙利数学家，在 ENIAC 的研制中期，冯·诺依曼参与了原子弹的研制工作，他带着原子弹研制过程中遇到的大量计算问题加入到计算机的研制工作中。

ENIAC 是世界上第一台电子计算机，但是 ENIAC 有两个致命的缺陷：一是采用十进制运算，逻辑元件多，结构复杂，可靠性低；二是没有内部存储器，操纵运算的指令分散存储在许多电路部件内，这些运算部件如同一副积木，解题时必须像搭积木一样用人工把大量运算部件搭配成各种解题的布局，每算一题都要搭配一次，非常麻烦且费时。

1945 年 6 月底，冯·诺依曼执笔写出了 EDVAC 计划草案，提出了在计算机中采用二进制算法和设置内存储器的理论，并明确规定了电子计算机必须由运算器、控制器、存储器、输入设备和输出设备等五大部分组成的基本结构形式。他认为，计算机采用二进制算法和内存储器后，指令和数据便可以一起存放在存储器中，可以使计算机的结构大大简化，并且为实现运算控制自动化和提高运算速度提供良好的条件。

EDVAC(见图 1-14)于 1952 年建成，它的运算速度与 ENIAC 相似，而使用的电子管却只有 5 900 多个，比 ENIAC 少得多。EDVAC 的诞生，使计算机技术出现了一个新的飞跃。

EDVAC 是世界上第一台采用冯·诺依曼体系结构的通用计算机,它奠定了现代电子计算机的基本结构,标志着电子计算机时代的真正开始。

图 1-14　第一台通用计算机 EDVAC

从第一台通用计算机诞生到今天已经过去将近 70 年,计算机的技术与性能也都发生了巨大的变化,但整个主流体系结构依然是冯·诺依曼体系结构。由于冯·诺依曼对现代计算机技术的突出贡献,因此他被称为"计算机之父"。

冯·诺依曼的主要贡献是提出了"存储程序控制"的工作原理。该思想的要点是:程序由二进制指令构成,所有指令都是以操作码和地址码的形式存放在存储器中,以运算器和控制器为中心,顺序执行指令所规定的操作。冯·诺依曼设计思想可以简要地概括为以下 4 点。

(1) 计算机应包括运算器、存储器、控制器 3 个核心部件,以及输入设备和输出设备。输入设备负责把人工编制的指令以及需要处理的数据输入到存储器中;输出设备负责把存储器里的计算结果输出(显示)。

(2) 计算机的数制采用二进制。

(3) 程序的每条指令一般具有一个操作码和一个地址码。操作码表示运算性质,如加法或者除法;地址码指出操作数在存储器中的位置。

(4) 将编好的程序和原始数据送入存储器,然后启动计算机工作。计算机可以在不需要操作人员干预的情况下,自动逐条取出指令和执行指令,并最终完成整个任务。

1.3.2　五大基本部件

冯·诺依曼机的硬件系统主要由五大基本部件组成:运算器、控制器、存储器、输入设备和输出设备。这五大部件通过系统总线完成指令所传达的操作,当计算机接受指令后,由控制器指挥,将数据从输入设备传送到存储器中存放,再由控制器将需要参加运算的数据传送到运算器中,由运算器进行处理,处理后的结果由输出设备输出。下面简要介绍计算机的五大基本部件。

1. 运算器

运算器又称算术逻辑单元(Arithmetic Logic Unit,ALU)。运算器的主要任务是执行各种算术运算和逻辑运算。算术运算是指各种数值运算,如加、减、乘、除等。逻辑运算是进行逻辑判断的非数值运算,如与、或、非、比较、移位等。计算机所完成的全部运算都是在运算器中进行的。根据指令规定的寻址方式,运算器从存储器或寄存器中取得操作数,进行计算后,送回到指令所指定的寄存器中。运算器的核心部件是加法器和若干寄存器,加法器用于运算,寄存器用于存储参加运算的各种数据以及运算后的结果。

2. 控制器

控制器是对输入的指令进行分析,并统一控制计算机的各个部分完成一定任务的部件。它一般由指令寄存器、状态寄存器、指令译码器、时序电路和控制电路组成。计算机的工作方式是执行程序,程序就是为完成某一任务所编制的特定的指令序列,各种指令按一定的时间关系有序安排,控制器产生各种最基本的不可再分的微操作的命令信号,即微命令,以指挥整个计算机有条不紊地工作。当计算机执行程序时,控制器首先从程序计数器中取得指令的地址,并将下一条指令的地址存入程序计数器中,然后从存储器中取出指令,由指令译码器对指令进行译码后产生控制信号,用以驱动相应的硬件完成指令操作。简而言之,控制器就是协调指挥计算机各部分工作的部件,它的基本任务就是根据指令的要求,综合有关逻辑条件与时间条件产生相应的微命令。

运算器和控制器是计算机的核心部件,现代计算机通常把运算器、控制器和若干寄存器集中在一块芯片上,这块芯片称为中央处理器(CPU)。微型计算机的 CPU 又称为微处理器。计算机以 CPU 为中心,输入设备和输出设备与存储器之间的数据传输和处理都通过 CPU 来控制执行。

3. 存储器

存储器由大量的记忆单元组成,记忆单元是一种具有两个稳定状态的物理器件,可用来表示二进制的 0 和 1,这种物理器件一般由半导体器件或磁性材料等构成。存储器分为内存储器(简称内存或主存)、外存储器(简称外存或辅存)和缓冲存储器(简称缓存)。

内存储器一般由半导体存储器构成,通常装在主板上,主要用来存放计算机正在执行的或经常使用的程序和数据。CPU 可以直接访问内存储器,执行程序时就是从内存储器中读取指令,并且在内存储器中存取数据的。内存储器的特点是存取速度快,但容量有限,大小受到地址总线位数的限制。

外存储器用来存放不经常使用的程序和数据,CPU 不能直接访问它。外存储器属于计算机的外围设备,是为弥补内存储器容量不足而配置的。它的特点是容量大,成本低,但存取速度慢,通常使用 DMA(Direct Memory Access)技术和 IOP(I/O Processor)技术来实现内存储器和外存储器之间的数据直接传送。

缓冲存储器位于内存储器与 CPU 之间,其存取速度非常快,但存储容量更小,一般用来解决存取速度与存储容量之间的矛盾,以提高整个系统的运行速度。

在现代计算机中,存储系统是一个具有不同容量、不同访问速度的存储设备的层次结构。整个存储系统包括 CPU 寄存器、缓冲存储器(内部 Cache 和外部 Cache)、内存储器和外存储器(辅助存储器和大容量辅助存储器),如图 1-15 所示。在存储系统的层次结构中,层次越高,速度越快,但是价格越高;而层次越低,速度越慢,同时价格越低,这样就能实现在性能和价格之间的一个很好的平衡。

4. 输入设备

输入设备用来接受用户输入的原始数据和程序,并将它们转换为计算机能识别的二进制信息存入内存储器中。常用的输入设备有键盘、鼠标、扫描仪、光笔等。

图 1-15 存储系统的层次结构

5. 输出设备

输出设备用于将内存储器中的由计算机处理的结果转变为人们能接受的形式输出。常用的输出设备有显示器、打印机、绘图仪等。

1.3.3 计算机的工作原理

1. 计算机基本工作原理

计算机的基本工作原理是存储程序和程序控制。程序与数据都存储在内存储器中，CPU 按照程序编排的顺序，一步一步地取出指令，自动完成指令规定的操作，这是计算机的基本工作原理，如图 1-16 所示。

图 1-16 计算机的基本工作原理

具体描述如下。

（1）将程序和原始数据通过输入设备送入存储器。

（2）启动运行后，计算机从存储器中取出程序指令送到控制器去识别，分析该指令要做什么事情。

（3）控制器根据指令的含义发出相应的命令（如加法、减法），将存储单元中存放的操作数据取出送往运算器进行运算，再把运算结果送回指定的存储器单元。

（4）当运算任务完成后，就可以根据指令将结果通过输出设备输出。

因此，计算机的工作过程实际上就是快速地执行指令的过程。指令执行时，必须先装入计算机内存储器，CPU 负责从内存储器中逐条取出指令，并对指令分析译码，判断该条指令要完成的操作,向各部件发出完成操作的控制信号,从而完成一条指令的执行。总之,计算机的基本工作过程就是不断地重复取指令、分析指令及取数、执行指令,如此周而复始,直到遇到停机指令或外来事件的干预为止。

在计算机执行指令过程中有两种信息在流动:数据流和控制流。数据流包括原始数据、中间结果、结果数据和源程序等,这些信息从存储器读入运算器进行运算,所得的计算结果再存入存储器或传送到输出设备。控制流是由控制器对指令进行分析、解释后向各部件发出的控制命令,指挥各部件协调地工作。

2. 指令及指令系统

计算机工作的过程就是执行程序的过程。为了解决某一问题,程序设计人员将一条条指令进行有序排列,只要在计算机上执行这一指令序列,便可完成预定的任务。因此,程序是一系列有序指令的集合,计算机执行程序就是执行这一系列的有序指令。

指令是一种能被计算机识别并执行的二进制代码,它规定了计算机能完成的某一种操作。一条指令通常由操作码和操作数两部分组成。

(1) 操作码:指明该指令要完成的操作类型或性质,如加、减、取数或输出数据等。

(2) 操作数:指明操作对象的内容或所在的单元地址,大多数情况下操作数是地址码。

通常一台计算机有许多条作用不同的指令,所有指令的集合称为该计算机的指令系统。一般来说,无论是哪一种类型的计算机,都具有表 1-1 所示的常用指令。

表 1-1 常用指令

指　　令	说　　明
数据传送型指令	实现主存和寄存器之间,或寄存器和寄存器之间的数据传送
数据处理型指令	用于定点数或浮点数的算术运算和逻辑运算
程序控制型指令	用于控制程序的流向
输入输出型指令	用于主机与外设之间交换信息
其他指令	除以上各类指令外较少被用到的一些指令,包括字符串操作指令、堆栈指令、停机指令等

不同种类的计算机,其指令系统的指令数目与格式也不相同。CPU 的指令系统反映了计算机对数据进行处理的能力。由于每种 CPU 都有自己独特的指令系统,因此在某一类计算机上可以执行的机器语言程序难以在其他不同类型的计算机上使用,这是由于不同类型的 CPU 采用的指令相互不兼容。

通常,同一个 CPU 生产厂家在开发新的 CPU 产品时,既会设计增加一些高效的新指令,又同时"向下兼容",使新的处理器可以正确执行老处理器中的所有指令。"向下兼容"的开发方式使用户在升级计算机硬件的时候不必担心原有的软件会被作废,但这也使得采用"向下兼容"方式开发的 CPU 指令系统越来越庞大和越来越复杂。

根据指令系统设计架构的不同,产生了复杂指令系统计算机(Complex Instruction Set Computer,CISC)和精简指令系统计算机(Reduced Instruction Set Computer,RISC)。

3. 指令的执行过程

按照存储程序的原理,计算机在执行程序时必须先将要执行的相关程序和数据放入内存储器中,在执行程序时 CPU 根据当前程序指令寄存器的内容取出指令并执行指令,然后再取出下一条指令并执行,如此循环下去直到程序结束指令发出时才停止执行。整个工作过程就是不断地取指令和执行指令,最后将计算的结果放入指令指定的存储器地址中。指令执行过程中所涉及的部件主要有程序计数器、指令寄存器、指令译码器、通用寄存器和运算器等,如图 1-17 所示。

图 1-17 与指令执行有关的 CPU 部件

一条指令的执行过程按时间顺序可分为以下几个步骤。

(1) 取指令。当某个程序开始执行时,控制器根据程序计数器中的内容,向内存储器的相应存储单元发出取指令请求,内存储器将相应存储单元的指令通过总线送到指令寄存器中。

(2) 分析指令及取操作数。取出指令后,机器立即进入分析指令及取操作数阶段,指令译码器可识别和区分不同的指令类型及各种获取操作数的方法。指令译码器根据指令的内容分析出对应的操作类型,并产生相应的控制电信号。如果当前指令中的操作数需要从通用寄存器或内存储器获取,则控制器将先向相关部件发送"读数据"的请求,取到操作数后,再向相关部件发送完成指令操作相关的控制电信号。由于各种指令功能不同,寻址方式也不同,所以分析指令及取操作数阶段的操作是不同的,甚至会有很大的区别。

(3) 执行指令。由控制器发出完成该操作所需要的一系列控制信息,相关部件根据控制信号,完成当前指令所要求的操作。

(4) 写回数据及转下条指令。当前指令操作完成后,可能会有运算结果。控制器根据指令中操作结果的存放位置(通用寄存器或内存储器),向相关部件发送"写数据"的请求,写回结果数据。一条指令执行完毕后,程序计数器加 1 或将转移地址码送入程序计数器,然后回到步骤(1),开始执行下一条指令。

1.4 PC 的组件

以人们经常使用的台式机为例,简单地从外观上看,其硬件包括两部分:主机系统和外围设备(简称外设)。主机是指安装在 PC 机箱内部的一个整体,包括主板、硬盘、光驱、电源和风扇等。主板上安装了 CPU、内存、总线和 I/O 控制器等。

1.4.1 主板

主板(Motherboard 或 Mainboard)又称主机板、系统板、逻辑板、母板或底板等,是构成复杂电子系统(例如电子计算机)的中心或者主电路板。

1. 主板概述

主板安装在机箱内,是微型机的最基本也是最重要的部件之一。主板的性能影响着整个微型机系统的性能,在整个微型机系统中扮演着举足轻重的角色。可以说,主板的类型和档次决定着整个微型机系统的类型和档次。

主板一般为矩形电路板,能提供一系列接合点,供处理器、显卡、声卡、硬盘、存储器、外围设备等部件连接,如图 1-18 所示。

图 1-18　主板

主板采用开放式结构,一般提供 6~15 个扩展插槽,供 PC 外围设备的控制卡(适配器)插接。通过更换这些插卡,可以对微型机的相应子系统进行局部升级,使厂家和用户在配置机型方面有更大的灵活性。

2. 主板的重要芯片

主板功能的实现,很大程度上依赖于主板上各类芯片的作用。面对主板上密密麻麻的芯片时,大家经常会感到一阵阵的疑惑。这些芯片都是用来干什么的?彼此之间有什么区别?

1) 芯片组

芯片组(Chipset)是主板的核心组成部分,几乎决定了这块主板的功能,进而影响整个计算机系统性能的发挥。芯片组性能的优劣,决定了主板性能的好坏与级别的高低。芯片组通常由北桥芯片和南桥芯片组成,也有些以单片设计,增强其性能。

北桥芯片又称为主桥(Host Bridge),在计算机中起着主导作用。一般来说,芯片组的名称是以北桥芯片的名称来命名的。北桥芯片负责与CPU联系并控制内存储器、PCI-E数据在北桥内部传输,提供对CPU的类型和主频、系统的前端总线频率、内存储器的类型和最大容量、AGP/PCI-E插槽、ECC纠错等支持,整合型芯片组的北桥芯片还集成了显示核心。

北桥芯片是主板上离CPU最近的芯片,这主要是考虑到北桥芯片与处理器之间的通信最密切,为了提高通信性能而缩短传输距离。北桥芯片的数据处理量非常大,发热量也越来越大,因此北桥芯片都覆盖着散热片,有些主板的北桥芯片还配合风扇进行散热。

南桥芯片负责I/O总线之间的通信,如PCI总线、USB、LAN、ATA总线、SATA、音频控制器、键盘控制器、实时时钟控制器、高级电源管理等,相对来说这些技术一般比较稳定,所以不同芯片组中南桥芯片可能是一样的,不同的只是北桥芯片。

南桥芯片一般位于主板上离CPU插槽较远的下方、PCI插槽的附近,这种布局是考虑到它所连接的I/O总线较多,离处理器远一点有利于布线。相对于北桥芯片来说,其数据处理量并不算大,所以南桥芯片一般都没有覆盖散热片。南桥芯片不与处理器直接相连,而是通过一定的方式与北桥芯片相连,如图1-19所示。

图1-19 芯片组连接示意图

2) BIOS芯片

BIOS(Basic Input Output System,基本输入输出系统)芯片是主板上一块长方形或正方形芯片,一般是一块32针的双列直插式集成电路,上面印有BIOS字样。既然BIOS称为系统,那它就不只是一个简单的软件或一个硬件设备,而是软硬件结合在一起,把一组重要程序固化在主板上的一个ROM芯片中,人们把这种硬件化的软件称为固件。

早期BIOS使用的ROM都是在工厂里用特殊的方法把内容烧录进去的,用户只能读取而不能修改其中的内容。从奔腾机时代开始,主板一般都使用Flash ROM作为BIOS的存储芯片,能通过特定的写入程序实现BIOS的升级。BIOS中主要包括4种程序。

(1) 加电自检程序。计算机接通电源后,系统将有一个对内部各个设备进行检查的过程,这是由一个称为POST(Power On Self Test)的程序来完成的。完整的POST自检包括CPU、640 KB基本内存、1 MB以上的扩展内存、ROM、主板、CMOS存储器、串并口、显示卡、软硬盘子系统及键盘测试。POST 自检中若发现问题，系统将给出提示信息或蜂鸣警告。

（2）系统启动自检程序。当系统完成 POST 自检后，ROM BIOS 就按照系统 CMOS 设置中保存的启动顺序搜索软硬盘驱动器及 CD-ROM、U 盘、网络服务器等有效的启动驱动器，读入操作系统引导记录，然后将系统控制权交给引导记录，并由引导记录来完成系统的顺序启动。

（3）CMOS 设置程序。CMOS 设置程序只在开机时才可以进行设置。一般在计算机启动时按 F2 键或者 Delete 键进入设置，一些特殊机型按 F1、Esc、F12 等键进行设置。CMOS 设置程序主要对计算机的基本输入输出系统进行管理和设置，使系统运行在最好状态下。使用 CMOS 设置程序还可以排除系统故障或者诊断系统问题。

（4）主要 I/O 设备的驱动程序和中断服务程序。操作系统对软硬盘、光驱与键盘、显示器等外围设备的管理在 BIOS 的基础之上建立。基本输入输出的程序决定了主板是否支持某种 I/O 设备，如果 BIOS 中不包含某种 I/O 设备的驱动程序，则系统不支持此 I/O 设备。BIOS 中断服务程序是计算机系统软硬件之间的一个可编程接口，用于程序软件功能与计算机硬件实现的衔接。程序员可以通过对 INT 5、INT 13 等中断的访问直接调用 BIOS 中断服务程序。

3）CMOS 芯片

CMOS（Complementary Metal Oxide Semiconductor，互补金属氧化物半导体）是主板上一块可读写的 RAM 芯片，主要用来存放 BIOS 中的设置信息以及系统时间和日期。如果 CMOS 数据损坏，则计算机将无法正常工作。为了确保 CMOS 数据不被损坏，主板厂商都在主板上设置了开关跳线，一般默认为关闭。当要对 CMOS 数据进行更新时，可将它设置为可改写。为了使计算机不丢失 CMOS 和系统时钟信息，在 CMOS 芯片的附近有一个电池给它持续供电。

3. 总线和 I/O 接口

1）总线

总线（Bus）是计算机各种功能部件之间传送信息的公共通信干线，它是由导线组成的传输线束。按照计算机所传输的信息种类，计算机的总线可以划分为数据总线、地址总线和控制总线，分别用来传输数据信号、地址信号和控制信号。

总线是一种内部结构，是 CPU、内存、输入输出设备传递信息的公用通道，主机的各个部件通过总线相连接，外围设备通过相应的接口电路再与总线连接，从而形成了计算机的硬件系统。微型机是以总线结构来连接各个功能部件的，如图 1-20 所示。

图 1-20　微型机总线结构

总线的主要技术指标有 3 个：总线位宽、总线工作频率和总线带宽。

（1）总线位宽。总线位宽是指总线能够传送的二进制数据的位数。例如，32 位总线、64 位总线等。总线位宽越宽，数据传输率越大，总线带宽越宽。

（2）总线工作频率。总线工作频率以 MHz 为单位，总线工作频率越高，总线工作速度越快，总线带宽越宽。

（3）总线带宽。总线带宽是指单位时间内总线上传送的数据量，反映了总线数据传送速率。总线带宽、总线位宽和总线工作频率之间的关系如下：

$$总线带宽＝总线工作频率×总线位宽×传输次数/8$$

其中，传输次数是指每个时钟周期的数据传输次数，一般为 1。

为了提高计算机的可拓展性，以及部件及设备的通用性，除了片内总线外，各个部件或设备都采用标准化的形式连接到总线上，并按标准化的方式实现总线上的信息传输。而总线的这些标准化的连接形式及操作方式，统称为总线标准。常用的总线标准有 PCI 总线和 PCI-E 总线。

① PCI 总线。PCI(Peripheral Component Interconnect)总线是一种同步的独立于处理器的 32 位或 64 位局部总线，是一种局部并行总线标准。

PCI 总线可在主板上和其他系统总线（如 ISA、EISA 或 MCA）相连接，系统中的高速设备挂接在 PCI 总线上，而低速设备仍然通过 ISA、EISA 等低速 I/O 总线支持。

从 1992 年创立规范至今，PCI 总线已成为计算机的一种标准总线，广泛用于高档微型机、工作站及便携式微型机，主要用于连接显示卡、网卡、声卡。

② PCI-E 总线。PCI-E(PCI-Express)是最新的总线和接口标准，它原来的名称是 Intel 提出的 3GIO，意思是第三代 I/O 接口标准。2002 年正式命名为 PCI-Express。它采用了目前业内流行的点对点串行连接，比起 PCI 以及更早期的计算机总线的共享并行架构，每个设备都有自己的专用连接，不需要向整个总线请求带宽，而且可以把数据传输率提高到一个很高的频率，达到 PCI 所不能提供的高带宽。

根据总线位宽不同，PCI-Express 规格允许实现 X1、X2、X4、X8、X12、X16 和 X32 通道规格，有非常强的伸缩性，可以满足不同系统设备对数据传输带宽不同的需求。从形式来看，PCI-Express X1 和 PCI-Express X16 已成为 PCI-Express 的主流规格，芯片组厂商在南桥芯片当中添加了对 PCI-Express X1 的支持，在北桥芯片当中添加了对 PCI-Express X16 的支持。除提供极高数据传输带宽之外，PCI-Express 因为采用串行数据包方式传递数据，所以 PCI-Express 接口每个针脚可以获得比传统 I/O 标准更多的带宽，这样就可以降低 PCI-Express 设备的生产成本和体积。另外，PCI-Express 也支持高阶电源管理、热插拔、数据同步传输，为优先传输数据进行带宽优化。

在兼容性方面，PCI-Express 在软件层面上兼容 PCI 技术和设备，也就是说驱动程序、操作系统无须推倒重来。PCI-Express 可以为带宽渴求型应用分配相应的带宽，大幅提高 CPU 和图形处理器(GPU)之间的带宽。

2）I/O 接口

I/O 接口(Input/Output Port)即输入输出接口。每个设备都会有一个专用的 I/O 地址来处理自己的输入输出信息。由于计算机的外围设备品种繁多，几乎都采用了机电传动设备，CPU 在与 I/O 设备进行数据交换时存在很多不匹配的问题，因此 CPU 与外围设备之间的数据交换必须通过接口来完成。I/O 接口的功能是实现 CPU 通过系统总线把 I/O 电路和外围设备联系在一起。

I/O 接口是一个电子电路(以 IC 芯片或接口板形式出现),其内有若干专用寄存器和相应的控制逻辑电路。它是 CPU 和 I/O 设备之间交换信息的媒介和桥梁。CPU 与外围设备、存储器的连接和数据交换都需要通过接口设备来实现,通常前者称为 I/O 接口,而后者则称为存储器接口。

计算机系统中有很多不同种类的 I/O 设备,其相应的接口电路也各不相同,因此 I/O 接口也很多,下面对一些目前比较常见的接口做具体说明。

(1) SATA 接口。SATA(Serial ATA,串行 ATA)的主要功能是用于主板和大量存储设备(如硬盘及光盘驱动器)之间的数据传输。这是一种完全不同于传统 ATA(也就是并行 ATA)的新型硬盘接口类型,因采用串行方式传输数据而得名。SATA 接口使用嵌入式时钟信号,具备了更强的纠错能力,与以往接口相比其最大的区别在于能对传输指令(不仅仅是数据)进行检查,如果发现错误会自动矫正,这在很大程度上提高了数据传输的可靠性。串行接口还具有结构简单、支持热插拔的优点。图 1-21 所示为 SATA 接口。

图 1-21　SATA 接口

(2) USB 接口。USB(Universal Serial Bus,通用串行总线)是由 Intel、Compaq、Digital、IBM、Microsoft、NEC、Northern Telecom 等 7 家世界著名的计算机和通信公司共同推出的一种新型接口标准。它基于通用连接技术,实现外围设备的简单快速连接,达到方便用户、降低成本、扩展 PC 连接外围设备范围的目的。它可以为外围设备提供电源,而不像普通的使用串并口的设备那样需要单独的供电系统。另外,快速是 USB 技术的突出特点之一,而且 USB 还能支持多媒体。图 1-22 所示为 USB 接口。

图 1-22　USB 接口

目前的主流版本是 USB 3.1,传输速度为 10 Gb/s,有三段式电压 5 V/12 V/20 V,最大供电为 100 W,而且新型 Type C 插型不再分正反面。USB 设备主要具有以下优点。

① 可以热插拔。用户在使用外接设备时,不需要关机再开机等动作,而是在计算机工作时,直接将 USB 设备插上使用。

② 携带方便。USB 设备大多以小、轻、薄见长,对用户来说,随身携带大量数据时,使用 USB 设备很方便。例如 USB 硬盘就是首选。

③ 标准统一。过去大家常见的设备是 IDE 接口的硬盘、串口的鼠标键盘、并口的打印机和扫描仪,有了 USB 接口之后,这些外围设备统统可以用同样的标准与 PC 连接,这就有了 USB 硬盘、USB 鼠标、USB 打印机等。

④ 可以连接多个设备。USB 在 PC 上往往具有多个接口,可以同时连接几个设备,如果接上一个有 4 个端口的 USB Hub 时,就可以再连上 4 个 USB 设备,以此类推,这样连下去,将家里的设备同时连在一台 PC 上也不会有任何问题(注:最高可连接 127 个设备)。

(3) HDMI。HDMI(High Definition Multimedia Interface,高清晰度多媒体接口)是一种数字化视频或音频接口技术,是适合影像传输的专用型数字化接口,可同时传送音频和影像信号,最高数据传输速度为 48 Gbps(2.1 版),同时无须在信号传送前进行数-模或者模-数转换。

HDMI 可搭配宽带数字内容保护(HDCP),以防止具有著作权的影音内容遭到未经授权的复制。HDMI 所具备的额外空间可应用在日后升级的音视频格式中。因为一个 1080p 的视频和一个 8 声道的音频信号需求少于 0.5 GB/s,因此 HDMI 还有很大余量。

HDMI 的设备具有即插即用的特点,信号源和显示设备之间会自动进行"协商",自动选择最合适的视频或音频格式。只要一条 HDMI 缆线,就可以取代最多 13 条模拟传输线,能有效解决家庭娱乐系统背后连线杂乱纠结的问题。

HDMI 应用非常广泛,例如:

① 高清信号源:蓝光机、高清播放机、PS3、独显计算机、高端监控设备。

② 显示设备:液晶电视、计算机显示器、监控显示设备等。

液晶电视带 HDMI 接口是目前最为常见的,一般至少有 1 个,多的有 3~6 个。图 1-23 所示为 HDMI。

图 1-23 HDMI

1.4.2 CPU

中央处理器(Central Processing Unit,CPU)是一块超大规模的集成电路,是一台计算机的运算和控制中心。它的功能主要是解释计算机指令及处理数据。

1. CPU 的物理结构

CPU 内部结构大致可以分为运算单元、控制单元、存储单元和时钟等几个主要部分。下面主要介绍运算单元和控制单元。

1) 运算单元

运算单元是计算机对数据进行加工处理的中心,它主要由算术逻辑部件(Arithmetic Logic Unit,ALU)、通用寄存器组和状态寄存器组成。ALU 主要完成对二进制信息的定点算术运算、逻辑运算和各种移位操作,也可执行地址运算和转换。

通用寄存器组是用来保存参加运算的操作数和运算的中间(或最终)结果。状态寄存器在不同的机器中有不同的规定,程序中状态位通常作为转移指令的判断条件。

2) 控制单元

控制单元是计算机的控制中心,它决定了计算机运行过程的自动化。它不仅要保证程序的正确执行,而且要能够处理异常事件。控制单元一般包括指令控制逻辑、时序控制逻辑、总线控制逻辑、中断控制逻辑等几部分。

指令控制逻辑完成取指令、分析指令和执行指令的操作。时序控制逻辑为每条指令按时间顺序提供应有的控制信号。时钟脉冲就是最基本的时序信号,是整个机器的时间基准,关系着机器的主频。

执行一条指令所需要的时间称为一个指令周期,不同指令的周期有可能不同。一般为了便于控制,根据指令的操作性质和控制性质不同,会把指令周期划分为几个不同的阶段,每个阶段就是一个 CPU 周期。早期 CPU 同内存储器在速度上的差异不大,所以 CPU 周期通常和存储器存取周期相同,后来随着 CPU 的发展,在速度上已经比存储器快多了,于是常常将 CPU 周期定义为存储器存取周期的几分之一。

总线控制逻辑是为多个功能部件服务的信息通道的控制电路,称为 CPU 总线,是 CPU 对外联系的通道,也称前端总线(Front Side Bus,FSB),用于在 CPU 与高速缓存、主存和北桥(或 MCH)之间传送信息。

中断是指计算机由于异常事件,或者一些随机发生的需要马上处理的事件,引起 CPU 暂时停止现在程序的执行,转向另一个服务程序去处理这一事件,处理完毕再返回原程序的过程。由机器内部产生的中断称为陷阱(内部中断),由外围设备引起的中断称为外部中断。

2. CPU 的性能指标

计算机的性能在很大程度上由 CPU 的性能决定,而 CPU 的性能主要体现在其运行程序的速度上。影响运行速度的性能指标包括 CPU 的字长、主频、缓存等参数。

1) 字长

字长是 CPU 的主要技术指标之一,指的是 CPU 一次能并行处理的二进制数的位数,由微处理器对外部数据通路的数据总线条数决定。在其他指标相同时,字长越大,计算机处理数据的速度就越快。字长总是 8 的整数倍,早期的微型机字长一般是 8 位或 16 位,386 以及更高的处理器大多是 32 位。目前市面上大部分计算机的处理器已达到 64 位。为了适应不同的要求及协调运算精度和硬件造价间的关系,大多数计算机均可支持变字长运算,即机内可实现半字长、全字长(或单字长)和双倍字长运算。

2) 主频

主频也叫时钟频率,单位是兆赫(MHz)或千兆赫(GHz),用来表示 CPU 运算、处理数据的速度。通常,主频越高,CPU 处理数据的速度就越快。

$$CPU 的主频 = 外频 \times 倍频系数$$

(1) 外频。外频是 CPU 的基准频率,单位也是 MHz。外频是 CPU 与主板之间同步运行的速度。CPU 的外频决定着整块主板的运行速度,目前绝大部分计算机系统中外频也是内存与主板之间同步运行的速度。

(2) 倍频系数。倍频系数是指 CPU 主频与外频之间的相对比例关系。在外频相同时,倍频越高,CPU的主频也越高。但实际上,在外频相同的前提下,高倍频的CPU本身意义并不大。这是因为CPU与系统之间数据传输速度是有限的,一味追求高倍频而得到高主频的CPU就会出现明显的"瓶颈"效应,CPU从系统中得到数据的极限速度不能够满足CPU运算的速度。

(3) 前端总线频率。前端总线频率直接影响CPU与内存交换数据的速度。数据传输的最大带宽取决于所有同时传输的数据的带宽和传输频率,即数据带宽＝(总线频率×数据位宽)/8。外频与前端总线频率的区别是:前端总线的频率指的是数据传输的速度,外频是CPU与主板之间同步运行的速度。

3) 缓存

缓存是一种速度比内存更快的存储设备,它用来减少CPU因等待慢速设备(如内存)所导致的延迟,进而改善系统的性能。缓存的结构和大小对CPU速度的影响非常大。缓存容量增大,可以大幅度提升CPU内部读取数据的命中率,而不用再到内存或者硬盘上寻找,以此提高系统性能。但是从CPU芯片面积和成本的因素来考虑,缓存一般都很小。

L1 Cache(一级高速缓存)是CPU的第一层高速缓存,分为数据缓存和指令缓存。内置的一级高速缓存的容量和结构对CPU的性能影响较大,不过高速缓存均由静态RAM组成,结构较复杂,在CPU管芯面积不能太大的情况下,一级高速缓存的容量不可能做得太大。服务器CPU的一级高速缓存的容量通常为32～256 KB。

L2 Cache(二级高速缓存)是CPU的第二层高速缓存,分内部和外部两种芯片。内部芯片的二级高速缓存运行速度与主频相同,而外部芯片的二级高速缓存则只有主频的一半。二级高速缓存容量也会影响CPU的性能,原则是越大越好,以前家庭用CPU容量最大的是512 KB,笔记本电脑中也可以达到2 MB,而服务器和工作站上用CPU的L2高速缓存更大,可以达到8MB以上。

L3 Cache(三级高速缓存)分为两种,早期的是外置的,现在的都是内置的。而它的实际作用是进一步降低内存延迟,同时提升大量数据计算时处理器的性能。降低内存延迟和提升大量数据计算能力对游戏很有帮助。但基本上三级高速缓存对处理器性能的提高显得不是很重要,如配备1 MB三级高速缓存的Xeon MP处理器仍然不如Opteron,由此可见,前端总线的增加比缓存的增加能带来更有效的性能提升。

4) CPU扩展指令集

CPU扩展指令集指的是CPU增加的多媒体或者是3D处理指令,这些扩展指令可以提高CPU处理多媒体和3D图形的能力。著名的有MMX(多媒体扩展指令)、SSE(因特网数据流单指令扩展)和3DNow! 指令集。

5) 多线程

同时多线程(Simultaneous Multithreading,SMT)可通过复制处理器上的结构状态,让同一个处理器上的多个线程同步执行并共享处理器的执行资源,可最大限度地实现宽发射、乱序的超标量处理,提高处理器运算部件的利用率,缓和由于数据相关或Cache未命中带来的访问内存延时。

当没有多个线程可用时,SMT处理器几乎和传统的宽发射超标量处理器一样。SMT最具吸引力的是只需小规模改变处理器核心的设计,几乎不用增加额外的成本就可以显著地提升效能。这对于桌面低端系统来说无疑十分具有吸引力。

6）多核心

多核心，也指单芯片多处理器(Chip Multiprocessors，CMP)。CMP是由美国斯坦福大学提出的，其思想是将大规模并行处理器中的SMP(Symmetric Multi-Processing，对称多处理结构)集成到同一个芯片内，各个处理器并行执行不同的进程。这种依靠多个CPU同时并行地运行程序是实现超高速计算的一个重要方向，称为并行处理。

由于CMP结构被划分成多个处理器核来设计，每个核都比较简单，有利于优化设计，因此更有发展前途。但并不是说核心越多，性能就越高，如16核的CPU可能还没有8核的CPU运算速度快，因为核心太多，不能进行合理分配，所以可能导致运算速度减慢。

1.4.3 存储器

1. 内存储器

内存储器(Memory)简称内存，又称为主存储器，是CPU能直接寻址的存储空间，它的特点是存取速度快。内存是计算机中重要的部件之一，其作用是暂时存放CPU中的运算数据，以及与硬盘等外部存储器交换的数据。只要计算机在运行中，CPU就会把需要运算的数据调到内存中进行运算，当运算完成后CPU再将结果传送出来。由于所有程序的运行都是在内存储器中进行的，因此内存储器的性能对计算机的影响非常大。

早期的计算机内存储器采用磁心存储器，现在一般采用半导体存储单元，包括随机存储器(RAM)和只读存储器(ROM)两大类。

1）随机存储器

随机存储器(Random Access Memory，RAM)是一种可以随机读写数据的存储器，也称为读写存储器。RAM有以下两个特点：一是可以读出，也可以写入，读出时并不损坏原来存储的内容，只有写入时才修改原来存储的内容；二是RAM只能用于暂时存放信息，一旦断电，存储内容立即消失，即具有易失性。

RAM通常由MOS型半导体存储器组成，根据其保存数据的机理又可分为动态随机存储器(Dynamic Random Access Memory，DRAM)和静态随机存储器(Static Random Access Memory，SRAM)两大类。

(1) 动态随机存储器。由于DRAM存储单元的结构简单，所用元件少，集成度高，功耗低，目前已成为大容量RAM的主流产品。DRAM利用电容来存储数据，每位只需要一个晶体管另加一个电容，电容的有电和没电状态分别表示0和1。由于电容不可避免地存在衰减现象，因此电容必须被周期性地刷新(预充电)以保持数据，这是DRAM的一大特点。而且电容的充放电需要一个过程，刷新频率不可能无限提升，这就导致DRAM的频率很容易达到上限，即便有先进工艺的支持也收效甚微。

(2) 静态随机存储器。SRAM用触发器存储数据，1表示接通，0表示断开，并且状态会保持到接收了一个改变信号为止，也就是SRAM不需要刷新。SRAM的特点是存取速度特别快。但如同DRAM一样，一旦停机或断电，SRAM也会丢掉信息。由于一个触发器需要4~6个晶体管和其他零件，因此除了价格较贵外，SRAM芯片在外形上也比较大，所以主要用于二级高速缓存。

2) 只读存储器

ROM(Read Only Memory)是只读存储器。顾名思义,它的特点是只能读出原有的内容,不能由用户再写入新内容,一般用来存放专用的固定的程序和数据。

只读存储器是一种非易失性存储器,一旦写入信息后,无须外加电源来保存信息,不会因断电而丢失。目前 ROM 主要采用可在线改写内容的快擦除 ROM(Flash ROM),如 BIOS 芯片就采用了这种存储器。

2. 外存储器

外存储器是指除计算机内存及 CPU 缓存以外的存储器,此类存储器一般断电后仍然能保存数据。外存包括硬盘、光盘或 U 盘等,通常由机械部件带动,速度比 CPU 慢得多。

1) 硬盘

硬盘是计算机中主要的存储媒介之一,分为机械硬盘、固态硬盘、固态混合硬盘。机械硬盘采用磁性碟片来存储,固态硬盘采用闪存颗粒来存储,固态混合硬盘则是把磁性碟片和闪存集成到一起。

(1) 机械硬盘。机械硬盘即传统的普通硬盘(Hard Disk Drive, HDD),具有存储容量大、数据传输率高、存储数据可长期保存等特点。最常用的是温切斯特硬盘,简称温盘。它将盘片、磁头、电机驱动设备乃至读写电路等做成一个不可随意拆卸的整体,并密封起来,所以防尘性能好、可靠性高,对环境要求不高。

从结构上看,机械硬盘主要由盘片、磁头、盘片转轴及控制电机、磁头控制器、数据转换器、接口、缓存等几个部分组成。所有的盘片都装在一个旋转轴上,每张盘片之间是平行的,在每个盘片的存储面上有一个磁头,所有的磁头连在一个磁头控制器上,由磁头控制器负责各个磁头的运动。

磁头可沿盘片的半径方向运动,加上盘片每分钟几千转的高速旋转,磁头就可以定位在盘片的指定位置上进行数据的读写操作。图 1-24 所示为硬盘结构示意图。

(a) 硬盘的内部结构图　　　　(b) 硬盘背面的控制电路板

图 1-24　硬盘结构示意图

一个硬盘通常由多个盘片组成,每个盘片被划分为磁道和扇区。因为扇区的单位太小,因此把它捆在一起,组成一个更大的单位方便进行灵活管理,这就是簇。簇是硬盘存放信息的最小单位。通常连续的若干扇区形成一个簇。簇的大小是可变的，是由操作系统在"高级格式化"时决定的，因此管理也更加灵活。如图1-25所示为磁道、扇区和簇。

（2）固态硬盘。固态硬盘（Solid State Drive，SSD）简称固盘，是用固态电子存储芯片阵列制成的硬盘，由控制单元和存储单元组成，如图1-26所示。固态硬盘在接口的规范、定义、功能及使用方法上与普通硬盘完全相同，在产品外形和尺寸上也与普通硬盘一致。

图1-25 磁道、扇区和簇

图1-26 固态硬盘

固态硬盘的存储介质分为2种，一种是闪存；另一种是DRAM。

基于闪存的固态硬盘是固态硬盘的主要类别，这也是通常所说的SSD，其内部构造十分简单。固态硬盘的主体其实就是一块PCB板，这块PCB板上最基本的配件就是控制芯片、缓存芯片（部分低端硬盘无缓存芯片）和用于存储数据的闪存芯片。控制芯片是固态硬盘的大脑，其作用是合理调配数据在各个闪存芯片上的负荷；承担整个数据中转，连接闪存芯片和外部SATA接口。不同的控制芯片之间能力相差非常大，在数据处理能力、算法、对闪存芯片的读取写入控制上会有很大的不同，直接导致固态硬盘产品在性能上差距高达数十倍。固态硬盘的外观可以被制作成多种模样，例如笔记本硬盘、微硬盘、存储卡、U盘等样式，最大的优点就是可以移动，而且数据保护不受电源控制，能适应于各种环境，适合个人用户使用。

基于DRAM的固态硬盘采用DRAM作为存储介质，应用范围较窄。它仿效传统硬盘的设计，可被绝大部分操作系统的文件系统工具进行卷设置和管理，并提供工业标准的PCI和FC接口，用于连接主机或者服务器。应用方式可分为SSD和SSD阵列两种。它是一种高性能的存储器，而且使用寿命很长，美中不足的是需要独立电源来保护数据安全。基于DRAM的固态硬盘属于比较非主流的设备。

图1-27 固态混合硬盘

（3）固态混合硬盘。固态混合硬盘（Solid State Hybrid Drive，SSHD）是把磁性硬盘和闪存集成到一起的一种硬盘。也就是说，固态混合硬盘是一块基于传统机械硬盘衍生出来的新硬盘，除了机械硬盘必备的碟片、电动机、磁头等，还内置了NAND闪存颗粒，这些颗粒将用户经常访问的数据进行存储，有如SSD效果的读取性能，如图1-27所示。

固态混合硬盘通过增加高速闪存来进行

资料预读取，以减少从硬盘读取资料的次数，从而提高性能，减少硬盘的读写次数，还可使硬盘耗电量降低，特别是提高笔记本电脑的电池续航能力；另外，由于一般固态混合硬盘仅内置 8 GB 的 MLC(Multi-Level Cell,多层单元)闪存，因此成本不会大幅提高。同时固态混合硬盘亦采用传统磁性硬盘的设计，没有固态硬盘容量小的不足，所以固态混合硬盘是处于磁性硬盘和固态硬盘中间的一种解决方案。

2) 移动存储器

移动存储器是便携式的数据存储装置，带有存储介质且自身具有读写介质的功能，不需要或很少需要其他装置的协助。移动存储器主要有移动硬盘、U 盘和各种存储卡。

(1) 移动硬盘。移动硬盘由硬盘和硬盘盒组成。移动硬盘可以提供相当大的存储容量，是一种较具性价比的移动存储产品。移动硬盘一般采用 USB 接口，数据传输速度快，可以支持热插拔，但要注意 USB 接口必须确保停止以后才能拔下 USB 连线，否则突然断电可能会导致处于高速运转的硬盘损坏。移动硬盘有如下特点。

① 容量大。移动硬盘能在用户可以接受的价格范围内，提供给用户较大的存储容量和不错的便捷性。市场中的主流移动硬盘基本都能提供 500 GB 以上的存储容量，有的甚至高达 12 TB，可以说是 U 盘、磁盘等产品的升级版，被大众广泛接受。

② 体积小。移动硬盘(盒)的尺寸分为 1.8 英寸(1 英寸=0.0254 米)、2.5 英寸和 3.5 英寸 3 种。2.5 英寸移动硬盘盒用于笔记本电脑，体积小、重量轻，便于携带，一般没有外置电源。3.5 英寸移动硬盘盒用于台式机，体积较大，便携性相对较差，并且一般都自带外置电源和散热风扇。

③ 速度高。移动硬盘大多采用 USB 接口，能提供较高的数据传输速度。不过移动硬盘的数据传输速度在一定程度上受到接口速度的限制，USB 2.0 接口传输速率是 60 MB/s，USB 3.0 接口传输速率是 625 MB/s。

④ 使用方便。主流的 PC 基本都配备了 USB 接口，主板通常可以提供 2~8 个，一些显示器也会提供 USB 适配器，USB 接口已成为个人计算机的必备接口。USB 设备在大多数版本的 Windows 操作系统中都不需要预先安装驱动程序，具有真正的即插即用特性，使用起来非常灵活方便。

⑤ 可靠性高。移动硬盘与笔记本电脑硬盘的结构类似，多采用硅氧盘片。这是一种比铝、磁更为坚固耐用的盘片材质，并且具有更大的存储量和更高的可靠性，提高了数据的完整性。另外还具有防震功能，在剧烈震动时盘片自动停止转动并将磁头复位到安全区，以防止损坏盘片。

图 1-28 所示为移动硬盘。

(2) U 盘。U 盘的全称为 USB 闪存盘(USB Flash Disk)。它是一种无须物理驱动器的微型高容量移动存储产品，通过 USB 接口与计算机连接，实现即插即用，如图 1-29 所示。

U 盘的组成很简单，主要由外壳和机芯组成。其中机芯是一块 PCB，上面有 USB 主控芯片、晶振、贴片电阻、电容、Flash(闪存)芯片，以及 USB 接口和贴片 LED(不是所有的 U 盘都有)等。

U 盘最大的优点是小巧、便于携带、存储容量大、价格便

图 1-28 移动硬盘

宜、性能可靠。一般的 U 盘容量有 8 G、16 G、32 G、64 G，甚至还有 128 G、256 G、512 G、1T 等。U 盘中无任何机械式装置，抗震性能极强。另外，U 盘还具有防潮、防磁、耐高低温等特性，安全可靠性很高。

(3) 存储卡。存储卡又称为数码存储卡、数字存储卡、储存卡等，是用于手机、数码相机、便携式计算机等数码产品上的独立存储介质，一般是卡片的形态，故称为存储卡。存储卡具有体积小、携带方便、使用简单的优点。同时，大多数存储卡都具有良好的兼容性，便于在不同的数码产品之间交换数据。

存储卡大多使用闪存作为材料，但由于形状、体积和接口不同又分为 SD 卡、CF 卡、MMC 卡、XD 卡、T-Flash 卡、Mini-SD 卡等，如图 1-30 所示。

图 1-29　U 盘　　　　　　　　图 1-30　存储卡

1.4.4　输入输出设备

输入输出设备是计算机系统的重要组成部分。各类信息通过输入设备输入到计算机中，计算机的处理结果则由输出设备输出。

1. 输入设备

输入设备(Input Device)是计算机与用户或其他设备通信的桥梁，是用户和计算机系统之间进行信息交换的主要装置之一。计算机能够接收各种各样的数据，既可以是数值型的数据，也可以是各种非数值型的数据，如图形、图像、声音等都可以通过不同类型的输入设备输入到计算机中，供计算机进行存储、处理和输出。

1) 键盘

键盘是最常用也是最主要的输入设备，通过键盘可以将英文字母、数字、标点符号等输入到计算机中，从而向计算机发出命令、输入数据等。为了适应不同用户的需要，常规键盘具有 CapsLock(字母大小写锁定)、NumLock(数字小键盘锁定)、ScrollLock(滚动锁定)三个指示灯来标识键盘的当前状态。这些指示灯一般位于键盘的右上角。

不管键盘形式如何变化，按键的排列还是基本保持不变，可以分为主键盘区、数字辅助键区、功能键区、控制键区，对于多功能键盘还增添了快捷键区。

键盘的接口有 AT 接口、PS/2 接口和最新的 USB 接口。目前市场上最炙手可热的无线技术(主要有蓝牙、红外线等)也被应用在键盘上。无线技术的应用使人摆脱键盘线的限制和束缚，可以自由地操作。一般来说，蓝牙在传输距离和安全保密性方面要优于红外线。红外线的传输有效距离为 1～2m，而蓝牙的有效距离约为 10m。由此可知，无线键盘的前途无量。

2) 鼠标

鼠标(Mouse)是计算机的一种输入设备，也是计算机显示系统纵横坐标定位的指示器，因形似老鼠而得名。使用鼠标是为了使计算机的操作更加简便快捷，代替键盘烦琐的指令。目前常用的光电鼠标是通过检测鼠标器的位移，将位移信号转换为电脉冲信号，再通过程序的处理和转换来控制屏幕上的光标箭头的移动。

除此之外，无线鼠标和3D振动鼠标都是比较新颖的鼠标。无线鼠标把鼠标在X或Y轴上的移动、按键按下或抬起的信息转换成无线信号并发送给主机。3D振动鼠标具有全方位立体控制能力，同时具有振动功能，即触觉回馈功能。例如玩某些游戏时，当你被敌人击中时，你会感觉到你的鼠标也振动了。

键盘和鼠标如图1-31所示。

3）扫描仪

扫描仪（Scanner）是利用光电技术和数字处理技术，以扫描方式将图形或图像信息转换为数字信号的装置。

扫描仪是一种光、机、电一体化的高科技产品，它是将各种形式的图像信息输入计算机的重要工具，是继键盘和鼠标之后的第三代计算机输入设备。扫描仪具有比键盘和鼠标更强的功能，从最原始的图片、照片、胶片到各类文稿资料都可用扫描仪输入到计算机中，进而实现对这些图像形式的信息的处理、管理、使用、存储和输出等，配合光学字符识别（Optical Character Recognize，OCR）软件还能将扫描的文稿转换成计算机的文本形式。

扫描仪的工作原理如下：扫描仪工作时发出的强光照射在稿件上，没有被吸收的光线将被反射到光学感应器上，光感应器接收到这些信号后，将这些信号传送到模数（A-D）转换器，模数转换器将其转换成计算机能读取的信号，然后通过驱动程序转换成显示器上能看到的正确图像。

待扫描的稿件可分为反射稿和透射稿。前者泛指一般的不透明文件，如报刊、杂志等，后者包括幻灯片（正片）或底片（负片）。如果经常需要扫描透射稿，就必须选择具有光罩（光板）功能的扫描仪。如图1-32所示为扫描仪。

图1-31 键盘和鼠标

图1-32 扫描仪

4）数码相机

数码相机（Digital Camera，DC）是集光学、机械、电子于一体的产品，如图1-33所示。它集成了影像信息的转换、存储和传输等部件，具有数字化存取、与计算机交互处理和实时拍摄等特点。光线通过镜头或镜头组进入数码相机，再通过数码相机成像元件转化为数字信号，数字信号则通过影像运算芯片存储在存储设备中。数码相机的成像元件是CCD或CMOS。该成像元件的特点是光线通过时，能根据光线的不同转化为不同的电子信号。按照用途,数码相机分为单反相机、微单相机、卡片相机、长焦相机和家用相机等。

图 1-33　数码相机

5）触摸屏

触摸屏（Touch Screen）又称为触控屏、触控面板,是一种可接收触头等输入信号的感应式液晶显示装置。当接触了屏幕上的图形按钮时,屏幕上的触觉反馈系统可根据预先编好的程序驱动各种连接装置,用以取代机械式的按钮面板,并借由液晶显示画面制造出生动的影音效果。

触摸屏作为一种最新的计算机输入设备,是目前非常简单、方便、自然的一种人机交互方式。它赋予了多媒体崭新的面貌,是极富吸引力的全新多媒体交互设备,主要应用于公共信息查询、办公、工业控制、军事指挥、电子游戏、点歌点菜、多媒体教学、房地产预售等方面。

从技术原理来看,触摸屏可分为 5 种基本类型：矢量压力传感技术触摸屏、红外线技术触摸屏、电容技术触摸屏、电阻技术触摸屏、表面声波技术触摸屏。其中,矢量压力传感技术触摸屏已退出历史舞台;红外线技术触摸屏价格低廉,但其外框易碎,容易产生光干扰,曲面情况下会失真;电容技术触摸屏设计构思合理,但其图像失真问题很难得到根本解决;电阻技术触摸屏的定位准确,但其价格颇高,且怕刮易损;表面声波触摸屏避免了以往触摸屏的各种缺陷,清晰、不容易被损坏,适于各种场合,缺点是如果屏幕表面有水滴和尘土,会使触摸屏变得迟钝,甚至不工作。

6）游戏手柄

游戏手柄也是一种常见的输入部件,通过操纵其按钮实现对游戏虚拟角色的控制。游戏手柄的标准配置是由任天堂公司确立及实现的,它包括十字键（方向）、ABXY 功能键,选择及暂停键（菜单）3 种控制按键。随着游戏硬件设备的升级换代,现代游戏手柄又增加了类比摇杆（方向及视角）、扳机键及 HOME 菜单键等。图 1-34 所示为游戏手柄。

图 1-34　游戏手柄

2. 输出设备

输出设备（Output Device）是人与计算机交互的一种部件,用于数据的输出,把各种计算结果数据或信息以数字、字符、图像、声音等形式表现出来。常见的输出设备有显示器、打印机、绘图仪、影像输出系统、语音输出系统等。下面主要介绍显示器和打印机。

1）显示器

显示器（Display）又称监视器，是实现人机对话的主要工具。它既可以显示键盘输入的命令或数据，也可以显示计算机数据处理的结果。

常用的显示器主要有两种类型：一种是阴极射线管（Cathode Ray Tube，CRT）显示器，如图 1-35 所示；另一种是液晶显示器（Liquid Crystal Display，LCD），如图 1-36 所示。

图 1-35　CRT 显示器　　　　　图 1-36　LCD

显示适配器又称显示控制器，是显示器与主机的接口部件，常常以硬件插卡的形式插在主机板上，故简称显卡，如图 1-37 所示。

图 1-37　显示适配器

显示器必须配合显卡才能正常工作。显卡作为计算机的一个重要组成部分，承担输出显示图形的任务。显卡的基本结构包括图形处理器（Graphic Processing Unit，GPU）、显示存储器（Video RAM，VRAM）、数-模转换器（Digital-to-Analog Converter，DAC）及相关的接口电路，这些部件决定了计算机在屏幕上的输出，比如屏幕画面显示的速度、颜色及分辨率等。

2）打印机

打印机（Printer）是将计算机的处理结果打印在纸张上的输出设备。人们常把显示器的输出称为软拷贝，把打印机的输出称为硬拷贝。

按照工作机制，打印机可以分为击打式和非击打式两类。其中，击打式分为字模式打印机和点阵式打印机；非击打式分为喷墨打印机、激光打印机、热敏打印机和静电打印机等。

(1) 点阵式打印机。点阵式打印机是一种特殊的打印机，和喷墨打印机、激光打印机都存在很大的差异。点阵式打印机的主要部件是打印头，通常所讲的 9 针、16 针和 24 针打印机说的就是打印头上的打印针的数目。图 1-38 所示为点阵式打印机。

点阵式打印机是利用直径为 $2\times 10^{-4}\sim 3\times 10^{-4}$ m 的打印针通过打印头中的电磁铁吸合或释放来驱动打印针向前击打色带，将墨点印在打印纸上而完成打印动作，通过对色点排列形式的组合控制，实现对规定字符、汉字和图形的打印。通常点阵式打印机所使用的色带都是单色的，打印速度要比喷墨打印机慢，而且精度较低，噪声也较大，因此点阵式打印机在家用打印机市场上已遭到淘汰。然而点阵式打印机的耗材成本极低，并且能多层套打，因此在银行、证券等领域有着不可替代的地位。

（2）喷墨打印机。喷墨打印机是在点阵式打印机之后发展起来的，采用非打击的工作方式。它比较突出的优点有体积小、操作简单方便、打印噪音低、使用专用纸张时可以打出和照片相媲美的图片。

喷墨打印机按工作原理可分为固体喷墨打印机和液体喷墨打印机两种，最常用的液体喷墨打印机采用液体喷墨方式，又可分为气泡式与液体压电式。图 1-39 所示为喷墨打印机。

图 1-38　点阵式打印机

图 1-39　喷墨打印机

喷墨打印机在打印图像时，需要进行一系列的繁杂程序。当打印机喷头快速扫过打印纸时，它上面的喷嘴就会喷出无数的小墨滴，从而组成图像中的像素。打印机头上一般有 48 个及以上的独立喷嘴喷出各种不同颜色的墨水。不同颜色的墨滴落于同一点上，形成不同的复色。一般来说，喷嘴越多，打印速度越快。

（3）激光打印机。激光打印机脱胎于 20 世纪 80 年代末的激光照排技术，它是激光扫描技术和电子照相技术相结合的产物。如图 1-40 所示为激光打印机。其基本工作原理是由计算机传来的二进制数据信息，通过视频控制器转换为视频信号，再由视频接口/控制系统把视频信号转换为激光驱动信号，然后由激光扫描系统产生载有字符信息的激光束，之后扫描到感光体上。感光体与照相机构组成电子照相转印系统，把射到感光鼓上的图文影像转印到打印纸上。与其他打印设备相比，激光打印机有打印速

图 1-40　激光打印机

度快、成像质量高等优点；但使用成本相对高昂。

打印机的评价指标有打印分辨率、打印速度、打印幅面和打印成本等。

① 打印分辨率。打印机分辨率又称为输出分辨率，是指在打印输出时横向和纵向两个方向上每英寸最多能够打印的点数，通常以"点/英寸"即 dpi 表示。目前，一般激光打印机的分辨率均在 600×600dpi 以上。

打印分辨率的具体数值大小决定了打印效果的好坏，一般情况下激光打印机在纵向和横向两个方向上的输出分辨率几乎是相同的；而喷墨打印机在纵向和横向两个方向上的输出分辨率相差很大。一般情况下我们所说的喷墨打印机分辨率是指横向喷墨表现力。如 800×600dpi，其中 800 表示打印幅面上横向显示的点数，600 则表示纵向显示的点数。打印分辨率不仅与显示打印幅面的尺寸有关，还要受打印点距和打印尺寸等因素的影响，打印尺寸相同，点距越小，打印分辨率越高。

② 打印速度。评价一台打印机是否优秀，不仅要看打印图像的品质，还要看它是否有良好的打印速度。打印机的打印速度是用每分钟打印多少页纸(PPM)来衡量的，一般分为彩色文稿打印速度和黑白文稿打印速度。打印速度越快，打印文稿所需时间越短。

打印速度与打印时设定的分辨率有直接的关系，打印分辨率越高，打印速度也就越慢。通常打印速度的测试标准为 A4 标准打印纸，300dpi 分辨率，5% 覆盖率。

③ 打印幅面。打印幅面指最大能够支持打印纸张的大小。它的大小是用纸张的规格来标识或是直接用尺寸来标识的，具体有 A3、A4、A5 等。

④ 打印成本。激光打印机最关键的部件是硒鼓，也就是感光鼓。它不仅决定了打印质量的好坏，还决定了使用者在使用过程中需要花费的金钱多少。根据感光材料的不同，目前可以把硒鼓主要分为 3 种：OPC(有机光导材料)硒鼓、Se 硒鼓和陶瓷硒鼓。在使用寿命上，OPC 硒鼓一般为 3000 页左右，Se 硒鼓为 10 000 页左右，陶瓷硒鼓为 100 000 页左右。

习 题

一、判断题

1. 现代计算机采用的是冯·诺依曼提出的"存储程序控制"思想，科学家们正在研究的生物计算机采用非冯·诺依曼结构。
2. 微型机的性能主要取决于主板。
3. 运算器是进行算术和逻辑运算的部件，通常称为 CPU。
4. 任何存储器都有记忆能力，其中的信息不会丢失。
5. 计算机总线由数据总线、地址总线和控制总线组成。
6. 微型机断电后，机器内部的计时系统将停止工作。
7. 通常硬盘安装在主机箱内，因此它属于主存储器。
8. 用屏幕水平方向上显示的点数乘垂直方向上显示的点数来表示显示器清晰度的指标，通常称为分辨率。

二、选择题

1. 下列关于集成电路的叙述错误的是_____。

A. 集成电路是将大量晶体管、电阻及互连线等制作在尺寸很小的半导体单晶片上

B. 现代集成电路使用的半导体材料通常是硅或砷化镓

C. 集成电路根据它所包含的晶体管数目可分为小规模、中规模、大规模、超大规模和极大规模集成电路

D. 集成电路按用途可分为通用和专用两大类。微处理器和存储器芯片都属于专用集成电路

2. 微型计算机硬件系统中最核心的部件是_____。

　　A. 主板　　　　B. CPU　　　　C. 内存储器　　　D. I/O 设备

3. 计算机中对数据进行加工与处理的部件,通常称为_____。

　　A. 运算器　　　B. 控制器　　　C. 显示器　　　　D. 存储器

4. 微型机中,控制器的基本功能是_____。

　　A. 实现算术运算和逻辑运算　　　　B. 存储各种控制信息

　　C. 保持各种控制状态　　　　　　　D. 控制机器各个部件协调一致地工作

5. 指出 CPU 下一次要执行的指令的地址的部件称为_____。

　　A. 程序计数器　B. 指令寄存器　C. 目标地址码　　D. 数据码

6. 32 位微型机中进行算术运算和逻辑运算时,可以处理的二进制信息长度是_____。

　　A. 32 位　　　　B. 16 位　　　　C. 8 位　　　　　D. 以上三种都可以

7. 下面列出的四种存储器中,易失性存储器是_____。

　　A. RAM　　　　B. ROM　　　　C. PROM　　　　D. CD-ROM

8. 微型计算机中内存储器比外存储器_____。

　　A. 容量大且读写速度快　　　　　B. 容量小但读写速度快

　　C. 容量大但读写速度慢　　　　　D. 容量小且读写速度慢

9. 配置高速缓冲存储器是为了解决_____。

　　A. 内存与辅助存储器之间速度不匹配问题

　　B. CPU 与辅助存储器之间速度不匹配问题

　　C. CPU 与内存储器之间速度不匹配问题

　　D. 主机与外围设备之间速度不匹配问题

10. 下列各组设备中,全部属于输入设备的一组是_____。

　　A. 键盘、磁盘和打印机　　　　　B. 键盘、扫描仪和鼠标

　　C. 键盘、鼠标和显示器　　　　　D. 硬盘、打印机和键盘

11. 显示器显示图像的清晰程度,主要取决于显示器的_____。

　　A. 对比度　　　B. 亮度　　　　C. 尺寸　　　　　D. 分辨率

12. 点阵式打印机术语中,24 针是指_____。

　　A. 24×24 点阵　　　　　　　　　B. 信号线插头有 24 针

　　C. 打印头内有 24×24 根针　　　 D. 打印头内有 24 根针

13. 下面有关计算机的叙述中,正确的是_____。

　　A. 计算机的主机只包括 CPU　　　B. 计算机程序必须装载到内存中才能执行

　　C. 计算机必须具有硬盘才能工作　　D. 计算机键盘上字母键的排列方式是随机的

三、填空题

1. 在计算机内部,程序是由指令组成的。大多数情况下,指令由_____和操作数地址两部分组成。

2. 一台计算机所具有的各种机器指令的集合称为该计算机的_____。

3. 计算机在工作时突然断电,会使存储在_____中的数据丢失。

4. 总线是连接计算机各部件的一组公共信号线,由_____、_____和控制总线组成。

5. 主板中最重要的是_____,它是主板的灵魂。

四、简答题

1. 计算机可以分为哪些类型?最常用的是哪一类?
2. 简述冯·诺依曼机的工作原理。
3. 电子计算机的发展经历了几个阶段?每一个阶段有什么特点?
4. 什么是集成电路?集成电路按集成度的高低可分为哪几类?
5. 什么是摩尔定律?
6. 计算机硬件由哪几部分组成?各部分的主要功能是什么?
7. 简述计算机指令的执行过程。
8. 主板上安装了哪些主要部件和器件?
9. 什么是芯片组?它与CPU、内存和各种I/O设备的关系是怎样的?
10. BIOS中有哪些基本程序?
11. 评价CPU性能的指标有哪些?
12. 内存储器的半导体存储芯片有哪些类型?它们各自的特点是什么?
13. PC机上有哪些主要的I/O接口?
14. 硬盘存储器由哪些部分组成?它是怎样工作的?
15. U盘与存储卡都是什么材质的存储器?

阅读材料1:芯片制造与光刻机

根据摩尔定律,平均每18~24个月集成电路的性能就会提升一倍,而这个过程至今已经持续了半个多世纪了,可见人类能够在信息和电子技术领域内取得今日这般成就,半导体芯片这个"神队友"厥功至伟。

在信息时代,芯片广泛用于计算机、手机、家电、汽车、高铁、电网、医疗仪器、机器人、工业控制等各种电子产品和系统,是高端制造业的核心基石。如果没有芯片,中国许多高端行业的发展均会受到限制。芯片也事关国家安全,现代化的战斗机、军舰或坦克上都安装大量的芯片,没有芯片的加持,今天的军队和二战时的军队就没什么区别。更重要的是,在人类逐步"未来化"的过程中,芯片将会扮演极为关键的角色,成为第四次科技革命的重要基础。目前,英特尔、高通、AMD、联发科等都是芯片领域里的巨头。

那么芯片的生产过程是怎样的呢?

芯片的制造工艺非常复杂,一条生产线大约涉及50多个行业、2000~5000道工序,可以简单概括为以下四方面,如图1-41所示。

图1-41 芯片的生产制造过程

首先,需要由芯片设计公司设计好电路图纸,然后交给晶圆加工厂。

其次,晶圆也需要化工工业生产出相关的材料,比如其使用的材料包括几百种特种气体、液体、靶材等,需要由化工工业将"砂子"提纯成硅,再切成晶圆。

然后,晶圆加工厂根据图纸对晶圆进行加工时,也包含前后两道工艺。前道工艺主要分几大模块(光刻、薄膜、刻蚀、清洗、注入);后道工艺主要是封装(互连、打线、密封)及测试。

以上工序都需要芯片设备厂商生产制造出生产芯片所需要的各种设备。

在芯片生产过程的四大环节中,中国在制造(晶圆加工)领域最弱小,在芯片设计领域,华为代表了国内芯片设计的最高水平,但电子设计自动化(EDA)软件依然几乎被国外垄断,而在封装测试环节发展得最好最强大。我们最不用担心的就是封装与测试领域。因此,设计与制造两个环节对我们来说尤为重要。

芯片设计,美国的高通可以说处于最高水平,还有华为和海思,以及老牌中国台湾的联发科。他们只负责图纸设计,不负责生产。图纸画出来后,就得找芯片代工厂生产,否则就成了空中楼阁,废纸一张。

芯片制造则是由芯片代工厂负责将图纸落地,按照图纸的设计将芯片不折不扣地做出来。这方面台积电是当之无愧的世界第一,规模和技术均列全球第一。在代工领域,目前我国的中芯国际只有 14 nm 生产线,还差很远。虽然我们可以画出来 7 nm、5 nm 的高端芯片图纸,但要生产出来就必须用到最先进的光刻机。没有光刻机只能是纸上谈兵。中芯国际曾向荷兰的 ASML 订购过一台高端光刻机,但是被美国一再阻挠。甚至一拖再拖后,在即将交付前,厂房竟然莫名其妙地着了一场"大火"。

在芯片生产的所有工序中,可以说光刻是最重要的一道工序,它是制造和设计的纽带。一块芯片在生产过程中要进行 20~30 次的光刻,所耗工时占据整个制造流程的 50% 左右,耗费整个芯片制造成本的 30% 左右。光刻也决定了芯片的制程和性能水平。光刻需要用到一种叫光刻机的设备。

光刻机(Mask Aligner)又名掩模对准曝光机、曝光系统、光刻系统等,是制造芯片的核心装备。它采用类似照片冲印的技术,把掩模版上的精细图形通过光线的曝光印制到硅片上。简单来说,就像一台投影仪一样,首先由光刻机把需要的光源通过带有图案的掩模投射出来，经过透镜或镜子将图案聚焦在晶圆上。

不过这里面最有科技含量的是，投射出来的光非常神奇，能把晶圆蚀刻成立体的形状，而不是平面。通过不断重复的操作，把数十亿甚至上百亿计的电子元件构建在晶圆上，形成集成电路，也就是我们所说的芯片。看到这里，读者应该对光刻机有一个大概的了解了。在指甲盖大小的晶圆上，要把数十亿甚至上百亿的电子元件进行蚀刻，高科技程度出乎常人的理解，可能很多人都无法想象，这台机器得有多精密。

目前，全球能生产最先进光刻机的厂商是ASML（阿斯麦尔）。现在ASML最先进的极紫外（Extreme Ultraviolet，EUV）光刻机，如图1-42所示，重达180吨，各种零部件超过10万个，需要40个集装箱才能装下，光安装和调试的时间就需要一年以上。当然价值肯定不便宜，高达上亿美元。

图1-42　ASML EUV 光刻机 3400B

这样的一台机器，现在全世界范围就只有ASML可以生产。因为手握光刻机的核心技术，ASML占据了全球超过70%的光刻机市场，高端市场更是几乎垄断，而且供不应求，要提前预订，先交钱，等一年之后再提货。因为摩尔定律的支配，现在芯片的制程一般都达到了7 nm和5 nm，而这个任务也只有ASML的光刻机才能完成。

看到这里，大家可能会问了，我们泱泱大国，人才济济，难道还生产不出一台EUV光刻机？目前还真做不出来，不过我们也不是没有努力过。

其实早在1974年，我国的1445所就开始研制光刻机，到1977年成功研制了一台接触式光刻机，型号为GK-3，属于半自动光刻机。因为那个年代外国对我们实行封锁，一切都得自力更生。后来改革开放了，这些设备都能从国外采购，自然就暂停了研制的进程。

那么为什么要停止研发呢？首先光刻机的研发周期长，回报时间久，要10多年甚至更长的时间才能收回成本。其次是投入高，每年要投入巨额的研发资金，还不一定有回报，而且那个时期国内对芯片的需求也不是很大。因为大部分高科技产品都是从国外采购，这样的模式叫作"贸工技"，不仅是光刻机，我们的大飞机项目也是受此影响而叫停的。

值得庆幸的是，工业兴国的信念在国人心中从没动摇，就算没有市场、没有资金，也有一群人在默默地研发属于我们自己的光刻机。上海微电子装备公司在起步晚、技术薄弱的情况下，还是研发生产了90 nm制程的光刻机。近期更是研发生产出22 nm的光刻机，代表了国产光刻机的最高技术。虽然和ASML比在技术上还有很大的差距，但是只要行动起来,有一群甘心研发的人,总会有赶超的那一天。

ASML 总裁 Peter Wennink 向媒体说过:"高端的 EUV 光刻机永远不可能被中国模仿,因为我们是系统集成商。我们将数百家公司的技术整合在一起,为客户服务。这种机器有 80 000 个零件,其中许多零件非常复杂。以蔡司公司为例,它为我们生产镜头,各种反光镜和其他光学部件,世界上没有一家公司能模仿他们"。

所以我们国家要走 ASML 的道路应该是不可能了,只能靠自己独立研发出自己的光刻机。

美国近几年把注意力放在对华为的封锁中,不仅自身不遗余力地封杀华为的正常销售,还经常伙同盟国在所谓的"自由市场"中以各式各样荒唐怪诞的理由对华为采取制裁措施,其根本原因是华为的进步已经威胁到美国的霸权利益,触碰到其所构建的基础框架。而对于芯片的制作,光刻机是重中之重,缺乏达标的光刻机意味着即便有再先进的芯片设计理念也无法转化为实际,更没有办法进行量产。所以我国迄今为止芯片依旧仰仗于国外的订单,时常会发生因芯片延缓未到而手机发布也随之推移的尴尬情况。

目前国产光刻机想要完全实现替代有很大的难度,未来十几年在大数据、物联网、自动驾驶、人工智能、5G 等创新的驱动下,光刻机市场规模势必持续增长,随着半导体制造市场的转移,中国晶圆厂建设快速推进,2021 年 3 月 17 日,国际半导体产业协会(SEMI)全球副总裁、中国区总裁居龙在 SEMICON China 开幕式上透露,2020 年全球半导体设备市场大幅增长 18.9%,中国大陆增长率达 39%,首次成为全球最大的设备市场,国产光刻机企业需要更快实现技术突破,才能抓住时代的机遇,正面迎接挑战。

当美国断供我们的芯片时,我们有华为、展讯、紫光、中芯微等。

当美国限制台积电不给我们代工芯片时,我们还有中芯国际。

当美国限制 ASML 的光刻机卖给我们时,我们束手无策。

光刻机是我们芯片产业中最大的痛!

美国的技术封锁打压,也使我们更加明白,一切只能靠自己,没有任何成果是等来的、求来的。中国近些年对于各个领域的发展都取得了突破性的成就,逐渐打破西方技术封锁的壁垒,一个又一个的好消息振奋人心。道阻且长,行则将至,相信通过国人的努力奋斗,一定能突破西方国家的科技围堵和封锁。

阅读材料 2:未来计算机

从目前计算机的研究情况可以看到,未来计算机将有可能在纳米计算机、光子计算机、量子计算机、生物计算机等方面的研究上取得重大的突破。

1. 纳米计算机

随着硅芯片上集成的晶体管数量越来越接近极限,通电和断电的频率将无法再提高,耗电量也无法再减少,集成电路的性能将越来越不稳定。科学家认为,解决这个问题的途径是研制纳米晶体管,并用纳米晶体管来制作纳米计算机。

纳米是长度计量单位(1 nm = 10^{-9} m),大约是氢原子直径的 10 倍。科学家从 20 世纪 60 年代开始,把纳米微粒作为研究对象,探索纳米体系的奥秘。研究纳米技术的最终目标是人类按照自己的意志直接操纵单个原子,制造出具有特定功能的产品。

作为在纳米尺度范围内,通过操纵原子、分子、原子团或分子团使其重新排列组合成新物质的技术,纳米技术涉及现代物理学、化学、电子学、建筑学、材料学等领域,受到各发达国家的高度重视。1989 年,IBM 公司的科学家实现了用单个原子排列拼写出 IBM 商标,然后又制造出了世界上最小的算盘,算盘的珠子是用直径还不到 1 nm 的分子做成的;康奈尔大学的研究人员制作的六弦吉他,大小约相当于一个白血球。

将纳米技术应用到芯片生产上,可以降低生产成本。因为它既不需要建设超洁净的生产车间,也不需要昂贵的实验设备和庞大的生产队伍,只要在实验室里将设计好的分子合在一起,就可以造出芯片。而且纳米计算机不仅几乎不需要耗费任何能源,性能也要比今天的计算机强许多倍。

目前纳米计算机的研制已有一些鼓舞人心的消息。2013 年 9 月 26 日,斯坦福大学宣布,人类首台基于碳纳米晶体管技术的计算机已成功测试运行。该项实验的成功证明了人类有望在不远的将来,摆脱当前硅晶体技术以生产新型计算机设备。英国学术杂志《自然》已刊登了斯坦福大学的研究成果。

碳纳米管是由碳原子层以堆叠方式排列所构成的同轴圆管。该种材料具有体积小、传导性强、支持快速开关等特点,因此当被用于晶体管时,其性能和能耗表现要大幅优于传统硅材料。首台纳米计算机实际只包括 178 个碳纳米管,并运行只支持计数和排列等简单功能的操作系统。然而,尽管原型看似简单,却已是人类多年的研究成果。这意味着硅作为计算时代的王者地位或将不保。

不管怎样,计算机设备体积越来越小、价格越来越便宜、性能越来越强大的趋势不会改变,这对广大消费者来说都是利好消息。

2. 光子计算机

在过去 40 多年里,摩尔定律一直在发挥它的威力,芯片厂商们将产品越做越小,以至于晶体管之间的相互作用会造成严重影响。摩尔定律失效将会出现在 0.2 nm 工艺制作芯片的时候,因为那已经是一个原子的直径了。于是工程师们开始关注光子,想利用光子来传输信息。

现有的计算机由电流来传递和处理信息,虽然电场在导线中传播的速度比我们看到的任何运载工具的运动速度都快得多,但是采用电流做运输信息的载体还不能满足更快的要求。不用电子,而用光子做传递信息的载体,就有可能制造出性能更优异的计算机。

使用光子作为信息载体的优势体现在以下几方面。

(1) 光子不带电荷,也就不存在电磁场,彼此之间不会发生相互干扰。

(2) 电子计算机只能通过一些相互绝缘的导线来传导电子,而光子的传导是可以不需要导线的。

(3) 即使在最佳情况下,电子在固体中的运行速度也远远低于光速。具体来说,电子在导线中的传播速度是 593 km/s,而光子的传播速度却达 3×10^5 km/s,这表明光子携带信息传递的速度比电子快得多。

(4) 随着装配密度的不断提高,导体之间的电磁作用会不断增强,散发的热量也在逐渐增加,从而制约了电子计算机的运行速度。而光子计算机不存在这些问题,对使用环境条件的要求比电子计算机低得多。

(5) 光子计算机与电子计算机相比大大降低了电能消耗,减少了机器散发的热量,为光子计算机的微型化和便携化研制提供了便利的条件。

要想制造真正的光子计算机,需要解决可以用一条光束来控制另一条光束变化的光学晶体管这一基础元件,目前科学家已经实现了这样的装置,但是所需的条件如温度等仍较为苛刻,尚难以进入实用阶段。

1990年初,美国贝尔实验室宣布研制出世界上第一台光学计算机。它采用砷化镓光学开关,运算速度达每秒10亿次。尽管这台光子计算机与理论上的光子计算机还有一定差距,在功能及运算速度等方面还赶不上电子计算机,但已显示出强大的生命力。

目前我们使用的主要还是电子计算机,今后一段时期内也仍然要继续发展电子计算机。但是,从发展的潜力来说,显然光子计算机比电子计算机大得多,特别是在图像处理、目标识别和人工智能等方面,光子计算机将来发挥的作用远比电子计算机大。

3. 量子计算机

目前,传统计算机的发展已经逐渐遭遇功耗墙、通信墙等一系列问题,传统计算机的性能增长越来越困难。因此,探索全新物理原理的高性能计算技术的需求就应运而生。

量子计算机(Quantum Computer)是一类遵循量子力学规律进行高速数学和逻辑运算、存储及处理量子信息的物理装置。当某个装置处理和计算的是量子信息,运行的是量子算法时,它就是量子计算机。量子计算机的概念源于对可逆计算机的研究,目的是解决计算机中的能耗问题。

量子计算是一种基于量子效应的新型计算方式。其基本原理是以量子比特作为信息编码和存储的基本单元,通过大量量子比特的受控演化来完成计算任务。

量子计算机处理速度惊人,比传统计算机快数十亿倍。量子计算机之所以比传统电子计算机具有更强的本领,主要是因为它使用的是可叠加的量子比特。所谓量子比特就是一个具有两个量子态的物理系统,例如光子的两个偏振态、电子的两个自旋态、离子(原子)的两个能级等都可构成量子比特的两个状态。在处理数据时量子比特可以同时处于0和1两个状态,这是由量子叠加特性决定的。而传统的晶体管只有开和关两个状态,一次只能处于0状态或者1状态。因此,如果要进行海量运算,量子计算机就有了无与伦比的优势。这是由于电子计算机只能按时间顺序来处理数据,而量子计算机能做到超并行运算。

举例来说,1个量子比特同时表示0和1两个状态,n个量子比特可同时存储2^n个数据,数据量随n呈指数增长。与此同时,量子计算机操作1次等效于电子计算机进行2^n次操作的效果,1次运算相当于完成了2^n个数据的并行处理,这就是量子计算机相对于传统计算机具有的优势。

那么这种科幻级设备的工作原理是什么样的?量子计算机本身处理的是量子数据,要实现超强的功能就需要有量子。我们要把原子量子化,需要从"囚禁"原子开始。可以说,"囚禁"原子是量子计算机的通用方案。

在原子被"囚禁"之后,就需要降低原子的温度,一般超冷原子的温度需要接近绝对零度。因为原子在常温下的速度高达每秒数百米,只有让原子保持在极低温度状态,才可受控制。此外,量子计算机还致力于控制分子的状态。因为分子在常温下会做不规则的热运动,温度越低,分子运动得越慢,在低温情况下更易受控制,进一步进入量子态。

冷却原子后的下一步是如何保持长时间的量子态,这是当前最大的技术瓶颈。迄今为止,世界上还没有真正意义上的量子计算机。但是,世界各地的许多实验室正在以巨大的热情追寻着这个梦想。

早在 2007 年,加拿大的 D-Wave 公司就宣称造出了世界上第一台量子计算机,但 D-Wave 的机器在学术界一直存在争议。2013 年,Google 公司从 D-Wave 公司购买了这样一台 D-Wave 量子计算机(见图 1-43),它解决问题时能够比其他任何计算机都快一亿倍。D-Wave 量子计算机模拟了一个量子模型,经过数值分析模拟出量子的势场结构;其量子处理器由低温超导体材料制成,利用了量子微观客体之间的相互作用。因此,其体系是量子力学的。但是也有人认为,D-Wave 量子计算机并非真正的量子计算机,而是量子退火机,算法和一般意义理解的加、减、乘、除的算法有区别。

图 1-43 Google 公司购买的 D-Wave 量子计算机

如何实现量子计算,方案并不少,问题是在实验上实现对微观量子态的操纵确实太困难了。已经提出的方案主要利用了原子和光腔相互作用、冷阱束缚离子、电子或核自旋共振、量子点操纵、超导量子干涉等。还很难说哪一种方案更有前景,只是量子点操纵和超导量子干涉更适合集成化和小型化。将来也许现有的方案都派不上用场,最后脱颖而出的是一种全新的设计,而这种新设计又以某种新材料为基础,就像半导体材料对于电子计算机一样。研究量子计算机的目的不是要用它来取代现有的计算机。量子计算机使计算的概念焕然一新,这是量子计算机与其他计算机如光子计算机和生物计算机等的不同之处。量子计算机的作用远不只是解决一些经典计算机无法解决的问题。

4. 生物计算机

生物计算机是人类期望在 21 世纪完成的伟大工程,是计算机世界中最年轻的分支。自从 1983 年美国提出生物计算机的概念以来,各个发达国家都开始研制生物计算机。

生物计算机也称仿生计算机,它的主要原材料是生物工程技术产生的蛋白质分子,并以此作为生物芯片来替代半导体硅片。生物计算机芯片本身还具有并行处理的功能,其运算速度要比当今最新一代的计算机快 10 万倍,能量消耗仅相当于普通计算机的十亿分之一,存储信息的空间仅占百亿亿分之一。生物计算机有很多优点,主要表现在以下几方面。

(1) 体积小,功效高。生物计算机在 1 平方毫米的面积上可容纳数亿个电路,比目前的电子计算机提高了上百倍。同时,生物计算机已经不再具有计算机的形状,可以隐藏在桌角、墙壁或地板等地方,同时发热和电磁干扰都将大大降低。

(2) 生物计算机的芯片具有永久性与很高的可靠性。蛋白质分子可以自我组合,能够新生出微型电路,具有活性,因此生物计算机拥有生物特性。生物计算机不再像电子计算机那样芯片损坏后无法自动修复,生物计算机能够发挥生物调节机能,自动修复受损芯片。因此,生物计算机可靠性非常高,不易损坏,生物计算机芯片具有一定的永久性。

(3) 生物计算机的存储与并行处理能力强。生物计算机是以核酸分子作为数据,以生物酶及生物操作作为信息处理工具的一种新颖的计算机模型。20 世纪 70 年代以来,人们发现脱氧核糖核酸(DNA)处在不同的状态下,可产生有信息和无信息的变化。科学家们发现生物元件可以实现逻辑电路中的 0 或 1、晶体管的导通或截止、电压的高或低、脉冲信号的有或无等。经过特殊培养后制成的生物芯片可作为一种新型高速计算机的集成电路。生物计算机在存储方面与传统电子计算机相比具有巨大优势。0.001kg DNA 存储的信息量可与一万亿张 CD 相当,存储密度通常是磁盘存储器的 1000 亿~10 000 亿倍。更为不可思议的是,DNA 还具有在同一时间处理数兆个运算指令的能力。

生物计算机具有超强的并行处理能力,通过一个狭小区域的生物化学反应可以实现逻辑运算,数百亿个 DNA 分子构成大批 DNA 计算机并行操作。生物计算机传输数据与通信过程很简单,其并行处理能力可与超级电子计算机媲美,通过 DNA 分子碱基不同的排列次序作为计算机的原始数据,对应的酶通过生物化学变化对 DNA 碱基进行基本操作,能够实现电子计算机的各种功能。

(4) 发热少,无信号干扰。生物计算机的元件是由有机分子组成的生物化学元件,它们是利用化学反应工作的,只需要很少的能量就可以工作,因此不会像电子计算机那样,工作一段时间后机体会发热,而且生物计算机的电路间也没有信号干扰。

(5) 数据错误率低。DNA 链的另一个重要性质是双螺旋结构,A 碱基与 T 碱基、C 碱基与 G 碱基形成碱基对。每个 DNA 序列有一个互补序列。这种互补性使得生物计算机具备独特优势。如果错误发生在 DNA 某一双螺旋序列中,修改酶能够参考互补序列对错误进行修复。因此,生物计算机自身具备修改错误特性,数据错误率较低。

(6) 可实现与人体组织的结合。生物计算机具有生物活性,能够和人体的组织有机地结合起来,尤其是能够与大脑和神经系统相连。这样,生物计算机就可直接接受大脑的综合指挥,成为人脑的辅助装置或扩充部分,并能由人体细胞吸收营养补充能量,因而不需要外界能源。它将成为能植入人体内帮助人类学习、思考、创造、发明的最理想的伙伴。

虽然生物计算机的优点十分明显,但是它也有自身难以克服的缺点。最主要的便是提取信息困难。一台生物计算机 24 小时可就完成人类迄今全部的计算量,但从中提取一个信息却要花费 1 周。这是目前生物计算机没有普及的最主要原因。但这并不影响生物计算机这个存在巨大诱惑的领域的快速发展,随着人类技术的不断进步,这些问题终究会被解决,生物计算机的商业化繁荣终将到来。

第 2 章　计算机软件与信息表示

2.1　软件概述

软件是用户与硬件之间的接口，用户主要通过软件与计算机进行交流。只有硬件没有软件的计算机称为裸机。裸机是无法正常工作的。计算机只有在安装了软件之后，才能发挥其强大的功能。

2.1.1　程序与软件

在计算机系统中，软件和硬件是两种不同的产品。硬件是有形的物理实体，而软件是无形的，是人们解决信息处理问题的原理、规则与方法的体现，是人类智力活动的成果。在形式上，软件通常以程序、数据和文档的形式存在，需要在计算机上运行来体现它的价值。

在日常生活当中，人们经常把软件和程序互相混淆，不加以严格区分，但是这两个概念是有区别的。程序只是软件的主体部分，指的是指挥计算机做什么和如何做的一组指令或语句序列。数据是程序的处理对象和处理以后得到的结果（分别称为输入数据和输出数据）。文档是跟程序开发、维护及使用相关的资料，如设计文档、用户手册等。通常，软件都有完整、规范的文档，尤其是商品软件。

如果在不严格的场合下，可以用程序指代软件，因为程序是一个软件的最核心部分，但是只有单独的数据和文档则不能看成是软件。

软件产品通常指的是软件开发厂商交付给用户的一整套完整的程序、数据和文档（包括安装和使用手册等），往往以光盘等存储介质作为载体提供给用户，也可以通过网络下载，经版权所有者许可后使用。

2.1.2　软件的分类

按照不同的原则和标准，可以将软件划分为不同的种类。从应用的角度出发，可将软件大致划分为系统软件和应用软件两大类。按照软件权益如何处置进行分类，可将软件划分为商业软件、共享软件、免费软件和自由软件。

1. 系统软件和应用软件

1) 系统软件

在计算机系统中，系统软件是必不可少的一类软件，它具有一定的通用性，并不是专为某个具体应用而开发的。通常在购买计算机时，计算机供应厂商应当提供给用户一定的基本系统软件，否则计算机将无法工作。具体来说，系统软件主要是指那些为用户有效地使用计算机系统、给应用软件开发与运行提供支持或者为用户管理与使用计算机提供方便的一类软件,主要包括以下 4 类。

(1) 操作系统,例如 Windows、UNIX、Linux 等。

(2) 程序设计语言处理系统,如汇编程序或者编译程序和解释程序等。

(3) 数据库管理系统,例如 ORACLE、Access 等。

(4) 各种服务性程序,例如基本输入/输出系统(BIOS)、磁盘清理程序、备份程序等。

一般来说,系统软件与计算机硬件有很强的交互性,能对硬件资源进行统一的调度、控制和管理,使得它们可以协调工作。系统软件允许用户和其他软件将计算机当作一个整体而无须顾及底层每个硬件是如何工作的。

2) 应用软件

应用软件是指为特定领域开发并为特定目的服务的一类软件。由于计算机的通用性和应用的广泛性,应用软件比系统软件更丰富多样、五花八门。例如,计算机辅助设计/制造软件(CAD/CAM)、智能产品嵌入软件(如汽车油耗控制、仪表盘数字显示、刹车系统),以及人工智能软件(如专家系统、模式识别)等,给传统的产业部门带来了惊人的生产效率和巨大的经济效益。目前的软件市场产品结构中,应用软件占有较大份额,并且还有逐渐增加的趋势。

按照应用软件的开发方式和适用范围,应用软件可以分成通用应用软件和定制应用软件两大类。

(1) 通用应用软件。

在现代社会,不论是学习还是工作,不论从事何种职业、处于什么岗位,人们都需要阅读、书写、通信、娱乐和查找信息,有时可能还要做演讲、发消息等。所有这些活动都有相应的软件帮助人们更方便、更有效地进行这些活动。由于这些软件几乎人人都需要使用,所以把它们称为通用应用软件。

通用应用软件还可进一步细分为若干类别,例如文字处理软件、电子表格软件、图形图像软件、网络通信软件、演示软件、媒体播放软件等,如表 2-1 所示。这些软件设计精巧,易学易用,多数用户几乎不经培训就能使用。在普及计算机应用的进程中,它们起到了很大的作用。

表 2-1 通用应用软件的主要类别和功能

类 别	功 能	流行软件举例
文字处理软件	文字处理、桌面排版等	WPS、Word、Acrobat 等
电子表格软件	表格定义、计算和处理等	Excel 等
图形图像软件	图像处理、几何图形绘制等	AutoCAD、Photoshop、3ds Max、CorelDraw 等
网络通信软件	电子邮件、网络文件管理、Web 浏览等	Outlook Express、FTP、IE 等
演示软件	幻灯片制作等	PowerPoint 等
媒体播放软件	播放数字音频和视频文件	Media Player、暴风影音等

(2) 定制应用软件。

定制应用软件是按照不同领域用户的特定应用要求而专门设计开发的软件,如超市的销售管理和市场预测系统、汽车制造厂的集成制造系统、大学教务管理系统、医院挂号计费系统、酒店客房管理系统等。这类软件专用性强，设计和开发成本相对较高，只有一些机构用户需要购买，因此价格比通用应用软件贵得多。

由于应用软件是在系统软件的基础上开发和运行的，而系统软件又有多种，如果每种应用软件都要提供能在不同系统上运行的版本，将导致开发成本大大增加。目前有一类称为"中间件"(Middleware)的软件，它们作为应用软件与各种系统软件之间使用的标准化编程接口和协议，可以起到承上启下的作用，使应用软件的开发相对独立于计算机硬件和操作系统，并能在不同的系统上运行，实现相同的应用功能。

2. 商业软件、共享软件、免费软件和自由软件

软件是一种逻辑产品，它是脑力劳动的结晶，软件产品的生产成本主要体现在软件的开发和研制上。软件的研制工作需要投入大量的、复杂的、高强度脑力劳动，它的成本相当昂贵。因此软件如同其他产品一样，有获得收益的权利。

1) 商业软件

商业软件(Commercial Software)是指被作为商品进行交易的软件，一般售后服务较好，以大型软件居多。直到 2000 年，大多数软件都属于商业软件，用户需要付费才能得到其使用权。除了受版权保护之外，商业软件通常还受到软件许可证(License)的保护。软件许可证是一种法律合同，它确定了用户对软件的使用方式，扩大了版权法给予用户的权利。例如，版权法规定将一个软件复制到其他机器去使用是非法的，但是软件许可证允许用户购买一份软件而同时安装在本单位的若干计算机上使用，或者允许所安装的一份软件同时被若干用户使用。

相对于商业软件，可供分享使用的有共享软件、免费软件和自由软件等。

2) 共享软件

共享软件(Shareware)是以"先使用后付费"的方式销售的享有版权的软件。根据共享软件作者的授权，用户可以从各种渠道免费得到它的副本，也允许用户复制和散发(但不可修改后散发)。用户总是可以先使用或试用共享软件，认为满意后再向作者付费；如果你认为它不值得你花钱买，可以停止使用。这是一种为了节约市场营销费用的有效的软件销售策略。

3) 免费软件

顾名思义，免费软件(Freeware)是不需要花钱即可得到使用权的一种软件，它是软件开发商为了推介其主力软件产品，扩大公司的影响，免费向用户发放的软件产品。还有一些是自由软件作者开发的免费产品。

4) 自由软件

需要注意的是，"自由"和"免费"的英文单词都是 Free，但是自由软件和免费软件是两个不同的概念，并且有不同的英文写法。自由软件(Free Software)不讲究版权，可以自由使用，不受限制，可以对程序进行修改，甚至可以反编译。自由软件具备两个主要特征：一是可以免费使用；二是公开源代码，因此可以认为自由软件等价于开源软件。

自由软件的创始人是理查德·斯塔尔曼(Richard Stallman)，他于 1984 年启动了开发"类 UNIX 系统"的自由软件工程(名为 GNU)，创建了自由软件基金会(FSF)，拟定了通用公共许可证(GPL)，倡导自由软件的非版权原则。该原则是：用户可共享自由软件，允许随意复制、修改其源代码，允许销售和自由传播，但是对软件源代码的任何修改都必须向所有用户公开,还必须允许此后的用户享有进一步复制和修改的自由。自由软件有利于软件共享和技术创新,它的出现成就了 TCP/IP 协议、Apache 服务器软件和 Linux 操作系统等一大批精品软件的产生。

2.2 操作系统

2.2.1 操作系统概述

操作系统(Operating System,OS)是管理计算机硬件的程序,它为应用程序提供基础,并且充当计算机硬件和计算机用户之间的中介。引入操作系统的目的是用户能够方便、有效地执行程序。一个比较公认的操作系统定义是:操作系统是一直运行在计算机上的程序,通常称为内核,其他程序则是系统程序和应用程序。在现代操作系统设计中,往往把一些与硬件紧密相关的模块、运行频率较高的模块以及一些公用的基本操作安排在靠近硬件的软件层次中,并使它们常驻内存,以提高操作系统的运行效率,这些软件模块就是所谓的操作系统内核。

1. 操作系统的基本概念

操作系统是最靠近硬件的一层系统软件,它是对硬件系统的第一次扩充,使得硬件裸机被改造成为一台功能完善的虚拟计算机。从用户的角度看,计算机硬件系统加上操作系统软件后形成的虚拟计算机,使得用户的计算机使用环境更加方便、友好,因此,操作系统是用户和计算机之间的接口。

从应用软件的角度看,没有操作系统,其他软件就无法直接运行在计算机硬件之上,因此,操作系统也是计算机硬件和其他软件的接口,同时,操作系统还扩充了硬件的功能,可以给上层的应用程序提供更多的支持。

总而言之,操作系统是一组管理计算机硬件与软件资源的程序模块,它是计算机系统的内核与基石。操作系统可以管理所有的计算机资源,包括硬件资源、软件资源及数据资源,以使各种资源被更合理、有效地使用,最大限度地发挥各种资源的作用,同时它能为用户提供方便、友好的服务界面,也为其他应用软件提供支持和服务。

2. 操作系统的作用

操作系统主要有以下三方面的作用。

(1) 为计算机中运行的程序分配和管理各种软硬件资源。

计算机系统的资源可分为硬件资源和软件资源两大类。硬件资源指的是组成计算机的硬件设备,如中央处理器、主存储器、辅助存储器、打印机、显示器、键盘和鼠标等 I/O 设备。软件资源指的是存放于计算机内的各种数据和程序,如文件、程序库、知识库、系统软件和应用软件等。

操作系统根据用户的需求按一定的策略来分配和调度系统的硬件资源和软件资源。一般情况下,计算机中总是有多个程序在同时运行,它们会根据自身程序的需要,要求使用系统中的各种资源,此时操作系统就承担着资源的调度和分配任务,以避免程序之间发生冲突,使所有程序都能正常有序地运行。

操作系统的存储管理负责把内存单元分配给需要内存的程序以便让它执行,在程序执行结束后将它占用的内存单元收回以便再利用。处理器管理(或称处理器调度)是操作系统资源管理功能的另一个重要内容。在一个允许多道程序同时执行的系统里,操作系统会根据一定的策略将处理器交替地分配给等待运行的程序,使各种程序能够有序地运行。操作系统的设备管理功能主要是分配和回收外围设备,以及控制外围设备按用户程序的要求进行操作等。文件管理主要是操作系统向用户提供一个文件系统,通过文件系统向用户提供创建文件、撤销文件、读写文件、打开和关闭文件等功能。

(2) 为用户提供友好的人机界面。

人机界面也称用户接口或人机接口,是决定计算机系统的重要组成部分。早期的人机界面是字符用户界面(CUI),需要操作员通过键盘输入字符命令行,操作系统接到命令后立即执行并将结果通过显示器显示出来。目前的人机界面主要形式是图形用户界面(GUI),它可以让用户通过单击或双击图标对计算机提出操作要求,并以图形方式返回操作结果。随着模式识别,如语音识别、汉字识别等输入设备的发展,操作员也可以采用类似于自然语言或受限制的自然语言来交互控制计算机执行操作。

(3) 为应用程序的开发和运行提供一个高效率的平台。

没有安装操作系统的裸机是无法工作的,安装了操作系统后的虚拟计算机可以屏蔽物理设备的具体技术细节,以规范、高效的方式(例如系统调用、库函数等)为开发和运行其他系统软件及各种应用程序提供了一个平台。

3. 操作系统的启动和关闭

操作系统是一种系统软件,大多驻留在计算机的外存上。从计算机加电开始,一直到操作系统装入内存、获得对计算机系统的控制权,使得计算机系统能够正常工作的过程就是计算机的启动。

不管是何种操作系统,启动过程都大致为:加载系统程序→初始化系统环境→加载设备驱动程序→加载服务程序等。简单地说,就是使操作系统中管理资源的内核程序装入内存并投入运行,以便随时为用户服务。反之,关闭过程则为:保存用户设置→关闭服务程序→通知其他联机用户→保存系统运行状态,并正确关闭相关外围设备等。

操作系统的启动和关闭都十分重要,只有正确启动,操作系统才能处于良好的运行状态;同样,只有正确关闭,系统信息和用户信息才不会丢失。各种操作系统的具体启动过程是各不相同的,以下以 Windows NT 内核为例,说明操作系统是如何启动的。

(1) 当按下电源开关时,主板上的控制芯片组向 CPU 发出一个 RESET 信号,让 CPU 内部自动恢复到初始状态,当芯片组检测到电源开始稳定供电时,CPU 从地址 FFFF0H 处开始执行指令,这个地址处实际存放的只是一条跳转指令,即跳到 BIOS 中真正的启动代码处。

(2) 运行 BIOS 中的 POST(Power-On Self Test,加电后自检)程序,主要任务是检测系统中一些关键设备(例如内存和显卡等)是否存在和能否正常工作。如果在 POST 过程中发现了一些致命错误,例如没有找到内存或者内存有问题,那么 BIOS 就会发出蜂鸣声来报告错误,声音的长短和次数代表着错误的类型。

(3) 所有硬件检测完毕,若无异常,BIOS 将根据用户指定的启动顺序从硬盘或光驱启动。

(4) 以从硬盘启动为例,BIOS 将磁盘的第一个物理扇区加载到内存,读取并执行位于硬盘第一个物理扇区的主引导记录(Master Boot Record,MBR),接着搜索 MBR 中的分区表,查找活动分区(Active Partition)的起始位置,并将活动分区的第一个扇区中的引导扇区——分区引导记录载入到内存。

(5) MBR 查找并初始化 ntldr 文件——NT 内核操作系统的启动器(Windows Loader),将控制权转交给 ntldr,由 ntldr 继续完成操作系统的启动。

(6) 进入引导阶段后,Windows 依次加载内核、初始化内核,最后用户登录。只有用户成功登录到计算机后,才意味着 Windows 真正启动成功了。

2.2.2 操作系统的功能

操作系统管理所有的计算机资源,包括硬件资源、软件资源及数据资源,具体有以下 4 方面的功能。

1. 处理器管理

CPU 是计算机系统中最重要、最宝贵、竞争最激烈的硬件资源,任何程序的运行必须占用 CPU。因此,处理器管理实质上是对处理器执行时间的管理,即如何将 CPU 真正合理地分配给每个任务,实现对 CPU 的动态管理。

在单道程序或单任务操作系统中,处理器当前只为一个作业或一个用户所独占,对处理器的管理十分简单。但是为了提高 CPU 的利用率,一般操作系统都采用多道程序设计技术,即多任务处理。如 Windows 系列的操作系统就属于并发多任务的操作系统。从宏观上看,系统中的多个程序是同时并发执行的,但是从微观上看,任一时刻一个处理器仅能执行一道程序,系统中各个程序是交替执行的。当一个程序因等待某一条件而不能运行下去时,处理器管理程序就会把处理器占用权转交给另一个可运行程序;或者,当出现了一个比当前运行的程序更重要的可运行程序时,该重要程序就能抢占对 CPU 的使用权。因此在多道程序或多用户的情况下,需要解决处理器的分配调度策略、分配实施和资源回收等问题,这就是处理器管理功能。

在多道程序环境下,程序的并发执行使得程序的活动不再处于封闭系统中,因此程序这个静态概念已经不能如实反映程序活动的动态特征。为此人们引入了一个新的概念——进程。进程是程序在处理器上的一次执行过程,是系统进行资源分配和调度的一个独立单位。处理器管理又称进程管理,在采用多道程序的操作系统中,任何用户程序在系统中都是以进程的形式存在的,各种软硬件资源也都以进程为单位进行分配,这些资源包括 CPU 时间、内存空间、I/O 设备、文件等。

进程和程序不同,程序本身不是进程。程序是一个静态的概念,而进程是一个动态的概念。简单讲,进程是一个执行中的程序,两个进程可能对应于同一个程序,它们所执行的代码虽然相同,但是所处理的数据不同,运行中所占用的软硬件资源也不同。

例如,Windows 的记事本程序同时被执行多次时,系统创建了多个进程,而每个记事本进程所打开的文件(即所处理的数据)可能是不同的,被打开文件的大小不同会使每个记事本进程所占用的内存空间大小不同。图 2-1 所示是 Windows 10 的任务管理器,从中可以看到有不同类型的进程,有的是应用进程,有的是后台进程,还有一些是 Windows 进程,其中应用程序记事本被同时运行了 3 次,因而内存中有 3 个这样的进程,它们所占用的内存空间大小是不同的。

图 2-1 Windows 10 中的任务管理器

进程执行时的动态特性决定了进程具有多种状态。事实上，运行中的进程至少具有以下 3 种基本状态。

（1）就绪状态。进程已经获得了除处理器以外的所有资源，一旦获得处理器就可以立即执行。

（2）运行状态。当一个进程获得必要的资源并正在处理器上运行时，此进程所处的状态为运行状态。

（3）等待状态。又称阻塞状态或睡眠状态。正在执行的进程，由于发生某事件而暂时无法继续执行（如等待输入输出完成），此时进程所处的状态为等待状态。

进程的状态不断地随着自身的运行和外界条件的变化而发生变化，如图 2-2 所示为进程状态图。

从图 2-2 中可以看出，进程不能直接从等待状态返回运行状态，因为此时系统中可能存在一些优先级高于该进程的就绪进程，并且进程也不能从就绪状态转入等待状态，否则将导致某些进程可能长期得不到运行。

根据调度策略的不同，将产生不同性质和功能的操作系统，比如批处理操作系统、分时操作系统、实时操作系统、网络操作系统和分布式操作系统等。一般而言，常用的处理器调度算法有如下几种。

图 2-2 进程状态图

（1）先来先服务（First-Come First-Served，FCFS）调度算法。

（2）最短作业优先（Shortest Job First，SJF）调度算法。

（3）时间片轮转（Round Robin，RR）调度算法。

（4）多级队列（Multiple-Level Queue）调度算法。

（5）优先级（Priority）调度算法。

（6）多级反馈队列（Round Robin with Multiple Feedback）调度算法。

上述讨论的进程一次只能执行一个任务，而现代操作系统又扩展了进程的概念，支持一次执行多个线程。引入线程的目的是减少程序并发执行时所付出的时空开销，使操作系统具有更好的并发性。线程是进程内的一个执行单元，是相对独立的一个控制流序列。线程本身不拥有资源，但它可以与同属一个进程的其他线程共享进程拥有的全部资源。Windows 操作系统就是采用了多线程的工作方式，线程是 CPU 的分配单位，优点是能充分共享资源，减少内存开销，提高并发性和加快切换速度。

2. 存储管理

内存是计算机中最重要的一种资源，所有运行的程序都必须装载在内存中才能由 CPU 执行。在多任务操作系统中，如果要执行的程序很大或很多，有可能导致内存消耗殆尽，因此操作系统存储管理的主要任务是实现对内存的分配与回收、内存扩充、地址映射、内存保护与共享等功能。

1）内存的分配与回收

在多道程序的操作系统中，为了合理地分配和使用存储空间，当用户提出申请存储空间时，存储管理必须根据申请者的要求，按一定的策略分析存储空间的使用情况，找出足够的空闲区域给申请者使用，使不同用户的程序和数据彼此隔离，互不干扰及破坏。若当时可使用的主存不能满足用户的申请，则让用户程序等待，直至有足够的主存空间。当某个用户程序工作结束时，要及时收回它所占的主存区域，使其重新成为空闲区域，以便再装入其他程序。

2）内存扩充

进程只有在所有相关内容装入内存后方能运行，如果内存小于某一个进程所需要的存储空间，该进程是无法运行的。为了解决这一问题，大多数操作系统都采用了虚拟存储技术，即拿出一部分硬盘空间来充当内存使用，如 Windows 家族的"虚拟内存"，Linux 的"交换空间"等，它们将内存和外存结合起来统一管理，形成一个比实际内存容量大得多的虚拟存储器，从而解决内存的扩充问题。

虚拟存储技术的基本原理是基于局部性原理。从时间上看，一般程序中某条指令的执行和下次再次执行，以及一个数据被访问和下次再被访问，多数是集中在一个较短的时间段内的；从空间上看，程序执行时访问的存储单元多数也是集中在一个连续地址的存储空间范围内的。因此一个进程在运行时不必将全部的代码和数据都装入内存，而仅需将当前要执行的那部分代码和数据装入内存，其余部分可以暂时留在磁盘上，当要执行的指令不在内存时，才由操作系统自动将它们从外存调入内存。

虚拟存储技术的关键点是应当如何解决下列问题。

（1）调度问题：决定哪些程序和数据应被调入主存。

（2）地址映射问题：在访问主存或辅存时如何把虚拟地址变为主存或辅存的物理地

址。此外还要解决主存分配、存储保护与程序再定位等问题。

(3) 替换问题：决定哪些程序和数据应被调出主存。

(4) 更新问题：确保主存与辅存的一致性。

3) 地址映射

虚拟存储技术可以使用户感觉自己好像在使用一个比实际物理内存大得多的内存，这个内存被称为虚拟内存，由于虚拟内存空间和实际物理内存空间不同，进程在使用虚拟内存中的地址时，必须由操作系统协助相关硬件，把虚拟地址转化为真正的物理地址。在现代操作系统中，多个进程可以使用相同的虚拟地址，因为转化的时候可以把各自的虚拟地址映射到不同的物理地址。

用户编制程序时使用的地址是虚拟地址，或者叫逻辑地址，其对应的存储空间是虚地址空间；而计算机物理内存的访问地址则称为物理地址，它是存储单元的真实地址，与处理器和 CPU 连接的地址总线相对应，对应的存储空间是实地址空间。

每个程序的虚地址空间可以大于实地址空间，也可以小于实地址空间。前一种情况是为了扩大存储容量，后一种情况是为了方便地址变换。后者通常出现在多用户或多任务系统中：实地址空间较大，而单个任务并不需要很大的地址空间，较小的虚地址空间则可以缩短指令中地址字段的长度。

程序进行虚拟地址到物理地址转换的过程称为程序的再定位。当程序运行时，由地址变换机构依据当时分配给该程序的物理地址空间把程序的一部分调入物理内存。每次访问主存时，首先判断该虚拟地址所对应的部分是否在物理内存中；如果是，则进行地址转换并用物理地址访问主存；否则，按照某种算法将辅存中的部分程序调度进内存，再按同样的方法访问主存。

调度方式有页式、段式、段页式 3 种。Windows 操作系统属于典型的页式调度方式，在硬盘上有一个特殊的分页文件，它就是虚拟内存所占用的硬盘空间。在不同操作系统中，分页文件的文件名不一样，例如 Windows 9X 操作系统中分页文件的文件名是 Win386.swp，其默认位置是在 Windows 的安装文件夹中。而在 Windows XP 及之后的 Windows 系列版本中，分页文件的文件名则是 pagefile.sys，它位于系统盘的根目录下，通常情况下是看不到的，必须关闭资源管理器对系统文件的保护功能才能看到这个文件。

在 Windows 10 中，用户可以利用"控制面板"→"系统和安全"→"系统"来查看内存的工作情况，包括总的物理内存大小和可用的物理内存大小，也可以通过"高级系统设置"来自主管理虚拟内存，如图 2-3 所示是使用"更改"功能改动虚拟内存的设置对话框。

虚拟存储器的效率是系统性能评价的重要内容，它与主存容量、页面大小、命中率、程序局部性和替换算法等因素有关。如果虚拟内存设置不当，如设置过小，将会影响系统程序的正常运行，设置过大则会导致关机过慢，甚至长达几十分钟。一般应设置为物理内存的 1.5～3 倍。但事实上，严格按照 1.5～3 倍的倍数关系来设置并不科学，应当根据系统的实际情况进行设置。

4) 内存保护与共享

在多道程序环境下，操作系统提供了内存共享机制，使多道程序能共享内存中可以共享的程序和数据，从而提高了系统的利用率。同时，操作系统还必须保护各进程私有的程序和数据不被其他用户程序使用和破坏。

图 2-3 虚拟内存设置

3. 文件管理

1）文件和文件夹

根据冯·诺依曼体系结构，计算机所使用的程序和数据应当存放在存储器中，存储器又分为内存和外存两类，其中保存在内存中的信息一旦断电就会丢失，而保存在外存上的信息可以永久保存下来。保存在外存上的一组相关信息的集合就是所谓的文件。文件夹就像我们平时工作学习中使用的文件袋一样，起到分类并便于管理的作用。文件通常放在文件夹中，文件夹中除了存放文件外，还可以存放子文件夹，子文件夹中又可以包含文件和下级文件夹。

（1）文件。

在计算机中，任何一个文件都有其文件名，文件名是存取文件的依据。一般来说，文件名由主文件名和文件扩展名构成，形式为＜主文件名.扩展名＞。

不同操作系统的文件命名规则有所不同，以 Windows 10 为例，其文件名的命名规则如下。

① 文件名长度最多可使用 256 个字符。

② 除开头以外，文件名中可以使用空格，也可以使用汉字，但不能有以下符号："?""\""/""*"":""<"">""|"":"。

③ Windows 在显示时保留用户指定名字的大小写形式，但不以大小写区分文件名。例如，Myfile.txt 和 MYFILE.TXT 被视为相同的文件名。

④ 文件名中可以有多个分隔符".",最后一个分隔符后的字符串用于指定文件类型。例如文件名 Myfile.file1.doc,文件名是 Myfile.file1,扩展名是 doc,表示这是一个 Word 文档。

文件扩展名代表了某种类型的文件,Windows 操作系统中常见的文件扩展名及其含义如表 2-2 所示。

表 2-2 文件扩展名及其含义

文件类型	扩展名	说明
可执行文件	exe、com	可执行的程序文件
文本文件	txt	存放不带格式的纯字符文件
Office 文件	doc、xls、ppt	办公自动化软件 Office 中 Word、Excel、PowerPoint 创建的文件
图像文件	bmp、jpg、gif	图像文件,不同的扩展名表示不同格式的图像文件
流媒体文件	wmv、rm、qt	能通过 Internet 播放的流式媒体文件,无须下载即可播放
压缩文件	zip、rar	压缩文件,可以减少外存的使用空间
音频文件	wav、mp3、mid	声音文件,不同的扩展名表示不同格式的音频文件
网页文件	htm、asp	不同格式的网页文件
源程序文件	c、cpp、bas、asm	程序设计语言的源程序文件

文件属性是一些描述性的信息,它定义了文件的某种独特性质,可以用来帮助查找和整理文件,以便存放和传输。文件属性未包含在文件的实际内容中,而是提供了有关文件的信息。图 2-4 所示是资源管理器中的文件所显示的文件属性。

图 2-4 文件属性

Windows 中常见的文件属性有系统属性、隐藏属性、只读属性和归档属性。

① 系统属性。具有系统属性的文件就是系统文件,在一般情况下,系统文件不能被查看,也不能被删除。系统属性是操作系统对重要文件的一种保护属性,可以防止这些文件被意外损坏。

② 隐藏属性。在查看文件时,一般情况下,系统不会显示具有隐藏属性的文件,因此这些文件也就不能被删除、复制和更名。但可以将系统设置为显示隐藏文件,此时隐藏的文件和文件夹是浅色的,以表明它们与普通文件不同。

③ 只读属性。对于具有只读属性的文件,可以查看它的名字,它能被应用,也能被复制,但不能被修改和删除。可以将重要文件设置为只读文件,这不会影响它的正常读取,还可以避免意外删除或修改。

④ 归档属性。一个文件被创建之后,系统会自动将其设置成归档属性,这个属性常用于文件的备份。

(2) 文件夹。

① 目录结构。

为了分门别类地有序存放文件,操作系统把文件组织在若干目录(也称文件夹)中。文件夹是组织和管理文件的一种数据结构。每一个文件夹对应一块外存空间,提供了指向对应空间的路径地址,它可以有扩展名,但不具有文件扩展名的作用,也就不像文件那样用扩展名来标识格式。使用文件夹最大的优点是为文件的共享和保护提供了方便。

文件夹一般采用多级层次式结构(树状结构),在这种结构中每个磁盘有一个根文件夹,它包含若干文件和文件夹。文件夹不但可以包含文件,也可以包含下一级文件夹,以此类推,就形成了多级文件夹结构,如图 2-5 所示。多级文件夹可以帮助用户把不同类型和不同用途的文件分类存储在不同的文件夹中;在网络环境下,具有相同访问权限的文件可以放在同一个文件夹中,便于实现网络共享。

图 2-5　多级文件夹(树状)结构

② 路径。

当访问一个文件时,必须按照目录结构加上路径,以便文件系统找到所需要的文件。在 Windows 操作系统中,文件夹之间的分隔符用"\"表示,同一文件夹中的文件名不能相同,但不同文件夹下的文件可以同名,如图 2-5 中存在两个 Test.doc 文件,它们位于不同的文件夹下。表示目录路径的方式有绝对路径和相对路径两种形式。

绝对路径：需要完整表示从根目录开始一直到该文件的目录路径。例如图 2-5 中的文件 Data.mdb 的绝对路径是"G:\C 语言资料\模拟试卷\QW\Data.mdb"。

相对路径：只需表示从当前目录开始到该文件之前的目录路径。例如图 2-5 中的当前目录是"C 语言资料"，因此文件 Data.mdb 的相对路径是"模拟试卷\QW\Data.mdb"。

③ 文件夹属性。

与文件相似，文件夹也有若干与文件类似的说明信息。文件夹属性除了有存档、只读、隐藏等属性外，在 Windows 中还有压缩、加密和编制索引等。如图 2-6 中展示的是文件夹的常规和高级属性。

(a) 常规属性　　　　　　　　　　　　(b) 高级属性

图 2-6　文件夹的常规属性和高级属性

2）文件系统

操作系统中负责管理和存储文件信息的软件机构称为文件管理系统，简称文件系统。文件系统的主要功能包括：管理和调度文件的存储空间，提供文件的逻辑结构、物理结构和存储方法；实现文件从标识到实际地址的映射，实现文件的控制操作和存取操作，实现文件信息的共享并提供可靠的文件保密和保护措施，提供文件的安全措施。

从系统角度来看，文件系统是对文件存储设备的空间进行组织和分配、负责文件存储并对存入的文件进行保护和检索的系统。具体地说，它负责为用户建立文件，存入、读出、修改、转储文件，控制文件的存取，当用户不再使用时撤销文件等。

一台计算机往往配置了多种不同类型的辅助存储器，如硬盘、U 盘、CD、DVD 等，由于物理特性的差异，它们的目录结构、扇区大小和空间划分与分配方法都是不一样的，因而需要使用不同的文件系统。例如，早先的硬盘容量很小（2 GB 以内），Windows 使用的是FAT16 文件系统，硬盘容量增大后改用 FAT32 和 NTFS 文件系统，闪存出现后则使用exFAT 文件系统。

此外，不同操作系统使用的文件系统也不一样。例如 UNIX 操作系统使用 UFS 和

UFS2 文件系统，Linux 最早使用 Minix 文件系统，现在流行的则是 EXT2、EXT3 和 EXT4 文件系统。文件系统的实质是操作系统用于明确磁盘或分区上的文件的方法和数据结构。

下面以 Windows 使用的文件系统为例，具体说明几种不同文件系统的区别与应用。

(1) FAT。

FAT(File Allocation Table)是文件分配表。它的意义在于对硬盘分区的管理。计算机将信息保存在硬盘上称为"簇"的区域内，簇就是磁盘空间的配置单位。使用的簇越小，保存信息的效率越高。

以前使用的 DOS、Windows 95 都使用 FAT16 文件系统。它最大可以管理 2 GB 的分区，但每个分区最多只能有 65 525 个簇。随着硬盘或分区容量的增大，每个簇所占的空间将越来越大，从而导致硬盘空间的浪费，FAT16 文件系统已不能很好地适应系统的要求。在这种情况下，推出了增强的文件系统 FAT32。同 FAT16 相比，FAT32 可以支持大到 2 TB 的分区。由于采用了更小的簇，FAT32 文件系统可以更有效地保存信息。另外，FAT32 分区的启动记录被包含在一个含有关键数据的结构中，减少了计算机系统崩溃的可能性。

(2) NTFS。

NTFS 文件系统是一个基于安全性的文件系统，是 Windows NT 所采用的独特的文件系统结构，它是建立在保护文件和目录数据的基础上，同时兼顾节省存储资源、减少磁盘占用量的一种先进的文件系统。NTFS 可以支持的 MBR 分区最大可以达到 2 TB，GPT(GUID Partition Table，全局唯一标识分区表)分区则无限制。NTFS 通过使用标准的事务处理日志和恢复技术来保证分区的一致性。当发生系统失败事件时，NTFS 使用日志文件和检查点信息自动恢复文件系统的一致性。因此在 NTFS 分区上用户很少需要运行磁盘修复程序。NTFS 还支持对分区、文件夹和文件的压缩。任何基于 Windows 的应用程序对 NTFS 分区上的压缩文件进行读写时不需要事先由其他程序进行解压缩。由于 NTFS 采用了更小的簇，能比 FAT32 更有效地管理磁盘空间，最大限度地避免磁盘空间的浪费。在 NTFS 分区上，可以为共享资源、文件夹及文件设置访问许可权限。与 FAT32 文件系统下对文件夹或文件进行访问相比，NTFS 文件系统的安全性要高得多。

(3) exFAT。

exFAT 的全称是 Extended File Allocation Table，即扩展文件分配表。它是为解决 FAT32 不支持 4 GB 及更大的文件而推出的一种适用于闪存的文件系统。对超过 4 GB 的 U 盘格式化时默认采用 NTFS 分区，但是这种方式很伤 U 盘，因为 NTFS 分区是采用日志式的文件系统，需要记录详细的读写操作，因此会不断地进行读写，容易造成 U 盘损坏。

(4) ReFS。

ReFS(Resilient File System，弹性文件系统)作为 NTFS 文件系统的继任者，在 Windows 8.1 和 Windows Server 2012 中开始引入，并在 Windows 10 中得以启用。ReFS 与 NTFS 大部分兼容，主要目的是保持较高的稳定性，能够支持容错，优化大数据量任务并实施自动更正。虽然 ReFS 相较 NTFS 有诸多的优势，但 Microsoft 公司只是主要在服务器端应用中进行推广和普及，主要应用在大规模数据存储方面。在个人使用的 Windows 10 中要启用 ReFS 文件系统，需要在控制面板中将 Windows License Manager Service 服务的启动类型设置为自动，否则用户打开文件时可能会遇到错误提示"文件系统错误-

2147416359"。

4. 设备管理

计算机通常配置有种类繁多的输入输出(I/O)设备,这些设备在使用特性、数据传输速率、数据的传输单位、设备共享属性等方面都各不相同。为了方便、有效、可靠地完成输入输出操作,操作系统中的"设备管理"模块负责对用户和应用程序的 I/O 操作进行统一管理。设备管理的任务是完成用户提出的 I/O 请求,为用户分配 I/O 设备,提高 I/O 设备的利用率,方便用户使用 I/O 设备。设备管理应具备以下功能。

(1) 设备分配。按照设备类型和相应的分配算法决定将 I/O 设备分配给哪一个要求使用该设备的进程。如果在 I/O 设备与 CPU 之间存在设备控制器和通道,则需分配相应的控制器和通道,以保证 I/O 设备与 CPU 之间有传递信息的通路,凡未分配到所需设备的进程则进入等待队列。为了实现设备分配,系统中设置了一些数据结构用于记录设备的状态。

(2) 设备处理。实现 CPU 和设备控制器之间的通信。即当 CPU 向设备控制器发出 I/O 指令时,设备处理程序启动设备进行 I/O 操作,并对设备发来的中断请求做出及时的响应和处理。

(3) 缓冲管理。设置缓冲区的目的是缓和 CPU 与 I/O 设备之间速度不匹配的矛盾。缓冲管理程序负责完成缓冲区的分配、释放及有关的管理工作。

(4) 设备独立性。设备独立性又称设备无关性,是指应用程序独立于物理设备。用户在编制应用程序时,应尽量避免直接使用实际设备名。因为如果程序使用了实际设备名,那么当该设备没有连接在系统中或者该设备发生故障时,用户程序就无法运行。如果用户程序不涉及实际设备而使用逻辑设备,那么它所要求的输入输出便与物理设备无关。设备独立性可以提高用户程序的可适应性,使程序不局限于某个具体的物理设备。

操作系统的设备管理模块对各种物理 I/O 设备的硬件操作细节进行了屏蔽和抽象,以统一的逻辑 I/O 设备的形式向 OS 上层软件和应用程序提供服务。每个物理设备配置驱动程序,由驱动程序负责把逻辑设备的 I/O 操作转换为具体物理设备的 I/O 操作。这样不同规格和性能参数的 I/O 设备通过安装各自的设备驱动程序,就可以使系统和应用程序无须修改即可使用该设备。通常,I/O 设备的生产厂商在提供硬件设备的同时也提供该设备的驱动程序。

设备驱动程序是直接与硬件打交道的软件模块,一般有如下特点。

(1) 驱动程序是在请求 I/O 的进程与设备控制器之间的一个通信程序。设备驱动程序接收上层软件发来的抽象要求(如 read 命令等),再把它转换成具体要求,以及检查用户 I/O 请求的合法性,了解 I/O 设备的状态,设置其工作方式等。

(2) 驱动程序与 I/O 设备的特性紧密相关。

(3) 驱动程序与 I/O 控制方式紧密相关。

(4) 由于驱动程序与硬件紧密相关,因而其中的一部分程序用汇编语言编写,目前有很多驱动程序,其基本部分已经固化在 ROM-BIOS 中。

2.2.3 常见操作系统

目前,用户在 PC 上使用最多的操作系统是 Windows,Linux 也有一定的用户占有率,但相对较少。而在服务器领域占主导地位的是 UNIX 和 Linux,其中 UNIX 主要用于大型设备和高端机,在中小服务器端则普遍采用 Linux。形成这种局面往往与技术优势无关,而仅仅是网络规模效应的作用。下面将分别介绍几种常见的操作系统。

1. Windows

Windows 是由美国 Microsoft 公司开发的一种在 PC 上广泛使用的操作系统,支持多任务处理和图形用户界面。Windows 先后推出了很多不同的版本。

Windows 1.0 是 Windows 系列的第一个产品,于 1985 年开始发行。这是 Microsoft 公司第一次尝试在 PC 操作平台上采用图形用户界面。刚诞生的 Windows 1.0 其实并不是一个真正的操作系统,它只是一个 MS-DOS 系统下的应用程序。此后 Microsoft 公司发布的 Windows 2.0 依然没有获得用户的认同,一直到 Windows 3.0,才真正为 Windows 在桌面 PC 市场上的开疆辟土立下了汗马功劳。至此,Microsoft 公司的研究开发终于进入了良性循环,为后面在操作系统领域的垄断地位打下了坚实的基础。

1995 年发行的 Windows 95 是一个混合的 16 位/32 位 Windows 系统,其内核版本号为 NT 4.0。它带来了更强大、更稳定、更实用的桌面图形用户界面,同时也结束了桌面操作系统之间的竞争,成为操作系统销售史上最成功的操作系统。Windows 95 开创使用的"开始"按钮以及 PC 桌面和任务栏的风格一直保留在 Windows 8 之前的所有产品中。

在发行适用于 PC 上的 Windows 系列产品的同时,Microsoft 公司也发行了一系列用于服务器和商业的桌面操作系统,这个产品就是 Windows NT 系列。于 1996 年发布的 Windows NT 4.0 是 NT 系列的一个里程碑,它面向工作站、网络服务器和大型计算机,与通信服务紧密集成,提供文件和打印服务,能运行客户机/服务器应用程序,内置了 Internet/Intranet 功能,安全性达到美国国防部的 C2 标准。

最新的 Windows 10 是 2015 年 7 月发行的,目标是为所有硬件提供一个统一平台,构建跨平台共享的通用技术,包括从 4 英寸屏幕的"迷你"手机到 80 英尺的巨屏计算机,都将统一采用 Windows 10,让这些设备拥有类似的功能。

长期以来,Windows 操作系统垄断了 PC 市场 90% 左右的份额,吸引了大量第三方开发者在 Windows 平台上开发应用软件,硬件厂商也都把 Windows 用户作为其主要目标用户,然而 Windows 在可靠性和安全性方面的问题也经常受到用户批评。Windows 系统出现不稳定的情况比其他操作系统多,系统对用户操作的响应变得越来越慢,也更容易遭到病毒和木马的攻击。

2. UNIX

UNIX 操作系统是美国 AT&T 公司于 1971 年在 PDP-11 上运行的操作系统,具有多用户、多任务的特点,支持多种处理器架构,最早由肯·汤普逊(Ken Thompson)和丹尼斯·里奇(Dennis Ritchie)于 1969 年在 AT&T 的贝尔实验室里进行开发。

早期的 UNIX 是用汇编语言开发的,修改、移植都很不方便,后来丹尼斯·里奇在 B 语言的基础上设计了一种崭新的 C 语言,并重写了 UNIX 的第三版内核。至此,UNIX 系统的修改和移植就变得相当便利,引起了学术界的浓厚兴趣,他们向开发者索取了源代码,因此第五版 UNIX 以"仅用于教育目的"的协议,提供给各个大学作为教学之用,成为当时操作系统课程中的范例教材。

在 UNIX 源代码的基础上,各大公司对其进行了各种各样的改进和扩展。于是,UNIX 开始广泛流行,成为当时应用面最广、影响力最大的操作系统,可以应用在从巨型机到普通

PC 等多种不同的平台上。

但是自 20 世纪 80 年代后期，UNIX 开始了商业化。购买 UNIX 非常昂贵，大约需要 5 万美元。目前 UNIX 的商标权由国际开放标准组织(Open Group)所拥有，但是 UNIX 的产品提供商有多个，这是因为 UNIX 系统大多是与硬件配套的，主要有 Sun 的 Solaris、IBM 的 AIX、HP 的 HP-UX，以及 X86 平台的 SCO UNIX 等。目前在电信、金融、油田、移动、证券等行业的关键性应用领域，UNIX 服务器仍处于垄断地位，这些服务器对并行度和可靠性的要求非常高，CPU 数量可达 100 多个。尽管 UNIX 仍是个命令行系统，但是可以通过搭建桌面环境，如开源的图形界面 GNOME、KDE、xfce 等，提高它的易用性，因此 UNIX 仍是最受欢迎的服务器操作系统。

3. Linux

Linux 是于 1991 年左右诞生的，起源于一个学生的简单需求。林纳斯·托瓦兹(Linus Torvalds)是 Linux 的开发者，他在上大学时唯一能买得起的操作系统是 Minix。Minix 是一个类似 UNIX、被广泛用于教学的简单操作系统。Linus 对 Minix 不是很满意，于是他以 UNIX 为原型，按照公开的 UNIX 系统标准 POSIX 重新编写了一个全新的操作系统。需要说明的是，Linux 并没有采用任何 UNIX 源代码，仅仅是设计思想与 UNIX 非常相似。

Linux 1.0 在发布时正式采用了 GPL(General Public License)协议，允许用户可以通过网络或其他途径免费获得此软件，并任意修改其源代码。对于个人用户来说，使用 Linux 基本上是免费的，但是针对企业级应用，不同的 Linux 发行商在基本系统上做了优化，开发了一些应用程序包与 Linux 捆绑在一起销售，这些产品包括支持服务还是比较贵的。目前商业化的 Linux 有 RedHat Linux、SuSe Linux、slakeware Linux、国内的红旗等，这些不同版本的 Linux 内核是相同的。

与 UNIX 相比，Linux 同时具有字符界面和图形界面。在字符界面用户可以通过键盘输入相应的命令来进行操作。它同时还提供类似 Windows 图形界面的 X-Window 系统，用户可以使用鼠标对其进行操作。

Linux 可安装在各种计算机硬件设备中，如手机、平板电脑、路由器、视频游戏控制台、台式机、大型机和超级计算机。

4. Mac OS

Mac OS 是运行于苹果 Macintosh(简称 Mac)系列计算机上的操作系统，它是首个在商用领域获得成功的图形用户界面操作系统。苹果公司不但生产 Mac 的大部分硬件，也自行开发 Mac 所用的操作系统，它的许多特点和服务都体现了苹果公司的理念，一般情况下在普通 PC 上无法安装 Mac OS。

Mac OS 可以被分成两个系列：一个是老旧且已不被支持的 Classic Mac OS(系统搭载在于 1984 年销售的首部 Mac 及其后代上，终极版本是 Mac OS 9)。采用 Mach 作为内核，在 OS 8 以前用 System x.xx 来称呼；另一个是新的 Mac OS X(X 为 10 的罗马数字写法)，结合了 BSD UNIX、OpenStep 和 Mac OS 9 的元素。它的最底层基于 UNIX，其代码被称为 Darwin，实行的是部分开放源代码。Mac OS X 界面非常独特，突出了形象的图标和人机对话。另外，疯狂肆虐的计算机病毒几乎都是针对 Windows 的，由于 Mac 的架构与 Windows 不同，所以很少受到病毒的袭击。

5. 手机操作系统

随着移动通信技术的飞速发展和移动多媒体时代的到来,手机作为人们必备的移动通信工具,已从简单的通话工具演变成一个移动的个人信息收集和处理平台。智能手机等同于"掌上计算机+手机",除了具备普通手机的全部功能外,还具备个人数字助理(Personal Digital Assistant,PDA)的大部分功能。借助于操作系统和丰富的应用软件,智能手机成了一台移动终端。

手机操作系统是用在智能手机上的操作系统,它是智能手机的"灵魂"。智能手机操作系统在嵌入式操作系统基础之上发展而来,除了具备嵌入式操作系统的功能,如进程管理、文件系统、网络协议栈等,还有针对电池供电系统的电源管理部分、与用户交互的输入/输出部分、对上层应用提供调用接口的嵌入式图形用户界面服务、针对多媒体应用提供底层编解码服务、针对移动通信服务的无线通信核心功能及智能手机的上层应用等。目前主流的手机操作系统可分为两大类:Android 和 iOS。下面介绍两者之间的不同。

1) Android

Android(安卓)是一种以 Linux 为基础的开源操作系统,主要用于便携设备。Android 操作系统最初由 Andy Rubin 开发,主要支持手机。2005 年由 Google 公司收购注资后,逐渐扩展到平板计算机及其他领域中。由于 Android 系统是开源的,故各式各样的系统都有,版本并不统一。Google 公司开发的 Android 原生系统是外国人研发的,有些操作习惯对于中国人来说不习惯,因此在中国诞生了很多本土化的 Android OS,包括小米的 MIUI、锤子的 Smartisan OS、魅族的 Flyme OS 等,它们都属于经过优化的 Android 系统。

2) iOS

iOS 操作系统是由美国苹果公司开发的手持设备操作系统。原名叫 iPhone OS,2010 年 6 月 7 日,WWWDC 大会上宣布将其改名为 iOS。iOS 操作系统以 Darwin 为基础,这与苹果台式机使用的 Mac OS X 操作系统一样,属于类 UNIX 的商业操作系统。该操作系统设计精美、操作简单,帮助 iPhone 手机迅速占领了市场。随后在苹果公司的其他产品,如 iPod Touch、iPad 以及 Apple TV 等产品上也都采用了该操作系统。

目前 Android 的市场占有率遥遥领先于 iOS,这主要得益于 Android 是一种开源系统,但是 Android 和 iOS 究竟哪一个更好,这是一个见仁见智的问题,双方都在进行取长补短,很难说谁比谁更优秀。通常评价一个手机 OS 的好坏主要有三个要素:UI 界面、系统流畅性和后台的真伪。在 UI 界面上,iOS 的设计风格比较简洁,没有二级 UI 界面,看上去非常整齐,用户使用起来很方便;而 Android 的 UI 设计更开放一些,采用了三级界面,显得更华丽。在系统流畅性方面,通常 iOS 更流畅一些。这是因为 iOS 是一种伪后台,任何第三方程序都不能在后台运行;而 Android 则是真后台,任何程序都可以在后台运行,一直到没有了内存才会关闭,这也是 Android 手机对配置要求较高的原因之一。另外,在 iOS 中用于 UI 的指令权限最高,所以用户的操作能立马得到响应,而 Android 中则是数据处理的指令权限最高。这些因素都导致了 iOS 给人一种更流畅的感觉。

此外,在安全性方面,由于 Android 系统的开放性特点允许大量开发者对其进行开发,随之而来的一个问题是手机病毒和恶意吸费软件的盛行;与之相反,iOS 封闭的系统则在一定程度上能够带来更为安全的保证。

综上所述,iOS 是一款优秀的手机操作系统,但是封闭式的开发模式决定了 iOS 的影响力有限,而 Android 的开放式开发模式为它带来了大量的用户。

2.3 信息与信息表示

2.3.1 信息

信息(Information)是看不见也摸不着的,但是人们却越来越意识到信息的重要性,它的价值甚至远远超过了许多看得见摸得着的东西。如果把人类发展的历史看作一条轨迹,按照一定的目的向前延伸,那么就会发现它是沿着信息不断膨胀的方向前进的。

信息量小、传播效率低的社会,发展速度就会缓慢;而信息量大、传播效率高的社会,发展速度就可以一日千里,一年的发展甚至超过以往的一百年。信息的爆炸,使人类社会加速向前迈进,成为社会进步的巨大推动力。

1. 信息的定义

什么是信息? 不同研究者从各自的研究领域出发,给出过不同的定义。

(1) 信息奠基人香农(Shannon)认为"信息是用来消除随机不确定性的东西",这一定义常被人们看作是经典性定义并加以引用。

(2) 控制论创始人诺伯特·维纳(Norbert Wiener)认为"信息是人们在适应外部世界,并使这种适应反作用于外部世界的过程中,同外部世界进行互相交换的内容和名称",它也被作为经典性定义加以引用。

(3) 经济管理学家认为"信息是提供决策的有效数据"。

(4) 电子学家、计算机科学家认为"信息是电子线路中传输的信号"。

(5) 我国著名的信息学专家钟义信教授认为"信息是事物存在方式或运动状态的直接或间接的表述"。

(6) 美国信息管理专家霍顿(F. W. Horton)给信息下的定义是:"信息是为了满足用户决策的需要而经过加工处理的数据"。

综上所述,可以把信息理解为经过加工以后的数据,或者说,信息是数据处理的结果。

2. 信息量单位

1) 比特

计算机所处理的数据(包括数值、文字、图像、声音、视频等)都可以使用比特来表示,其表示方法称为编码。比特是信息的度量单位,由英文 bit 音译而来,也称为二进位数字、二进位,或简称为位,是信息量的最小单位。比特表示二进制数中的位,只有 2 种取值,即 0 和 1,无大小之分。

计算机内部采用二进制,原因如下。

(1) 二进制运算规则简单。众所周知,十进制的加法和乘法运算规则的口诀各有 100 条,根据交换率去掉重复项,也各有 55 条,用计算机的电路实现这么多运算规则是很复杂的。而二进制的算术运算规则非常简单,用数字电路很容易实现,这使得运算器的结构大大简化。

(2) 二进制只需用两种状态表示数字,物理上容易实现。二进制所需要的基本符号只有两个,可以用通电表示 1,断电表示 0;或者用磁化表示 1,未磁化表示 0;再或者用凹点表示 1,凸点表示 0;也可以用放电表示 1,充电表示 0 等。制造包含两个稳定状态的元器件一般要比制造具有多个稳定状态的元器件容易得多。

(3) 可靠性高。由于只有两个数字符号,在存储、处理和传输的过程中可靠性强,不容易出错。

(4) 用二进制容易实现逻辑运算。计算机不仅需要算术运算功能,还应具备逻辑运算功能,二进制的 0 和 1 分别可用来表示逻辑量"真"(T)和"假"(F)或"是"和"否",用布尔代数的运算法则很容易实现逻辑运算。

2) 存储容量和单位换算

存储容量是指存储器可以容纳的二进制信息量,是存储器的一项重要指标。比特是数字信息的最小单位,用小写字母 b 表示。由于比特单位太小,用于表示较大的存储容量不太方便,因此人们经常使用一些比比特更大的计量单位。

计算机的内存储器容量通常采用 2 的幂次方来计算,常用的计量单位有 B(Byte,字节)、KB(千字节)、MB(兆字节)、GB(吉字节、千兆字节)和 TB(太字节、兆兆字节),其单位换算关系如下。

1 B = 8 b

1 KB = 2^{10} B = 1024 B

1 MB = 2^{20} B = 2^{10} KB = 1024 KB

1 GB = 2^{30} B = 2^{20} KB = 2^{10} MB = 1024 MB

1 TB = 2^{40} B = 2^{30} KB = 2^{20} MB = 2^{10} GB = 1024 GB

而计算机外存储器则经常使用 10 的幂次方来计算,例如对于计算机硬盘,其换算关系如下。

1 B = 8 b

1 KB = 10^3 B = 1000 B

1 MB = 10^6 B = 10^3 KB = 1000 KB

1 GB = 10^9 B = 10^6 KB = 10^3 MB = 1000 MB

1 TB = 10^{12} B = 10^9 KB = 10^6 MB = 10^3 GB = 1000 GB

另外,随着人类所处理的数据量越来越大以及大数据技术的发展,比 TB 更大的计量单位还有 PB、EB、ZB、YB、BB 等,其换算关系如下。

1 PB(拍字节) = 1024 TB

1 EB(艾字节) = 1024 PB

1 ZB(泽字节) = 1024 EB

1 YB(尧字节) = 1024 ZB

1 BB(千亿亿亿字节) = 1024 YB

【例 2.1】 购买计算机时,商家配置 500 GB 的硬盘,实际能使用的硬盘容量为多少?

解:由于硬盘厂商在生产硬盘时,其容量是按 10 的幂次方来计算的,因此 500 GB 硬盘的实际容量为

$$500 \times 10^9 \text{ B} = 500 \times 10^9 / (1024 \times 1024 \times 1024) \text{ GB} \approx 465.66 \text{ GB}$$

Windows 操作系统在显示内外存容量时,采用的度量单位是以 2 的幂次方来计算的,因此 500 GB 的硬盘在操作系统中显示的是 465.66 GB,这也是外存储器容量在系统中变小

的原因。

3) 比特的传输

在数字通信和网络技术中,信息的传输实际上就是比特的传输。每秒可传输的二进制代码的位数就表示比特的传输速率。传输速率的常用单位如下。

(1) 比特/秒(b/s),也称 bps(bits per second)。

(2) 千比特/秒(kb/s),1 kb/s=10^3 b/s=1000 b/s。

(3) 兆比特/秒(Mb/s),1 Mb/s=10^6 b/s=1000 kb/s。

(4) 吉比特/秒(Gb/s),1 Gb/s=10^9 b/s=1000 Mb/s。

(5) 太比特/秒(Tb/s),1 Tb/s=10^{12} b/s=1000 Gb/s。

2.3.2 数制与数制转换

1. 数制

在日常生活中,人们最熟悉的记数制是十进制,而计算机中使用的数制则是二进制。然而表述二进制数据时有一个致命弱点——书写特别长。为了解决这个问题,人们还使用了两种辅助进位制——八进制和十六进制。

无论是十进制、二进制、八进制还是十六进制,其共同之处都是进位记数制。十进制的基数为10,有0~9共10个数码,逢10进1;二进制的基数为2,只有0和1共2个数码,逢2进1;八进制的基数为8,有0~7共8个数码,逢8进1;十六进制的基数为16,逢16进1,有16个数码,分别为0~9和A、B、C、D、E、F,A、B、C、D、E、F分别代表10、11、12、13、14、15。通常采用在数字的后面加上后缀的方法来区分进制,后缀为B表示二进制数,O或Q表示八进制数,H表示十六进制数,D表示十进制数(十进制数可不加任何后缀)。除了采用后缀法,还可以采用数字下标来表示数的进制,例如,二进制数1011.1可表示为1011.1B或者$(1011.1)_2$;八进制数367.35可表示为367.35O、367.35Q 或$(367.35)_8$;十进制数123.468可表示为123.468D、$(123.468)_{10}$ 或 123.468;十六进制数2D.7F可表示为2D.7FH或$(2D.7F)_{16}$。

表2-3列出了计算机中常用的进位记数制及其记数规则、基数、可用数码和后缀。

表2-3 计算机中常用的进位记数制

进位制	记数规则	基数	可用数码	后缀
二进制	逢2进1	2	0,1	B
八进制	逢8进1	8	0,1,2,3,4,5,6,7	O 或 Q
十进制	逢10进1	10	0,1,2,3,4,5,6,7,8,9	D
十六进制	逢16进1	16	0,1,2,3,4,5,6,7,8,9,A,B,C,D,E,F	H

对于大家熟悉的十进制数,众所周知,数码出现的位置不同,其表示的值也不同。例如,数码5,出现在百位,表示的就是500,出现在千位,表示的则是5000,将处在某一位上的数码所表示的数值的大小称为该位的权,如十进制中的"个""十""百""千"等就是权。任何一种R进制数N可以写成按其权值展开的多项式之和:

$$(N)_R = a_n a_{n-1} \cdots a_1 a_0 . a_{-1} a_{-2} \cdots a_{-m}$$

$$= a_n \times R^n + a_{n-1} \times R^{n-1} + \cdots + a_1 \times R^1 + a_0 \times R^0 + a_{-1} \times R^{-1} +$$
$$a_{-2} \times R^{-2} + \cdots + a_{-m} \times R^{-m}$$
$$= \sum_{i=-m}^{n} a_i \times R^i$$

如十进制数 135.67 按权值展开应为：
$$135.67 = 1 \times 10^2 + 3 \times 10^1 + 5 \times 10^0 + 6 \times 10^{-1} + 7 \times 10^{-2}$$

2. 不同进制数的相互转换

熟练掌握不同进制数之间的相互转换，在编写程序和设计数字逻辑电路时很有用，只要学会了二进制与十进制之间的相互转换，与八进制、十六进制之间的转换就相对容易了。

1) R 进制数转换为十进制数

将 R 进制数转换为十进制数，只需要将各位数码乘以各自的权值再累加，即可得到其对应的十进制数。

【例 2.2】 将二进制数 1011.11 转换为十进制数。

解：$(1011.11)_2 = 1 \times 2^3 + 0 \times 2^2 + 1 \times 2^1 + 1 \times 2^0 + 1 \times 2^{-1} + 1 \times 2^{-2}$
$= 8 + 2 + 1 + 0.5 + 0.25$
$= 11.75$

【例 2.3】 将八进制数 37.24 转换为十进制数。

解：$(37.24)_8 = 3 \times 8^1 + 7 \times 8^0 + 2 \times 8^{-1} + 4 \times 8^{-2}$
$= 24 + 7 + 0.25 + 0.0625$
$= 31.3125$

【例 2.4】 将十六进制数 B4.A 转换为十进制数。

解：$(B4.A)_{16} = 11 \times 16^1 + 4 \times 16^0 + 10 \times 16^{-1}$
$= 176 + 4 + 0.625$
$= 180.625$

2) 十进制数转换为 R 进制数

将一个十进制整数转换为 R 进制整数常用的方法是除 R 取余法。所谓除 R 取余法，就是将一个十进制数除以 R，得到一个商和一个余数，并记下这个余数 r_0。然后将商作为被除数除以 R，得到一个商和一个余数，并记下这个余数 r_1。不断重复以上过程，直到商为 0 为止。假设一共除了 m 次，则得到的 R 进制整数从高位到低位为 $r_{m-1} \cdots r_2 r_1 r_0$。

例如，十进制整数 10 转化为二进制整数的过程如下。

$$10/2 = 5 \quad 余\ 0$$
$$5/2 = 2 \quad 余\ 1$$
$$2/2 = 1 \quad 余\ 0$$
$$1/2 = 0 \quad 余\ 1$$

所以二进制整数为 1010。

将一个十进制小数转换为 R 进制小数常用的方法为乘 R 取整法。所谓乘 R 取整法，就是将十进制的小数乘以 R，得到的整数部分作为小数点后第一位。剩余的小数部分再乘以 R，得到的整数部分作为小数点后第二位。以此类推，直到剩余小数部分为 0，或达到一定精度为止。

例如，十进制的小数 0.55 转换为十六进制小数的过程为：

$$0.55 \times 16 = 8.8 \longrightarrow 8$$
$$0.8 \times 16 = 12.8 \longrightarrow 12(C)$$
$$0.8 \times 16 = 12.8 \longrightarrow 12(C)$$
$$0.8 \times 16 = 12.8 \longrightarrow 12(C)$$
$$\vdots$$

由于不能被精确地转换，我们可以只取前 4 位，为 0.8CCC。

一般的十进制数（既包含整数又包含小数）转换为 R 进制数，可分别转换整数和小数部分，然后再连接起来即可。

【例 2.5】 将十进制数 130 转换为二进制数。

解：将 $(130)_{10}$ 转换为二进制数的过程如下。

所以 $(130)_{10} = (10000010)_2$。

【例 2.6】 将十进制数 130 转换为八进制数。

解：将 $(130)_{10}$ 转换为八进制数的过程如下。

```
8 | 130    余数
8 | 16  ── 2 (r₀)  ↑ 低位
8 | 2   ── 0 (r₁)  │
    0   ── 2 (r₂)  │ 高位
```

所以 $(130)_{10} = (202)_8$。

【例 2.7】 将十进制数 130 转换为十六进制数。

解：将 $(130)_{10}$ 转换为十六进制数的过程如下。

```
16 | 130    余数
16 | 8   ── 2 (r₀)  ↑ 低位
     0   ── 8 (r₁)  │ 高位
```

所以 $(130)_{10} = (82)_{16}$。

【例 2.8】 将十进制数 0.325 转换为二进制数（精确到 4 位小数）。

解：将$(0.325)_{10}$转换为二进制数的过程如下。

所以$(0.325)_{10} \approx (0.0101)_2$。

【例 2.9】 将十进制数 0.325 转换为八进制数（精确到 4 位小数）。

解：将$(0.325)_{10}$转换为八进制数的过程如下。

所以$(0.325)_{10} \approx (0.2463)_8$。

【例 2.10】 将十进制数 0.325 转换为十六进制数（精确到 4 位小数）。

解：将$(0.325)_{10}$转换为十六进制数的过程如下。

所以$(0.325)_{10} \approx (0.5333)_{16}$。

【例 2.11】 将十进制数 130.325 转换为二进制数（精确到 4 位小数）。

解：由例 2.5 和例 2.8 可知$(130.325)_{10} \approx (10000010.0101)_2$。

【例 2.12】 将十进制数 130.325 转换为八进制数（精确到 4 位小数）。

解：由例 2.6 和例 2.9 可知$(130.325)_{10} \approx (202.2463)_8$。

【例 2.13】 将十进制数 130.325 转换为十六进制数（精确到 4 位小数）。

解：由例 2.7 和例 2.10 可知$(130.325)_{10} \approx (82.5333)_{16}$。

3) 二进制数与八进制数、十六进制数之间的互换

二进制的权值 2^i 与八进制的权值 8^i、十六进制的权值 16^i 之间的对应关系为：$8^i=2^{3i}$，$16^i=2^{4i}$，也就是说每 3 位二进制数可以表示为 1 位八进制数，每 4 位二进制数可以表示为 1 位十六进制数，如表 2-4 所示。

表 2-4 不同进制的关系

十 进 制	二 进 制	八 进 制	十六进制
0	0000	0	0
1	0001	1	1
2	0010	2	2
3	0011	3	3
4	0100	4	4
5	0101	5	5
6	0110	6	6
7	0111	7	7
8	1000	10	8
9	1001	11	9
10	1010	12	A
11	1011	13	B
12	1100	14	C
13	1101	15	D
14	1110	16	E
15	1111	17	F

将二进制数转换为八进制数所用的方法为"取三合一法"，即以二进制的小数点为分界点，分别向左(整数部分)、向右(小数部分)每三位分成一组，接着按组将这三位二进制数按权相加，得到的数就是一位八进制数，然后按顺序进行排列，小数点的位置不变，得到的数字就是所求的八进制数。如果取到最高或最低位时无法凑足三位，可以在小数点的最左边(整数部分)和最右边(小数部分)添 0，凑足三位。

将八进制数转换为二进制数所用的方法为"取一分三法"，即将一位八进制数分解成三位二进制数，用三位二进制数按权相加去凑这位八进制数，小数点位置照旧。

以此类推，二进制数转换为十六进制数所用的方法为"取四合一法"；十六进制数转换为二进制数所用的方法为"取一分四法"。

【例 2.14】 将二进制数 10111010.11011 转换为八进制数。

解：将 $(10111010.11011)_2$ 转换为八进制数的过程如下。

所以$(10111010.11011)_2 = (272.66)_8$。

【例 2.15】 将二进制数 10111010.1101 转换为十六进制数。

解：将$(10111010.1101)_2$转换为十六进制数的过程如下。

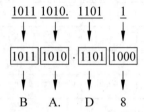

所以$(10111010.11011)_2 = (BA.D8)_{16}$。

【例 2.16】 将八进制数 376.25 转换为二进制数。

解：将$(376.25)_8$转换为二进制数的过程如下。

```
  3    7    6.   2    5
  ↓    ↓    ↓    ↓    ↓
[011][111][110]·[010][101]
```

所以$(376.25)_8 = (11111110.010101)_2$。

【例 2.17】 将十六进制数 5F.3C 转换为二进制数。

解：将$(5F.3C)_{16}$转换为二进制数的过程如下。

```
   5     F.    3     C
   ↓     ↓     ↓     ↓
[0101][1111]·[0011][1100]
```

所以$(5F.3C)_{16} = (1011111.001111)_2$。

对于八进制数与十六进制数之间的转换，可以借助二进制数或十进制数，先将要转换的数转换为二进制数或十进制数，然后再转换为所需要的进制数。

3. 二进制的运算

二进制的运算有算术运算和逻辑运算两种。

1) 算术运算

二进制的算术运算主要是加法运算和减法运算。与十进制加法和减法规则类似，二进制加法运算满二进一，减法借一当二，其主要规则如下。

加法：0+0=0　　0+1=1　　1+0=1　　1+1=0（向高位进1）

减法：0-0=0　　1-0=1　　1-1=0　　0-1=1（向高位借1）

2) 逻辑运算

二进制的逻辑运算主要有逻辑与运算（AND）、逻辑或运算（OR）、逻辑非运算（NOT）和逻辑异或运算(XOR),其运算规则如下。

逻辑与(也称逻辑乘)：0∧0=0　　　0∧1=0　　　1∧0=0　　　1∧1=1

逻辑或(也称逻辑加)：0∨0=0　　　0∨1=1　　　1∨0=1　　　1∨1=1

逻辑异或：　　　　　0⊕0=0　　　0⊕1=1　　　1⊕0=1　　　1⊕1=0

逻辑非(也称取反)：　0 取反后是 1,1 取反后是 0,即 $\overline{0}=1,\overline{1}=0$。

【例 2.18】 分别求 10101100+10011101,10101100-10011101,10101100∧10011101,10101100∨10011101,10101100⊕10011101,$\overline{10101100}$。

解：

① 10101100+10011101

$$
\begin{array}{r}
10101100 \\
+\ 10011101 \\
\hline
101001001
\end{array}
$$

故：10101100+10011101=101001001

② 10101100-10011101

$$
\begin{array}{r}
10101100 \\
-\ 10011101 \\
\hline
00001111
\end{array}
$$

故：10101100-10011101=00001111

③ 10101100∧10011101

$$
\begin{array}{r}
10101100 \\
\wedge\ 10011101 \\
\hline
10001100
\end{array}
$$

故：10101100∧10011101=10001100

④ 10101100∨10011101

$$
\begin{array}{r}
10101100 \\
\vee\ 10011101 \\
\hline
10111101
\end{array}
$$

故：10101100∨10011101=10111101

⑤ 10101100⊕10011101

$$
\begin{array}{r}
10101100 \\
\oplus\ 10011101 \\
\hline
00110001
\end{array}
$$

故：10101100⊕10011101=00110001

⑥ $\overline{10101100}$=01010011

2.3.3 数值的编码

数值是指通常意义上的数学中的数。数值有正负和大小之分,一般可以将数值分为整数和实数两大类,计算机中整数又可以分为无符号整数(正整数)和有符号整数两类。由于整数不使用小数点,或者小数点始终隐藏在个位数右边,所以整数也被称为定点数,而实数既有整数部分又有小数部分,其小数点不固定,又被称为浮点数。

将各种数值在计算机中表示的形式即编码方式称为机器数或机器码。机器码的特点是采用二进制数表示。为了区别一般书写表示的数和机器中这些编码表示的数,通常将前者称为真值,后者称为机器码。

1. 无符号整数的表示

无符号整数只能表示正整数,且所有位数都用于表示数值大小,其机器码就是将该数直接转换为二进制,不足的位数用0补齐。对于一个用n位二进制数来表示的无符号整数,其可表示的数据范围是0~2^n-1。例如,一个8位无符号整数的表示范围为$(00000000)_2$~$(11111111)_2$,即0~$255(2^8-1)$,一个16位无符号整数的表示范围为0~$65\,535(2^{16}-1)$。

例如,对于无符号整数44,其二进制真值为101100。由于不足8位,前面用0补足8位,即00101100就是其机器码。

2. 带符号整数的表示

在计算机中,带符号整数可以采用原码、反码、补码等各种编码方式,这种编码方式就称为码制。

1) 原码

由于带符号整数既要能表示正数也要能表示负数,因此就必须让计算机能从其编码中判断出是正数还是负数,通常采用的做法是用其编码的最左边1位即最高位来表示数值的符号,最高位为0表示正号,最高位为1表示负号。例如,00101100 = +44,10101100 = -44。这种表示法就叫作原码。

对于一个用n位原码表示的整数,由于最高位被用来表示正负符号,用来有效表示数值范围的数值位就只有$n-1$位,其表示的数值范围就是$-2^{n-1}+1$~$2^{n-1}-1$。例如,一个8位原码的表示范围是-127~$127(-2^7+1$~$2^7-1)$,一个16位原码的表示范围是$-32\,767$~$32\,767(-2^{15}+1$~$2^{15}-1)$。

2) 反码

对于带符号的正数,其反码就是其本身,和原码相同。负数的反码,其符号位不变,其余各位取反即可。例如:

$$(44)_反 = (44)_原 = 00101100$$

$$(-44)_原 = 10101100, (-44)_反 = 11010011$$

反码的表示范围和原码相同,例如,一个8位反码的表示范围是-127~$127(-2^7+1$~$2^7-1)$,一个16位反码的表示范围是$-32\,767$~$32\,767(-2^{15}+1$~$2^{15}-1)$。

3) 补码

对于带符号的正数,其补码和原码相同。负数的补码,其符号位不变,其余各位是原码的每一位取反后再加1得到的结果,实际上就是反码加1的结果。例如:

$$(44)_补 = (44)_反 = (44)_原 = 00101100$$

$$(-44)_原 = 10101100, (-44)_反 = 11010011, (-44)_补 = 11010100$$

在计算机中,对于有符号的整数,其机器码是采用补码表示的。

通过以上内容可以知道,正数的原码、反码及补码都是其本身。负数的原码的数值位是其本身,反码是对原码除符号位之外的各位取反,补码则是除符号位外反码加1。

需要指出的是,编码仅是数的一种表示方式,其真值是不变的,由其中任何一种编码都能求出该数的真值。

【例 2.19】 若用一个 8 位二进制表示一个有符号的整数,则二进制数(10011010)的真值是多少?

解:由于有符号数 10011010 的最高位为 1,表示负数,该二进制 10011010 就是其补码形式。其反码为补码减 1,即 10011001,原码为 11100110,其真值就是－102。

对于有符号类型的整数,虽然有原码、反码和补码三种形式,最后选择了补码作为机器码,即有符号的整数在计算机中的表示形式是补码。有符号数的原码是最容易计算的,补码的计算过程略微有点复杂,那么为什么要舍易取难,选择补码作为机器码呢?具体来说有下面几点原因。

① 能够统一＋0 和－0 的表示。

以 8 位二进制来表示有符号整数为例,采用原码表示,＋0 的二进制表示形式为 00000000,而－0 的二进制表示形式为 10000000;采用反码表示,＋0 的二进制表示形式为 00000000,而－0 的二进制表示形式为 11111111;采用补码表示,＋0 的二进制表示形式为 00000000,而－0 的二进制表示形式为 11111111＋1＝100000000,因为计算机会进行截断,只取低 8 位,所以－0 的补码表示形式为 00000000。

从上面可以看出只有用补码表示,＋0 和－0 的表示形式才一致。也正因为如此,补码的表示范围比原码和反码表示的范围都要大,用补码能够表示的范围为－128～127,0～127 分别用 00000000～01111111 来表示,而－127～－1 则用 10000001～11111111 来表示,多出的 10000000 则用来表示－128。因此对于任何一个 n 位的二进制数,假如表示带符号的整数,其表示范围为 $-2^{n-1} \sim 2^{n-1}-1$。

假如不采用补码来表示,那么计算机中需要对＋0 和－0 区别对待,显然这个对于设计来说要增加难度,而且不符合运算规则。

② 对于有符号整数的运算能够把符号位同数值位一起处理。

由于将最高位作为符号位处理,不具有实际的数值意义,那么如何在进行运算时处理这个符号位?如果单独对符号位进行处理,显然又会增加电子线路的设计难度和 CPU 指令设计的难度,但是采用补码就能够很好地解决这个问题。下面举例说明。例如,－2＋3＝1,如果采用原码表示(把符号位同数值位一起处理),则 10000010＋00000011＝10000101＝$(-5)_原$,显然这个结果是错误的。

如果采用反码表示,则 11111101＋00000011＝100000000→00000000＝$(+0)_反$,显然这个结果也是错误的。

如果采用补码表示,则 11111110＋00000011＝100000001→00000001＝$(1)_补$,结果是正确的。

从上面可以看出,当把符号位同数值位一起进行处理时,只有补码的运算才是正确的。如果不把符号位和数值位一起处理,会给 CPU 指令的设计带来很大的困难,如果把符号位单独考虑的话,CPU 指令还要特意对最高位进行判断,这个对于计算机的最底层实现来说是很困难的。

③ 能够简化运算规则。

对于－2＋3＝1 这个例子来说,可以看作 3－2＝1,也即(3)＋(－2)＝1,从上面的运算过程可知,采用补码运算相当于$(3)_{补}+(-2)_{补}=(1)_{补}$,即可以把减法运算转换为加法运算。这样的好处是在设计电子器件时,只需要设计加法器即可,不需要单独再设计减法器。实际上,在计算机内部,二进制的基本运算是加法运算,乘法运算可以转换为连加来实现,除法运算可以用连减来实现,而减法运算可以转换为加法运算。这样,计算机中的加、减、乘、除都可以转换为加法运算,计算机中就不需要设计减法器、乘法器和除法器了,这就大大简化了运算器的设计难度。

总地来说,采用补码主要有以上几点好处,从而使得计算机从硬件设计上更加简单,简化了 CPU 指令的设计。

3. 浮点数(实数)的表示

在计算机系统的发展过程中,曾经提出过多种方法来表示实数。典型的如相对于浮点数的定点数。在这种表示方式中,小数点固定位于实数所有数字中间的某个位置。货币的表示就可以使用这种方式,比如 99.00 或者 00.99 可以用于表示具有四位精度、小数点后有两位的货币值。由于小数点位置固定,所以可以直接用四位数值来表示相应的数值。还有一种提议的表示方式为有理数表示方式,即用两个整数的比值来表示实数。定点数表示法的缺点在于其形式过于僵硬,固定的小数点位置决定了固定位数的整数部分和小数部分,不利于同时表示特别大的数或者特别小的数。最终,绝大多数现代的计算机系统采纳了所谓的浮点表示法进行表示。这种表示方式利用科学记数法来表示实数,即用一个尾数(尾数有时也称为有效数字,尾数实际上是有效数字的非正式说法)、一个基数、一个指数以及一个表示正负的符号来表示实数。例如十进制数 123.456 用十进制科学记数法可以表示如下:

1.23456×10^2,其中 1.2345 为尾数,2 为指数,10 为基数,符号为正。

12.3456×10^1,其中 12.345 为尾数,1 为指数,10 为基数,符号为正。

1234.56×10^{-1},其中 1234.56 为尾数,-1 为指数,10 为基数,符号为正。

12345.6×10^{-2},其中 12345.6 为尾数,-2 为指数,10 为基数,符号为正。

……

对于二进制数同样也可以用浮点表示法进行表示,例如:

$$10101100.011=1.0101100011\times 2^7$$
$$10101100.011=0.10101100011\times 2^8$$
$$10101100.011=1010110001.1\times 2^{-2}$$

……

二进制的浮点表示法与十进制的浮点表示法相比,不同之处仅仅在于其基数为 2。

浮点数利用指数达到了浮动小数点的效果,从而可以灵活地表示更大范围的实数。

在计算机中是用有限的连续字节保存浮点数的。早期的浮点数的各个部分表示方法互不相同,相互之间的数据格式也无法兼容。因此,IEEE(美国电气与电子工程师协会)于 1985 年制定了计算机内部浮点数的工业标准——IEEE 754。在 IEEE 754 中,一个浮点数分割为符号域、指数域和尾数域三个域,通过尾数和可以调节的指数(所以称为浮点)表示给定的数值。

浮点数的各部分长度如表 2-5 所示。

表 2-5　浮点数的各部分长度

精　度	符号位数	指数位数	尾数位数
单精度	1	8	23
双精度	1	11	52

下面以单精度浮点数为例,具体说明如下。

(1) 单精度浮点数存储时占 4 字节,即 32 位。

(2) 如果浮点数是正数,符号位为 0,否则为 1。

(3) 尾数用原码表示,且最高位总是 1,为了节省空间,1 和小数点不存储。

(4) 指数是无符号整数,且带有 127 的偏移量(因为有的浮点数的指数是负值,而无符号整数只能表示正数,因此设置了偏移量)。

【例 2.20】 假设有一个单精度数(32 位)的表示形式如下,请问该数的十进制真值是多少?

1	10001011	10010011000101100000000

解：符号位为 1,因此该数为负数。

指数：$(10001011)_2 = 139$,因为有 127 的偏移量,因此,指数为 $139 - 127 = 12$。

尾数：将位数前加上 1 和小数点,即 1.10010011000101100000000。

由此可知,该浮点数为

$-1.10010011000101100000000 \times 2^{12} = -(1100100110001.01100000000)_2 = -6449.375$

2.3.4　文本的编码

文字信息在计算机中称为文本(Text),是计算机中最常见的一种数字媒体。文本由一系列的字符(Character)组成,包括字母、数字、标点符号等,每个字符均使用二进制编码表示。由一组特定字符构成的集合就是字符集。不同的字符集包含的字符数目与内容不同,如西文字符集、中文字符集、日文字符集等。

文本在计算机中的处理过程包括文本准备、文本编辑、文本处理、文本存储与传输、文本展现等。其处理过程如图 2-7 所示。

图 2-7　文本处理过程

对于文本,要想让计算机能够识别、存储、处理各种文字,首先要对相应的字符集进行编码。字符集中的每个字符都要使用一个唯一的二进制编码来表示,而所有的字符编码就构成了该字符集的编码表,简称码表。

1. 西文字符的编码

由于计算机发源于美国,所以最早的信息编码也来源于美国。目前使用最广泛的西文字符集码表是美国的 ASCII 字符编码,简称 ASCII 码,其全称为 American Standard Code for Information Interchange(美国信息交换标准代码),同时它也被国际标准化组织(International Organization for Standardization,ISO)批准为国际标准,编号为 ISO-646。

ASCII 码于 1961 年提出,用于在不同计算机硬件和软件系统中实现数据传输的标准化,大多数的小型机和全部的个人计算机都使用此码。ASCII 码分为标准 ASCII 码和扩展 ASCII 码。

1)标准 ASCII 码

标准 ASCII 码共有 128 个字符,其中有 96 个可打印字符,包括常用的字母、数字、标点符号等,另外还有 32 个控制字符。由于只有 128 个字符,所以标准 ASCII 码只使用 7 位二进制对字符进行编码。虽然标准 ASCII 码是 7 位编码,但由于计算机的基本处理单位为字节(1 B=8 b),所以仍以 1 字节来存放 1 个 ASCII 字符。每字节中多余出来的 1 位(最高位)在计算机内部通常保持为 0(在数据传输时可用作奇偶校验位),而字节的低 7 位则表示字符的编码值。

表 2-6 所示为标准 ASCII 码表。

表 2-6 标准 ASCII 码表

二进制	十进制	十六进制	字符	二进制	十进制	十六进制	字符
00000000	0	0	NUL	00001111	15	F	SI
00000001	1	1	SOH	00010000	16	10	DLE
00000010	2	2	STX	00010001	17	11	DCI
00000011	3	3	ETX	00010010	18	12	DC2
00000100	4	4	EOT	00010011	19	13	DC3
00000101	5	5	ENQ	00010100	20	14	DC4
00000110	6	6	ACK	00010101	21	15	NAK
00000111	7	7	BEL	00010110	22	16	SYN
00001000	8	8	BS	00010111	23	17	TB
00001001	9	9	HT	00011000	24	18	CAN
00001010	10	A	LF	00011001	25	19	EM
00001011	11	B	VT	00011010	26	1A	SUB
00001100	12	C	FF	00011011	27	1B	ESC
00001101	13	D	CR	00011100	28	1C	FS
00001110	14	E	SO	00011101	29	1D	GS

续表

二进制	十进制	十六进制	字符	二进制	十进制	十六进制	字符
00011110	30	1E	RS	00111101	61	3D	=
00011111	31	1F	US	00111110	62	3E	>
00100000	32	20	(Space)	00111111	63	3F	?
00100001	33	21	!	01000000	64	40	@
00100010	34	22	"	01000001	65	41	A
00100011	35	23	#	01000010	66	42	B
00100100	36	24	$	01000011	67	43	C
00100101	37	25	%	01000100	68	44	D
00100110	38	26	&	01000101	69	45	E
00100111	39	27	'	01000110	70	46	F
00101000	40	28	(	01000111	71	47	G
00101001	41	29	)	01001000	72	48	H
00101010	42	2A	*	01001001	73	49	I
00101011	43	2B	+	01001010	74	4A	J
00101100	44	2C	,	01001011	75	4B	K
00101101	45	2D	—	01001100	76	4C	L
00101110	46	2E	.	01001101	77	4D	M
00101111	47	2F	/	01001110	78	4E	N
00110000	48	30	0	01001111	79	4F	O
00110001	49	31	1	01010000	80	50	P
00110010	50	32	2	01010001	81	51	Q
00110011	51	33	3	01010010	82	52	R
00110100	52	34	4	01010011	83	53	X
00110101	53	35	5	01010100	84	54	T
00110110	54	36	6	01010101	85	55	U
00110111	55	37	7	01010110	86	56	V
00111000	56	38	8	01010111	87	57	W
00111001	57	39	9	01011000	88	58	X
00111010	58	3A	:	01011001	89	59	Y
00111011	59	3B	;	01011010	90	5A	Z
00111100	60	3C	<	01011011	91	5B	[

续表

二进制	十进制	十六进制	字符	二进制	十进制	十六进制	字符
01011100	92	5C	\	01101110	110	6E	n
01011101	93	5D	]	01101111	111	6F	o
01011110	94	5E	^	01110000	112	70	p
01011111	95	5F	_	01110001	113	71	q
01100000	96	60	`	01110010	114	72	r
01100001	97	61	a	01110011	115	73	s
01100010	98	62	b	01110100	116	74	t
01100011	99	63	c	01110101	117	75	u
01100100	100	64	d	01110110	118	76	v
01100101	101	65	e	01110111	119	77	w
01100110	102	66	f	01111000	120	78	x
01100111	103	67	g	01111001	121	79	y
01101000	104	68	h	01111010	122	7A	z
01101001	105	69	i	01111011	123	7B	{
01101010	106	6A	j	01111100	124	7C	|
01101011	107	6B	k	01111101	125	7D	}
01101100	108	6C	l	01111110	126	7E	~
01101101	109	6D	m	01111111	127	7F	DEL

字母和数字的 ASCII 码的记忆是非常简单的。我们只要记住了一个字母或数字的 ASCII 码（例如记住 A 的 ASCII 码为 65，0 的 ASCII 码为 48），知道相应的大小写字母之间差 32（同一个字母的小写字母的编码值比大写字母的编码值大 32），相应的十六进制差 20H，且字母的编码值是按字典顺序编码的，就可以推算出其余字母、数字的 ASCII 码。

【例 2.21】 已知大写字母 A 的十进制 ASCII 码为 65，十六进制 ASCII 码为是 41H，计算小写字母 d 的 ASCII 码（十进制、十六进制）。

解：对于同一个字母，其小写字母的十进制编码值比对应的大写字母编码值大 32，十六进制相差 20H。

因此，小写字母 a 的 ASCII 码为 65+32=97，其十六进制编码值是 41H+20H=61H。

小写字母 d 的 ASCII 码值比小写字母 a 大 3，所以 d 的 ASCII 码为 97+3=100，其十六进制编码值为 61H+3H=64H。

2）扩充 ASCII 码

标准 ASCII 码是美国提出的，所以其编码的字符也主要是服务于美国的字符集。但是欧洲很多国家的语言使用的字符是英语中所没有的，因此标准 ASCII 码不能解决欧洲各国的编码问题。为了解决这个问题，同时考虑到标准 ASCII 码只使用了 1 字节的低 7 位，借鉴 ASCII 码的编码思想，又创造了 128 个使用 8 位二进制数表示的字符的扩充字符集，这样就可以使用总共 256 个二进制编码以表示更多的字符了。在这 256 个字符中,从 0~127 的编码与标准 ASCII 码保持兼容,而 128~255 用来表示其他字符。扩充出来的 128 个编码称为扩展 ASCII 编码,对应的字符称为扩展 ASCII 字符。由于各个国家的语言不同,所以扩展字符里有各个国家的不同字符,于是人们为不同的语言指定了大量不同的编码表,在这些编码表中,128~255 表示各自不同的字符,其中,国际标准 ISO 8859 得到了广泛的使用。ISO 8859 不是单个标准,而是一系列的标准,由 ISO 8859-1~ISO 8859-16 组成。例如,ISO 8859-1 字符集,就是 Latin-1,收集了西欧常用字符,包括德法两国的字母;ISO 8859-2 字符集,也称为 Latin-2,收集了东欧字符;ISO 8859-3 字符集,也称为 Latin-3,收集了南欧字符;ISO 8859-4 字符集,也称为 Latin-4,收集了北欧字符;等等。

2. 中文汉字的编码

汉字信息处理系统一般包括编码、输入、存储、编辑、输出和传输,其中编码是关键。计算机在处理任何媒体信息时,都要将这些信息转换为二进制代码,因此汉字也需要转换为二进制代码,也就是要对汉字进行编码。与西文字符相比,汉字的编码要复杂、困难得多,其原因主要有三点。

(1) 数量庞大:一般认为,汉字总数已超过 6 万个(包括简化字)。

(2) 字形复杂:有古体今体、繁体简体、正体异体;而且笔画相差悬殊。

(3) 存在大量一音多字和一字多音的现象。

在处理汉字的不同环节,需要使用不同的编码方案,例如在输入汉字时使用输入码,存储汉字时使用机内码,显示和打印汉字时使用字形码等。汉字信息处理系统模型如图 2-8 所示。

图 2-8　汉字信息处理系统模型

1) GB 2312 汉字编码

GB 2312 字符集的中文名为《信息交换用汉字编码字符集》。它是国家标准总局于 1980 年发布的一套国家标准,收入汉字 6763 个,非汉字图形字符 682 个,总计 7445 个字符,这是中国内地普遍使用的简体字符集。楷体-GB 2312、仿宋-GB 2312、华文行楷等市面上绝大多数字体支持显示这个字符集,它也是大多数输入法所采用的字符集。

由于 1 字节最多只能表示 $2^8=256$ 种信息,所以使用 2 字节联合存储一个汉字,理论上就可以有 $256×256=65\,536$ 个不同编码,这对常用汉字存储来说已经足够了。

在 GB 2312 字符集中把汉字划分为 94 个区,每个区划分成 94 位,区号和位号分别用 1 字节来存储,这就是汉字的区位码。因为 ASCII 码中的前 32 个字符是控制码,如回车、换行、退格等,为了避开这些控制码,汉字国标码规定,在区位码的 2 字节上分别加上 32。又因为计算机的汉字处理系统要保证中西文兼容,当系统中同时存在西文 ASCII 码和汉字国标码时,会产生二义性。例如:2 字节的内容分别为 00110000 和 00100001 时,既可能表示一个汉字"啊"的国标码,也可能表示两个西文"0"和"!",这就产生了二义性。为此,汉字机内码在相应国标码的每字节的最高位加上 1,以和 ASCII 码中每字节的最高位 0 相区分。因此,汉字机内码=汉字国标码+1000000010000000。计算机内部使用的是汉字机内码。

2) GBK 汉字编码

GB 2312 只收入了 6763 个常用简体汉字,在早期经常会碰到一些生僻字无法输入到计算机中的现象。为了解决这个问题,1995 年,全国信息技术标准化技术委员会制定并发布了另一个汉字编码标准,即 GBK(汉字内码扩展规范)。GBK 编码是在 GB 2312 基础上的内码扩展规范,使用了双字节编码方案,共收录了 21 003 个汉字(包括繁体字和生僻字)和 883 个图形符号。目前简体中文版的 Windows 操作系统,如 Windows 2000、Windows XP、Windows 7、Windows 10 等都支持 GBK 编码方案。

3) UCS/Unicode 与 GB 18030 汉字编码

为了实现全球不同国家不同文字的统一编码,国际标准化组织制定了一个能覆盖几乎所有语言的编码表,称为 UCS(Universal Character Set),对应的国际标准为 ISO-10646。UCS 对应的工业标准为 Unicode,它的具体实现(如 UTF-8、UTF-16)已在 Windows、UNIX、Linux 操作系统及 Internet 中广泛使用。

为了既能与国际标准接轨,又能保护已有的大量中文信息资源,继 GB 2312 和 GBK 之后,我国政府发布了最重要的汉字编码标准,即国家标准 GB 18030《信息交换用汉字编码字符集基本集的补充》,它是我国计算机系统必须遵循的基础性标准之一。GB 18030 有两个版本:GB 18030-2000 和 GB 18030-2005。

国家标准 GB 18030-2000《信息交换用汉字编码字符集基本集的补充》是由信息产业部和国家质量技术监督局在 2000 年 3 月 17 日联合发布的,并且作为一项国家标准在 2001 年的 1 月正式强制执行。

国家标准 GB 18030-2005《信息技术中文编码字符集》是我国自主研制的以汉字为主并包含多种我国少数民族(如藏族、蒙古族、傣族、彝族、朝鲜族、维吾尔族等)文字的超大型中文编码字符集强制性标准,其中收入汉字 70 000 余个。

由于编码方案繁多,这里不再一一介绍。如果超出了输入法所支持的字符集,就不能录入计算机。有些人利用私人造字区 PUA 的编码,造了一些字体。如果机器没有相应字体的支持,则不能正常显示。如果操作系统或应用软件不支持该字符集,则显示为问号(一个或两个)。在网页上也存在同样的情况。

2.3.5 图像的编码

图像(Image)有多种含义,其中最常见的定义是指各种图形和影像的总称,它是人们认识和感知世界的最直观的渠道之一。计算机领域中的图像通常是指数字图像。数字图像又称数码图像或数位图像,是以二维数字组形式表示的图像,其数字单元为像素。数字图像按生成方式大致可分为两类：位图(Bitmap)和矢量图(Vector Graphics)。

位图是指由扫描仪或数码相机等输入设备捕捉到的实际画面所产生的数字图像,也称取样图或点阵图。矢量图又称矢量图像,一般是指通过计算机绘图软件生成的矢量图形。矢量图形的文件存储的是描述生成图形的指令,因此不必对图形中的每一个点进行数字化处理。这里主要讨论位图的编码。

1. 图像的获取与数字化

现实中的图像是一种模拟信号,要想让计算机能处理图像,首先要将模拟图像数字化。将现实世界中景物成像的过程,也就是将模拟图像转换成数字图像的过程,称为图像获取。

1) 数字图像获取设备

数字图像获取设备的功能是将现实世界中的景物输入到计算机内并以数字图像的形式表示。例如数码相机、扫描仪等,可以对景物或图片进行数字化,这时得到的数字图像通常是2D图像。此外,还有3D扫描仪能获得包括深度信息在内的3D景物的信息。

2) 图像的数字化

图像的数字化过程就是将模拟信号进行数字化的过程,其具体处理步骤大致分为4步,如图2-9所示。

图2-9 图像的数字化过程

(1) 扫描。

将画面划分为 $m \times n$ 个网格,每个网格即一个取样点,又称像素(Pixel)。这样,一幅模拟图像就转换为 $m \times n$ 个取样点组成的矩阵。

(2) 分色。

将彩色图像取样点的颜色通过一种特殊的棱镜分解成3个基色,如红、绿、蓝3种颜色。如果不是彩色图像,则不必进行分色。

(3) 取样。

通过图像传感元件将每个取样点(像素)的每个分量(基色)的亮度值转化为与其成正比的电压值(灰度值)。

(4) 量化。

将取样得到的每个分量的电压值进行模-数转换,即把模拟量的电压值使用数字量(一般为8～12位二进制正整数)来表示。

2. 图像的基本参数

从图像数字化的过程可以看出,一幅取样图像由 m(行)$\times n$(列)个取样点组成,每个取样点是组成取样图像的基本单位,称为像素。

黑白图像的像素只有0和1两个值,而灰度图像的像素是包含灰度级(亮度)的。例如,像素灰度级用 8b 表示时,每个像素的取值就是 256(0～255)种灰度中的一种,通常用 0 表示黑,255 表示白,从 0～255 亮度逐渐增加,如图 2-10 所示。

图 2-10 黑白或灰度图像的表示

彩色图像的像素是矢量,它由多个彩色分量组成。以 24 位真彩色图像(3 个彩色分量红、绿、蓝各 8 b,每个颜色分量亮度值取值范围是 0～255)为例,取图像中的 8×8 像素块,其表示如图 2-11 所示。

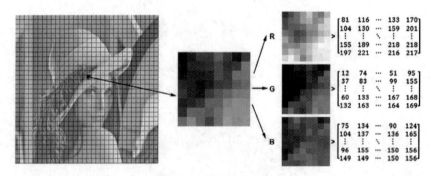

图 2-11 彩色图像的表示

取样图像在计算机中的表示方法是:单色或灰色图像用一个矩阵来表示;彩色图像用一组(一般是 3 个,分别表示红 R、绿 G、蓝 B)矩阵来表示,矩阵行数称为图像的垂直分辨率,列数称为图像的水平分辨率,矩阵中的元素是图像像素颜色分量的亮度值,使用二进制整数表示,一般是 8 位至 12 位。

描述一幅图像的属性,可以使用不同的参数,主要有颜色模型、图像分辨率、位平面数、像素深度等。

1) 颜色模型

图像数字化的过程中,首先要将图像离散成 m 行 n 列的像素点,然后将每个点用二进制的颜色编码表示。图像中的颜色编码可以使用不同的颜色模型,颜色模型又称颜色空间,是指彩色图像所使用的颜色描述方法。常用的颜色模型有 RGB(红、绿、蓝)、CMYK(青蓝、洋红、黄、黑)、YUV(亮度、色度)、HSV(色相、饱和度、色明度)、HIS(色调、色饱和度、亮度)等。从理论上讲这些颜色模型都可以相互转换。

RGB 模型也称为加色法混色模型。它是以红(Red)、绿(Green)、蓝(Blue)三色光互相叠加来实现混色的方法,因而适合于显示器等发光体的显示。一般将红、绿、蓝三基色按颜色深浅程度的不同分为 0～255 共 256 级,每种颜色可以分别用 8 位二进制数表示,0 表示亮度最弱,255 表示亮度最亮,三种颜色通过不同的比例搭配可以表示不同的颜色。256 级的 RGB 色彩总共能组合出约 1 678 万种色彩,即 256×256×256＝16 777 216,通常也被称为 1 600 万色或千万色。

CMYK 模型广泛用在彩色打印和印刷工业上。实际印刷中,一般采用青蓝(Cyan)、洋红(Magenta)、黄(Yellow)、黑(Black)四色印刷。

YUV 模型主要应用在彩色电视信号传输上。

2) 图像分辨率

在图像数字化过程中,会将图像扫描划分为 $m×n$ 个像素,取样后的总像素数目就称为图像分辨率。它是表示图像大小的一个参数,一般表示为"水平分辨率×垂直分辨率"的形式,其中,水平分辨率表示图像在水平方向的像素数量,垂直分辨率表示图像在垂直方向的像素数量,如 1024×768、1280×1024 等。

需要注意的是,对于一幅相同尺寸的图像,组成该图像的像素数量越多,则图像的分辨率就越高,看起来就会越逼真,相应地,图像文件所占用的存储空间也就越大;相反,像素数量越少,图像看起来就会越粗糙,但图像文件占用的存储空间就会越小。

3) 位平面数

位平面数就是矩阵的数目,也就是图像模型中彩色分量的数目,例如 RGB 模型的位平面数是 3,CMYK 的位平面数是 4。

4) 像素深度

像素深度是指存储每个像素所用的二进制位数。像素深度决定彩色图像的每个像素可能有的颜色数,或者确定灰度图像的每个像素可能有的灰度级数。例如,一幅真彩色图像的每个像素用 R、G、B 三个分量表示,若每个分量用 8 位二进制数表示,那么一个像素共用 24 (8＋8＋8) 位表示,就是像素的深度为 24,每个像素可以是 16 777 216(2^{24}) 种颜色中的一种。表示一个像素的位数越多,它能表示的颜色数目就越多,它的像素深度也就越深。

3. 图像编码

一幅图像的数据量实际上就是存储该图像所有像素点所需要的数据量,其计算公式为:

$$图像数据量＝水平分辨率×垂直分辨率×像素深度/8(单位为字节)$$

表 2-7 列出了不同分辨率和不同像素深度的图像的数据量。

表 2-7 不同格式图像的数据量

分辨率	数据量		
	8 位(256 色)	16 位(65 536 色)	24 位(真彩色)
800×600	468.75 KB	937.5 KB	1406.25 KB
1024×768	768 KB	1.5 MB	2.25 MB
1280×1024	1.25 MB	2.5 MB	3.75 MB

以表 2-7 中 1280×1024 的未经压缩的 24 位真彩色图像为例,其数据量计算方法如下:

图像数据量＝1280×1024×24/8 B＝1280×1024×3/1024/1024 MB＝3.75 MB

从表中可以看出,图像在经过了数字化后,其数据量是巨大的。为了节省图像占用的存储容量、提高图像在网络中的传输速率,对图像进行合理压缩是十分必要的。

图像编码与压缩的本质就是对将要处理的图像源数据按照一定的规则进行变换和组合,从而使得可以用尽可能少的符号来表示尽可能多的信息。图像源中常常存在各种各样的冗余:空间冗余、时间冗余、信息熵冗余、结构冗余、知识冗余等,这就使得通过编码来进行压缩成为可能。如果对图像进行压缩后,则一幅图像的数据量如下:

图像数据量=未经压缩前的图像数据量/图像压缩的倍数

【例 2.22】 一架数码相机,其 Flash 存储器容量为 40MB,它一次可以连续拍摄像素深度为 16 位(65 536 色)的 1024×1024 的彩色相片 60 幅,请计算其图像数据的压缩倍数。

解:一幅图像的数据量为 1024×1024×16/(8×1024×1024)MB=2 MB,60 幅图像的数据量为 2×60=120 MB,图像压缩倍数=120 MB/40 MB=3。

4. 图像编码方法分类

(1) 根据压缩效果,图像编码可以分为有损编码和无损编码。有损编码在编码的过程中把不相干的信息都删除了,只能对原图像进行近似地重建,典型的方法有变换编码、矢量编码等,JPEG 图像格式就是采用的有损压缩;而无损编码的压缩算法中仅仅删除了图像数据中的冗余信息,解压缩时能够精确恢复原图像,典型的方法有行程长度(RLE)编码、字串表(LZW)编码、哈夫曼(Huffman)编码等,PCX、GIF、BMP、TIFF 等图像格式都采用无损压缩。

(2) 根据编码原理,图像编码可以分为熵编码、预测编码、变换编码和混合编码等。熵编码是一种基于图像信号统计特征的无损编码技术,给概率大的符号一个较小的码长,给较小概率的符号较大的码长,使得平均码长尽量小,常见的熵编码有哈夫曼编码、算术编码和行程编码;预测编码基于图像的空间冗余或时间冗余,用相邻的已知像元来预测当前像元的值,然后再对预测误差进行量化和编码,常用的预测编码有差分脉冲编码调制;变换编码利用正交变换将图像从空域映射到另一个域上,使得变换后的系数之间相关性降低,其变换并无压缩性,但可以结合其他编码方式进行压缩;混合编码综合了各种编码方式。

2.3.6 其他信息的编码

除了以上介绍的数值、文字和图像之外,计算机中所处理的信息主要还包括音频和视频。音频和视频的编码更为复杂,尤其是视频。但是,无论何种信息,要想让计算机能够处理模拟视频,首先要将其转换为二进制数字编码的形式,即信息的数字化。音频、视频的数字化过程一致,即采样-量化-编码,如图 2-12 所示。

图 2-12 声音/视频信号的数字化过程示意图

下面以声音信号为例,介绍其数字化过程。

(1) 采样。

声音的采样是指每隔一定时间间隔在声音波形上取一个幅度值,把时间上连续的信号变为时间上离散的信号。采样频率即每秒钟的采样次数。如 44.1 kHz 表示将 1 s 的声音用 44 100 个采样点的数据表示,采样频率越高,数字化音频的质量就越好,但存储音频的数据量也会越大。

目前,市场上的非专业声卡的最高采样频率为 48 kHz,专业声卡可达 96 kHz 及以上。根据采样定理,采样频率至少是信号频率最高频率的两倍才能重新恢复为原来的模拟信号。人耳能听到的最高频率是 20 kHz,所以 CD 标准的采样频率通常采用 44.1 kHz,低于这个值则音质会有所下降,高于这个值则人耳难以分辨。

(2) 量化。

量化是将每个采样点的幅度值以数字来存储。量化位数也叫采样精度或采样位数,是对模拟声音信号的振幅进行数字化所采用的位数。量化位数一般取 8 b 或 16 b,量化位数越高,声音保真度越好。量化位数也是一个影响声音质量的重要指标,它决定了表示声音振幅的精度。例如,8 位量化位数表示每个采样值可以用 2^8 即 256 个不同的量化值之一来表示,16 位量化位数则表示每个采样值可以用 2^{16} 即 65 536 个不同的量化值之一来表示。

(3) 编码。

编码是将采样和量化后的数字数据以一定的格式记录下来。目前,编码的方法很多,常用的编码方法是 PCM(Pulse Code Modulation,脉冲编码调制),其优点是抗干扰能力强、失真小、传输特性稳定;缺点是编码后的数据量比较大。

习　题

一、判断题

1. 软件必须依附于一定的硬件和软件环境,否则无法正常运行。

2. 自由软件允许用户随意复制、修改其源代码,但不允许销售。

3. Windows 操作系统采用并发多任务方式支持系统中的多个任务的执行,但任何时刻只有一个任务正被 CPU 执行。

4. 带符号的整数,其符号位一般在最低位。

5. 使用原码表示整数 0 时,有 1000…00 和 0000…00 两种表示形式,而在补码表示法中,整数 0 只有一种表示形式。

6. 虽然标准 ASCII 码是 7 位的编码,但由于字节是计算机中最基本的处理单位,故一般仍以 1 个字节来存放 1 个 ASCII 字符编码,每字节中多余出来的 1 位(最高位),在计算机内部通常保持为 0。

7. 图像的像素深度决定了一幅图像包含的像素的最大数目。

二、选择题

1. 应用软件分为通用应用软件和定制应用软件两类,下列软件中全部属于通用应用软件的是_____。

　　A. WPS、Windows、Word　　　　　　B. PowerPoint、QQ、UNIX

　　C. ALGOL、Photoshop、FORTRAN　　D. PowerPoint、Photoshop、Word

2. 若某单位的多台计算机需要安装同一个软件,则比较经济的做法是购买该软件的_____。
   A. 多用户许可证　　B. 专利　　C. 著作权　　D. 多个副本
3. 计算机软件操作系统的作用是_____。
   A. 管理系统资源、控制程序的执行　　B. 实现软硬件功能的转换
   C. 把源程序翻译成目标程序　　D. 便于进行数据处理
4. 下列关于操作系统多任务处理与处理器管理的叙述,错误的是_____。
   A. Windows 操作系统支持多任务处理
   B. 分时是指 CPU 时间划分成时间片,轮流为多个任务服务
   C. 并行处理操作系统可以让多个处理器同时工作,提高计算机系统的效率
   D. 分时处理要求计算机必须配有多个 CPU
5. 虚拟存储器系统能够为用户程序提供一个容量很大的虚拟地址空间,其大小受到_____的限制。
   A. 内存实际容量大小　　B. 外存容量及 CPU 地址表示范围
   C. 交换信息量大小　　D. CPU 时钟频率
6. 根据国际标准化组织(ISO)的定义,信息技术领域中"信息"与"数据"的关系是_____。
   A. 信息包含数据　　B. 信息是数据的载体
   C. 信息是指对人有用的数据　　D. 信息仅指加工后的数值数据
7. 在某种进制的运算规则下,若 5×8=28,则 6×7=_____。
   A. 210　　B. 2A　　C. 2B　　D. 52
8. 二进制数 01011010 扩大成 2 倍是_____。
   A. 10110100　　B. 10101100　　C. 10011100　　D. 10011010
9. 逻辑与运算 11001010∧00001001 的运算结果是_____。
   A. 00001000　　B. 00001001　　C. 11000001　　D. 11001011
10. 二进制加法运算 10101110+00100101 的结果是_____。
    A. 00100100　　B. 10001011　　C. 10101111　　D. 11010011
11. 二进制异或逻辑运算的规则是:对应位相同为 0、相异为 1。若用密码 0011 对明文 1001 进行异或加密运算,则加密后的密文是_____。
    A. 0001　　B. 0100　　C. 1010　　D. 1100
12. 已知 X 的补码为 10011000,则它的原码是_____。
    A. 01101000　　B. 01100111　　C. 10011000　　D. 11101000
13. 多媒体信息不包括_____。
    A. 文本、图形　　B. 音频、视频
    C. 图像、动画　　D. 光盘、声卡
14. 下列字符中,其 ASCII 编码值最大的是_____。
    A. 9　　B. D　　C. A　　D. 空格
15. 1 KB 的内存空间中最多能存储采用 GB 2312 编码的汉字_____个。
    A. 128　　B. 256　　C. 512　　D. 1024

16. 数码相机的 CCD 像素越多,所得的数字图像的清晰度越高,如果想拍摄 1600×1200 的相片,那么数码相机的像素数目至少应该有_____。

    A. 400 万   B. 300 万   C. 200 万   D. 100 万

17. 下列关于图像的说法错误的是_____。

    A. 图像的数字化过程大体可分为三步:采样、分色、量化

    B. 像素是构成图像的基本单位

    C. 尺寸大的彩色图片数字化后,其数据量必定大于尺寸小的图片的数据量

    D. 黑白图像或灰度图像只有一个位平面

三、填空题

1. 计算机软件指的是能指示计算机完成特定任务的、以电子格式存储的程序、_____和相关的文档的集合。
2. _____软件是买前免费试用的具有版权的软件。
3. Windows 中的文件有 4 种属性:系统、存档、隐藏和_____。
4. 十进制数 215.25 的八进制表示是_____。
5. 假定一个数在机器中占用 8 位,则 -11 的补码是_____。
6. 浮点数取值范围的大小由_____决定,而浮点数的精度由_____决定。

四、简答题

1. 什么是计算机软件?软件与程序有什么关系?
2. 什么是共享软件、自由软件和免费软件?
3. 从功能角度出发,软件分为哪两类?各举一些你用过的软件。
4. 操作系统由哪些部分组成?
5. 操作系统的存储管理模块的主要任务是什么?大多采用什么方案来解决?
6. 什么是文件和文件系统?文件系统的功能有哪些?
7. 常用的操作系统有哪些?
8. 什么是信息?信息与数据有什么关系?
9. 二进制、八进制、十进制、十六进制之间如何相互转换?
10. 二进制的算术、逻辑运算主要有哪些?它们的运算规则是什么?
11. 什么是 ASCII 码?请查一下 M、m 的 ASCII 码值。
12. GB 2312、GBK、GB 18030 三种汉字编码标准有什么区别和联系?
13. 简述图像数字化的过程。
14. 图像的基本参数有哪些?

阅读材料:鸿蒙操作系统

    操作系统(Operating System)是管理计算机硬件与软件资源的计算机程序,同时也是计算机系统的内核与基石,其重要性不言而喻。对于大多数用户来说,我们最常见到的就是 PC 操作系统 Windows、Mac OS,手机操作系统 Android、iOS。这些操作系统经过多年的发展完善,相对也比较成熟稳定。那么为什么我们还要自研操作系统呢?

    自从 2012 年一篇名为《任正非"2012 实验室"讲话全文曝光》的文章中讲到华为要做终

端操作系统避免被牵制后,华为自研操作系统的传闻就一直在流传。尽管此时的华为公关回应"不评论",但华为消费者业务CEO余承东却在先前表示:"华为确实已经准备了一套自研的操作系统,但这套系统是Plan B,是为了预防未来华为不能使用Android或Windows而做的。当然,华为还是更愿意与谷歌和微软的生态系统合作。"所以,华为自研操作系统是为了避免因其他操作系统的限制而无法生存才选择的一条道路。

众所周知,全球智能手机分为两大阵营,一边是iOS,另一边则是谷歌的安卓生态。这两大手机操作系统可以说占据了全球95%的市场,留给其他操作系统的生存空间可谓少之又少。所以,这对于中国手机厂商们来说还是挺有威胁感的。中国智能手机都是用的安卓系统,虽然小米与华为推出了自己的手机系统,但那也都是基于谷歌的安卓生态下。2018年10月,谷歌突然宣布了一个消息,在欧洲开启了专利收费,虽然这没影响我们亚洲地区,但总觉得这是一颗定时炸弹,我们需要提早做好准备!作为一家科技公司来说,必须要掌握一些核心的东西,比如说之前中兴遭到美国制裁,华为在3G时代受到过高通威胁,这些都充分说明了一个问题,科技公司不仅要掌握核心技术,还应当时刻保持危机感!

华为打造自主操作系统的计划由华为创始人任正非发起并推进,该公司从来没有停止过努力,并将其视为为最坏情况做准备的战略投资。对于华为来说,拥有自己的芯片可能是相较于其他厂商的最大优势,再进一步去发展自研操作系统,能看出华为更长远的发展计划,抓住这两条关键产业,就能够拥有更多的主动权。

做操作系统很难,独创更难,安卓和苹果到现在还在不断修复升级。但无论怎么说,华为敢于去做,这值得国人骄傲!让我们一起来了解华为的鸿蒙系统。

2019年8月9日,华为在东莞举行华为开发者大会,正式发布操作系统——鸿蒙OS (HarmonyOS)。华为鸿蒙操作系统是一款全新的面向全场景的分布式操作系统,创造了一个超级虚拟终端互联的世界,将人、设备、场景有机地联系在一起,将消费者在全场景生活中接触的多种智能终端实现极速发现、极速连接、硬件互助、资源共享,用最合适的设备提供最佳的场景体验。

对于消费者而言,HarmonyOS通过分布式技术让8+N设备具备智慧交互的能力。在不同场景下,8+N配合华为手机提供满足人们不同需求的解决方案。对于智能硬件开发者,HarmonyOS可以实现硬件创新,并融入华为全场景的大生态。对于应用开发者,HarmonyOS让他们不用面对硬件复杂性,通过使用封装好的分布式技术API,以较小投入专注开发出各种全场景新体验。

1. 发展历程

2012年,华为开始规划自有操作系统"鸿蒙"。

2019年5月24日,国家知识产权局商标局网站显示华为已申请"华为鸿蒙"商标,申请日期是2018年8月24日,注册公告日期是2019年5月14日,专用权限期是从2019年5月14日到2029年5月13日。

2019年5月17日,由华为操作系统团队开发了自主产权操作系统——鸿蒙。

2019年8月9日,华为正式发布鸿蒙系统。同时余承东也表示,鸿蒙OS实行开源。

在中国信息化百人会2020年峰会上,余承东表示,鸿蒙OS目前已经应用到华为智慧屏、华为手表上,未来有信心应用到1+8+N全场景终端设备上。

2020年9月10日,华为鸿蒙系统升级至华为鸿蒙系统2.0版本,即HarmonyOS 2.0,

并面向128 KB～128 MB终端设备开源。余承东表示,2020年12月份将面向开发者提供鸿蒙2.0的beta版本。

2020年12月16日,华为正式发布了HarmonyOS 2.0手机开发者Beta版本。华为消费者业务软件部总裁、鸿蒙操作系统负责人王成录表示,2020年已有美的、九阳、老板电器、海雀科技搭载鸿蒙OS,2021年的目标是覆盖40＋主流品牌1亿台以上设备。

2021年2月22日晚,华为正式宣布HarmonyOS将于4月上线,华为Mate X2将首批升级。

2021年3月,王成录表示,今年搭载鸿蒙操作系统的物联网设备(手机、Pad、手表、智慧屏、音箱等)有望达到3亿台,其中手机将超过2亿台,力争让鸿蒙生态的市场份额达到16％。

2. 历史版本

1) HarmonyOS 1.0

2019年8月9日,华为在东莞举行华为开发者大会,正式发布操作系统——HarmonyOS。HarmonyOS是一款全场景分布式OS,可按需扩展,实现更广泛的系统安全,主要用于物联网,特点是低时延。HarmonyOS实现模块化耦合,对应不同设备可弹性部署。HarmonyOS有三层架构,第一层是内核,第二层是基础服务,第三层是程序框架。

2019年8月10日,荣耀正式发布荣耀智慧屏、荣耀智慧屏Pro,搭载鸿蒙操作系统。它的诞生拉开了永久性改变操作系统全球格局的序幕。

2) HarmonyOS 2.0

2020年9月10日,华为鸿蒙系统升级至华为鸿蒙系统2.0版本,在关键的分布式软总线、分布式数据管理、分布式安全等分布式能力上进行了全面升级,为开发者提供了完整的分布式设备与应用开发生态。目前,华为已与美的、九阳、老板等家电厂商达成合作,这些品牌将发布搭载鸿蒙操作系统的全新家电产品。

HarmonyOS 2.0于2020年12月16日开放Beta测试版本,2021年1月份面向部分手机用户提供升级渠道。

3. 技术特性

HarmonyOS具备分布式软总线、分布式数据管理和分布式安全三大核心能力。

1) 分布式软总线

分布式软总线让多设备融合为"一个设备",带来设备内和设备间高吞吐、低时延、高可靠的流畅连接体验。

2) 分布式数据管理

分布式数据管理让跨设备数据访问如同访问本地一样,大大提升了跨设备数据远程读写和检索等性能。

3) 分布式安全

分布式安全可以确保正确的人用正确的设备正确地使用数据。当用户进行解锁、付款、登录等行为时系统会主动发出认证请求,并通过分布式技术可信互联能力,协同身份认证确保人员身份正确;HarmonyOS能够把手机的内核级安全能力扩展到其他终端,进而提升全场景设备的安全性,通过设备能力互助,共同抵御攻击,保障智能家居网络安全;HarmonyOS通过定义数据和设备的安全级别,对数据和设备都进行了分类分级保护,确保数据流通安全可信。

4. 未来发展

2020年，华为除了手机、平板电脑和计算机，其他终端产品将全线搭载鸿蒙系统，并在海内外同步推进。

2021年上半年，将面向内存为128 MB～4 GB的终端设备开源。

2021年下半年，将面向4 GB以上所有设备开源。

5. 支持

HarmonyOS通过SDK、源代码、开发板/模组和HUAWEI DevEco等装备共同构成了完备的开发平台与工具链，设备厂商可以选择不同的方式加入全场景智慧生态：通过使用分布式SDK获得畅连、HiCar等7大能力快速接入；2020年9月10日后，30＋品类的128 MB以下IoT设备整机可以使用开源代码接入；对于128 MB以上、4 GB以下的智能设备整机，HarmonyOS已经通过申请定向代码开始招募伙伴加入。

1）智能硬件

HarmonyOS为智能硬件开发者提供了模组、开发板和解决方案。同时，HUAWEI DevEco将为HarmonyOS设备带来一站式开发环境，支持家电、安防、运动健康等品类的组件定制、驱动开发和分布式能力集成。在开发过程中，不论设备有屏或无屏，HUAWEI DevEco都可提供一站式开发、编译、调试和烧录，组件可以按需定制，减少资源占用，开发环境内置安全检查能力，开发者在开发过程中也可以进行可视化调试。

2）开源

HarmonyOS将源代码捐赠给开放原子开源基金会进行孵化，项目名称为OpenHarmony。目前，已经面向RAM在128 KB～128 MB的IoT智能硬件开放源代码；计划在2021年上半年，RAM在128 MB到4 GB间的终端设备，包括轻车机及带屏音箱等在内的设备均可以获得相关的开源代码；计划到2021年下半年，HarmonyOS源代码将面向更多全场景终端设备开放。

3）应用开发

HarmonyOS提供了一系列构建全场景应用的完整平台工具链与生态体系：分布式应用框架能够将复杂的设备间协同封装成简单接口，实现跨设备应用协同。开发者只需要关注业务逻辑，减少代码和复杂度；分布式应用框架SDK/API开发者Beta版已经同步上线，分步骤提供13 000多个API，支持开发大屏、手表、车机等应用。

HarmonyOS采用了支持高性能多语言编译的方舟编译器2.0，能够消除跨语言交互开销，统一运行时，统一多语言前端，让开发者能够自由选择Java、JavaScript及其他语言；通过组件解耦实现多设备弹性部署；操作系统、运行时和开发框架协同设计，能够完成联合优化，提高代码执行效率。

HarmonyOS 2.0打造了全场景跨设备集成开发工具HUAWEI DevEco 2.0。在编程时开发者可以实时预览UI，实现编程所见即所得；提供API智能补全，实现高效编码；面对多设备测试难题，DevEco Studio提供了高性能模拟仿真和实时调测。

4）升级

HarmonyOS 2.0在关键的分布式软总线、分布式数据管理、分布式安全等分布式能力上进行了全面升级，有安全、速度等质的变化和提升，也将从智慧屏扩展到更多的智能设备，包括可穿戴设备和手机。

5）终端产品

2020年9月26日，华为消费者业务IoT产品线总裁支浩在华为智慧屏一周年直播爆料，华为智慧屏将作为第一批升级HarmonyOS 2.0系统的终端产品，很快和大家见面。

6. 意义

华为的鸿蒙操作系统宣告问世在全球引起很大反响。人们普遍相信，这款由中国通信巨头打造的操作系统在技术上是先进的，并且具有逐渐建立起自己生态的成长力。它的诞生拉开永久性改变操作系统全球格局的序幕。

过去的进步证明华为在自己聚焦的技术领域走到前排的能力。华为的技术和人才储备、中国的整体技术环境和市场支持力都比华为从落后跟着走一直冲到5G领先位置那个阶段强一大截。鸿蒙问世时恰逢中国整个软件业亟需补足短板，鸿蒙给国产软件的全面崛起产生战略性带动和刺激。美国打压华为对鸿蒙问世起催生作用，毫无疑问它是被美国逼出来的，而美国倒逼中国高科技企业的压力已经成为战略态势，中国全社会已经下定要独立发展本国核心技术的决心。鸿蒙是时代的产物，它代表中国高科技必须开展的一次战略突围，是中国解决诸多卡脖子问题的一个带动点。

鸿蒙肯定将面临建立自己生态的早期阶段，但它很快会在中国站稳阵脚并逐渐走向全球的前景毋庸置疑。鸿蒙在技术上很先进，中国市场虽然需要内部协调的大量工作，但这个市场总体上向这款操作系统提供根据地般的支撑，这不是一个悬念。一旦形势促使鸿蒙在华为全线产品上安装，华为手机短时间内销量下降，但这样的临时损失将带给华为进一步崛起和中国操作系统及软件业全面繁荣的回报。中国的其他软件应用厂商和各种利益实体会在全社会的推力下支持开源的鸿蒙，共同参与鸿蒙的生态建设。

鸿蒙的问世是打破美国垄断的一个现实方案，它对维持全球技术平衡具有积极意义。尽管苹果和安卓系统已经占领全球市场，但欢迎竞争是市场的天性，只要鸿蒙技术确实领先，中国市场为它孵化、积累出有竞争力的生态系统，它逐渐走向全球市场就不会比之前的中国通信设备走向世界更不可思议。

中国面临一些高科技领域决定性的补短板和再创业，全社会的这一共识已经非常坚定，国家的政策倾斜也已经形成。鸿蒙可以说朝着这个方向打了一枪，它不可能是华为与美国博弈的虚晃一枪，华为和中国高科技产业都已经没有了退路，坚定往前走，迈过短时间的困难期，历史将给中国崛起提供另一条路径。

第 3 章　计算机网络与信息安全

3.1　通 信 技 术

3.1.1　通信系统

通信系统是用以完成信息传输过程的技术系统的总称。现代通信系统主要借助电磁波在自由空间的传播或在导引媒体中的传输机理来实现。

1. 通信系统的基本模型

通信的基本任务是传递信息,因此通信系统需要有三个基本要素:信源、信道和信宿。图 3-1 所示是一个简单的通信系统模型。

图 3-1　简单的通信系统模型

信源是信息的发送端,信道是传输信息的通道,信宿是信息的接收端。信道可以有模拟信道和数字信道,模拟信号经模-数转换后可以在数字信道上传输,数字信号经调制后也可以在模拟信道上传输。

从概念上讲,信道和电路不同,信道一般都是用来表示向某个方向传送数据的媒体,一个信道可以看成是电路的逻辑部件,而一条电路至少包含一条发送信道或一条接收信道。

2. 通信系统常用技术指标

一个通信系统的好坏,主要从有效性和可靠性这两方面来衡量。

对于模拟通信系统来说,有效性是用系统的带宽来衡量的,可靠性则是用信噪比来衡量的。由于计算机通信主要采用的是数字通信系统,因此这里主要介绍数字通信系统的性能指标。

1) 有效性

有效性反映了通信系统传输信息的"速率",即快慢问题,主要由数据传输速率、信道带宽、信道容量来衡量。

(1) 数据传输速率。

数据传输速率是指信道每秒能传输的二进制比特数(bit per second),记作 b/s。常见的单位还有 kb/s、Mb/s、Gb/s 等。

与数据传输速率密切相关的是波特率。波特率是指信号每秒变化的次数,它与数据传输速率成正比。单位为波特(baud)。

比特率与波特率是在两种不同概念的基础上定义的速度单位。但是在采用二元波形时,波特率与比特率在数值上相等。

(2) 信道带宽。

带宽是信道能传输的信号的频率宽度,是信号的最高频率和最低频率之差。带宽在一定程度上体现了信道的传输性能。

信道的最大传输速率与信道带宽存在明确的关系。一般来说,信道的带宽越大,其传输速率也越高。所以人们经常用带宽来表示信道的传输速率,带宽和传输速率几乎成了同义词,但从技术角度来说,这是两个完全不同的概念。

(3) 信道容量。

信道容量是指信道传输信息的最大能力,用单位时间内最多可传送的比特数来表示。信道容量是信道的一个极限参数。

2) 可靠性

可靠性反映了通信系统传输信息的"质量",即好坏问题,主要由数据传输的误码率、延迟等来衡量。

(1) 误码率。

误码率是指二进制比特流在数据传输系统中被传错的概率,它是衡量通信系统可靠性的重要指标。误码率的计算公式为

$$误码率 = 接收时出错的比特数/发送的总比特数$$

数据在通信信道传输中因某种原因出现错误,这是正常且不可避免的,误码率只要在给定的范围内都是允许的。在计算机网络中,一般要求误码率低于 10^{-6},即百万分之一。

(2) 延迟。

延迟是定量衡量网络特性的重要指标,它可以说明一个网络在计算机之间传输一位数据需要花费多少时间,通常有最大延迟和平均延迟。根据产生延迟的原因不同,延迟又可分为以下几种。

① 传播延迟:由于信号通过电缆或光纤传输时需要时间,通常与传播的距离成正比。

② 交换延迟:交换延迟是网络中电子设备(如集线器、网桥或包交换机)引入的一种延迟。

③ 访问延迟:在大多数局域网中通信介质是共享的,因此访问延迟是指计算机因等待通信介质空闲才能进行通信而产生的延迟。

④ 排队延迟:在交换机的存储转发过程中,交换机将传来的包排成队列,如果队列中已有包,则新到的包需要等候,直到交换机发送完先到的包,这种情况产生的延迟就是排队延迟。

需要说明的是,一个通信系统越高效可靠,显然就越好。但实际上有效性和可靠性是一对矛盾的指标,两者需要一定的折中。就好比汽车在公路上超速行驶,速度高了,但有很大的安全隐患。所以,不能撇开可靠性来单纯追求高速度,否则欲速则不达。

3.1.2 网络传输介质

传输介质与信道是两个不同范畴的概念。传输介质是指传输信号的物理实体,而信道则着重体现介质的逻辑功能。一个传输介质可能同时提供多条信道,一条信道也可能由多

个传输介质级联而成。

常用的传输介质分为有线传输介质和无线传输介质两大类。不同的传输介质,其特性也各不相同,它们不同的特性对网络中数据通信质量和通信速度有较大影响。

1. 双绞线

双绞线是一种综合布线工程中最常用的传输介质,由两根具有绝缘保护层的铜导线相互缠绕而成(见图 3-2),"双绞线"的名字也由此而来。实际使用时,将多对双绞线一起包在一个绝缘电缆套管里。把两根绝缘的铜导线按一定密度互相绞在一起,每根导线在传输中辐射出来的电波会被另一根导线上发出的电波抵消,有效降低了信号干扰的程度。与其他传输介质相比,双绞线在传输距离、信道宽度和数据传输速度等方面均受到一定限制,但价格较为低廉。

根据有无屏蔽层,双绞线分为屏蔽双绞线(Shielded Twisted Pair,STP)与非屏蔽双绞线(Unshielded Twisted Pair,UTP)。屏蔽双绞线在双绞线与外层绝缘封套之间有一个金属屏蔽层,可减少辐射,防止信息被窃听,也可阻止外部电磁干扰的进入,因此屏蔽双绞线比同类的非屏蔽双绞线具有更高的传输速率。但是非屏蔽双绞线也有自己的优点,主要是直径小、重量轻、易弯曲、易安装、成本低。

图 3-2 双绞线

双绞线常见的有 3 类线、5 类线和超 5 类线,以及最新的 6 类线,数字越大,线径越大,版本越新,技术越先进,带宽也越宽,当然价格也越贵。

目前 5 类线是最常用的以太网电缆,传输速率为 100 Mb/s,主要用于 100BASE-T 和 10BASE-T 网络。超 5 类线衰减小,串扰少,性能得到很大提高,主要用于千兆位以太网电缆(1000 Mb/s)。6 类线的传输频率为 1~250 MHz,传输性能远远高于超 5 类标准,最适用于传输速率高于 1 Gb/s 的应用。

2. 同轴电缆

同轴电缆(Coaxial Cable)是指有两个同心导体,而导体和屏蔽层又共用同一轴心的电缆。同轴电缆由里到外分为四层:中心铜线(单股的实心线或多股绞合线),塑料绝缘体,网状导电层和电线外皮,如图 3-3 所示。中心铜线和网状导电层形成电流回路,因为中心铜线和网状导电层为同轴关系而得名。

同轴电缆传输交流电而非直流电,如果使用一般电线传输高频率电流,这种电线就相当于一根向外发射无线电的天线,这种效应损耗了信号的功率,使得接收到的信号强度减小。同轴电缆的同轴设计,是为了防止外部电磁波干扰异常信号的传递,让电磁场封闭在内外导体之间,故辐射损耗小,受外界干扰影响小。

图 3-3 同轴电缆

同轴电缆的优点是可以在相对较长的无中继器的线路上支持高带宽通信,其缺点是:体积大,成本高,不能承受缠结、压力和严重的弯曲,因此在现在的局域网环境中,基本已被双绞线所取代。但同轴电缆的抗干扰性能比双绞线强,当需要连接较多设备而且通信容量相当大时仍然可以选择同轴电缆。

3. 光纤

光纤(Fiber)是光导纤维的简写,是一种由玻璃或塑料制成的纤维,可作为光传导的工具。通常,光纤与光缆两个名词会被混淆。多数光纤在使用前必须由几层保护结构包覆,包覆后的缆线即被称为光缆。香港中文大学前校长高锟首先提出光纤可以用于通信传输的设想,因此获得2009年诺贝尔物理学奖。

光纤的传输原理是光的全反射,如图3-4所示。微细的光纤封装在塑料护套中,使得光纤能够弯曲而不至于断裂。通常,光纤的一端的发射装置使用发光二极管或一束激光将光脉冲传送至光纤,光纤的另一端的接收装置使用光敏元件检测光脉冲。由于光在光导纤维的传导损耗比电在电线传导的损耗低得多,一般用于长距离信息传输。

图 3-4 光纤的通信原理

光纤作为宽带接入中一种主流的方式,有通信容量大、中继距离长、保密性能好、适应能力强、体积小、重量轻、原材料来源广、价格低廉等优点,未来在宽带互联网接入中的应用非常广泛。

4. 无线介质

无线通信利用电磁波来传输信息,不需要铺设电缆,非常适合在一些高山、岛屿或临时场地搭建网络。无线介质是指信号通过空间传输,信号不被约束在一个物理导体之内,主要的无线介质包括无线电波、微波和红外线。

无线电波的传播特性与频率(或波长)有关。中波沿地面传播,绕射能力强,适用于广播和海上通信;短波趋于直线传播并受障碍物的影响,但在到达地球大气层的电离层后将被反射回地球表面,由于电离层的不稳定,使得短波信道的通信质量较差。

微波(频率范围为300 MHz～300 GHz)通信在数据通信中占有重要地位。由于微波在空间中是直线传播的,且穿透电离层而进入宇宙空间,它不像短波那样可以经电离层反射传播到地面上很远的地方。因此微波通信主要有两种方式:地面微波接力通信和卫星通信。

1) 地面微波接力通信

由于微波是直线传输的,而地球表面是曲面,因此其传输距离受到限制,为了实现远距离通信,必须每隔一段距离建立一个中继站。中继站把前一站送来的信号放大后再送到下一站,故称为"接力",如图3-5所示。

微波接力通信可传输电话、电报、图像、数据等信息,传输质量较高,有较大的机动灵活性,抗自然灾害的能力也较强,因而可靠性较高,但隐蔽性和保密性较差。

2) 卫星通信

卫星通信实际上也是一种微波通信,它以卫星作为中继站转发微波信号,在多个地面站之间通信,如图3-6所示。按照工作轨道区分,卫星通信系统一般分为三类:低轨道卫星通信系统(如铱星和全球星系统)、中轨道卫星通信系统(如国际海事卫星系统)和高轨道卫星

图 3-5 地面微波接力通信

通信系统。当高轨道卫星通信系统的轨道距地面约 35 800km 时,该轨道为地球同步轨道。理论上用三颗高轨道卫星即可以实现全球覆盖。

图 3-6 卫星通信

3.1.3 网络互联设备

网络互联是指应用合适的技术和设备,将不同地理位置的计算机网络连接起来,从而形成一个范围和规模更大的网络系统,实现更大范围内的资源共享和数据通信。常见的网络互联设备有以下几种。

1. 中继器

中继器(Repeater)是工作在物理层的最简单的网络互联设备,可以扩大局域网的传输距离,连接两个以上的网络段,通常用于同一幢楼里的局域网之间的互联,如图 3-7 所示。

由于传输线路噪声的影响,承载信息的数字信号或模拟信号只能传输有限的距离,中继器的功能是对接收信号进行再生和发送,从而增加信号传输的距离。因此,中继器的主要功能是将传输介质上衰减的电信号进行整形、放大和转发,其本质上是一种数字信号放大器。例如,以太网标准规定单段信号传输电缆的最大长度为 500m,但利用中继器连接 4 段电缆后,以太网中信号传输电缆的最大长度可达 2000m。

图 3-7 中继器(网络延长器)

2. 集线器

集线器的英文名称为 Hub。Hub 是"中心"的意思，集线器的主要功能是对接收到的信号进行再生整形、放大，以扩大网络的传输距离，同时把所有节点集中在以它为中心的节点上。因此，集线器可以说是一种特殊的中继器，又叫多端口中继器。它能使多个用户通过集线器端口用双绞线与网络连接。一个集线器通常有 8 个及以上的连接端口。图 3-8 所示是一个 8 口的集线器。

图 3-8　8 口集线器

集线器是一种物理层共享设备，Hub 本身不能识别 MAC 地址和 IP 地址，当同一局域网内的 A 主机给 B 主机传输数据时，数据包在以 Hub 为架构的网络上是以广播方式传输的，由每一台终端通过验证数据报头的 MAC 地址来确定是否接收。也就是说，在这种工作方式下，同一时刻网络上只能传输一组数据帧的通信，如果发生碰撞还要重试。这种方式就是共享网络带宽。

3. 网桥

网桥（Network Bridge）又称桥接器，工作在数据链路层，独立于高层协议，是用来连接两个具有相同操作系统的局域网的设备。网桥的作用是扩展网络的距离，减轻网络的负载。在局域网中每一条通信线路的长度和连接的设备数都是有限的，如果超载就会降低网络的工作性能。对于较大的局域网可以采用网桥将负担过重的网络分成多个网段，每个网段的冲突不会被传播到相邻网段，从而达到减轻网络负担的目的。由网桥隔开的网段仍属于同一局域网。网桥的另一个作用是自动过滤数据包，根据数据包的目的地址决定是否转发到其他网段，因此网桥是一种存储转发设备。

网桥可以是专门的硬件设备，也可以由计算机加装的网桥软件来实现。

4. 交换机

交换机（Switch）意为"开关"，是一种用于电（光）信号转发的网络设备，如图 3-9 所示。它可以为接入交换机的任意两个网络节点提供独享的电信号通路。最常见的交换机是以太网交换机。其他常见的还有电话语音交换机、光纤交换机等。

图 3-9　交换机

在计算机网络系统中，交换概念的提出改进了共享工作模式。交换机工作于 OSI 参考模型的第二层，即数据链路层。交换机内部的 CPU 在每个端口成功连接时，通过将 MAC

地址和端口对应，形成一张 MAC 表。在今后的通信中，发往该 MAC 地址的数据包将仅送往其对应的端口，而不是所有的端口。因此，交换机可以在同一时刻进行多端口之间的数据传输，而且每个端口都可以视为各自独立的，相互通信的双方独自享有全部带宽，从而提高数据传输速率、通信效率和数据传输的安全性。

交换机相比网桥也具有更好的性能，因此，也逐渐取代了网桥。目前，局域网内主要采用交换机来连接计算机。

5. 路由器

路由器（Router）如图 3-10 所示，用于连接多个逻辑上分开的网络。逻辑网络代表一个单独的网络或者一个子网。当数据从一个子网传输到另一个子网时，可通过路由器的路由功能来完成。因此，路由器的基本功能就是进行路径的选择，找到最佳的转发数据路径。路由器具有判断网络地址和选择 IP 路径的功能，它能在多网络互联环境中，建立灵活的连接，可用完全不同的数据分组和介质访问方法连接各种子网，路由器只接受源站或其他路由器的信息，属网络层的一种互联设备。

6. 网关

网关（Gateway）又称网间连接器、协议转换器，如图 3-11 所示。网关在网络层以上实现网络互联，是最复杂的网络互联设备，仅用于两个高层协议不同的网络互联，主要作用就是完成传输层及以上的协议转换。大多数网关运行在应用层，可用于广域网和广域网、局域网和广域网的互联。

图 3-10　路由器

图 3-11　网关

网关使用在不同的通信协议、数据格式或语言甚至体系结构完全不同的两种系统之间，网关就相当于一个翻译器。与网桥只是简单地传达信息不同，网关对收到的信息要重新打包，以适应目的系统的需求。

3.1.4　数据交换技术

交换（Switching）是指通信双方使用网络中通信资源的方式，早期主要采用电路交换，现在主要采用分组交换。

1. 电路交换

考虑有线电话机的连接情况。2 部电话机只需要 1 对电话线就能够互相连接。5 部电话机两两相连，则需 10 对电话线。很容易推算出，n 部电话机两两相连，需要 $C_n^2 = n(n-1)/2$ 对电话线。当电话机数量很大时，这种连接方法需要电话线的数量与电话机数的平方成正比。因此，当电话机的数量增多时，使用交换机来完成全网的交换任务，可以大大减少电话线的数量，如图 3-12 所示。理论上，n 部电话机通过交换机连接，只需要 n 条电话线。

电话交换机接收到拨号请求后,会把双方的电话线接通,通话结束后,交换机再断开双方的电话线。这里,"交换"的含义就是转接,即把一条电话线转接到另一条电话线,使它们连通起来。因此,可以把电话交换机看作电话线路的中转站。从通信资源分配的角度看,"交换"就是按照某种方式动态分配电话线路资源。交换机决定了谁、什么时候可以使用电话线路。电路交换必定是面向连接的,也就是说必定有通信线路直接连接通信的双方。电路交换的三个阶段是建立连接、通信、释放连接。

图 3-12　电话交换机

大型电路交换网络示意如图 3-13 所示。图中 A 和 B 的通话经过了 4 个交换机,通话是在 A 到 B 的连接上进行的。C 和 D 的通话只经过了 1 个本地交换机,通话是在 C 到 D 的连接上进行的。

图 3-13　大型电路交换网络示意图

电路交换的缺点是:由于通信双方会临时独占连接上的所有通信线路,因此导致通信线路不能被其他主机所共享。而一般来说,计算机数据具有突发性,如果计算机通信的双方也使用电路交换方式,必然会导致通信线路的利用率很低。

2. 分组交换

下面通过一个例子来介绍分组交换。假定发送端主机有一个要发送的报文,而这个报文较长,不便于传输,则可以先把这个较长的报文划分成 3 个较短的、固定长度的数据段。为了便于控制,需要在每个数据段前面添加"首部",里面含有必不可少的控制信息,分别构成 3 个分组,如图 3-14 所示。

图 3-14　报文拆分为 3 个分组

分组交换方式以分组作为数据传输单元,发送端依次把各分组发送到接收端。每个分组的首部含有目的地址等控制信息。分组交换网中的节点交换机(一般是路由器)根据收到的分组首部中的目的地址等信息,把分组转发到下一个节点交换机。节点交换机使用这种存储-转发的方式进行接力转发,最后分组就能到达目的地。所谓存储-转发,是指分组交换机把接收到的分组放进自己的存储器中排队等候,然后依次根据分组首部中的目的地址选择相应端口转发出去。

接收端主机收到3个分组后剥去首部恢复成原始数据段,并把这些数据段拼接为原始报文。这里假定分组在传输过程中没有出现差错,在转发时也没有被丢弃。

目前流行的因特网(Internet)就是采用分组交换的方式传输数据的。因特网由许多网络和路由器组成,路由器负责将这些网络连接起来,形成更大的网络,称为网络互联。路由器的用途是在不同的网络之间转发分组,即进行分组交换。源主机向网络发送分组,路由器对分组进行存储-转发,最后把分组交付目的主机。

在路由器中,输入端口和输出端口之间没有直接连线。路由器采用存储-转发方式处理分组的过程是:①先把从输入端口收到的分组放入存储器暂时存储;②根据分组首部的目的地址查找转发表,找出分组应从哪个输出端口转发;③把分组送到该端口并通过线路传输出去。如图3-15所示的分组交换网络示意图中,主机H_1的分组既可以通过路由器A、B、E到达主机H_5,也可以通过路由器A、C、E到达主机H_5。路由器视当时网络的流量和阻塞等情况来决定选择哪个端口通过哪条线路把分组转发出去,是动态选择的。

图3-15 分组交换网络示意图

分组交换与电路交换相比有如下优点。

(1) 分组交换不需要为通信双方预先建立一条专用的物理通信线路,不存在连接的建立时延,用户随时可以发送分组。

(2) 由于采用存储-转发方式,路由器具有路径选择功能,当某条传输线路发生故障时可选择其他传输线路,提高了传输的可靠性。

(3) 通信双方的不同分组是在不同的时间分段占用物理连接,而不是在通信期间固定占用整条通信连接。在双方通信期间,也允许其他主机的分组通过,大大提高了通信线路的利用率。

(4) 加速了数据在网络中的传输。分组是逐个传输的,可以使后一个分组的存储操作与前一个分组的转发操作并行,这种流水线方式减少了传输时间。

(5) 分组长度固定,因此路由器缓冲区的大小也固定,简化了路由器中存储器的管理。

(6) 分组较短,出错概率较小,使出错重发的数据量也比较少,不仅提高了可靠性,也减少了时延。

分组交换相对电路交换有如下缺点。

(1) 由于数据进入交换节点要经历存储-转发过程,从而引起转发时延(包括接收分组、检验正确性、排队、发送分组等),实时性较差。

(2) 分组必须携带首部,造成了一定的额外开销。

(3) 可能出现分组失序、丢失或重复,分组到达目的主机时,需要按编号进行排序并拼接为报文。

对于计算机使用的数据来看,总体性能上分组交换要优于电路交换。早期主要采用电路交换,然而现在及以后将主要采用分组交换,包括因特网采用的也是分组交换。目前采用电路交换方式的有线电话网,正逐渐被因特网所取代。

3.1.5 多路复用技术

一般情况下,通信信道的带宽远大于用户所需的带宽,使用多路复用技术可以让多个用户共用同一个信道,共享信道资源可以提高信道利用率,降低通信成本。如图3-16所示,A_1、B_1、C_1分别与A_2、B_2、C_2通信,使用多路复用技术只需要一个信道,而不使用多路复用技术则需要3个信道。

图 3-16　3 对用户同时通信时的信道分配情况

目前信道复用技术主要有频分多路复用、时分多路复用、波分多路复用、码分多路复用、空分多路复用、统计时分多路复用、极化波分多路复用等,下面介绍几种常用的复用技术。

1. 频分多路复用

频分多路复用(Frequency Division Multiplexing,FDM)是按频率分割多路信号的方法。即将信道的可用频带分成若干互不交叠的频段,每路信号占据其中一个频段。在接收端用适当的滤波器将多路信号分开,分别进行解调和终端处理。采用频分复用技术时,不同用户在同样的时间占用不同的带宽资源。

2. 时分多路复用

时分多路复用(Time Division Multiplexing,TDM)在信道使用时间上进行划分。按一定原则把连续的信道使用时间划分为一个个很小的时间片,把各个时间片分配给不同的通信用户使用。相邻时间片之间没有重叠,一般也无须隔离,以提高信道的利用率。由于划分的时间片一般较小,可以将其想象成把整个物理信道划分成了多个逻辑信道交给各个不同的通信用户使用,相互之间没有任何影响。

3. 波分多路复用

波分多路复用(Wavelength Division Multiplexing,WDM)本质是光信号的频分复用。它是将两种或多种不同波长的光载波信号(携带各种信息),在发送端经复用器汇合在一起,耦合到同一根光纤中进行传输的技术;在接收端,经解复用器将各种波长的光载波分离,然后由光接收机做进一步处理以恢复原信号。

3.2 计算机网络基础

3.2.1 计算机网络概述

1. 计算机网络的定义

计算机网络是指将地理位置不同的具有独立功能的多台计算机(主机)及其外围设备,通过通信线路连接起来,在网络操作系统、网络管理软件及网络通信协议的管理和协调下,实现信息传递以及其他网络应用的计算机系统。

对于普通网络使用者来说,计算机网络提供的功能和应用非常多,如即时通信、电子商务、信息检索、网络娱乐等。但是对于网络专业人士来说,网络的功能非常单一:网络中任意一台主机,都可以把数据传输给任意另外一台主机。实现任意两台主机之间的数据传输,是计算机网络要解决的根本问题。

只要实现了任意两台主机之间的数据传输,就可以开发出各种具体的网络应用,如即时通信、资源共享、数据集中处理、均衡负载与相互协作、提高系统的可靠性和可用性、分布式处理、信息检索、办公自动化、电子商务与电子政务、企业信息化、远程教育、网络娱乐、军事指挥自动化等。只要开动脑筋并勇于实践,就可以在因特网提供的数据传输服务的基础上,开发出新的应用。像滴滴打车、美团外卖等,都是近些年才开发出来的新应用。

2. 计算机网络的功能

1) 数据通信

数据通信(或数据传输)是计算机网络的基本功能之一。

2) 资源共享

计算机网络的主要目的是资源共享。

3) 进行分布式处理

由于有了网络,许多大型信息处理问题可以借助分散在网络中的多台计算机协同完成,解决单机无法完成的信息处理任务。特别是分布式数据库管理系统,它使分散存储在网络中不同计算机系统的数据,在使用时好像集中管理一样方便。

4）提高系统的可靠性和可用性

提高可靠性表现在网络中的计算机可以通过网络彼此互为备份，一旦某台计算机出现故障，它的任务可由网络中其他计算机代为完成，避免了单机情况下可能造成的系统瘫痪。

提高可用性是指网络中的工作负荷均匀地分配给网络中的每台计算机。当某台计算机的负荷过重时，通过网络和一些应用程序的控制和管理，可以将任务交给网络中其他较空闲的计算机进行处理，从而均衡各台计算机的负载，提高每台计算机的可用性。

3. 计算机网络工作模式

计算机网络的工作模式主要有两种：客户/服务器（Client/Server，C/S）模式和对等（Peer to Peer，P2P）模式。

1）客户/服务器模式

客户/服务器模式简称 C/S 模式，它把客户（Client）端与服务器（Server）区分开来。每一个客户端软件的实例都可以向一个服务器或应用程序服务器发出请求。

C/S 模式通过不同的途径应用于很多不同类型的应用程序，最常见的就是目前在因特网上的网页。例如，当用户访问苏州大学网站时，该用户的计算机和网页浏览器就被当作一个客户，同时，存放苏州大学网站的计算机、数据库和应用程序就被当作服务器。当用户的网页浏览器向苏州大学网站请求一个指定的网页时，苏州大学的服务器会从指定的地址找到网页或者生成一个网页，再发送回该用户的浏览器。

C/S 模式是一个逻辑概念，而不是指计算机设备。在 C/S 模式中，请求一方称为客户，响应请求一方称为服务器，如果一个服务器在响应客户请求时不能单独完成任务，还可能向其他服务器发出请求，这时，发出请求的服务器就成为另一个服务器的客户。从双方建立联系的方式来看，主动启动通信的应用称为客户，被动等待通信的应用称为服务器。

C/S 模式的应用非常多，例如 Internet 上提供的 WWW、FTP、E-mail 服务等都是采用 C/S 模式进行工作的。

2）对等模式

对等模式通常被称为对等网，网络中的各个节点被称为对等体。与传统的 C/S 模式中服务由几台服务器提供不同的是，在 P2P 网络中，每个节点的地位是对等的，具备客户和服务器双重特性，可以同时作为服务使用者和服务提供者。P2P 网络利用客户端的处理能力，实现了通信与服务器端的无关性，改变了互联网以服务器为中心的状态，重返"非中心化"。P2P 网络的思想打破了互联网中传统的 C/S 结构，令各对等体具有自由、平等通信的能力，体现了互联网自由、平等的本质。

基于 P2P 的应用也非常多，比如 QQ 聊天软件、Skype 通信软件等。

3.2.2 计算机网络的组成

计算机网络是一个非常复杂的系统。对不同的网络，其组成也不尽相同，一般将计算机网络分为硬件和软件两个部分。硬件部分主要包括计算机设备、网络传输介质和网络互联设备。软件部分则主要包括网络协议软件、网络操作系统和网络应用软件等。

1. 计算机网络硬件系统

1）计算机设备

网络中的计算机设备包括服务器、工作站、网卡和网络共享设备等。

(1) 服务器。

服务器通常是一台速度快、存储量大的专用或多用途计算机。它是网络的核心设备,负责网络资源管理和用户服务。在局域网中,服务器对工作站进行管理并提供服务,是局域网系统的核心;在因特网中,服务器之间互通信息,相互提供服务,每台服务器的地位都是同等的。通常服务器需要专门的技术人员对其进行管理和维护,以保证整个网络的正常运行。根据所承担的任务与服务的不同,服务器可分为文件服务器、远程访问服务器、数据库服务器和打印服务器等。

(2) 工作站。

工作站是一台具有独立处理能力的个人计算机,是用户向服务器申请服务的终端设备。用户可以在工作站上处理日常工作,并随时向服务器索取各种信息及数据,请求服务器提供各种服务,如传输文件、打印文件等。随着家用电器的智能化和网络化,越来越多的家用电器如手机、电视机顶盒、监控报警设备等都可以接入到网络中,它们也是网络的硬件组成部分。

(3) 网卡。

计算机与外界局域网的连接是通过主机箱内插入一块网络接口板(或者是在笔记本电脑中插入一块 PCMCIA 卡)。网络接口板又称为通信适配器或网络适配器(Network Adapter)或网络接口卡(Network Interface Card,NIC),但是更多的人愿意使用更为简单的名称"网卡",如图 3-17 所示。

图 3-17　网卡

网卡上面装有处理器和存储器(包括 RAM 和 ROM)。网卡和局域网之间的通信是通过电缆或双绞线以串行传输方式进行的。而网卡和计算机之间的通信则是通过计算机主板上的 I/O 总线以并行传输方式进行的。因此,网卡的一个重要功能就是要进行串行与并行转换。由于网络和计算机总线上的数据传输速率并不相同,因此在网卡中必须装有对数据进行缓存的存储芯片。

在安装网卡时必须将管理网卡的设备驱动程序安装在计算机的操作系统中。这个驱动程序以后就会告诉网卡,应当从存储器的什么位置将局域网传输过来的数据块存储下来。网卡还要能够实现以太网协议。

网卡并不是独立的自治单元,因为网卡本身不带电源而是必须使用所插入的计算机的电源,并受该计算机的控制。因此网卡可看成一个半自治的单元。当网卡收到一个有差错的帧时,它就将这个帧丢弃而不必通知它所插入的计算机。当网卡收到一个正确的帧时,它就使用中断来通知该计算机并交付给协议栈中的网络层。当计算机要发送一个 IP 数据包时，它就由协议栈向下交给网卡组装成帧后发送到局域网。

随着集成度的不断提高，网卡上的芯片的个数不断地减少，虽然各个厂家生产的网卡种类繁多，但其功能大同小异。

MAC(Media Access Control 或者 Medium Access Control)地址，意译为媒体访问控制，或称为物理地址、硬件地址，用来定义网络设备的位置。MAC 地址是由网卡决定的，是固定的，通常由网卡生产厂家烧入网卡的 EPROM(一种闪存芯片，通常可以通过程序擦写)，它存储的是传输数据时真正赖以标识发出数据的计算机和接收数据的主机的地址。

MAC 地址用来表示互联网上每一个站点的标识符，采用十六进制数表示，共 6 个字节(48 位)。其中，前 3 个字节是由 IEEE 的注册管理机构 RA 负责给不同厂家分配的代码(高位 24 位)，也称为编制上唯一的标识符(Organizationally Unique Identifier)，后 3 个字节(低位 24 位)是由各厂家自行指派给生产的适配器接口，称为扩展标识符(唯一性)。一个地址块可以生成 2^{24} 个不同的地址。MAC 地址实际上就是适配器地址或适配器标识符，形象地说，MAC 地址就如同我们身份证上的身份证号码，具有全球唯一性。

网卡是工作在链路层的网络组件，是局域网中连接计算机和传输介质的接口，不仅能实现与局域网传输介质之间的物理连接和电信号匹配，还涉及帧的发送与接收、帧的封装与拆封、介质访问控制、数据的编码与解码以及数据缓存的功能等。

(4) 共享设备。

共享设备是指为众多用户共享的高速打印机、大容量磁盘等公用设备。

2) 网络传输介质

计算机网络通过通信线路和通信设备把计算机系统连接起来，在各计算机之间建立物理通道，以便传输数据。通信线路就是指传输介质及其连接部件，如 3.1.2 节介绍的双绞线、同轴电缆、光纤等，这里不再重复介绍。

3) 网络互联设备

网络互联设备，如 3.1.3 节介绍的中继器、集线器、网桥、交换机、路由器等，这里不再重复介绍。

2. 计算机网络软件系统

计算机网络软件系统是实现网络功能所不可或缺的，根据软件的特性和用途，可以将其分为以下几个大类。

1) 网络协议软件

网络中的计算机要想实现正确的通信，通信双方必须共同遵守一些约定和通信规则，这就是通信协议。连入网络的计算机依靠网络协议实现互相通信，而网络协议是靠具体的网络协议软件的运行支持才能工作。凡是连入计算机网络的服务器和工作站上都运行着相应的网络协议软件。网络协议软件是指用以实现网络协议功能的软件。网络协议软件的种类非常多，不同体系结构的网络系统都有支持自身系统的网络协议软件，体系结构中不同层次上又有不同的网络协议软件，对某一网络协议软件而言，到底把它划分到网络体系结构中的哪一层是由网络协议软件的功能决定的。所以，对同一网络协议软件，它在不同体系结构中所隶属的层不一定一样，目前网络中常用的通信协议有 NETBEUI、TCP/IP、IPX/SPX 等。有关通信协议会在 3.2.4 节有更多的介绍。

2) 网络操作系统

网络操作系统(Network Operating System,NOS)是在网络环境下,用户与网络资源之间的接口,是运行在网络硬件基础之上的,为网络用户提供共享资源管理服务、基本通信服务、网络系统安全服务及其他网络服务,实现对网络资源的管理和控制的软件系统。网络操作系统是网络的核心,其他应用软件系统需要网络操作系统的支持才能运行。对网络系统来说,特别是局域网,所有网络功能几乎都是通过网络操作系统来体现的,网络操作系统代表着整个网络的水平。

目前,网络操作系统主要有 Windows、UNIX 和 Linux。随着计算机网络的不断发展,特别是计算机网络互联,以及异质网络的互联技术和应用的发展,网络操作系统开始朝着能支持多种通信协议、多种网络传输协议、多种网络适配器和工作站的方向发展。

3) 网络管理软件

网络管理软件对网络中的大多数参数进行测量与控制,以保证用户安全、可靠、正常地得到网络服务,使网络性能得到优化。

4) 网络应用软件

网络应用软件是指为某一应用目的开发的网络软件,如即时通信软件、浏览器、电子邮件程序等软件。

3.2.3 计算机网络的分类

计算机网络的分类方法很多。
(1) 按传输介质可分为有线网和无线网。
(2) 按数据交换方式可分为直接交换网、存储转发交换网和混合交换网。
(3) 按通信传播方式可分为点对点式网和广播式网。
(4) 按通信速率可分为低速网、中速网和高速网。
(5) 按使用范围可分为公用网和专用网。
(6) 按网络覆盖范围可分为广域网、局域网和城域网。
(7) 按拓扑结构可分为总线型结构、环状结构、星状结构、树状结构、网状结构及混合结构等。

本书重点介绍 2 种最常用的分类方式,即按网络覆盖范围和按网络拓扑结构分类。

1. 按网络覆盖范围划分

计算机网络按网络的地理覆盖范围可分为广域网、局域网和城域网。

1) 广域网

广域网(WAN)又称远程网,是在广阔的地理区域内进行数据传输的计算机网络。其作用范围通常为几十到几千千米,可以覆盖一座城市、一个国家甚至全球,形成国际性的计算机网络。

广域网常借用公用电信网络进行通信,数据传输的带宽有限。

广域网的主要特点是地理覆盖范围大、传输速率低、传输误码率高、网络结构复杂。

2) 局域网

局域网(LAN)是将较小地理范围内的计算机或外围设备通过高速通信线路连接在一起的通信网络。局域网是最常见、应用最广泛的网络。作用范围通常为几十米到几千米,常用于组建一个办公室、一幢大楼、一个校园、一个工厂或一个企业的计算机网络。

目前常见的局域网主要有以太网和无线局域网两种。

局域网的主要特点是地理范围比较小、传输速率高、延迟和误码率较小。

3）城域网

城域网（MAN）也称市域网，地理覆盖范围介于 WAN 与 LAN 之间，一般为几千米至几万米。所采用的技术基本上与 LAN 相似，是一种大型的局域网。

城域网主要是在一座城市范围内建立计算机通信网。

城域网技术对通信设备和网络设备的要求比局域网高，在实际应用中被广域网技术取代，没有能够推广使用。

2. 按网络拓扑结构划分

计算机网络按拓扑结构可分为总线型结构、环状结构、星状结构、树状结构、网状结构以及混合结构等。

1）总线型结构

总线型拓扑结构采用单根数据传输线作为通信介质，所有的站点都通过相应的硬件接口直接连接到通信介质上，而且能被其他所有站点接收，所有节点工作站都通过总线进行信息传输，如图 3-18 所示。

图 3-18　总线型结构

总线型结构的网络采用广播方式传输数据，因此，连接到总线上的设备越多，网络发送和接收数据就越慢。

总线型结构的优点如下。

(1) 网络结构简单，节点的插入、删除比较方便，易于网络扩展。

(2) 设备少，造价低，安装和使用方便。

(3) 具有较高的可靠性。单个节点的故障不会涉及整个网络。

总线型结构的缺点如下。

(1) 故障诊断困难。

(2) 故障隔离困难，一旦总线出现故障，将影响整个网络。

(3) 所有的数据传输均使用一条总线，实时性不强。

2）环状结构

环状结构是网络中各节点通过一条首尾相连的通信链路连接起来的闭合环路。

每个节点只能与它相邻的一个或两个节点设备直接通信，如果与其他节点通信，数据需依次经过两个节点之间的每个设备，如图 3-19 所示。

环状结构有 2 种类型：单环结构和双环结构。双环结构的可靠性高于单环结构。

环状结构的优点如下。
(1) 各节点不分主从,结构简单。
(2) 两个节点之间只有一条通路,使得路径选择的控制大大简化。
环状结构的缺点如下。
(1) 环路是封闭的,可扩充性较差。
(2) 可靠性差,任何节点或链路出现故障,将危及全网,并且故障检测困难。

3) 星状结构

星状结构的每个节点都由一条点对点链路与中心节点(公用中心交换设备,如交换机、集线器等)相连,如图 3-20 所示。

图 3-19　环状结构　　　　　　图 3-20　星状结构

星状网络中信息的传输是通过中心节点的存储转发技术实现的。一个节点要发送数据,首先需要将数据发送到中心节点,然后由中心节点将数据转发至目的节点。

星状结构的优点如下。
(1) 结构简单,增删节点容易,便于控制和管理。
(2) 采用专用通信线路,传输速度快。

星状结构的缺点如下。
(1) 可靠性较低,一旦中心节点出现故障就会导致全网瘫痪。
(2) 网络共享资源能力差,通信线路利用率不高,且线路成本高。

4) 树状结构

树状结构也称星状总线型拓扑结构,是从总线型和星状结构演变来的。网络中的每个节点都连接到一个中央设备如集线器上,但并不是所有的节点都直接连接到中央集线器上,大多数节点先连接到一个次集线器,次集线器再与中央集线器连接,如图 3-21 所示。

树状结构的优点如下。
(1) 易于扩充,增删节点容易。
(2) 通信线路较短,网络成本低。

树状结构的缺点如下。
(1) 可靠性差,除了叶子节点之外的任意一个工作站或链路发生故障都会影响整个网络的正常运行。
(2) 各个节点对根的依赖性太大,如果根发生故障,则全网不能正常工作。

图 3-21　树状结构

5）网状结构

网状结构是将各节点与通信链路连成不规则的形状,每个节点至少与其他两个节点相连,如图 3-22 所示。

大型互联网一般都采用网状结构,如 Internet 的主干网。

网状结构的优点如下。

(1) 可靠性好。

(2) 数据传输有多条路径,所以可以选择最佳路径以减少延时,改善流量分配,提高网络性能。

网状结构的缺点如下。

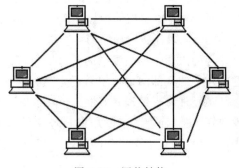

图 3-22　网状结构

(1) 结构复杂,不易管理和维护。

(2) 线路成本高,路径选择比较复杂。

6）混合结构

混合结构是由几种拓扑结构混合而成的。在实际应用的网络中,拓扑结构常常不是单一的,而是混合结构,如图 3-23 所示。

图 3-23　混合结构

3.2.4 计算机网络体系结构

计算机网络的体系结构是网络各层及其协议的集合,网络协议依据功能一般采用分层的方式来实现,好处是:结构上各层之间是独立的,灵活性好,易于实现和维护,能促进标准化工作。层数要适当,层数太少会使每一层的协议太过复杂,层数太多又会在描述和综合各层功能的系统工程任务时遇到较多困难。

1. 通信协议介绍

相互通信的两个计算机系统必须高度协调才能进行通信工作,它们之间的数据交换必须遵守事先约定好的规则,这些规则明确规定了所交换的数据的格式以及有关的同步问题。

网络协议就是为进行网络中的数据交换而建立的规则、标准或约定,一般包含以下组成要素。

语法:数据与控制信息的结构或格式。

语义:需要发出何种控制信息,完成何种动作以及做出何种响应。

同步:事件实现顺序的详细说明。

这种协调是相当复杂的。分层可将庞大而复杂的问题转化为若干较小的局部问题,而这些较小的局部问题比较易于研究和处理。下面举一个生活中协议分层的例子。

张经理和李经理是好朋友,他们约定,每周互相分享一本图书给对方。每周张经理负责挑选好图书,而把图书发送的任务交给秘书小张。小张把图书分解为书页,通过传真的方式,一页页传真给李经理的秘书小李,最后由小李装订成册交给李经理。反过来,李经理也是如此(见图3-24)。

发送和接收信息(这里的信息是图书)的任务分成了三个层次,分别是张经理、小张、传真机1,以及李经理、小李、传真机2。这个任务是通过分层的方式完成的,上层使用下层提供的服务。例如,张经理和李经理负责挑选有价值的图书,而发送和接收图书的工作使用了小张和小李提供的服务;小张和小李负责把图书分解为书页以及把书页装订成图书,而扫描和打印书页的工作则使用了传真机提供的服务。

图 3-24 生活中协议分层的例子

这里,张经理和李经理是对等实体,他们在"图书"的粒度上通信(交流),他们有每周分享图书的"协议";小张和小李是对等实体,他们在"书页"的粒度上通信(交流),他们有书页分解以及图书装订方式的"协议";传真机1和传真机2是对等实体,它们每次发送或接收的都是一个个电信号,它们在"电信号"的粒度上通信,它们有非常具体的链路协议。这里协议分三层,上层使用下层提供的服务;相同层之间是对等实体,对等实体之间有通信协议。这里只有最底层的传真机之间存在实际的物理通道,可以进行电信号的通信。而上面两层的对等实体之间并没有实际的物理通道,可以认为他们进行的是虚拟通信,但又不能否认他们之间通信的存在。

同理,在计算机通信时,如果主机1的进程A向主机2的进程B通过网络发送文件,如图3-25所示,可以将工作进行如下划分。

第一层文件传送模块,与双方进程直接相关。如进程A确信进程B已做好接收和存储

图 3-25 协议分层举例

文件的准备,进程 A 与进程 B 协调好一致的文件格式。

第二层通信服务模块,负责文件的发送和接收工作,为上层文件传输模块提供具体的文件传输服务。主机 1 的通信服务模块接收进程 A 的文件,并负责文件发送工作。主机 2 的通信服务模块负责文件接收工作,并把接收到的文件提交给进程 B。

第三层网络接入模块,负责与网络接口有关的细节工作。如规定帧的传输格式、帧的最大长度、通信过程中同步方式等,为上层通信服务模块提供网络接口服务。

2. 网络体系结构

计算机网络体系结构就是计算机网络及其部件应完成的功能的精确定义。体系结构是抽象的,而实现则是具体的,是真正可以运行的计算机硬件和软件。具体来说,实现就是在遵循体系结构的前提下,用硬件或软件完成这些功能。

在网络发展初期,各个公司都有自己的网络体系结构,但是随着社会的发展,不同网络体系结构的用户迫切要求能互相交换信息。为了使不同体系结构的计算机网络都能互联,国际标准化组织 ISO 于 1978 年提出了"异种机联网标准"的框架结构,这就是著名的开放系统互联参考模型(Open Systems Interconnection Reference Model,OSI/RM),简称为 OSI。

OSI 得到了国际上的承认,成为其他各种计算机网络体系结构依照的标准,大大地推动了计算机网络的发展。

OSI 定义了网络互联的七层框架(自下而上依次是物理层、数据链路层、网络层、传输层、会话层、表示层和应用层),详细规定了每一层的功能,以实现开放系统环境中的互联性、互操作性和应用的可移植性。只要遵循 OSI 标准,一个系统就可以和位于世界上任何地方的也遵循同一标准的其他任何系统进行通信。

但是在市场化方面,OSI 却失败了。大概有以下几个原因:国际标准化组织的专家们在完成 OSI 标准时没有商业驱动力;OSI 协议的实现过分复杂,且运行效率低;OSI 标准的制定周期太长,按 OSI 标准生产的设备无法及时进入市场;OSI 的层次划分不太合理,有些功能在多个层次中重复出现。国际标准 OSI 并没有得到市场认可,但是非国际标准的 TCP/IP 获得了最广泛的应用,成为事实上的国际标准。

TCP/IP 是四层体系结构,自上而下依次是应用层、传输层、网络层和网络接口层,但最下面的网络接口层并没有具体内容。因此往往采取折中的办法,即综合 OSI 和 TCP/IP 的优点,采用一种有五层协议的体系结构,自上而下依次是应用层、传输层、网络层、数据链路层、物理层。其中应用层在传输层提供的可靠的网络数据传输服务的基础上,实现具体的网络应用如即时通信、电子商务、资源共享等;传输层在网络层提供的任意两台主机都可以传输数据的基础上,增强了端到端数据传输的可靠性;网络层在数据链路层提供的点到点数据传输的基础上,实现了跨节点甚至跨网络的端到端的数据传输,即实现了任意两台主机都可以传输数据;数据链路层在物理层提供的点到点的物理连接基础上,实现了点到点数据传输功能。TCP/IP 协议栈的分层结构如图 3-26 所示。

图 3-26　TCP/IP 协议栈分层结构

以下是一些有助于我们理解上面内容的名词说明。

点到点通信:如果两台主机之间由通信线路直接相连,则这两者之间的通信称为点到点通信。

端到端:如果两台主机之间的通信要经过其他站点,则这两者之间的通信称为端到端通信。

实体:表示任何可发送或接收信息的硬件或软件进程。

协议:控制两个对等实体进行通信的规则的集合。协议是"水平的",即协议是控制对等实体之间通信的规则。要实现本层协议,还需要使用下层所提供的服务。本层的协议只能看见下层的服务而无法看见下层的协议。协议很复杂,协议必须把所有不利的条件事先都估计到,而不能假定一切都是正常的和非常理想的。看一个计算机网络协议是否正确,不能光看在正常情况下是否正确,而且还必须非常仔细地检查这个协议能否应付各种异常情况。

服务:在协议的控制下,两个对等实体间的通信使得本层能够向上一层提供服务。服务是"垂直的",即服务是由下层向上层通过层间接口提供的。

服务访问点:服务访问点也称接口,是同一系统相邻两层的协议进行交互的地方,下层协议通过服务访问点向上层协议提供服务,或者说,上层协议通过服务访问点使用下层协议提供的服务。

下面是对图 3-26 中各层功能的总结。

物理层:负责用硬件线路和硬件设备连接各主机。

数据链路层:在物理连接的基础上,实现相邻两个主机之间的通信,即实现点到点的数据传输。

网络层:在相邻主机之间能够传输数据的基础上,实现跨站点的通信,即实现端到端的数据传输。一般是靠中间站点转发数据分组来实现的。

传输层：在网络层的基础上，进一步提高端到端数据传输的可靠性。

应用层：在任意两台主机都能可靠传输数据的基础上，开发各种具体应用，解决生产及生活中的实际问题。

3. TCP/IP

TCP/IP(Transmission Control Protocol/Internet Protocol)是Internet最基本的协议，也是因特网(Internet)的基础。通常所说的TCP/IP是指由100多个协议组成的协议系列，其中最重要的是网络层的IP协议和传输层的TCP协议。TCP/IP定义了电子设备如何连入因特网，以及数据如何在它们之间传输的标准。通俗地讲，TCP负责发现传输的问题，一有问题就发出信号，要求重新传输，直到所有数据安全正确地传输到目的地。而IP负责分组与重组数据，以及给因特网上的每一台设备规定一个地址。

1) IP

IP又称因特网协议，是为网络与网络之间互联而设计的数据包协议，运行于网络层，规定了计算机在因特网上进行通信时应当遵守的规则。任何厂家生产的计算机系统，只要遵守IP就可以与因特网互联互通。各个厂家生产的网络系统和设备相互之间不能互通，主要原因是传送数据的基本单元(技术上称之为帧)的格式不同。IP是一套由软件程序组成的协议软件，把各种不同帧统一转换成IP数据报(IP Datagram)格式。这种转换是因特网的一个最重要的特点，使各种计算机都能在因特网上实现互通，即具有开放性的特点。

数据报是分组交换的一种形式，IP把所传送的数据分段打成"包"再传送出去。但是，与传统的连接型分组交换不同，它属于无连接型，是把每个"包"都作为一个独立的报文传送出去，所以称为数据报。IP在通信开始之前不需要先连接好一条传输路径，各个数据报不一定都通过同一条路径传输，所以称为无连接型。这一特点非常重要，它大大提高了网络的可靠性和安全性。每个数据报都有报头和报文两部分。报头中的目的地址使不同的数据报不必经过相同的路径也能到达目的主机，并在目的主机重新组合还原成原始数据。这就要求IP具有分组打包和集合组装的功能。

IP中还有一个非常重要的内容，就是给因特网上的每台计算机和其他设备都规定了一个唯一的地址，称为IP地址。正是这种唯一的地址，保证了用户在联网的计算机上操作时，能够高效而且方便地从千千万万台计算机中选出自己所需的计算机。

IP实现的网络层向上提供简单灵活的、无连接的、尽最大努力交付的数据报服务。也就是网络层不提供服务质量的保证。网络在发送数据包时不需要预先建立连接，每一个数据包独立发送与其前后数据包无关。所传输的数据包可能出错、丢失、失序和重复等，也不保证交付的时限。这种设计的好处是：网络造价大大降低，运行方式灵活方便，能够适应各种应用。而数据传输的可靠性需求可以放在其他层来实现。具体来说，IP为高层用户提供如下三种服务。

(1) 不可靠的数据投递服务。数据包的投递没有任何品质保证，数据包可能被正确投递，也可能被丢弃。

(2) 面向无连接的传输服务。这种方式不管数据包的传输经过哪些节点，甚至可以不管数据包的起始计算机和终止计算机。数据包的传输可能经过不同的路径，传输过程中有可能丢失，也可能正确传输到目的主机。

(3) 尽最大努力的投递服务。IP不会随意丢包，除非在系统的资源耗尽、接收出现错误或者网络出现故障的情况下才不得不丢弃报文。

IP 数据报的格式如图 3-27 所示。

图 3-27　IP 数据报格式

IP 实质上是一种不需要预先建立连接，直接依赖 IP 数据包报头信息决定数据包转发路径的协议。

2) TCP

不同主机的应用层之间经常需要可靠的、像管道一样的连接，但是 IP 层不提供这样的机制，IP 层提供的是不可靠的数据报传递。IP 协议这样做的一个重要原因是尽量提高 IP 数据报的投递效率，但是有些实际应用需要可靠的数据传输服务。

因此传输层 TCP 面临的重要任务是：在下层 IP 提供的不可靠的端到端数据传输服务的基础上，为上层应用程序提供可靠的端到端的数据传输服务。TCP 层位于 IP 层之上、应用层之下。

(1) TCP 报文。

TCP 提供的是一种可靠的数据流服务，采用"带重传的肯定确认"技术来实现传输的可靠性。TCP 还采用一种称为"滑动窗口"的方式进行流量控制，所谓窗口实际表示接收能力，用于限制发送方的发送速度。TCP 对来自应用层的数据添加一些字段后封装成 TCP 报文，也称报文段，添加的字段信息要能实现上述功能。TCP 把 TCP 数据包交给 IP，由 IP 发送到目的主机。

TCP 报文与 IP 数据报的关系如图 3-28 所示，TCP 将 TCP 报文的数据部分送到更高层的应用程序，如即时通信系统的服务程序或客户程序。应用程序将信息送回 TCP 层，TCP 层将应用程序的数据打包后，向下传送到 IP 层、设备驱动程序和物理介质，最后到达接收方。

图 3-28　TCP 报文与 IP 数据报的关系

TCP 报文首部格式如图 3-29 所示。

(2) 数据传输可靠性的实现。

图 3-29　TCP 报文首部格式

TCP 提供一种面向连接的、可靠的字节流服务。面向连接意味着两个使用 TCP 的应用程序在彼此交换数据包之前必须先建立一个 TCP 连接。这一过程与打电话很相似，先拨号振铃，等待对方摘机说"喂"，然后才说明是谁。在一个 TCP 连接中，仅有两方进行彼此通信。广播和多播不能用于 TCP。TCP 的重要功能之一是确保每个报文都能到达目的地。位于目的主机的 TCP 对接收到的数据进行确认，并向发送端的 TCP 发送确认信息。使用报文首部的序列号以及确认号来确认已收到包含在报文中的数据字节。接收端的 TCP 在发回发送端的报文中使用确认号，指明接收端期待接收的下一字节，这个过程称为期待确认。发送端在收到确认消息之前可以传输的数据的大小称为窗口大小，用于管理丢失数据并进行流量控制。

TCP 使用下列方式提供可靠性。

(1) 应用层的数据被 TCP 分割成最适合发送的数据块。由 TCP 传递给 IP 的信息单位称为报文段。

(2) 当发送端的 TCP 发出一个报文段后，启动一个定时器，等待目的端确认收到这个报文段。如果不能及时收到一个确认，将重发这个报文段。当接收端的 TCP 收到报文段，将发送一个确认信息。TCP 有延迟确认的功能，若延迟确认功能没有打开，则立即确认。延迟确认功能打开，则由定时器触发确认时间点。

(3) TCP 保持报文首部和数据的检验和。这是一个端到端的检验和，目的是检测数据在传输过程中的变化。如果接收端的检验和有差错，则丢弃这个报文段并且不确认收到此报文段(希望发送端超时重发)。

(4) 既然 TCP 报文段作为 IP 数据报来传输，而 IP 数据报的到达可能会失序，因此 TCP 报文段的到达也可能会失序。如果有必要，TCP 对收到的报文段进行重新排序，以正确的顺序交给应用层。

(5) 既然 IP 数据报会发生重复，接收端 TCP 必须丢弃重复的报文段。

(6) TCP 还能进行流量控制。因为 TCP 连接的每一方都有固定大小的缓冲存储器，因此接收端只允许对方发送自己缓冲区能够接纳的数据。这能防止发送速度较快的主机导致较慢主机的缓冲区溢出。

3) 用户数据报协议

用户数据报协议(User Datagram Protocol,UDP)在网络层 IP 数据报的服务之上只增加了很少一点功能,即端口功能和差错检测功能,这点可以从图 3-30 中 UDP 首部 8 字节的内容看出来。发送方 UDP 对应用程序交下来的报文,在添加首部后就向下交付给 IP 层。UDP 对应用层交下来的报文,既不合并,也不拆分,而是保留这些报文的边界。应用层交给 UDP 多长的报文,UDP 照样发送,即一次发送一个报文。接收方 UDP 对 IP 层交上来的 UDP 用户数据报,去除首部后就原封不动地交付上层的应用进程,一次交付一个完整的报文,即 UDP 是面向报文的。虽然 UDP 用户数据报只能提供不可靠的交付,但在某些方面有其特殊的优点。UDP 是无连接的,即发送数据之前不需要建立连接。UDP 尽最大努力交付,即不保证可靠交付。UDP 没有拥塞控制,很适合多媒体通信的要求。UDP 支持一对一、一对多、多对一和多对多的交互通信。UDP 的首部开销小,只有 8 字节。UDP 与应用层及 IP 层的关系如图 3-31 所示。

图 3-30　UDP 首部 8 字节

图 3-31　UDP 与应用层及 IP 层的关系

3.3　局　域　网

3.3.1　局域网简介

在较小地理范围内,利用通信线路把若干主机连接起来,实现彼此之间数据传输和资源共享的系统称为局域网。

1. 局域网的主要特点

(1) 网络覆盖的地理范围比较小,通常不超过 10 km。

(2) 信息的传输速率高。

(3) 延迟和误码率较小,误码率一般为 $10^{-10} \sim 10^{-8}$。

局域网由服务器、工作站、网卡、传输介质、网络互联设备及共享外围设备等组成。

2. 局域网的类型

(1) 按照使用的传输介质,局域网可分为有线网和无线网。

(2) 按照网络中各种设备互联的拓扑结构,可分为总线型结构、环状结构、星状结构和混合结构等。

(3) 按照传输介质所使用的访问控制方法,可以分为以太网(Ethernet)、FDDI 网和令牌环网等。

不同类型的局域网采用不同的 MAC 地址格式和数据帧格式,使用不同的网卡和协议。

以太网是最早的局域网,也是使用最广泛的局域网,本书主要介绍以太网和无线局域网。

3.3.2 以太网

以太网指的是由美国施乐(Xerox)公司创建并由 Xerox、Intel 和 DEC 公司联合开发的基带局域网规范,是当今现有局域网采用的最通用的通信协议标准,也是世界上应用最广泛、最为常见的网络技术。以太网络使用 CSMA/CD(载波监听多路访问及冲突检测)技术,并以 10Mb/s 的速率运行在多种类型的电缆上。在不涉及网络协议的具体细节时,很多人将符合 IEEE 802.3 标准的局域网简称为以太网。IEEE 802.3 局域网是一种基带总线局域网,以无源的电缆作为总线传送数据帧,并以历史上曾经认为传播电磁波的以太来命名。严格说来,"以太网"是指符合 DIX Ethernet V2 标准的局域网,但 IEEE 802.3 标准与 DIX Ethernet V2 标准只有很小的差别,也可以将 802.3 局域网简称为以太网。

IEEE 802.3 规定了包括物理层的连线、电信号和介质访问层协议的内容。以太网是当前应用最普遍的局域网技术,它很大程度上取代了其他局域网标准,如令牌环、FDDI 和 ARCNET。历经百兆以太网在 20 世纪末的飞速发展后,千兆以太网甚至万兆以太网正在国际组织和大型企业的推动下不断拓展应用范围。

1. 以太网数据帧

局域网内任何两台主机都是由传输介质直接相连的,或者说这些主机之间都是点到点连接的。在点到点物理连接的基础上,实现点到点数据传输的协议叫作数据链路层协议。

数据链路层的基本功能是在物理层提供的物理连接的基础上,实现相邻主机之间的可靠通信,并为网络层提供有效的服务。数据链路层向下与物理层相接,向上与网络层相接。设立数据链路层的目的是将一条原始的、有差错的物理线路变为对网络层无差错的数据链路。为了实现这个目的,数据链路层必须执行链路管理、帧传输、流量控制和差错控制等任务。

实现以太网中两个主机通信的数据链路层协议为 IEEE 802.3 协议。以太网的数据链路层采用分组交换的方式传输数据,一个分组称为一个数据帧或简称帧,一个帧的结构如图 3-32 所示。

图 3-32 以太网数据帧的结构

2. 载波监听多路访问/冲突检测技术

在总线型拓扑结构中,每个主机都能独立决定数据帧的发送,对总线介质的访问是随机的,即各主机都可能在任何时刻访问总线。同时,一台主机发送的数据帧,连接在总线上的所有主机都能接收到,因此,以太网是以广播方式发送数据的。若两个或多个主机同时发送数据帧,就会产生冲突,导致所有发送的数据帧都出错。因此,一台主机能否成功发送数据帧,很大程度上取决于判断总线是否空闲的算法,以及两台或多台主机同时发送的数据帧发生冲突后所采取的对策。解决总线争用问题主要采用载波监听多路访问/冲突检测(Carrier Sense Multiple Access/Collision Detect,CSMA/CD)技术。

载波监听指连接到总线的任何主机在发送数据帧之前,必须对总线介质进行监听,确认其空闲时才可以发送。多路访问指多个主机可以同时访问介质,一个主机发送的数据帧也可以被多个主机接收。载波监听多路访问技术要求发送数据帧的主机先对总线介质进行监听,以确定是否有别的主机在使用总线传输数据。如果总线空闲,则该主机可以发送数据,否则,该主机避让一段时间后再次尝试。

这种控制方式对任何主机都没有预约发送时间,各主机的发送是随机的,必须在网络上争用总线介质,故称之为争用技术。若同一时刻有多个主机向总线介质发送数据帧,则这些数据帧会在总线上互相混淆而遭破坏,称为冲突。为尽量避免由于竞争引起的冲突,每个主机在发送数据帧之前,都要监听传输线上是否有数据帧在发送。

在载波监听多路访问中,由于总线的传播延迟,当两台主机都没有监听到总线上信号而同时发送数据帧时,仍会发生冲突(其中一台主机的数据帧已经发送,正在总线上传输还没有到达监听的另一台主机)。由于载波监听多路访问算法没有冲突检测功能,即使冲突已发生,仍然要将已经破坏的数据帧发送完,使得总线的利用率降低。

载波监听多路访问的一种改进方案是让主机在传输时间继续监听总线介质,一旦检测到冲突,就立即停止发送,并向总线上发一串短的阻塞报文,通知总线上各主机冲突已发生。这样总线容量不会因继续传送已受损的数据帧而浪费,可以提高总线的利用率,这称作载波监听多路访问/冲突检测协议,简写为CSMA/CD协议,已广泛应用于以太网和IEEE 802.3标准中。

CSMA/CD控制方式原理比较简单,技术上容易实现,网络中各主机处于平等地位,不需集中控制,不提供优先级控制。但在网络负载增大时,处理冲突的时间增加,发送效率急剧下降。

3.3.3 无线局域网

在无线局域网发明之前,人们要想通过网络进行联络和通信,必须先用物理线缆-铜绞线组建一个电子运行的通路,为了提高效率和速度,后来又发明了光纤。当网络发展到一定规模后,人们又发现,这种有线网络无论组建、拆装还是在原有基础上进行重新布局和改建,都非常困难,且成本和代价也非常高,于是无线局域网的组网方式应运而生。

无线局域网(Wireless Local Area Network,WLAN)是相当便利的数据传输系统,它是利用射频(Radio Frequency,RF)技术,使用电磁波取代旧式碍手碍脚的双绞铜线(Coaxial)所构成的局域网,在空中进行通信连接,使得无线局域网能利用简单的存取架构让用户通过它达到"信息随身化、便利走天下"的理想境界。

主流应用的无线网络分为手机无线网络和无线局域网2种方式。手机无线网络上网方式是一种借助移动电话网络接入Internet的无线上网方式,只要你所在城市开通了无线上网业务,你在该市任何一个角落都可以通过手机来上网。无线局域网是以太网与无线通信技术相结合的产物,能提供有线局域网的所有功能,其工作原理也与有线以太网基本相同。但是,无线局域网只是有线网络的扩展和补充,还不能完全脱离有线网络。

无线局域网所采用的协议主要有 IEEE 802.11 和蓝牙等。

下面介绍无线局域网常见的接入设备。

1) 无线网卡

无线网卡的作用和功能跟普通计算机网卡一样,是用来连接局域网的。它只是一个信号收发的设备,只有在找到上互联网的接口时才能实现与互联网的连接,所以无线网卡只能局限在已布有无线局域网的范围内。无线网卡就是不通过有线连接,采用无线信号进行连接的网卡。

无线网卡根据接口不同,主要有 PCMCIA 无线网卡、PCI 无线网卡、MiniPCI 无线网卡、USB 无线网卡、CF/SD 无线网卡几类产品。

2) 无线接入点

无线接入点(Wireless Access Point)是使无线设备(手机等移动设备及笔记本电脑等)用户进入有线网络的接入点,主要用于宽带家庭、大楼内部、校园内部、园区内部以及仓库、工厂等需要无线监控的地方,其距离覆盖几十米至上百米,也可以用于远距离传送,主要技术为 IEEE 802.11 系列。大多数无线接入点还带有接入点客户端模式(AP Client),可以和其他接入点进行无线连接,延展网络的覆盖范围。

3) 无线路由器

无线路由器(Wireless Router)可以看成是将无线接入点和宽带路由器合二为一的扩展型产品,它不仅具备无线接入点的所有功能,如支持 DHCP 客户端、支持 VPN、防火墙、支持 WEP 加密等,而且还包括网络地址转换(NAT)功能,可支持局域网用户的网络连接共享,可实现家庭无线网络中的 Internet 连接共享,实现 ADSL、Cable Modem 和小区宽带的无线共享接入。

3.4　Internet

3.4.1　Internet 简介

1. Internet 的概念

Internet(因特网)并非一个具有独立形态的网络,而是将分布在世界各地的、类型各异的、规模大小不一的、数量众多的计算机网络互联在一起而形成的网络集合体,成为当今最大的和最流行的国际性网络。

Internet 采用 TCP/IP 作为共同的通信协议,将世界范围内许许多多计算机网络连接在一起,用户只要与 Internet 相连,就能主动地利用这些网络资源,还能以各种方式和其他 Internet 用户交流信息。但 Internet 又远远超出一个提供丰富信息服务机构的范畴。它更像一个面对公众的自由的社会团体,一方面有许多人通过 Internet 进行信息交流和资源共享,另一方面又有许多人和机构资源将时间和精力投入到 Internet 中进行开发、运用和服务。Internet 正逐步深入到社会生活的各个角落,成为人们生活中不可缺少的部分。网民对 Internet 的正面作用评价很高,认为 Internet 对工作、学习有很大帮助的网民占 93.1%,尤其是娱乐方面,认为 Internet 丰富了网民娱乐生活的比例高达 94.2%。前 7 类网络应用的使用率按高低排序依次是：网络音乐、即时通信、网络影视、网络新闻、搜索引擎、网络游戏、电子邮件。Internet 除了上述 7 种用途外，还常用于电子政务、网络购物、网上支付、网上银行、网上求职、网络教育等。

2. Internet 的起源与发展

Internet 是在美国早期的军用计算机网 ARPANET(阿帕网)的基础上经过不断发展变化而形成的。Internet 的起源主要可分为以下几个阶段。

1) Internet 的雏形阶段

1969 年，美国国防部高级研究计划局(Advance Research Projects Agency，ARPA)开始建立一个名为 ARPANET 的网络。当时建立这个网络的目的是军事需要，计划建立一个计算机网络，当网络中的一部分被破坏时，其余网络部分会很快建立起新的联系。人们普遍认为这就是 Internet 的雏形。

2) Internet 的发展阶段

美国国家科学基金会(National Science Foundation，NSF)在 1985 年开始建立计算机网络 NSFNET。NSF 规划建立 15 个超级计算机中心及国家教育科研网，用于支持科研和教育的全国性规模的 NSFNET，并以此作为基础，实现同其他网络的连接。NSFNET 成为 Internet 上主要用于科研和教育的主干部分，代替了 ARPANET 的骨干地位。1989 年，MILNET(由 ARPANET 分离出来)和 NSFNET 实现连接后，就开始采用 Internet 这个名称。从此，其他部门的计算机网络相继并入 Internet，ARPANET 就宣告解散了。

3) Internet 的商业化阶段

20 世纪 90 年代初，美国政府逐渐将网络的经营权交给私人公司，商业机构开始进入 Internet，使 Internet 开始了商业化的新进程。从 1993 年开始，由美国政府资助的 NSFNET 逐渐被若干商用的因特网主干网(即服务提供者网络)所替代。用户通过因特网服务提供商(ISP)上网，而 ISP 对用户进行收费。1994 年开始，创建了 4 个网络接入点(Network Access Point，NAP)，分别由美国的 4 个电信公司经营。从 1994 年起，因特网逐渐演变成多层次 ISP 结构的网络。1996 年，主干网速率为 155 Mb/s(OC-3)。1998 年，主干网传输速率为 2.5 Gb/s(OC-48)。1995 年，NSFNET 停止运作，Internet 已彻底商业化，将经营权交由 ISP 也成为后来各个国家 Internet 的商业化模式。

3. Internet 在我国的发展

Internet 在我国的发展，大致可以分为两个阶段。

第一个阶段是 1987—1993 年，一些科研机构通过 X.25 实现了与 Internet 的电子邮件转发的连接。

第二阶段是从 1994 年开始的，这一年，中国科学技术网(CSTNET)首次实现和 Internet 直接连接，同时建立了我国最高域名服务器，这标志着我国正式接入 Internet。接着又相继建立了中国教育科研网(CERNET)、中国公用计算机互联网(CHINANET)和中国金桥网(GBNET)，从此中国的网络建设进入了大规模发展阶段。

据中国互联网络信息中心(China Internet Networks Information Center，CNNIC)于 2021 年 2 月 3 日发布的《第 47 次中国互联网络发展状况统计报告》显示：截至 2020 年 12 月，中国网民数量达到 9.89 亿，互联网普及率达到 70.4%。而在 2000 年，我国上网人数只有 1690 万。

3.4.2 IP 地址

1. IPv4 概述

由于不同物理网络的地址编址方式不统一给寻址带来极大的不便,在进行网络互联时首先要解决的问题是物理网络地址的统一问题。因特网是在网络层进行互联的,因此要在网络层(IP 层)完成地址的统一工作,将不同物理网络的地址统一到具有全球唯一性的 IP 地址上。IP 地址是 IP 提供的统一地址格式,为互联网上的每一个网络和每一台主机分配一个逻辑地址,以此来屏蔽物理地址的差异。为了保证寻址的正确性,必须确保网络中主机地址的唯一性。

因特网采用一种全局通用的 IP 地址格式,由"网络号+主机号"构成。因特网由网络互联而成,网络由主机互联而成,这种地址格式体现了网络的层次结构,便于转发数据包时进行寻址,快速准确地找到目的主机。

目前,全球因特网所采用的协议簇是 TCP/IP 协议簇。IP 是 TCP/IP 协议簇中网络层的协议,是 TCP/IP 协议簇的核心协议。最常用的 IP 版本号是 4(现在已扩展的还有 IPv6),简称 IPv4,发展至今已经使用了 30 多年。IP 地址是一个 32 位的二进制数,通常被分为 4 组,每组是一个 8 位二进制数。IP 地址通常用"点分十进制"表示成 a.b.c.d 的形式,其中,a、b、c、d 都是 0~255 的十进制整数。例如,点分十进制 IP 地址 100.4.152.61,实际上是 32 位二进制数 01100100.00000100.10011000.00111101 分 4 段后的十进制写法。

IP 地址编址方案将 IP 地址空间划分为 A、B、C、D、E 共五类,其中 A、B、C 是基本类,D、E 类作为多播和保留使用,如图 3-33 所示。

图 3-33 IPv4 地址类别

A 类、B 类、C 类是主类地址,即基本地址;D 类和 E 类是次类地址。D 类称为多播地址,不指向特定的网络,被用在多点广播中;E 类尚未使用。由 0 开头的是 A 类地址,第 2~8 位为网络号,第 9~32 位为主机号,用于拥有大量主机的超大型网络,全球只有 126(即 2^8-2,去除网络号全为 0 和全为 1 的特殊地址)个网络,可以获得 A 类地址,每个网络中最多可以有 16 777 214(即 $2^{24}-2$,去除主机号全为 0 和全为 1 的特殊地址)个地址;由 10 开头的是 B 类地址,第 3~16 位为网络号,第 17~32 位为主机号,适用于规模适中的网络。由 110 开头的是 C 类地址,第 4~24 位为网络号,第 25~32 位为主机号,适用于主机数量不超过 254 台的小型网络。

所有的 IP 地址都由国际组织 InterNIC、ENIC、APNIC 按级别负责统一分配,目的是保证网络地址的全球唯一性,机构用户在申请入网时可以获取相应的 IP 地址。我国申请 IP 地址要通过 APNIC,APNIC 的总部设在日本东京大学。申请时要考虑申请哪一类的 IP 地址,然后向国内的代理机构提出。主机地址由各个网络的管理员统一分配。因此,网络地址的唯一性与网络内主机地址的唯一性确保了 IP 地址的全球唯一性。

IP 地址的特点如下。

(1) IP 地址分等级,由网络号和主机号两个等级组成。这样的好处是 IP 地址管理机构在分配 IP 地址的时候只分配网络号,剩下的主机号由各单位自行分配。路由器仅根据目的主机所连接的网络号来转发分组,减少了路由表占用的存储空间以及路由器查询路由表的时间。

(2) 如果一个主机连接到两个不同的网络,则必须有两个相应的 IP 地址,称为多宿主机。一个路由器至少连接到两个网络,因此一个路由器至少有两个不同的 IP 地址。

(3) 一个网络是指具有相同网络号的一群主机的集合。因此,用转发器或者网桥连接起来的若干局域网仍然为一个网络。具有不同网络号的局域网必须使用路由器互联。

(4) 在 IP 地址中,所有分配到网络号的网络都是平等的。

IPv4 还有如下不足之处。

(1) 有限的地址空间。IPv4 中每一个网络接口由长度为 32 位的 IP 地址标识,这决定了 IPv4 的地址空间为 2^{32},理论上大约可以容纳 4 294 967 296 个主机,这一地址空间难以满足未来移动设备和消费类电子设备对 IP 地址的巨大需求量,全球 IPv4 地址已于 2011 年 2 月分配完毕。

(2) 路由选择效率不高。IPv4 的地址由网络地址和主机地址两部分构成,以支持层次型的路由结构。子网和 CIDR 的引入提高了路由层次结构的灵活性。但由于历史的原因,IPv4 地址的层次结构缺乏统一的分配和管理,并且多数 IP 地址空间的拓扑结构只有两层或者三层,这导致主干路由器中存在大量的路由表项。庞大的路由表增加了路由查找和存储的开销,成为目前影响互联网效率提高的一个瓶颈。同时,IPv4 数据报的报头长度不固定,因此难以利用硬件提取、分析路由信息,这对进一步提高路由器的数据传输速率也是不利的。

(3) 缺乏服务质量保证。IPv4 遵循尽力而为的原则,这一方面是一个优点,因为它使 IPv4 简单高效;另一方面它对互联网上涌现的新的业务类型缺乏有效的支持,如实时和多媒体应用,这些应用要求提供一定的服务质量保证,如带宽、延迟和抖动。研究人员提出了新的协议在 IPv4 网络中支持以上应用,如执行资源预留的 RSVP 和支持实时传输的 RTP/RTCP。这些协议同样提高了规划、构造 IP 网络的成本和复杂性。

(4) 地址分配不便。IPv4 是采用手工配置的方法给用户分配地址,这不仅增加了管理和规划的复杂程度,而且不利于为那些需要 IP 移动性的用户提供更好的服务。

2. 静态 IP 地址和动态 IP 地址

静态 IP 地址又称为固定 IP 地址。静态 IP 地址是长期固定分配给一台计算机使用的 IP 地址,也就是说机器的 IP 地址保持不变。一般是特殊的服务器才拥有静态 IP 地址。现在获得静态 IP 地址的价格比较昂贵,可以通过主机托管、申请专线等方式来获得。

动态 IP 地址和静态 IP 地址相对应。对于大多数上网的用户,由于其上网时间和空间的离散性,为每个用户分配一个固定的 IP 地址(静态 IP 地址)是非常不可取的,这将造成 IP 地址资源的极大浪费。因此为了节省 IP 资源,通过电话拨号、ADSL 虚拟拨号等方式上网的机器是不分配固定 IP 地址的,而是自动获得一个由 ISP 临时分配的动态 IP 地址,该地址当然不是任意的,而是该 ISP 申请的网络 ID 和主机 ID 的合法区间中的某个地址。用户任意两次连接时的 IP 地址很可能不同,但是在每次连接时间内 IP 地址不变。尽管这不影响用户访问互联网,但是该用户的朋友、商业伙伴(他们可能这时也在互联网上)却不能直接访问该用户的机器。因为,他们不知道该用户的计算机的 IP 地址。这就像每个人都有一部电话,但电话号码每天都在改变。

3. IPv6

由于互联网的蓬勃发展,过去几十年网络规模呈几何级增长,IP 地址的需求量越来越大,地址空间的不足已经妨碍了互联网的进一步发展。当初设计 IP 地址时,IPv4 只有 43 亿个地址,没有考虑到因特网的发展如此迅速,IPv4 势必枯竭,这给 Internet 发展提出了新的挑战。以国内为例,据中国互联网络信息中心 CNNIC 发布的《第 47 次中国互联网络发展状况统计报告》显示:截至 2020 年 12 月底,中国网民达 9.89 亿,而我国分配到的 IPv4 地址只有 3.89 亿。虽然动态 IP 地址分配机制最大化利用 IP 地址空间,但仍无法满足持续增长的网民需求。为了扩大地址范围,拟通过新版本的 IP 即 IPv6 重新定义地址空间,IPv6 采用 128 位地址长度。截至 2020 年 12 月,我国 IPv6 地址数量为 57 634 块/32,已经分配 IPv6 地址的用户数超过 14.42 亿,IPv6 活跃用户数已超 3.62 亿,国内用户量排名前 100 的商业网站及应用已全部支持 IPv6 访问。在 IPv6 的设计过程中除了一劳永逸地解决了地址短缺问题以外,还考虑了在 IPv4 中没有解决好的其他问题。

20 世纪 90 年代初,IETF(Internet 工程任务组)认识到解决 IPv4 问题的唯一办法就是设计一个新版本来取代 IPv4,于是成立了名为 IPng(IP next generation)的工作组,主要的工作是定义过渡的协议确保当前 IP 版本和新的 IP 版本长期的兼容性,并支持当前使用的和正在出现的基于 IP 的应用程序。

IPng 工作组的工作开始于 1991 年,先后研究了几个草案,最后提出了 IPv6。IPv6 继承了 IPv4 的端到端和尽力而为的基本思想,其设计目标就是要解决 IPv4 存在的问题,并取代 IPv4 成为下一代互联网的主导协议。为实现这一目标,IPv6 具有以下特征。

(1) 128 位地址空间。IPv6 的地址长度由 IPv4 的 32 位扩展到 128 位。IPv6 地址的无限充足意味着在人类世界,每件物品都能分到一个独立的 IP 地址。也正是这个原因,IPv6 技术的运用,将会让信息时代从人机对话,进入到机器与机器互联的时代,让物联网成为现实,所有的家电、相机、手机、计算机、汽车……全部都可以纳入,成为互联网的一部分。另一个值得考虑的因素是地址分配。IPv4 时代互联网地址分配的教训使人们意识到即使有 128 位的地址空间,一个良好的分配方案仍然非常关键。因此,有理由相信在 IPv6 时代 IP 地址可能会得到更充分的利用。

(2) 改进的路由结构。IPv6 采用类似 CIDR 的地址聚类机制层次的地址结构。为支持更多的地址层次,网络前缀可以分成多个层次的网络,其中包括 13 比特的 TLA-ID(顶级聚类标识)、24 比特的 NLA-ID(次级聚类标识)和 16 比特的 SLA-ID(网点级聚类标识)。一般来说,IPv6 的管理机构对 TLA 的分配进行严格管理,只将其分配给大型骨干网的 ISP,

然后骨干网的 ISP 再灵活地为各个地区中小 ISP 分配 NLA，而终端用户从中小 ISP 获得地址。这样不仅可以定义非常灵活的地址层次结构，同时，同一层次上的多个网络在上层路由器中表示为一个统一的网络前缀，这样可以显著减少路由器必须维护的路由表项。

同时，IPv6 采用固定长度的基本报头，简化了路由器的操作，降低了路由器处理分组的开销。在基本报头之后还可以附加不同类型的扩展报头，为定义可选项以及新功能提供了灵活性。

（3）实现 IP 层网络安全。IPv6 要求强制实施因特网安全协议（Internet Protocol Security，IPSec），并已将其标准化。IPSec 在 IP 层可实现数据源验证、数据完整性验证、数据加密、抗重播保护等功能；支持验证头（Authentication Header，AH）协议、封装安全性载荷（Encapsulating Security Payload，ESP）协议和密钥交换（Internet Key Exchange，IKE）协议，这 3 种协议将是未来 Internet 的安全标准。另外，病毒和蠕虫是最让人头疼的网络攻击。但这种传播方式在 IPv6 的网络中就不再适用了，因为 IPv6 的地址空间实在是太大了，如果这些病毒或者蠕虫还想通过扫描地址段的方式来找到有可乘之机的其他主机，犹如大海捞针。在 IPv6 的世界中，按照 IP 地址段进行网络侦查是不可能的。

（4）无状态自动配置。IPv6 通过邻居发现机制为主机自动配置接口地址和默认路由器信息，使得从互联网到最终用户之间的连接不经过用户干预就能够快速建立起来。

IPv6 高效的互联网引擎引人注目的是，IPv6 增加了许多新的特性，其中包括服务质量保证、自动配置、支持移动性、多点寻址、安全性。另外 IPv6 在移动 IP 等方面也有明显改进。

基于以上改进和新的特征，IPv6 为互联网换上一个简捷、高效的引擎，不仅可以解决 IPv4 目前的地址短缺难题，而且可以使国际互联网摆脱日益复杂、难以管理和控制的局面，变得更加稳定、可靠、高效和安全。

IPv6 的以上特性同时为移动网络提供了广阔的前景。目前移动通信正在试图从基于电路交换提供语音服务向基于 IP 提供数据、语音、视频等多种服务转变，IPv4 很难对此提供有效的支持，移动设备入网需要大量的 IP 地址，移动设备的全球漫游问题也必须由附加的移动 IPv4 加以支持。IPv6 的地址空间、移动性的支持、服务质量保证机制、安全性和其他灵活性很好地满足了移动网络的需求。

IPv6 的另一个重要应用就是网络实名制下的互联网身份证。目前基于 IPv4 的网络之所以难以实现网络实名制，一个重要原因就是 IP 资源的共用，不同的人在不同的时间段共用一个 IP，IP 和上网用户无法实现一一对应。但 IPv6 可以直接给该用户分配一个固定 IP 地址，这样实际上就实现了实名制。

3.5 信息安全

3.5.1 信息安全概述

Internet 是信息社会的一个重要方面，Internet 强调了开放性和共享性，但它所采用的 TCP/IP 等技术的安全性是很脆弱的，本身并不提供高度的安全保护，所以需要另外采取措施对信息进行保护。

计算机网络上的通信有可能面临以下 4 种威胁。

(1) 截获：从网络上窃听他人的通信内容。

(2) 中断：有意中断他人在网络上的通信。

(3) 篡改：故意篡改网络上传送的报文。

(4) 伪造：伪造信息在网络上传送。

截获信息的攻击称为被动攻击，而篡改和伪造信息以及中断用户通信的攻击称为主动攻击。4 种威胁如图 3-34 所示。

图 3-34　网络通信面临的 4 种威胁

在被动攻击中，攻击者只是观察和分析某一个协议数据单元而不干扰信息流。主动攻击是指攻击者对某个连接中通过的协议数据单元进行各种处理，如更改报文流、拒绝报文服务、伪造连接初始化等。一般计算机网络通信安全有以下几个目标：①防止析出报文内容；②防止通信量分析；③检测更改报文流；④检测拒绝报文服务；⑤检测伪造初始化连接。

3.5.2　数据加密技术

数据加密技术是计算机通信和数据存储中对数据采取的一种安全措施，即使数据被别有用心的人获得，也无法了解其真实意思。数据加密的技术核心是密码学。对一段数据进行加密是通过加密算法用密钥对数据进行处理。算法可以是公开的知识，但密钥是保密的，或者至少有一部分是保密的。使用者简单地修改密钥，就可以达到改变加密过程和加密结果的目的。

1. 对称密钥密码体制

密码编码学是密码体制的设计学，而密码分析学则是在未知密钥的情况下从密文推演出明文或密钥的技术。密码编码学与密码分析学合起来即为密码学。如果不论截取者获得了多少密文，在密文中都没有足够的信息来唯一地确定出对应的明文，则这一密码体制称为无条件安全的，或称为理论上是不可破的。如果密码体制中的密码不能被可使用的计算资源破译，则这一密码体制称为在计算上是安全的。

常规密钥密码体制，是指加密密钥与解密密钥相同的密码体制。这种加密系统又称为对称密钥密码体制。数据加密标准（Data Encryption Standard，DES）属于常规密钥密码体制，是一种分组密码。DES 在加密前，先对整个明文进行分组，每组的长度为 64 位。然后对每组 64 位二进制数据进行加密处理，产生一组 64 位密文数据。最后将各组密文串接起来，即得出整个的密文。使用的密钥也是 64 位（实际密钥长度为 56 位，有 8 位用于奇偶校验）。DES 的保密性仅取决于对密钥的保密，而算法是公开的。尽管人们在破译 DES 方面取得了许多进展，但至今仍未能找到比穷举搜索密钥更有效的方法。DES 是世界上第一个公认的实用密码算法标准,曾对密码学的发展做出了重大贡献。

目前较为严重的问题是 DES 的密钥太短,已经能被现代计算机"暴力"破解。另外一个问题是加密、解密使用同样的密钥,由发送者和接收者保存,分别在加密和解密时使用。采用这种方法的主要问题是密钥的生成、注入、存储、管理、分发等很复杂,特别是随着用户的增加,密钥的需求量成倍增加。在网络通信中,大量密钥的分配是一个难以解决的问题。例如,若系统中有 n 个用户,其中每 2 个用户之间需要建立密码通信,则系统中每个用户须掌握 $n-1$ 个密钥,系统中所需的密钥总数为 $n\times(n-1)/2$ 个。一个系统中如果有较多的用户,庞大数量的密钥生成、管理、分发是一个难处理的问题。

2. 公钥密码体制

公钥密码体制使用互不相同的加密密钥与解密密钥,是一种"由已知加密密钥推导出解密密钥在计算上是不可行的"的密码体制。公钥密码体制的产生主要是两个原因,一个是由于常规密钥密码体制的密钥分配问题,另一个是数字签名的需求。

现有最著名的公钥密码体制是 RSA 体制。RSA 体制基于数论中大数分解问题,由美国三位科学家 Rivest、Shamir 和 Adleman 于 1976 年提出并在 1978 年正式发表。R、S、A 分别是三人姓氏的首字母。

在公钥密码体制中,加密密钥(即公钥)PK 是公开信息,而解密密钥(即私钥或秘钥)SK 是需要保密的。加密算法 E 和解密算法 D 也都是公开的。虽然秘钥 SK 是由公钥 PK 决定的,却不能根据 PK 计算出 SK。任何加密方法的安全性取决于密钥的长度,以及攻破密文所需的计算量。在这方面,公钥密码体制并不比传统加密体制更加优越。

目前,由于公钥加密算法的计算开销较大,在可见的将来还看不出要放弃传统的加密方法的趋势。公钥还需要密钥分配协议,具体的分配过程并不比采用传统加密方法更简单。

公钥密码体制的运算过程如下。

发送者 A 用 B 的公钥 PK_B 对明文 X 加密(E 运算)生成密文 Y 后,接收者 B 用自己的私钥 SK_B 解密(D 运算),即可恢复出明文:

$$D_{SK_B}(Y) = D_{SK_B}(E_{PK_B}(X)) = X$$

解密密钥是接收者专用的密钥,对其他人都保密。

加密密钥是公开的,但不能用它来解密,即

$$D_{PK_B}(E_{PK_B}(X)) \neq X$$

加密和解密的运算可以对调,即

$$E_{PK_B}(D_{SK_B}(X)) = D_{SK_B}(E_{PK_B}(X)) = X$$

在计算机上很容易生成成对的 PK 和 SK,但从已知的 PK 却不可能推导出 SK,即从 PK 到 SK 是"计算上不可能的"。

RSA 算法使用了两个非常大的素数来产生公钥和私钥,要破解 2048 位的 RSA 秘钥,以目前的计算机的运算能力,几乎是不可能的。但是 RSA 加密算法的运算速度很慢,因此,对于量大的数据一般不用 RSA 算法加密。通常是用 RSA 对一些数据量小但保密性要求又很高的数据加密,例如密码等。在实际应用中,通常将对称和非对称加密算法结合起来使用,对数据量大的文件内容使用对称加密算法,而对密钥则使用非对称加密算法,这样能充分地利用两种加密算法的优点。

3.5.3 身份鉴别技术

身份鉴别也称为身份认证。身份认证技术是在计算机网络中确认操作者身份的过程而产生的有效解决方法。计算机网络世界中一切信息包括用户的身份信息都是用一组特定的数据来表示的,计算机只能识别用户的数字身份,所有对用户的授权也是针对用户数字身份的授权。如何保证以数字身份进行操作的操作者就是这个数字身份的合法拥有者,也就是说保证操作者的物理身份与数字身份相对应,身份认证技术就是为了解决这个问题。作为防护网络资产的第一道关口,身份认证有着举足轻重的作用。

在真实世界中,对用户的身份认证基本方法可以分为3种。

(1) 基于信息秘密的身份认证。根据用户所知道的信息来证明用户的身份。

(2) 基于信任物体的身份认证。根据用户所拥有的东西来证明用户的身份。

(3) 基于生物特征的身份认证。直接根据独一无二的身体特征来证明用户的身份,如指纹、面貌等。

在网络世界中的手段与真实世界中一致,为了达到更高的身份认证安全性,某些场景会从上面3种挑选2种混合使用,即所谓的双因素认证。

下面介绍几种常见的身份认证技术。

1. 基于口令的身份认证技术

用户的密码是由用户自己设定的。在网络登录时输入正确的密码,计算机就认为操作者是合法用户。实际上,由于许多用户为了防止忘记密码,经常采用诸如生日、电话号码等容易被猜测的字符串作为密码,或者把密码抄在纸上放在一个自认为安全的地方,这样很容易造成密码泄漏。如果密码是静态的数据,在验证或传输过程中可能会被木马程序截获。因此,静态密码机制无论是使用还是部署都非常简单,但从安全性上讲,用户名/密码方式是一种不安全的身份认证方式。

目前智能手机的功能越来越强大,里面包含了很多私人信息,我们在使用手机时,为了保护信息安全,通常会为手机设置密码,由于密码存储在手机内部,我们称之为本地密码认证。与之相对的是远程密码认证,例如我们在登录电子邮箱时,电子邮箱的密码存储在邮箱服务器中,我们在本地输入的密码需要发送给远端的邮箱服务器,只有和服务器中的密码一致,我们才被允许登录电子邮箱。为了防止攻击者采用离线字典攻击的方式破解密码,我们通常都会设置在登录尝试失败达到一定次数后锁定账号,在一段时间内阻止攻击者继续尝试登录。另外,还可以通过动态口令的方式,每个动态口令只能使用一次,以手机短信的方式发送动态口令,以加强安全性。动态口令在网银、网游、电子政务等领域被广泛运用。

2. 数字签名

数字签名又称电子加密,可以区分真实数据与被伪造、篡改过的数据。这对于网络数据传输,特别是电子商务是极其重要的,一般要采用一种称为摘要的技术。摘要技术主要是采用 HASH(哈希)函数提供的这样一个计算过程:输入一个长度不固定的字符串,返回一个固定长度的字符串(又称 HASH 值),将一段长的报文通过函数变换,转换为一段定长的报文,即摘要。身份识别是指用户向系统出示自己身份证明的过程,主要使用约定口令、智能卡和用户指纹、视网膜和声音等生理特征。数字证明机制提供利用公开密钥进行验证的方法。

现在已有多种实现数字签名的方法,其中采用公钥的算法最容易实现。举例:A 要发送一个报文 X 给 B,A 只要用自己的私钥对报文 X 加密成 $D_{SK_A}(X)$,即实现了对报文 X 的数字签名。B 收到加密的 $D_{SK_A}(X)$ 后,用 A 的公钥对 $D_{SK_A}(X)$ 解密,即可恢复出报文 X。如图 3-35 所示。

图 3-35　数字签名的实现

若 A 要抵赖曾发送报文给 B,B 可将明文 X 和对应的密文 $D_{SK_A}(X)$ 出示给公立机构,公立机构很容易用 A 的公钥去证实 X 确实由 A 发送给 B,因为只有 A 的私钥才能把 X 加密成 $D_{SK_A}(X)$,而只有 A 才拥有自己的私钥——A 不可否认。

因为除 A 外其他人都没有 A 的私钥,所以除 A 外其他人都不能生成密文 $D_{SK_A}(X)$,因此 B 相信报文 X 是 A 而不是别人发送的——B 能进行报文鉴别。

如果密文 $D_{SK_A}(X)$ 在传输过程中被人篡改(包括被 B 篡改),则 B 无法用 A 的公钥对密文进行解密——这可确认报文的完整性。

3. 生物识别

生物识别是通过可测量的身体或行为等生物特征进行身份认证的一种技术。使用传感器或者扫描仪来读取生物的特征信息,将读取的信息和用户在数据库中的特征信息比对,如果一致则通过认证。

生物特征是指唯一的可以测量或可自动识别和验证的生理特征或行为方式。生物特征分为身体特征和行为特征两类。身体特征包括声纹、指纹、掌型、视网膜、虹膜、人体气味、脸型、血管纹理和 DNA 等;行为特征包括签名、语音、行走步态等。目前部分学者将视网膜识别、虹膜识别和指纹识别等归为高级生物识别技术;将掌形识别、脸型识别、语音识别和签名识别等归为次级生物识别技术;将血管纹理识别、人体气味识别、DNA 识别等归为"深奥的"生物识别技术。

目前,我们接触最多的是指纹识别技术,应用的领域有门禁系统、微信支付等。我们日常使用的部分手机和笔记本电脑已具有指纹识别功能,在使用这些设备前,无须输入密码,只要将手指在扫描器上轻轻一按就能进入设备的操作界面,非常方便,而且别人很难复制。

生物特征识别的安全隐患在于一旦生物特征信息在数据库存储或网络传输中被盗取,攻击者就可以执行某种身份欺骗攻击,并且攻击对象会涉及所有使用生物特征信息的设备。

3.5.4　防火墙

防火墙是由软件、硬件构成的系统,是一种特殊编程的路由器,用来在两个网络之间实施接入控制策略。接入控制策略是由使用防火墙的单位自行制定的,以适应本单位的需要。防火墙内的网络称为可信赖的网络,而将外部的因特网称为不可信赖的网络。防火墙可用来解决内联网和外联网的安全问题。防火墙在互联网络中的位置如图 3-36 所示。

图 3-36 防火墙在互联网络中的位置

防火墙的功能有两个：阻止和允许。阻止就是阻止某种类型的通信量通过防火墙（从外部网络到内部网络，或反过来）。允许的功能与阻止恰好相反。防火墙必须能够识别通信的各种类型。不过在大多数情况下防火墙的主要功能是阻止。

防火墙技术一般分为两类。

（1）网络级防火墙。用来防止整个网络出现外来的非法入侵。属于这类的有分组过滤和授权服务器。前者检查所有流入本网络的信息，然后拒绝不符合事先制定好的一套准则的数据；后者则是检查用户的登录是否合法，合法用户的信息流都是允许的。

（2）应用级防火墙。从应用程序层级进行接入控制。通常使用应用网关或代理服务器来区分各种应用。例如，防火墙只允许访问万维网的应用通过，而阻止 FTP 应用通过。

3.5.5 计算机病毒及其防治

1. 计算机病毒的基本概念

提起计算机病毒，相信大家都不会陌生。使用过计算机的人（甚至是没有接触过计算机的人）都听说过，大部分用户甚至对计算机病毒有切肤之痛。

计算机病毒的概念在 1983 年由 Fred Cohen 首次提出，他认为"计算机病毒是一个能感染其他程序的程序，它靠篡改其他程序，并把自身的副本嵌入其他程序而实现病毒的感染。"

Ed Skoudis 则认为："计算机病毒是一种能自我复制的代码，通过将自身嵌入其他程序进行感染，而感染过程需要人工干预才能完成。"

《中华人民共和国计算机信息系统安全保护条例》中明确定义，病毒是指"编制者在计算机程序中插入的破坏计算机功能或者破坏数据，影响计算机使用并且能够自我复制的一组计算机指令或者程序代码。"

计算机病毒与医学上的"病毒"不同，计算机病毒不是天然存在的，是人利用计算机软件和硬件所固有的脆弱性编制的一组指令集或程序代码。它能潜伏在计算机的存储介质（或程序）里，条件满足时即被激活，通过修改其他程序的方法将自己的副本或者可能演化的形式放入其他程序中，从而感染其他程序，对计算机资源进行破坏。所谓的病毒就是人为造成的，对其他计算机的危害性很大。

2. 计算机病毒的特征

1) 繁殖性

计算机病毒可以像生物病毒一样进行繁殖，当正常程序运行时，它也运行自身复制，是否具有繁殖、感染的特征是判断某段程序是否为计算机病毒的首要条件。

2) 破坏性

计算机中毒后,可能会导致正常的程序无法运行,把计算机内的文件删除或受到不同程度的损坏,破坏引导扇区及 BIOS 和硬件环境。

3) 传染性

计算机病毒的传染性是指计算机病毒通过修改别的程序将自身的副本或其变体传染到其他无毒的对象上,这些对象可以是一个程序也可以是系统中的某一个部件。

4) 潜伏性

计算机病毒潜伏性是指计算机病毒可以依附于其他媒体寄生的能力,侵入后的病毒潜伏到条件成熟才发作,会使计算机运行速度变慢。

5) 隐蔽性

计算机病毒具有很强的隐蔽性,通过病毒软件只可以检查出来少数病毒,有些计算机病毒时隐时现、变化无常,这类病毒处理起来非常困难。

6) 可触发性

编制计算机病毒的人,一般都为病毒程序设定了一些触发条件,例如,系统时钟的某个时间或日期、系统运行了某些程序等。一旦条件满足,计算机病毒就会"发作",使系统遭到破坏。

3. 计算机病毒的防范

1) 病毒征兆

(1) 屏幕上出现不应有的特殊字符或图像、字符无规则变化或发现字符、图像等脱落、静止、滚动、雪花、跳动、小球亮点、莫名其妙的信息提示等。

(2) 发出尖叫、蜂鸣音或非正常奏乐等。

(3) 经常无故死机,随机地发生重新启动或无法正常启动、运行速度明显下降、内存空间变小、磁盘驱动器以及其他设备无缘无故地变成无效设备等现象。

(4) 磁盘标号被自动改写,出现异常文件,出现固定的坏扇区,可用磁盘空间变小,文件无故变大、失踪或被改乱,可执行文件变得无法运行等。

(5) 打印异常。打印速度明显降低、不能打印汉字与图形等,或打印时出现乱码。

(6) 收到来历不明的电子邮件、自动链接到陌生的网站、自动发送电子邮件等。

(7) 有特殊文件自动生成。

(8) 程序或数据神秘地消失了、文件名不能辨认等。

2) 计算机病毒的预防

(1) 安装杀毒软件并及时更新病毒数据库。

(2) 注意对系统文件、可执行文件和数据写保护。

(3) 不使用来历不明的程序或数据。

(4) 不轻易打开来历不明的电子邮件。

(5) 使用新的计算机系统或软件时,先杀毒后使用。

(6) 及时修补操作系统及其捆绑软件的漏洞。

(7) 备份系统和参数,建立系统的应急计划等。

习 题

一、判断题

1. 每块以太网卡都有一个全球唯一的MAC地址，MAC地址由6字节组成。
2. 在广域网中，连接在网络中的主机发生故障不会影响整个网络通信，但若一台节点交换机发生故障，那么整个网络将陷入瘫痪。
3. Internet中的各个网站的IP地址不能相同，但域名可以相同。
4. IE浏览器在支持FTP的功能方面，只能进入匿名式的FTP，无法上传。
5. 防火墙是一种维护网络安全的软件或硬件设备，位于它维护的子网（内网）和它所连接的网络（外网）之间，能防止来自外网的攻击。
6. 通信系统的基本任务是传递信息，至少需由信源、信宿和信息三个要素组成。
7. 常见的数据交换方式有电路交换、报文交换及分组交换等，因特网采用的交换方式是电路交换。

二、选择题

1. 数据通信系统的数据传输速率指单位时间内传输的二进制位数据的数目，下面_____一般不用作它的计量单位。
   A. KB/s   B. Kb/s   C. Mb/s   D. Gb/s
2. 计算机网络的最突出的优点是_____。
   A. 精度高   B. 共享资源   C. 运算速度快   D. 内存容量大
3. 下列关于网卡的叙述，错误的是_____。
   A. 网络中的每台计算机都安装有网卡，每块网卡都有一个全球唯一的IP地址
   B. 网卡的任务是发送和接收数据
   C. 网卡分为有线网卡和无线网卡
   D. 网卡可直接集成在芯片组中
4. 下列关于光纤通信特点的叙述，错误的是_____。
   A. 适合远距离通信   B. 是无中继通信
   C. 传输损耗小、通信容量大   D. 保密性强
5. 目前计算机网络通信普遍采用的交换方式是_____。
   A. 电路交换   B. 线路交换   C. 报文交换   D. 分组交换
6. 下列关于多路复用技术的叙述，正确的是_____。
   A. 将多路信号沿同一信道传输，以提高利用率
   B. 将多路信号沿多条线路传输，以减少干扰
   C. 将同一信号多次传输，以提高传输正确性
   D. 将同一信号沿多条线路传输，以提高可靠性
7. 路由器用于连接异构网络时，它收到一个IP数据报后要进行许多操作，这些操作不包含_____。
   A. 地址变换
   B. 路由选择

C. 帧格式转换

D. IP 数据报的转发

8. 在 Internet 的 IPv4 网络地址分类中，B 类 IP 地址的每个网络可容纳_____台主机。

    A. 254　　　　　　B. 65 534　　　　　　C. 65 万　　　　　　D. 1678 万

9. 计算机系统安全是当前计算机界的热门话题。实现计算机系统安全的核心是_____。

    A. 硬件系统的安全性　　　　　　　　B. 操作系统的安全性

    C. 语言处理系统的安全性　　　　　　D. 应用软件的安全性

10. 计算机网络的拓扑结构主要取决于它的_____。

    A. 资源子网　　　B. FDDI 网　　　C. 通信子网　　　D. 城域网

11. 为了确保跨越网络的计算机能正确地交换数据，它们必须遵循一组共同的规则和约定，这些规则和约定称为_____。

    A. 网络操作系统　　B. 网络通信软件　　C. OSI 参考模型　　D. 网络通信协议

12. 将一个部门中的多台计算机组建成局域网可以实现资源共享。下列有关局域网的叙述，错误的是_____。

    A. 局域网必须采用 TCP/IP 协议进行通信

    B. 局域网一般采用专用的通信线路

    C. 局域网可以采用的工作模式主要有对等模式和客户机/服务器模式

    D. 构建以太网局域网时，需要使用集线器或交换机等网络设备，一般不需要路由器

13. 下列关于无线局域网的叙述，正确的是_____。

    A. 由于不使用有线通信，无线局域网绝对安全

    B. 无线局域网的传播介质是高压电

    C. 无线局域网的安装和使用的便捷性吸引了很多用户

    D. 无线局域网在空气中传输数据，速度不限

三、填空题

1. 通信中使用的传输介质分为有线介质和无线介质，有线介质有电话线、_____、同轴电缆和光纤等，无线介质有无线电波、微波、红外线和激光等。

2. 数据传输过程中出错比特数占被传输比特总数的比率称为_____，它是衡量数据通信系统性能的一项重要指标。

3. 国际标准化组织(ISO)定义的开放系统互连(OSI)参考模型含有_____层。

4. IP 地址分为 A、B、C、D、E 五类。某 IP 地址二进制表示的最高 3 位为 110，则此 IP 地址为_____类地址。

5. TCP/IP 协议中的 IP 相当于 OSI/RM 中的_____层。

6. 网络互联的实质是把相同或异构的局域网与局域网、局域网与广域网、广域网与广域网连接起来，实现这种连接起关键作用的设备是_____。

四、简答题

1. 通信系统的基本模型有哪 3 个要素？

2. 传输介质与信道有什么区别与联系？常用的传输介质有哪些？

3. 有哪些常用的交换技术？目前计算机通信主要采用的是哪一种？
4. 什么是多路复用技术？通信系统中为什么要使用多路复用技术？
5. 为什么要将计算机连成网络？
6. 计算机网络提供了哪些功能？你在网络上主要干些什么事情？
7. 网络体系结构为什么要分层？
8. OSI/RM 和 TCP/IP 有什么区别和联系？Internet 采用的是什么体系结构？
9. 传统以太网采用的什么拓扑结构？
10. 以太网的 MAC 地址是什么？网卡有哪些类型和功能？
11. 交换机和集线器的区别是什么？
12. 网络互联层采用的主要是什么协议？
13. IP 协议主要规定了哪些任务？
14. IPv4 的地址格式是怎样的？
15. 路由器的主要功能是什么？
16. 传输层主要负责什么任务？
17. 传输层的协议主要有哪些？它们的主要区别是什么？
18. IPv4 和 IPv6 有什么区别？
19. 什么是数据加密？主要有哪些加密体制？它们的主要区别是什么？
20. 什么是数字签名？你在哪些应用中用过数字签名？
21. 防火墙的主要作用是什么？

阅读材料：雪人计划

1958 年，美国高级研究计划局（Advanced Research Projects Agency，ARPA）成立，其目的在于让美国在计算机科学研究方面保持全球领先的优势。1969 年，ARPA 创建了一个只有 4 台计算机的网络，这个网络就是 ARPANET，也就是我们今天因特网的前身。到 1977 年，该网络内的计算机达到了 111 台。1983 年，ARPANET 中和军事有关的部分被剥离并单独成立了 MILNET，最终成为了美国国防数据网络（DDN）的一部分，而非军用部分则逐渐演化发展成为今天的因特网。

中国也于 1994 年正式获准接入了国际互联网。计算机联网之后，需要给每个计算机分配一个唯一的地址，这就是"IP 地址"。IPv4 的地址采用 32 位长度，为了方便记忆，就给 IP 地址分配一个好记的名字——域名，使用域名系统（Domain Name System，DNS）将域名自动"翻译"成相应的 IP 地址。可以说，DNS 一直在默默地承担着互联网世界中"地图"的功能。换句话说，没有 DNS 的话整个互联网世界将会陷入一片"黑暗"的瘫痪状态中。

由于历史原因，美国对因特网的域名和 DNS 拥有着极大的控制权，并且美国政府也在过去的很多年里试图单方面对因特网进行管理。随着因特网越来越国际化，美国政府的这些企图遭到了其他国家和组织的反对，迫于舆论压力以及斯诺登"棱镜门"事件的影响，近年来美国对因特网的直接管控在减弱，但依然还是通过各种方法控制和影响着因特网的底层运行逻辑。

美国通过 DNS 中"根服务器"的数量限制拥有了因特网的主导权。"根服务器"负责因特网最顶级的域名解析,被称为因特网的"中枢神经",也是因特网的基础设施。通俗地讲,哪个域名对应哪个 IP 地址、域名所有权等一系列因特网最核心的资源分配问题,在"根服务器"上有着"最终解释权"。在目前的 IPv4 体系下,全世界只有 13 台根服务器(名字分别为 A 至 M)。其中美国拥有 1 台主根服务器,在其余的 12 台辅根服务器中,其中 9 台部署在美国,2 台在欧洲(英国和瑞典),1 台在亚洲(日本)。由于技术限制,IPv4 中 DNS 协议使用的 UDP 用户数据报限制了最多只能有 13 台根服务器,使得中国从加入因特网的那一天起就处于被动的局面。从根服务器的分配不难看出,因特网的主导权本质上还是牢牢地掌握在美国手里。

根服务器被国外许多计算机科学家称作"真理",毫不夸张地说,根服务器就是因特网的命脉。如果这 13 台根服务器中的某一台或几台出现故障,或遭到黑客攻击而停止服务,则可能影响到域名解析并进而导致因特网的瘫痪。

没有根服务器对一个国家来说是一个巨大的安全风险。目前美国掌握着因特网 13 台域名根服务器中的 10 台。理论上,只要在根服务器上屏蔽某个国家域名,就能让这个国家的国家顶级域名网站在网络上瞬间"消失"。

例如,2004 年的利比亚战争期间,利比亚在因特网上消失了 3 天,人们无法访问利比亚境内的网站。而中国也就是在这个敏感时间,镜像(即复制)了一份根服务器上的数据,以保证国内因特网安全。虽然中国做出了诸多的努力,但这些措施还是只能保证"因特网中国部分"的安全,域名解析的结果最终还是有可能汇总到根服务器上。也就是说对中国因特网在中国以外的世界范围内的"断网"和"网络监控"风险依然无法完全排除。

之前提到的 13 台根服务器的限制,其实是基于一个前提,就是因特网运行在 IPv4 协议框架下。IPv4 是目前因特网最广泛使用的核心协议,IPv4 的地址采用 32 位长度,包含了大约 43 亿个 IP 地址。随着网络的普及,43 亿个 IP 地址是不够分的,美国占据了 50% 以上的 IP 地址,而中国能获得的 IP 地址数量非常有限,目前只能使用"动态 IP""内网 IP"等方法进行技术上的妥协。

随着 IPv4 地址资源的耗尽,它的升级版本 IPv6 受到越来越多人的关注。IPv6 地址采用 128 位长度,地址容量高达 2^{128},IPv6 地址的数量几乎接近于无限。与此同时,升级到 IPv6 协议以后,根服务器的数量终于可以突破 13 个的限制!中国必须抓住 IPv6 时代的这个机遇,将网络安全掌握在自己手中。

在全球从 IPv4 向 IPv6 过渡的关键时间点上,由中国下一代互联网工程中心于 2015 年 6 月 23 日发起,联合日本 WIDE 机构(M 根运营者)、国际互联网名人堂入选者 Paul Vixiez(保罗·维克西)博士、互联网域名系统国家工程中心(ZDNS)等全球组织和个人共同创立和发起了"雪人计划"。

"雪人计划"(Yeti DNS Project)是基于全新技术架构的全球下一代互联网(IPv6)根服务器测试和运营实验项目,旨在打破现有的根服务器困局,为下一代互联网提供更多的根服务器解决方案。

2014 年美国政府宣布,2015 年 9 月 30 日后其商务部下属的国家通信与信息管理局(NTIA)与国际互联网名称与数字地址分配机构(ICANN)将不再续签外包合作协议,这意味着美国将移交对 ICANN 的管理权。但"美国政府并不会真正放弃已在全球互联网事务中确立的优势地位。"

"雪人计划"的主要目的是在 IPv6 的时代突破 13 台根服务器的限制,改变当前因特网"单边治理"的格局,引入更多根服务器运营者进行"多方共治",实现"同一个世界,同一个互联网"的愿景。

"'雪人计划'是合适的也是可行的。"要真正实现全球互联网的多边共治还有很多工作要做。通过联合全球机构来做测试和试运营,扫清技术上的障碍,不仅可以争取更多支持者,还能推动在 IETF(国际互联网工程任务组)内相应的标准化进展。

"雪人计划"其实是一个在测试环境中的"实验室"项目,它是一个暂时的、允许失败的前期技术测试项目,严格来说甚至不能算作"技术原型",更不是在生产环境中的"官方"根服务器部署。

2015 年 6 月底前,面向全球招募 25 个根服务器运营志愿单位,共同对 IPv6 根服务器运营、域名系统安全扩展密钥签名和密钥轮转等方面进行测试验证。

在与现有 IPv4 根服务器体系架构充分兼容的基础上,"雪人计划"于 2016 年在美国、日本、印度、俄罗斯、德国、法国等全球 16 个国家完成 25 台 IPv6 根服务器架设,事实上形成了 13 台原有根服务器加 25 台 IPv6 根服务器的新格局,为建立多边、民主、透明的国际互联网治理体系打下了坚实基础。

2017 年 11 月 28 日,"雪人计划"已在全球完成 25 台 IPv6 根服务器架设,中国部署了其中的 4 台,由 1 台主根服务器和 3 台辅根服务器组成,打破了中国过去没有根服务器的困境。就"雪人计划"本身而言,并没有完全动摇美国在因特网中地位的根基。"雪人计划"新增的 25 台 IPv6 根服务器的地位事实上要低于之前的 13 台 IPv4 根服务器。

虽然"雪人计划"只是一个测试计划,但是它具有重大意义。

(1) 通过联合全球机构来做测试和试运营,实际验证在 IPv6 协议下根服务器可以突破 13 台的限制,并且获得了第一手的运营、故障排查和维护的经验,扫清了技术上的障碍;截至 2017 年 8 月,25 台 IPv6 根服务器在全球范围内已累计收到 2391 个递归服务器的查询,主要分布在欧洲、北美和亚太地区,一定程度上反映出全球 IPv6 网络部署和用户发展情况。从流量看,IPv6 根服务器每日收到查询近 1.2 亿次。

(2) 在全世界范围内获得了一大批支持者,愿意一起在 IPv6 时代共同治理因特网,形成打破因特网单边治理的"共识机制"。同时,这也是中国争取根服务器管理权行动的有意义的切入点。

(3) 当"雪人计划"结束、IPv6 时代真正来临的时候,如果美国依然想控制根服务器的话,中国已经完全有技术能力和影响力来召集众多"盟友"与之抗衡。事实上,美国已经意识到因特网单边管治的时代已经结束,很早就作为一分子参与了"雪人计划"的测试。

可以这么说,"雪人计划"是中国对下一代互联网战略基础设施的谋篇布局之作!

第 4 章　计算机新技术

4.1　云　计　算

4.1.1　云计算概述

1. 云计算的产生

　　Google 公司首席执行官埃里克·施密特在 1993 年就预言:"当网络的速度与微处理器一样快时,计算机就会虚拟化并通过网络传播"。在 20 世纪 90 年代,SUN 公司也提出了"网络就是计算机"的营销口号。当时提出这个预言式口号时,埃里克·施密特用了一个不同的术语来称呼万维计算机,称它是"云中的计算机"。可见 Google 公司在 2006 年提出"云计算"这个概念并不是偶然,"云"的思想早已存在。

　　当高高在上的大型计算机时代过去,个人计算机时代产生,再然后随着万维网和 Web 2.0 的产生,人类进入了前所未有的信息爆炸时代。面对这样的一个时代,摩尔定律也束手无策,无论是技术上还是经济上都没办法依靠硬件解决信息无限增长的趋势。面对如何低成本、高效快速地解决无限增长的信息的存储和计算这一问题,云计算也就应运而生。云计算这个概念的直接起源来自戴尔公司的数据中心解决方案、亚马逊公司 EC2 产品和 Google-IBM 分布式计算项目。戴尔公司是从企业层次提出云计算。亚马逊公司于 2006 年 3 月推出的 EC2 产品是现在公认的最早的云计算产品,当时被命名为 Elastic Computing Cloud,即弹性计算云。但是亚马逊公司由于自身影响力有限,难以使云计算这个概念普及起来,其真正普及则是在 2006 年 8 月 9 日,Google 公司首席执行官埃里克·施密特在搜索引擎大会上提出"云计算"(Cloud Computing)的概念。2007 年 10 月,Google 公司与 IBM 公司开始在美国大学校园内推行关于云计算的计划,通过该计划期望能减少分布式计算在学术探索中所用各项资源的百分比,参与的高校有卡内基梅隆大学、斯坦福大学等。

2. 云计算的概念

　　云计算是整合了集群计算、网格计算、虚拟化、并行处理和分布式计算的新一代信息技术,它基于互联网的相关服务的增加、使用和交付模式,通常涉及通过互联网来提供动态易扩展且经常是虚拟化的资源。

　　对云计算的定义有多种说法,如下所示。

　　美国国家标准与技术研究院(NIST)定义:云计算是一种按使用量付费的模式,这种模式提供可用的、便捷的、按需的网络访问,进入可配置的计算资源共享池(资源包括网络、服务器、存储、应用软件、服务等),这些资源能够被快速提供,只需投入很少的管理工作,或与服务供应商进行很少的交互。

IBM在其技术白皮书中指出：云计算描述了一个系统平台或一类应用程序，该平台可以根据用户的需求动态部署、配置等；云计算是一种可以通过互联网进行访问的可以扩展的应用程序。

进入云计算时代，就好比是从古老的单台发电机模式转向了电厂集中供电模式，计算资源可以像普通的水、电和煤气一样作为一种商品流通，随用随取，按需付费，唯一不同于传统资源的是，云计算是通过互联网进行传输的。

云计算不仅能使企业用户受益，同时也能使个人用户受益。首先，在用户体验方面，对个人用户来说，在云计算时代会出现越来越多的基于互联网的服务，这些服务丰富多样、功能强大、随时随地接入，无须购买、下载和安装任何客户端，只需要使用浏览器就能轻松访问，也无须为软件的升级和病毒的感染操心。对企业用户而言，则可以利用云技术优化其现有的IT服务，使现有的IT服务更可靠、更自动化，更可以将企业的IT服务整体迁移到云上，使企业卸下维护IT服务的重担，从而更专注于其主营业务。此外，云计算更是可以帮助用户节省成本，个人利用云计算可以免去购买昂贵的硬件设施或者不断升级计算机配置，而企业用户则可以省去一大笔IT基础设施的购买成本和维护成本。

3. 云计算的特点

云计算具有如下特点。

（1）超大规模。云计算通常需要数量众多的服务器等设备作为基础设施，例如Google公司拥有100多万台服务器，亚马逊、IBM和Microsoft等公司的云计算也都有数十万台服务器。

（2）虚拟化。虚拟化是云计算的底层技术之一。用户所请求的资源都是来自云端，而非某些固定的有形实体。

（3）高可靠性。云计算中心在软硬件层面采用了诸如数据多副本容错、心跳检测和计算节点同构可互换等措施来保障服务的高可靠性，使用云计算比使用本地计算更加可靠。

（4）伸缩性。云计算的设计架构可以使得计算机节点在无须停止服务的情况下随时加入或退出整个集群，从而实现了伸缩性。

（5）按需服务。"云"相当于一个庞大的资源池，用户根据自己的需要使用资源，并像水、电一样按照使用量计费。

（6）多租户。云计算采用多租户技术，使得大量租户能够共享同一堆栈的软硬件资源，每个租户按需使用资源并且不影响其他用户。

（7）规模化经济。由于云计算通常拥有较大规模，云计算服务提供商可使用多种资源调度技术来提高系统资源利用率，从而能够降低使用成本，实现规模化经济。

4. 云计算基本原理

云计算的基本原理是把计算任务部署在超大规模的数据中心，而不是本地的计算机或远程服务器上，用户根据需求访问数据中心，云计算自动将资源分配到所需的应用上。云计算常用的服务方式是：用户利用多种终端设备（如PC、笔记本电脑、智能手机或者其他智能终端）连接到网络，通过客户端界面连接到"云"；"云"端接受请求后对数据中心的资源进行优化及调度，通过网络为"端"提供服务。"端"即客户端，指的是用户接入"云"的终端设备，可以是PC、笔记本电脑、手机或其他能够完成信息交互的设备；"云"指的是在云计算基地把大量的计算机和服务器连在一起形成的基础设施中心、平台和应用服务器等。云计算的服务类型包括软件和硬件基础设施、平台运行环境和应用。

4.1.2 云计算的分类

关于云计算的分类，主要有 2 种：按服务模式和按部署模式。

1. 按服务模式分类

从云计算的服务模式看，云计算架构自底向上主要分为基础设施即服务（IaaS）、平台即服务（PaaS）和软件即服务（SaaS）三种，如图 4-1 所示，它们分别为客户提供构建云计算的基础设施、云计算操作系统、云计算环境下的软件和应用服务。

图 4-1 云计算架构图

（1）IaaS 将硬件设备等基础资源封装成服务供用户使用。在 IaaS 环境中，用户相当于在使用裸机和磁盘，既可以让它运行在 Windows 系统中，也可以让它运行在 Linux 系统中。IaaS 的最大优势在于它允许用户动态申请或释放节点，按使用量计费。而 IaaS 是由公众共享的，因而具有更高的资源使用效率。

（2）PaaS 提供用户应用程序的运行环境，典型的如 Google App Engine。PaaS 自身负责资源的动态扩展和容错管理，用户应用程序不必过多考虑节点间的配合问题。但与此同时，用户的自主权降低，必须使用特定的编程环境并遵照特定的编程模型，只适用于解决某些特定的计算问题。

（3）SaaS 针对性更强，它将某些特定应用软件功能封装成服务。SaaS 既不像 PaaS 一样提供计算或存储资源类型的服务，也不像 IaaS 一样提供运行用户自定义应用程序的环境，它只提供某些专门用途的服务供用户调用。

2. 按部署模式分类

云计算在很大程度上是从作为内部解决方案的私有云发展而来的。数据中心最早探索应用包括虚拟、动态、实时分享等特点的技术，是以满足内部的应用需求为目的，随着技术发展和商业需求才逐步考虑对外租售计算能力形成公共云。因此，从部署模式来看，云计算主要分为公共云、私有云、混合云和行业云 4 种形态。

1）公共云

公共云也称外部云。这种模式的特点是：由外部或者第三方提供商采用细粒度（细粒度直观地说就是划分出很多对象)、自服务的方式在 Internet 上通过网络应用程序或者 Web 服务动态提供资源,而这些外部或者第三方提供商基于细粒度和效用计算方式分享资源和费用。

2) 私有云

私有云的云基础设施由单一的组织部署和独占使用,适用于多个用户。私有云对数据、安全性和服务质量的控制较为有效,相应地,企业必须购买、建造以及管理自己的云计算环境。在私有云内部,企业或组织成员拥有相关权限可以访问并共享该云计算环境所提供的资源,而外部用户则不具有相关权限而无法访问该服务。

3) 混合云

顾名思义,混合云就是将公共云和私有云结合到一起,用户可以在私有云的私密性和公共云的灵活性和价格高低之间做出一定的权衡。在混合云中,每种云仍然保持独立,但是用标准的或专有的技术将它们组合起来,可以让它们具有数据和应用程序的可移植性。

4) 行业云

行业云主要指的是专门为某个行业的业务设计的云,并且开放给多个同属这个行业的企业。行业云可以由某个行业的领导企业自主创建,并与其他同行业的公司分享,也可以由多个同类型的企业联合创建和共享一个云计算中心。

4.1.3 云计算的关键技术及存在的问题

1. 云计算的关键技术

云计算是以数据为中心的一种数据密集型的超级计算,其关键技术有编程模式、虚拟化技术、海量数据存储和管理技术和云计算平台管理技术。

1) 编程模式

为了高效地利用云计算的资源,使用户能更轻松地享受云计算带来的服务,云计算的编程模型必须保证后台复杂的并行执行和任务调度向用户和编程人员透明,云计算中的编程模式也应该尽量方便简单。Google 开发的 MapReduce 编程模式是如今最流行的云计算编程模式,MapReduce 的思想是通过 Map 函数将任务进行分解并分配,通过 Reduce 函数将结果归约汇总输出,后来的 Hadoop 是 MapReduce 的开源实现,目前已经得到 Yahoo、Facebook 和 IBM 等公司的支持。

2) 虚拟化技术

虚拟化是实现云计算重要的技术设施。虚拟化是一种调配计算资源的方法,它将把系统的不同层面,如硬件、软件、数据、网络、存储等一一隔离开,从而打破了数据中心、服务器存储、网络、数据和应用中的物理设备之间的划分,实现了架构动态化,并达到集中管理和动态使用物理资源及虚拟资源,提高系统结构的弹性和灵活性,降低成本,改进服务,减少管理风险等目的。

3) 海量数据存储和管理技术

云计算的一大优势就是能够快速、高效地处理海量数据。在数据爆炸的当今时代,这点至关重要。为了保证数据的可靠性,云计算通常会采用分布式数据存储技术,将数据存储在不同的物理设备中。目前,云计算的数据存储技术主要有 Google 公司的非开源 GFS (Google File System)和 Hadoop 团队开发的开源 HDFS(Hadoop Distributed File

System)。

云计算系统需要对大数据集进行处理、分析,向用户提供高效的服务,因此数据管理技术也必须能够对大量数据进行高效管理。现在的数据管理技术中,Google 的 BigTable 数据管理技术和 Hadoop 团队开发的开源数据管理模块 Hbase 是业界比较典型的大规模数据管理技术。BigTable 是非关系型的数据库,是一个分布式的、持久化存储的多维度排序 Map。Hbase 不同于一般的关系数据库,它是一个适合于非结构化数据存储的数据库。另一个不同的是 Hbase 是基于列的而不是基于行的模式。作为高可靠性分布式存储系统,Hbase 在性能和可伸缩方面都有比较好的表现。利用 Hbase 技术可在廉价 PC Server 上搭建起大规模结构化存储集群。

4) 云计算平台管理技术

采用了分布式存储技术存储数据,云计算自然也要引入分布式资源管理技术。在多点并发执行环境中,分布式资源管理系统是保证系统状态正确性的关键技术。系统状态需要在多个节点之间同步,并且在单个节点出现故障时,系统需要有效的机制保证其他节点不受影响。而分布式资源管理系统恰恰是这样的技术,它是保证系统状态的关键。Google 公司的 Chubby 是最著名的分布式资源管理系统。

2. 云计算存在的问题

(1) 数据隐私问题。

如何保证存放在云服务提供商的隐私数据不被非法利用,不仅需要技术的改进,也需要法律的进一步完善。

(2) 数据安全性。

有些数据是企业的商业机密,数据的安全性关系到企业的生存和发展。云计算数据的安全性问题解决不了会影响云计算在企业中的应用。

(3) 用户的使用习惯。

如何改变用户的使用习惯,使用户适应网络化的软硬件应用是长期而且艰巨的挑战。

(4) 网络传输问题。

云计算服务依赖网络,网速低且不稳定,使云应用的性能不高。云计算的普及依赖网络技术的发展。

(5) 缺乏统一的技术标准。

云计算的美好前景让传统 IT 厂商纷纷向云计算方向转型。但是由于缺乏统一的技术标准,尤其是接口标准,各厂商在开发各自产品和服务的过程中各为其政,这为将来不同服务之间的互联互通带来严峻挑战。

(6) 能耗问题。

如今有成千上万的云数据中心遍布全球。云数据中心有成千上万个服务器,这些服务器可以说是每周 7 天、每天 24 小时不停运转,维持这些巨大的服务器的运转以及为其降温都将耗费大量的能源。据统计,如果将全球的数据中心整体看成一个"国家"的话,那么它的总耗电量将在世界国家中排名第 15 位。在云计算的发展中,如何缓解能耗问题,使云计算朝"绿色云"的方向发展,是急需解决的一个问题。

4.2 人工智能

4.2.1 什么是人工智能

人工智能(Artificial Intelligence,AI)是计算机学科的一个分支,近30年来获得了迅速的发展,在很多学科领域都有广泛的应用,并取得了丰硕的成果。人工智能的定义可以分为两部分,即"人工"和"智能"。"人工"比较好理解,争议不大。关于什么是"智能",问题比较多。人唯一了解的智能是人本身的智能,但是我们对自身智能的理解非常有限,所以很难定义什么是"人工"制造的"智能"。

目前人工智能领域分强人工智能和弱人工智能两个流派。强人工智能观点认为有可能制造出真正能推理(Reasoning)和解决问题(Problem Solving)的智能机器,并且这样的机器是有知觉的,有自我意识。而弱人工智能观点认为不可能制造出能真正推理和解决问题的智能机器,这些机器只不过看起来像是智能的,但是并不真正拥有智能,也不会有自主意识。主流科研集中在弱人工智能,并且这一研究领域已经取得了可观的成就;而强人工智能的研究则处于停滞不前的状态。

关于什么是人工智能,一个比较流行的定义是由约翰·麦卡锡(John McCarthy)提出的:"人工智能就是要让机器的行为看起来就像是人所表现出来的智能行为一样。"

尼尔逊教授则对人工智能下了这样一个定义:"人工智能是关于知识的学科——怎样表示知识以及怎样获得知识并使用知识的科学。"

而美国麻省理工学院的温斯顿教授认为:"人工智能就是研究如何使计算机去做过去只有人才能做的智能工作。"

这些说法反映了人工智能学科的基本思想和基本内容:即人工智能是研究人类智能活动的规律、构造具有一定智能的人工系统,研究如何让计算机去完成以往需要人的智力才能胜任的工作,也就是研究如何应用计算机的软硬件来模拟人类某些智能行为的基本理论、方法和技术。

4.2.2 人工智能的研究途径

由于对人工智能本质的理解不同,形成了人工智能的多种不同的研究途径,且没有统一的原理或范式指导人工智能研究。在许多问题上,研究者都存在争论。人工智能就其本质而言,是对人的思维的模拟。对人的思维模拟有两条道路:一是结构模拟,即仿照人脑的结构机制,制造出"类人脑"的机器;二是功能模拟,即暂时撇开人脑的内部结构,而从功能上进行模拟。

1) 大脑模拟

20世纪40年代到50年代,许多研究者探索神经病学、信息理论及控制论之间的联系,甚至有些还造出了使用电子网络构造的初步智能。但是到60年代,大部分人都已经放弃了这个方法,尽管在80年代又有人再次提出这些原理。

2) 符号处理

20世纪50年代数字计算机研制成功,研究者开始探索人类智能是否能简化成符号来进行处理。60年代到70年代的研究者相信符号方法最终可以成功创造强人工智能的机器。

认知模拟经济学家赫伯特·西蒙和艾伦·纽厄尔研究人类解决问题的能力,并尝试将其形式化,为人工智能的基本原理打下了基础。他们使用心理学实验的结果开发模拟人类解决问题方法的程序。该方法一直在卡内基梅隆大学沿袭下来,并在20世纪80年代发展到高峰。

而约翰·麦卡锡认为机器不需要模拟人类的思想,应尝试找到抽象推理和解决问题的本质。他在斯坦福大学的实验室致力于使用形式化逻辑解决多种问题,包括知识表示、智能规划和机器学习。

斯坦福大学的研究者主张不存在简单和通用的原理能够达到所有的智能行为。因为他们发现要解决计算机视觉和自然语言处理的困难问题,需要专门的方案,几乎每次都要编写一个复杂的程序。

在20世纪70年代出现了大容量内存计算机,研究者开始把知识构造成应用软件。这场"知识革命"促成了专家系统的开发与实现,这是第一个成功的人工智能软件形式。人们意识到原来许多简单的人工智能软件可能需要大量的知识。

3)子符号法

20世纪80年代符号人工智能停滞不前,很多人认为符号系统永远不可能模仿人类所有的认知过程,特别是感知、机器人、机器学习和模式识别。研究者开始关注子符号方法解决特定的人工智能问题。他们专注于机器人移动和求生等基本的工程问题,提出在人工智能中使用控制理论。大卫·鲁姆哈特(David Rumelhart)等再次提出神经网络和连接主义。其他的子符号方法,如模糊控制和进化计算,都属于计算智能学科研究范畴。

4)统计学法

20世纪90年代,人工智能研究发展出使用复杂的数学工具来解决特定的分支问题。这些工具是真正的科学方法,结果是可测量和可验证的。不过有人批评这些技术太专注于特定的问题,没有考虑长远的强人工智能目标。

5)集成方法

研究人工智能时人们常用到的一个术语Agent(代理)是指能感知环境并作出行动以达到目标的系统。最简单的智能Agent是那些可以解决特定问题的程序。一个解决特定问题的Agent可以使用任何可行的方法,有些Agent用符号方法和逻辑方法,有些则是子符号神经网络或其他新的方法。Agent体系结构和认知体系结构研究者设计了一些系统来处理多Agent系统中智能Agent之间的相互作用。包含符号和子符号部分的系统被称为混合智能系统,对这种系统的研究就是人工智能系统的集成。

4.2.3 人工智能的研究领域

在人工智能学科中,按照所研究的课题、研究的途径和采用的技术,它所包括的研究领域有模式识别、问题求解、自然语言理解、自动定理证明、机器视觉、自动程序设计、专家系统、机器学习、机器人等。本节将介绍这些领域所涉及的一些基本概念和基本原理。

1. 模式识别

模式识别(Pattern Recognition)是人工智能最早研究的领域之一。它是利用计算机对物体、图像、语音、字符等信息模式进行自动识别的科学。

1) 模式识别的过程

模式识别过程一般包括对待识别事物进行样本采集、信息的数字化、数据特征的提取、特征空间的压缩,以及提供识别准则等,如图 4-2 所示。

图 4-2 模式识别的过程

图 4-2 中虚线下方是学习训练过程,上方是识别过程。在学习训练过程中,首先将已知的模式样本数字化后送入计算机,然后对这些数据进行分析,去掉那些对分类无效或可能引起混淆的特征数据,尽量保留对分类判别有效的特征数值,这个过程称为特征选择。有时,还得采用某种变换技术,得到数量比原来少的综合性特征,这一过程称为特征空间压缩或者特征提取。接着按设定的分类判别的数学模型进行分类,并将分类结果与已知类别的输入模式进行对比,不断修改,制定错误率最小的判别准则。

2) 模式识别的分类

模式识别常用的方法有统计决策法与句法方法、监督分类与无监督分类法、参数与非参数法等。

(1) 统计决策法与句法方法。

统计决策法是利用概率统计的方法进行模式识别。它首先对已知样本模式进行学习,通过样本特征建立判别函数。当给定某一待分类模式特征后,根据落在特征超平面上判别函数的哪一侧来判断它是属于哪个类型。

句法方法也称为结构法。它把模式分解为若干简单元素,然后用特殊文法规则描述这些元素之间的结构关系。不同的模式对应着不同的结构。句法方法适合于结构明显、噪声较少的模式识别,如文字、染色体、指纹等的识别。

(2) 监督分类与无监督分类法。

所谓的分类问题就是把特征空间分割成对应于不同类别的互不相容的区域,每一个区域对应一个特定的模式类,不同类别间的界面用判别函数来描述。

监督分类和无监督分类的主要差别在于各实验样本所属的类别是否预先已知。一般说来,监督分类往往需要提供大量已知类别的样本,但在实际问题中,这是存在一定困难的,因此研究无监督分类就显得十分必要。

无监督分类又称聚类分析。聚类是将数据分类到不同的类或者簇中,同一个簇中的对象有很大的相似性,而不同簇间的对象有很大的相异性。聚类分析是一种探索性的分析,在分类过程中,人们不必事先给出一个分类标准,聚类分析能够从样本数据出发,自动进行分类。由于聚类分析所使用方法的不同,常常会得到不同的结论。

(3) 参数与非参数法。

参数法又称参数估计法。当模式样本的类概率密度函数的形式已知,或者从提供的作为设计分类器用的训练样本能估计出类概率密度函数的近似表达式的情况下使用的一种模式识别方法。参数估计中最常用的方法是最大贝叶斯估计和最大似然估计。

如果样本的数目太少,难以估计出概率密度函数,这时就要使用非参数估计法。非参数估计方法常用的有 k-最近邻判定规则。其基本思想是直接按 k 个最近邻样本的不同类别分布,将未知类别的特征向量分类。

2. 问题求解

问题求解(Problem Solving)是指通过搜索的方法寻找问题求解操作的一个合适序列,以满足问题的要求。问题求解的基本方法有状态空间法和问题归纳法。一般情况下,问题求解程序由三个部分组成。

(1) 数据库。数据库中包含与具体任务有关的信息,这些信息描述了问题的状态和约束条件。

(2) 操作规则。数据库中的知识是叙述性知识,而操作规则是过程性知识。操作规则由条件和动作两部分组成,条件给定了操作适应性的先决条件,动作描述了由于操作而引起的状态中某些分量的变化。

(3) 控制策略。控制策略确定了求解过程中应采用哪一条适用规则,适用规则指从规则集合中选择出的最有希望导致目标状态的操作。

问题求解的状态空间法通常是一种搜索技术。常见的搜索策略有深度优先法、广度优先法、爬山法、回溯策略、图搜索策略、启发式搜索策略、与或图搜索和博弈树搜索等。

3. 自然语言理解

自然语言理解(Natural Language Understanding)俗称人机对话,是计算机科学领域与人工智能领域中的一个重要方向。研究用电子计算机模拟人的语言交际过程,使计算机能理解和运用人类社会的自然语言如汉语、英语等,实现人机之间的自然语言通信,以代替人的部分脑力劳动,包括查询资料、解答问题、摘录文献、汇编资料以及一切有关自然语言信息的加工处理。

语言是人类区别其他动物的本质特性。人类的逻辑思维以语言为形式,人类的绝大部分知识也是以语言文字的形式记载和流传下来的。因而,它也是人工智能的一个重要部分。自然语言处理大体包括了自然语言理解和自然语言生成两个部分。历史上对自然语言理解研究得较多,而对自然语言生成研究得较少。但这种状况近年来已有所改变。

无论实现自然语言理解,还是自然语言生成,都远不如人们原来想象的那么简单,而是十分困难的。造成困难的根本原因是自然语言文本和对话的各个层次上广泛存在的各种各样的歧义性或多义性。消除歧义需要大量的知识和推理,这给基于语言学的方法、基于知识的方法带来了巨大的困难。

自然语言理解目前已经取得了一定的成果,分为语音理解和书面理解两方面。

(1) 语音理解。用口语语音输入,使计算机"听懂"语音信号,用文字或语音合成输出应答。方法是先在计算机里储存某些单词的声学模式,用它来匹配输入的语音信号(称为语音识别)。这只是一个初步的基础,还不能达到语音理解的目的。20 世纪 70 年代中期以后有所突破,建立了一些实验系统,能够理解连续语音的内容,但是仅限于少数简单的语句。

(2) 书面理解。用文字输入,使计算机"看懂"文字符号,也用文字输出应答。这方面的进展较快,目前已能在一定的词汇、句型和主题范围内查询资料、解答问题、阅读故事、解释语句等,有的系统已付诸应用。书面理解的基本方法是:在计算机里存储一定的词汇、句法规则、语义规则、推理规则和主题知识。语句输入后,计算机从左到右逐词扫描,根据词典辨认每个单词的词义和用法;根据句法规则确定短语和句子的组合;根据语义规则和推理规则获取输入句的含义;查询知识库,根据主题知识和语句生成规则组织应答输出。目前已建成的书面理解系统应用了各种不同的语法理论和分析方法,如生成语法、系统语法、格语法、语义语法等,都取得了一定的成效。

4. 自动定理证明

自动定理证明(Automatic Theorem Proving)是人工智能研究领域中的一个非常重要的课题,其任务是对数学中提出的定理或猜想寻找一种证明或反证的方法。许多非数学领域的问题,如医疗诊断、信息检索、规划制定和难题求解等,都可以像定理证明问题那样进行形式化,从而转化为一个定理证明问题。

自动定理证明的方法通常有以下几种。

(1) 自动演绎法。

自动演绎法是自动定理证明最早使用的一种方法。纽厄尔(Newell)、肖(Shaw)和西蒙(Simon)使用一个称为"逻辑机器"的程序,证明了罗素、怀德海所著《数学原理》中的许多定理。该程序采用"正向链"推理方法,基本思想是依据推理规则,从前提出发向后推理,可得出多个定理,如果待证明的定理在其中,则定理得证。

吉勒洛特(Gelernter)等提出了一个称为"几何机器"的程序,能够做一些中学的几何题,速度与学生相当。该程序采用"反向链"推理方法,基本思想是从目标出发向前推理,依靠公式产生新的子目标,这些子目标逻辑蕴含了最终目标。

(2) 决策过程法。

决策过程是指判断一个理论中某个公式的有效性。依沃(Eevvo)等人提出了使用集合理论的决策过程;尼尔逊等提出了带有不解释函数符号的等式理论决策过程;我国著名的数学家、计算机科学家吴文俊教授提出了关于平面几何和微分几何定理的机器证明方法。

吴文俊方法的基本思想是:首先将几何问题代数化,通过引入坐标,把有关的假设和求证部分用代数关系式表述,然后处理表示代数关系的多项式,把判定多项式中的坐标逐个消去,如果消去后结果为零,那么定理得证,否则再进一步检查。这个算法已在计算机上证明了不少难度相当高的几何问题,被认为是当时定理证明和决策中最好的一种方法。

(3) 定理证明器。

定理证明器是研究一切可判定问题的证明方法。它的基础是鲁滨逊(Robinson)提出的归结原理。在归结原理形式化的逻辑里,没有公理,只有一条使用合一替换的推导规则,这样一个简洁的逻辑系统是谓词演算的一个完备系统。也就是说,任意一个恒真的一阶公式,在鲁滨逊的逻辑系统中都是可证的。

归结原理的成功吸引了许多研究者投入到对归结原理的改进中。每种改进都有自己的优点,出现了如超归结、换名归结、锁归结、线性归结等各种改进方法。

5. 机器视觉

机器视觉（Machine Vision）是人工智能正在快速发展的一个分支。机器视觉系统最基本的特点就是提高生产的灵活性和自动化程度。在一些不适于人工作业的危险工作环境或者人眼视觉难以满足要求的场合，常用机器视觉来替代人眼视觉。同时，在大批量重复性工业生产过程中，用机器视觉检测方法可以大大提高生产的效率和自动化程度。

机器视觉的研究是从20世纪60年代中期关于理解多面体组成的积木世界研究开始的。当时运用的预处理、边缘检测、轮廓线构成、对象建模、匹配等技术，后来一直在机器视觉中应用。用边缘检测技术来确定轮廓线，用区域分析技术将图像划分为由灰度相近的像素组成的区域，这些技术统称为图像分割。其目的在于用轮廓线和区域对所分析的图像进行描述，以便同机内存储的模型进行比较匹配。

20世纪70年代，机器视觉形成了几个重要的研究分支：①目标制导的图像处理；②图像处理和分析的并行算法；③从二维图像提取三维信息；④序列图像分析和运动参量求值；⑤视觉知识的表示；⑥视觉系统的知识库等。

由于机器视觉系统可以快速获取大量信息，而且易于自动处理，也易于同设计信息以及加工控制信息集成，因此，在现代自动化生产过程中，人们将机器视觉系统广泛地用于工况监视、成品检验和质量控制等领域。

例如，汽车车身检测系统是机器视觉系统用于工业检测中的一个较为典型的例子。英国ROVER汽车公司应用检测系统以每40 s检测一个车身的速度，检测三种类型的车身关键部分的尺寸，如车身整体外形、门、玻璃窗口等，测量精度为±0.1mm。实践证明，该系统是成功的。

再如，智能交通管理系统通过在交通要道放置摄像头，当有违章车辆（如闯红灯）时，摄像头将车辆的牌照拍摄下来，传输给中央管理系统，系统利用图像处理技术，对拍摄的图片进行分析，提取出车牌号，存储在数据库中，供管理人员进行检索。

此外还有自动光学检查、人脸识别、无人驾驶汽车、产品质量等级分类、印刷品质量自动化检测、文字识别、纹理识别、追踪定位等机器视觉图像识别的应用。可以预期的是，随着机器视觉技术自身的成熟和发展，它将在现代和未来制造企业中得到越来越广泛的应用。

6. 自动程序设计

自动程序设计（Automatic Programming）是采用自动化手段进行程序设计的技术和过程。其目的是提高软件生产率和软件产品质量。由于编制和调试程序是一件费时费力的烦琐工作，为了摆脱这种状况，就要从软件开发技术方面寻找出路。可以说，人工智能是解决自动程序设计方面问题的一个良好方案。

从技术来看，自动程序设计的实现途径可归结为演绎综合、程序转换、实例推广以及过程实现4种。

(1) 演绎综合。其理论基础是数学定理的构造式证明可等价于程序推导。对要生成的程序，用户给出它的输入输出数据必须满足的条件，条件以某种形式语言（如谓词演算）陈述。对于所有这些满足条件的输入，要求定理证明程序证明存在一个满足输出条件的输出，从该证明中析取出所欲生成的程序。这一途径的优点是理论基础坚实，但迄今为止只析取出一些较小的样例，较难用于较大规模的程序。

(2) 程序转换。将一个规格说明或程序转换成另一功能等价的规格说明或程序。从抽象级别的异同来看,它可分为纵向转换与横向转换。前者是由抽象级别较高的规格说明或程序转换成与之功能等价的抽象级别较低的规格说明或程序;后者是在相同抽象级别上的规格说明或程序间的功能等价转换。

(3) 实例推广。借助反映程序行为的实例来构造程序。一般有两种方法:一种是输入输出对法,借助于给出的一组输入输出对,逐步导出适用于一类问题的程序;另一种是部分程序轨迹法,通过所给实例的运行轨迹,逐步导出程序。这一途径的思想比较先进,为用户所称道,但欲归纳出一定规模的程序,难度颇大。

(4) 过程实现。在对应规格说明中的各个成分,其转换目标的相应成分明确,而且相应的转换映射也明确,该映射可借助过程来实现。这一途径的实现效率较高,难点在于从非算法性成分到算法性成分的转换。因此,采用这一途径的系统一般自动化程度不高,很难实现从功能规格说明到可执行的程序代码的自动转换。

自动程序设计所涉及的基本问题与定理证明和机器人学习有关,它是软件工程和人工智能相结合的产物。

7. 专家系统

专家系统(Expert System)是一个具有大量的专门知识与经验的程序系统,它应用人工智能技术和计算机技术,根据某领域一个或多个专家提供的知识和经验,进行推理和判断,模拟人类专家的决策过程,以便解决那些需要人类专家处理的复杂问题。简而言之,专家系统是一种模拟人类专家解决领域问题的计算机程序系统。

专家系统通常由知识库、推理机、人机交互界面、综合数据库、解释器、知识获取六个部分构成,其结构如图 4-3 所示。

图 4-3 专家系统结构图

(1) 知识库用于存放专家提供的知识。知识库是专家系统质量是否优越的关键所在,知识库中知识的质量和数量决定着专家系统的质量水平。一般来说,专家系统中的知识库与专家系统程序是相互独立的,用户可以通过改变、完善知识库中的知识内容来提高专家系统的性能。

(2) 推理机针对当前问题的条件或已知信息,反复匹配知识库中的规则,获得新的结论,以得到问题求解结果。推理机就如同专家解决问题的思维方式,知识库是通过推理机来实现其价值的。

(3) 人机交互界面是系统与用户进行交流时的界面。通过该界面,用户输入基本信息、回答系统提出的相关问题,并输出推理结果及相关的解释等。

(4) 综合数据库专门用于存储推理过程中所需的原始数据、中间结果和最终结论,往往是作为暂时的存储区。

(5) 解释器能够根据用户的提问,对结论、求解过程做出说明,因而使专家系统更具有人情味。

(6) 知识获取是专家系统知识库是否优越的关键,也是专家系统设计的"瓶颈"问题。通过知识获取,可以扩充和修改知识库中的内容,也可以实现自动学习功能。

下面介绍几个著名的专家系统。

Dendral 系统根据质谱仪所产生的数据,不仅可以推断出确定的分子结构,而且还可以说明未知分子的谱分析。据说该系统已经达到化学博士的水平。

Mycin 是第一个功能较全的医疗诊断专家系统。该系统可以在不知道原始病原体的情况下,判断如何用抗生素来处理败血病患者。只要输入患者的症状、病史和化验结果,系统就可以根据专家知识和输入的资料判断是什么病菌引起的感染,并提出治疗方案。

Siri 是一个通过辨识语音作业的专家系统,由苹果公司收购并且推广到自家产品内作为个人秘书功能。

8. 机器学习

机器学习(Machine Learning)专门研究计算机怎样模拟或实现人类的学习行为,以获取新的知识或技能,重新组织已有的知识结构使之不断改善自身的性能。它是人工智能的核心,是使计算机具有智能的根本途径,其应用遍及人工智能的各个领域。对机器学习的讨论和机器学习研究的进展,将促使人工智能和整个科学技术的进一步发展。

这里所说的机器,指的是计算机。机器能否像人类一样具有学习能力?1959 年,美国的塞缪尔(Samuel)设计了一个下棋程序,这个程序具有学习能力,它可以在多次对弈中改善自己的棋艺。4 年后,这个程序战胜了设计者本人。又过了 3 年,这个程序战胜了美国一个保持 8 年之久的常胜不败的冠军。这个程序向人们展示了机器学习的能力,提出了许多令人深思的社会问题与哲学问题。

机器的能力是否能超过人,很多持否定意见的人的一个主要论据是:机器是人造的,其性能和动作完全是由设计者规定的,因此无论如何其能力也不会超过设计者本人。这种意见对不具备学习能力的机器来说的确是对的,可是对具备学习能力的机器就值得考虑了,因为这种机器的能力在应用中不断提高,过一段时间之后,设计者本人也不知它的能力会到何种水平。

目前,常用的机器学习方法主要有以下几种。

(1) 决策树学习。根据数据属性,采用树状结构建立决策模型。常用来解决分类和回归问题。

(2) 关联规则学习。这是一种用来在大型数据库中发现变量之间的有趣联系的方法。

(3) 人工神经网络。人工神经网络简称神经网络,其计算结构是由相互联结的人工神经元所构成,通过不同的联结方法来传递信息和计算。它们在输入和输出之间模拟复杂关系,找到数据中的关系,或者在观测变量中从不知道的节点捕获统计学结构。

(4) 深度学习。深度学习由人工神经网络中的多个隐藏层组成。这种方法试图去模拟人脑的过程。其成功的应用主要在计算机视觉和语言识别领域。

（5）支持向量机。它是关于监督学习在分类和回归上的应用。给出训练样本的数据集,可以用来预测一个新的样本是否进入一个类别或者另一个。

（6）贝叶斯网络。通过有向无环图代表了一系列的随机变量和它们的条件独立性。例如,一个贝叶斯网络代表着疾病和症状可能的关系。给出症状,网络就可以计算疾病出现的可能性。

（7）强化学习。强化学习关心 Agent 如何在一种环境中采取行动,从而最大化长期回报。强化学习算法尝试去寻找一些策略,映射 Agent 在当前状态中应该采取的行动。

（8）相似度量学习。学习器被给予了很多对相似或者不相似的例子。它需要去学习一个相似的函数,以预测一个新的对象是否相似。

（9）遗传算法。它是一种启发式搜索算法,模仿自然选择的过程,使用一些遗传和变异来生成新的基因,以找到好的情况解决问题。

（10）基于规则的机器学习。学习器的定义特征是一组关系规则的标识和利用,这些规则集合了系统所捕获的知识。这与其他机器学习器形成鲜明对比,它们通常会识别出一种特殊的模型,这种模型可以普遍应用于任何实例,以便做出预测。

9. 机器人

机器人(Robot)是整合了控制论、机械电子、计算机、材料和仿生学的产物,在工业、医学、农业、建筑业甚至军事等领域中均有重要用途。中国科学家对机器人的定义是:"机器人是一种自动化的机器,这种机器具备一些与人或生物相似的智能能力,如感知能力、规划能力、动作能力和协同能力,是一种具有高度灵活性的自动化机器"。

机器人一般由执行机构、驱动装置、检测装置、控制系统等组成。

（1）执行机构。即机器人本体,包括基座、腰部、臂部、腕部、手部和行走部等。

（2）驱动装置。驱动装置是驱使执行机构运动的机构,主要是电力驱动装置,如步进电机、伺服电机等,它按照控制系统发出的指令信号,借助于动力元件使机器人进行动作。

（3）检测装置。实时检测机器人的运动及工作情况,根据需要反馈给控制系统,与设定信息进行比较后,对执行机构进行调整,以保证机器人的动作符合预定的要求。

（4）控制系统。根据控制方式可以分为两种类型:一种是集中式控制,即机器人的全部控制由一台微型机完成。另一种是分散式控制,即采用多台微型机来分担机器人的控制,主机常用于负责系统的管理、通信、运动学和动力学计算,并向下级微机发送指令信息;下级从机在各关节分别对应一个 CPU,进行插补运算和伺服控制处理,实现给定的运动,并向主机反馈信息。

从应用环境出发,机器人分为工业机器人和特种机器人两大类。工业机器人是面向工业领域的多关节机械手或多自由度机器人,占到了机器人应用的 95%。而特种机器人则是除工业机器人之外的用于非制造业并服务于人类的各种先进机器人,包括服务机器人、水下机器人、娱乐机器人、军用机器人、农业机器人、机器人化机器等,可以帮助人们做手术、采摘水果、剪枝、巷道掘进、侦查、排雷等。

只要人能想得到的,就可以利用机器人去实现。并且随着人们对机器人技术智能化本质认识的加深,机器人的功能和智能程度大大增强。目前,机器人已从外观上脱离了最初的仿人型机器人和工业机器人所具有的形状,更加符合各种不同应用领域的特殊要求,为机器人技术开辟出更加广阔的发展空间。

4.2.4 人工智能的进展

2017年是人工智能技术多点突破、全面开花的一年，我们几乎每天都能听到关于人工智能的最新消息。从"互联网＋"走向"人工智能＋"，风口之上的人工智能正在创造新的神话。在巨头涌入、政策助推等多方因素的影响下，人工智能在2017年释放出了巨大的能量。

首先人形机器人除了在外形上更像人类，它们的动作也更加灵活了，甚至连身体机能都在向人类靠近。美国机器人公司波士顿动力的机器人Atlas拥有立体视觉、距离感应等能力，不仅能规避障碍物，跌倒了能自己爬起来，还在去年11月学会了后空翻。东京大学的人形机器人Kengoro和Kenshire完全按照人类肌肉骨骼系统搭建，通过水循环系统还能表现运动后"流汗"的反应。

2017年10月，机器人索菲娅（见图4-4）作为小组成员参加了联合国会议，还被授予了沙特阿拉伯公民身份，成为史上首个获得公民身份的机器人。索菲娅外形使用硅胶打造仿生皮肤，质感与人类皮肤非常相似，她可以模仿人的面部表情和情绪，通过语音和人脸识别技术，她能理解语言并与人类进行对话。在过去的一年里，索菲娅尝试融入人类社会，有了自己的推特账号，作客脱口秀节目，登上时尚杂志的封面。

图4-4　机器人索菲娅

AI在棋牌、医疗、推理能力等方面也超越人类，学会了驾驶无人机、帮助科学家进行量子力学实验设计等。2017年1月30日，宾夕法尼亚州匹兹堡Rivers赌场，耗时20天的得克萨斯州扑克人机大战尘埃落定。卡耐基梅隆大学开发的AI程序Libratus击败人类顶级职业玩家，赢取了20万美元的奖金。尽管之前Google公司旗下DeepMind的AlphaGo在与李世石的5番围棋大战以及在网络上跟顶级围棋选手的60番围棋大战中出尽了风头，但相对而言得克萨斯州扑克对于AI是更大的挑战，因为AI只能看到游戏的部分信息，游戏并不存在单一的最优下法。

围棋方面，在5月AlphaGo以3∶0击败柯洁后，谷歌的DeepMind并没有停下脚步，10月，AlphaGo Zero用更低的处理能力发现了此前人类和机器从来没有想到的战术，而且在三天之后就击败了它的"前辈"；12月，AlphaGo Zero再次进化，通用棋类算法Alpha Zero问世。

2017年5月，"谷歌大脑"（Google Brain）的研究人员宣布研发出自动人工智能AutoML，该人工智能可以产生自己的子AI系统。这个新生成的"孩子"名为NASNet，可以实时地在视频中识别目标,正确率达到82.7%,比之前公布的同类AI产品的结果高1.2%,系统效率高4%。

无人驾驶也已成为世界性的前沿科技,Google、百度、特斯拉等科技巨头新贵纷纷布局于此。在2016年11月16日,18辆百度无人车在乌镇运营体验,是百度首次在开放城市道路情况下,实现全程无人工干预的L4级无人驾驶技术。人工智能使用大量的服务器和数据来拟合人类的驾驶能力,这个系统比人类驾驶员的水平都更高。除了安全性之外,智能化的无人车可以实时将交通状况、行驶情况回传,交通指挥中心将根据大数据进行交通调度,可以更好地解决拥堵问题。

2017年1月,斯坦福大学的研究人员开发出了基于深度学习算法的皮肤癌诊断系统,使得识别皮肤癌的准确率与专业的人类医生相当。成果论文被《自然》杂志采用刊登。这一成果是采用深度卷积神经网络,通过大量训练发展出模式识别的AI,使计算机学会分析图片并诊断疾病。使用这一技术,有望制造出家用便携皮肤癌扫描仪,造福广大患者。

人工智能技术快速发展,也和其他强大的技术一样,是一柄双刃剑。AI既能造福人类,也能被罪犯所利用。恶意使用人工智能,不仅会威胁到人们的财产和隐私,还可能带来生命威胁。

人工智能还会导致大量工人失业,当机器配上人工智能,人类被代替的趋势就会愈演愈烈。特斯拉自动化工厂被曝光,整个工厂只有150个机器人,从原材料加工到成品组装,所有的生产流程都由150台机器人完成,在车间内根本看不到人的身影。不仅仅是特斯拉公司,很多传统意义上需要大量人力的行业,已经开始逐步引入机器人,不仅成本大大降低,而且效率也大幅提高了。

麦肯锡全球研究院发布报告称,到2030年,机器人将抢走4亿～8亿人的饭碗,相当于当前全球劳动力总量的1/5,风险最大的行业是建筑和采矿、工厂产品生产、办公室助理和销售人员。智能化、无人化是大势所趋,无论是谁,都会面临被机器人抢饭碗的境地,但这并不代表我们就会饿死。因为有了新的科技,就会有新的工作,同样需要人去完成。但关键在于,我们是否有毅力、有意愿改变自己,跟上这个时代潮流的步伐。这个世界从来不会辜负努力的人!

4.3 物 联 网

4.3.1 物联网概述

1. 物联网的概念

随着信息领域及相关学科的发展,相关领域的科研工作者分别从不同的方面对物联网进行了较为深入的研究,物联网的概念也随之有了深刻的改变,但是至今仍没有提出一个权威、完整和精确的物联网定义。

物联网(Internet of Things,IoT)是新一代信息技术的重要组成部分,也是信息化时代的重要发展阶段。物联网的概念最初是由美国麻省理工学院在1999年提出的,即通过射频识别(RFID)、红外感应器、全球定位系统、激光扫描器、气体感应器等信息传感设备,按约定的协议,把任何物品与互联网连接起来,进行信息交换和通信,以实现智能化识别、定位、跟踪、监控和管理的一种网络。

中国物联网校企联盟将物联网定义为：当下几乎所有技术与计算机、互联网技术的结合，实现物体与物体之间、环境以及状态信息实时的共享以及智能化的收集、传递、处理、执行。从广义上说，当下涉及信息技术的应用，都可以纳入物联网的范畴。

国际电信联盟(ITU)发布的《ITU 互联网报告 2005：物联网》对物联网做了如下定义：通过二维码识读设备、射频识别装置、红外感应器、全球定位系统和激光扫描器等信息传感设备，按约定的协议，把任何物品与互联网相连接，进行信息交换和通信，以实现智能化识别、定位、跟踪、监控和管理的一种网络。

简单地说，物联网就是物物相连的互联网，包含三层意思。

其一，物联网的核心和基础仍然是互联网，是在互联网基础上延伸和扩展的网络。

其二，其用户端延伸和扩展到了任何物品与物品之间，进行信息交换和通信，也就是物物相息。

其三，物联网具有智能属性，可进行智能控制、自动监测与自动操作。

根据国际电信联盟的定义，物联网主要解决人与物品（Human to Thing，H2T）、人与人（Human to Human，H2H）、物品与物品（Thing to Thing，T2T）之间的连接。但是与传统互联网不同的是，H2T 是指人利用通用装置与物品之间的连接，从而使得物品连接更加简化，而 H2H 是指人之间不依赖于 PC 而进行的互联。因为互联网并没有考虑对于任何物品连接的问题，故我们使用物联网来解决这个传统意义上的问题。物联网，顾名思义就是连接物品的网络。许多学者讨论物联网时，经常会引入一个 M2M 的概念，可以解释成为人到人（Man to Man）、人到机器（Man to Machine）、机器到机器（Machine to Machine）。就本质而言，人与机器、机器与机器的交互，大部分是为了实现人与人之间的信息交互。

2. 物联网的基本特征

和传统的互联网相比，物联网有其鲜明的特征。

（1）它是各种感知技术的广泛应用。

物联网部署了海量的多种类型传感器，每个传感器都是一个信息源，不同类别的传感器所捕获的信息内容和信息格式不同。传感器获得的数据具有实时性，按一定的频率周期性地采集环境信息，不断更新数据。

（2）它是一种建立在互联网上的泛型网络。

物联网技术的重要基础和核心仍是互联网，通过各种有线和无线网络融合，将物体的信息实时准确地传递出去。在物联网上，传感器定时采集的信息传输需要网络，由于信息量巨大，形成了海量的信息，在传输过程中，为了保障数据的正确性和及时性，必须适应各种异构网络协议。

（3）智能处理。

物联网不仅仅提供了传感器的连接，其本身还具有智能处理的能力，能够对物体实施智能控制。物联网将传感器和智能处理相结合，利用云计算、模式识别等各种智能技术，扩充其应用领域。从传感器获得的海量信息中分析、加工和处理出有意义的数据，以适应不同用户的不同需求，发现新的应用领域和应用模式。

4.3.2 物联网的关键技术

《ITU互联网报告2005：物联网》中重点描述了物联网的四个关键性应用技术：标签事物的RFID技术、感知事物的传感器技术、思考事物的智能技术、微缩事物的纳米技术。目前，国内物联网技术的关注热点主要集中在传感器、RFID、嵌入式系统技术等领域。物联网技术涉及多个领域，这些技术在不同的行业往往具有不同的应用需求和技术形态。物联网的技术构成主要包括感知与标识技术、网络与通信技术、嵌入式系统技术等。

1. 感知与标识技术

感知与标识技术是物联网的基础，负责采集物理世界中发生的物理事件和数据，实现外部世界信息的感知和识别，包括传感器技术、RFID技术以及无线传感器网络技术等。传感器技术利用传感器和多跳自组织传感器网络，协作感知、采集网络覆盖区域中被感知对象的信息。传感器技术依附于敏感机理、敏感材料、工艺设备和计测技术，对基础技术和综合技术要求非常高。目前，传感器技术在被检测量类型和精度、稳定性和可靠性、低成本和低功耗方面还没有达到规模应用水平，是物联网产业化发展的重大瓶颈之一。识别技术涵盖物体识别、位置识别和地理识别，对物理世界的识别是实现全面感知的基础。物联网标识技术是以二维码、RFID标识为基础的，对象标识体系是物联网的一个重要技术点。从应用需求的角度，识别技术首先要解决的是对象的全局标识问题，需要研究物联网的标准化物体标识体系，进一步融合及适当兼容现有各种传感器和标识方法，并支持现有的和未来的识别方案。

2. 网络与通信技术

网络是物联网信息传递和服务支撑的基础设施，通过泛在的互联功能，实现感知信息高可靠性、高安全性传送。物联网的网络技术涵盖泛在接入和骨干传输等多个层面的内容。以第6版互联网协议（IPv6）为核心的下一代网络，为物联网的发展创造了良好的基础网络条件。以传感器网络为代表的末梢网络在规模化应用后，面临与骨干网络的接入问题，并且其网络技术需要与骨干网络进行充分协同，这些都将面临新的挑战，需要研究固定、无线和移动网及Ad-hoc网技术、自治计算与联网技术等。物联网需要综合各种有线和无线的通信技术，其中近距离无线通信技术将是物联网的研究重点。由于物联网终端一般使用工业、科学和医疗（ISM）频段进行通信（免许可证的2.4 GHz ISM频段全世界都可通用），频段内包括大量的物联网设备以及现有的无线保真（WiFi）、超宽带（UWB）、ZigBee、蓝牙等设备，频谱空间将极其拥挤，制约物联网的实际大规模应用。为提升频谱资源的利用率，让更多物联网业务能实现空间并存，需切实提高物联网规模化应用的频谱保障能力，保证异种物联网的共存，并实现其互联互通互操作。

3. 嵌入式系统技术

嵌入式系统技术是综合了计算机软硬件、传感器技术、集成电路技术、电子应用技术于一体的复杂技术。经过几十年的演变，以嵌入式系统为特征的智能终端产品随处可见，小到人们身边的MP3，大到航天航空的卫星系统。嵌入式系统正在改变着人们的生活，推动着工业生产以及国防工业的发展。

如果把物联网用人体做一个简单比喻，传感器相当于人的眼睛、鼻子、皮肤等感官，网络就是神经系统，用来传递信息，嵌入式系统则是人的大脑，在接收到信息后要进行分类处理。

这个例子很形象地描述了传感器、嵌入式系统在物联网中的位置与作用。

4.3.3 物联网的应用

物联网用途广泛,遍及智能交通、环境保护、政府工作、公共安全、平安家居、智能消防、工业监测、环境监测、路灯照明管控、水系监测、食品溯源、敌情侦察和情报搜集等多个领域。

1) 物联网传感器产品已率先在上海浦东国际机场防入侵系统中得到应用

系统铺设了 3 万多个传感节点,覆盖了地面、栅栏和低空探测,可以防止人员的翻越、偷渡、恐怖袭击等攻击性入侵。上海世博会也与中国科学院无锡高新微纳传感网工程技术研发中心签下订单,购买 1500 万元的防入侵微纳传感网产品。

2) 首家手机物联网落户广州

将移动终端与电子商务相结合的模式,让消费者可以与商家进行便捷的互动交流,随时随地体验品牌品质,传播和分享信息,实现互联网向物联网的从容过渡,缔造出一种全新的零接触、高透明、无风险的市场模式。手机物联网购物其实就是闪购。广州闪购通过手机扫描条形码、二维码等方式,可以使用购物、比价、鉴别产品等功能。

这种智能手机和电子商务的结合,是手机物联网的其中一项重要功能,手机物联网应用正伴随着电子商务大规模兴起。

3) 与门禁系统的结合

一个完整的门禁系统由读卡器、控制器、电锁、出门开关、门磁、电源、处理中心等几个模块组成,无线物联网门禁将门点的设备简化到了极致:一把电池供电的锁具。除了门上面要开孔装锁外,门的四周不需要任何辅佐设备。整个系统简洁明了,大幅缩短施工工期,也能降低后期维护。无线物联网门禁系统的安全与可靠首要体现在以下两方面:无线数据通信的安全性和传输数据的安稳性。

4) 与云计算的结合

物联网的智能处理依靠先进的信息处理技术,如云计算、模式识别等技术,云计算可以从两方面促进物联网和智慧地球的实现:首先,云计算是实现物联网的核心;其次,云计算促进物联网和互联网的智能融合。

5) 与移动互联的结合

物联网的应用在与移动互联相结合后,发挥了巨大的作用。智能家居使得物联网的应用更加生活化,具有网络远程控制、遥控器控制、触摸开关控制、自动报警和自动定时等功能,普通电工即可安装,变更扩展和维护非常容易,开关面板颜色多样,图案个性化,给每一个家庭带来不一样的生活体验。

6) 与指挥中心的结合

物联网在指挥中心已得到很好的应用,物联网智能控制系统可以调度交通指挥中心的大屏幕、窗帘、灯光、摄像头、DVD、电视机、电视机顶盒、电视电话会议;也可以调度马路上的摄像头图像到指挥中心,同时也可以控制摄像头的转动。物联网智能控制系统可以通过无线网络与多个交通指挥中心分级控制,或联网控制。还可以显示机房温度湿度,远程控制需要控制的各种设备的开关电源。

7) 物联网助力食品溯源

从 2003 年开始,中国已开始将先进的 RFID 技术运用于现代化的动物养殖加工企业,开发出了 RFID 实时生产监控管理系统。该系统能够实时监控生产的全过程,自动、实时、准确地采集主要生产工序与卫生检验、检疫等关键环节的有关数据,较好地满足质量监管要求,过去市场上常出现的肉质问题得到了妥善的解决。此外,政府监管部门可以通过该系统有效地监控产品质量安全,及时追踪、追溯问题产品的源头及流向,规范肉食品企业的生产操作过程,从而有效地提高肉食品的质量安全。

4.4 虚拟现实与增强现实技术

4.4.1 虚拟现实技术概述

1. 虚拟现实技术概念

虚拟现实(Virtual Reality,VR)技术也被称为灵境技术,是一种可以创建和体验虚拟世界的计算机仿真系统。它利用计算机生成一种模拟环境,是一种多源信息融合的、交互式的三维动态视景和实体行为的系统仿真,使用户沉浸到该环境中。

虚拟现实技术是仿真技术的一个重要方向,是仿真技术与计算机图形学、人机接口技术、多媒体技术、传感技术、网络技术等多种技术的集合,是富有挑战性的前沿技术和研究领域。虚拟现实技术主要包括模拟环境、感知、自然技能和传感设备等方面。模拟环境是由计算机生成的、实时动态的三维立体逼真图像。感知是指理想的虚拟现实应该具有一切人所具有的感知。除计算机图形技术所生成的视觉感知外,还有听觉、触觉、力觉、运动等感知,甚至还包括嗅觉和味觉等,也称为多感知。自然技能是指由计算机来处理与参与者的动作(人的头部转动,眼睛、手势或其他人体行为)相适应的数据,并对用户的输入做出实时响应,并分别反馈到用户的五官。传感设备是指三维交互设备。

2. 虚拟现实技术的特征

1) 多感知性

除一般计算机所具有的视觉感知外,还有听觉感知、触觉感知、运动感知,甚至还包括味觉、嗅觉感知等,使用户感觉像是被虚拟世界包围。目前相对成熟的主要是视觉沉浸技术、听觉沉浸技术、触觉沉浸技术,而有关味觉和嗅觉的感知技术正在研究之中,目前还不成熟。

2) 存在感

存在感指用户感到作为主角存在于模拟环境中的真实程度。理想的模拟环境应该达到使用户难辨真假的程度。

3) 交互性

交互性指交互的自然性和实时性,用来表示参与者通过专门的输入输出设备(如数据手套、力反馈装置等),用人类的自然技能实现对模拟环境的考察与操作的程度。

4) 自主性

自主性指虚拟环境中的物体依据现实世界物理运动定律动作的程度。

4.4.2 虚拟现实技术基础及硬件设备

1. 虚拟现实技术基础

虚拟现实是多种技术的综合,包括实时三维计算机图形技术、立体显示技术、声音技术、感觉反馈技术、语音输入输出技术等。下面对这些技术分别加以说明。

1) 实时三维计算机图形技术

相比较而言,利用计算机模型产生图形图像并不是一件太难的事情。如果有足够准确的模型,又有足够的时间,就可以生成不同光照条件下各种物体的精确图像,但是这里的关键是实时。例如在飞行模拟系统中,图像的刷新相当重要,同时对图像质量的要求也很高,再加上非常复杂的虚拟环境,问题就变得相当困难。

2) 立体显示技术

人看周围的世界时,由于两只眼睛的位置不同,得到的图像略有不同,这些图像在脑子里融合起来,就形成了一个关于周围世界的整体景象,这个景象中包括了距离远近的信息。当然,距离信息也可以通过其他方法获得,例如眼睛焦距的远近、物体大小的比较等。

在 VR 系统中,双目立体视觉起了很大作用。用户的两只眼睛看到的不同图像是分别产生的,显示在不同的显示器上。有的系统采用单个显示器,但用户带上特殊的眼镜后,一只眼睛只能看到奇数帧图像,另一只眼睛只能看到偶数帧图像,奇、偶帧之间的不同(也就是视差)就产生了立体感。

用户(头、眼)的跟踪:在人造环境中,每个物体相对于系统的坐标系都有一个位置与姿态,而用户也是如此。用户看到的景象是由用户的位置和头(眼)的方向来确定的。

跟踪头部运动的虚拟现实头套:在传统的计算机图形技术中,视场的改变是通过鼠标或键盘来实现的,用户的视觉系统和运动感知系统是分离的,而利用头部跟踪来改变图像的视角,用户的视觉系统和运动感知系统之间就可以联系起来,感觉更逼真。另一个优点是,用户不仅可以通过双目立体视觉去认识环境,而且可以通过头部的运动去观察环境。

在用户与计算机的交互中,键盘和鼠标是目前最常用的工具,但对于三维空间来说,它们都不太适合。在三维空间中因为有六个自由度,我们很难找出比较直观的办法把鼠标的平面运动映射成三维空间的任意运动。现在,已经有一些设备可以提供六个自由度,如 3Space 数字化仪和 Space Ball 力矩球等。另外一些性能比较优异的设备是数据手套和数据衣。

3) 声音技术

人能够很好地判定声源的方向。在水平方向上,我们靠声音的相位差及强度的差别来确定声音的方向,因为声音到达两只耳朵的时间或距离有所不同。常见的立体声效果就是靠左右耳听到在不同位置录制的不同声音来实现的,所以会有一种方向感。现实生活里,当头部转动时,听到的声音的方向就会改变。但目前在 VR 系统中,声音的方向与用户头部的运动无关。

4) 感觉反馈技术

在一个 VR 系统中,用户可以看到一个虚拟的杯子。你可以设法去抓住它,但是你的手没有真正接触杯子的感觉,并有可能穿过虚拟杯子的"表面",而这在现实生活中是不可能的。解决这一问题的常用装置是在手套内层安装一些可以振动的触点来模拟触觉。

5) 语音输入输出技术

在 VR 系统中,语音的输入输出也很重要。这就要求虚拟环境能听懂人的语言,并能与人实时交互。而让计算机识别人的语音是相当困难的,因为语音信号和自然语言信号有其"多边性"和复杂性。例如,连续语音中词与词之间没有明显的停顿,同一词、同一字的发音受前后词、字的影响,不仅不同的人说同一个词会有所不同,就是同一个人发音也会受到心理、生理和环境的影响而有所不同。

使用人的自然语言作为计算机的输入,目前有两个问题:首先是效率问题,为便于计算机理解,输入的语音可能会相当啰嗦;其次是正确性问题,计算机理解语音的方法是对比匹配,而没有人的智能。

2. 虚拟现实技术硬件设备

1) 数据手套

数据手套(Data Glove,如图 4-5 所示),是美国 VPL 公司推出的一种传感手套,它已成为一种被广泛使用的输入传感设备,它穿戴在用户手上,作为一只虚拟的手用于虚拟现实系统进行交互,可以在虚拟世界中进行物体抓取、移动、装配、操作、控制,并把手指和手掌伸屈时的各种姿势转换成数字信号传送给计算机。

图 4-5　数据手套

2) 三维控制器

三维控制器包括三维鼠标(3D Mouse)和力矩球(Space Ball),如图 4-6 所示,普通鼠标只能感受在平面上的运动,而三维鼠标可以让用户感受到在三维空间中的运动,其工作原理是在鼠标内部装有超声波或电磁发射器,利用配套的接收设备可检测到鼠标在空间中的位置与方向。力矩球通常被安装在固定平台上,用户可以通过手的扭动、挤压、来回摇摆等实现相应的操作。它采用发光二极管和光接收器,通过安装在球中心的几个张力器来测量手施加的力,力矩球既简单又耐用,而且可以操纵物体。

图 4-6　三维控制器

3) 人体运动捕捉设备

人体运动捕捉的目的是把真实的人体动作完全附加到虚拟场景中的一个虚拟角色上,让虚拟角色表现出真实人物的动作效果。从应用角度来看,运动捕捉设备主要有表情捕捉和肢体捕捉两类；从实时性来看，运动捕捉设备可以分为实时捕捉和非实时捕捉。

人体运动捕捉设备（见图4-7）一般由传感器、信号捕捉设备、数据传输设备和数据处理设备四部分组成。根据传感器信号类型的不同，可以将运动捕捉设备分为机械式、声学式、电磁式和光学式四种类型。

4）头盔显示器

头盔显示器（Head Mounted Display，HMD，如图4-8所示）即头显，是虚拟现实应用中的3D VR图形显示与观察设备，可单独与主机相连以接收来自主机的3D VR图形信号。其使用方式为头戴式，辅以三个自由度的空间跟踪定位器，可进行VR输出效果观察，同时观察者可做空间上的自由移动，如自由行走、旋转等，沉浸感较强。在VR效果的观察设备中，头盔显示器的沉浸感优于显示器的虚拟现实观察效果；在投影式虚拟现实系统中，头盔显示器作为系统功能和设备的一种补充和辅助。

图4-7　人体运动捕捉设备　　　　　图4-8　头盔显示器

5）触觉/力觉反馈设备

在虚拟现实中，接触感的作用一般包括两方面：一方面，用户在探索虚拟环境时，利用接触感来识别所探索的对象及其位置和方向；另一方面，用户需要利用接触感去操纵和移动虚拟物体以完成某种任务。按照信息的不同来源，接触感可以分为触觉反馈和力觉反馈两类，而触觉反馈是力觉反馈的基础和前提。

目前，常见的触觉反馈设备主要有充气式、震动式、温度式，常见的力觉反馈设备包括力反馈鼠标、力反馈手柄、力反馈手臂、力反馈手套等。图4-9所示的是触觉/力觉反馈设备。

6）其他辅助设备

在虚拟现实技术的硬件设备中，常见的还有三维扫描仪和三维打印机等。三维扫描仪是一种快速获取真实物体的立体信息，并将其转化为虚拟模型的仪器。它一般通过点扫描方式获取真实物体表面上的一系列点集，通过对这些点集的插补便可形成物体的表面外形。三维打印机则是根据三维虚拟模型自动制作真实物体的仪器，其基本原理就是让软件程序将三维模型分解成若干横断面，硬件设备使用树脂或石膏粉等材料将这些横断面一层一层地沉淀、堆积，最终形成真实物体。图4-10所示的是三维扫描仪。

图 4-9 触觉/力觉反馈设备

图 4-10 三维扫描仪

4.4.3 增强现实技术概述

1. 增强现实的概念

增强现实技术（Augmented Reality，AR）是在虚拟现实技术的基础上发展起来的新兴研究领域，综合了计算机图形学、光电成像、融合显示、多传感器、图像处理、计算机视觉等多门学科，是一种利用计算机产生的附加信息对真实世界的景象增强或扩张的技术。

增强现实技术将真实世界信息和虚拟世界信息"无缝"地集成，把原本在现实世界的一定时间、空间范围内很难体验到的实体信息（视觉信息、声音、味道、触觉等），通过计算机等科学技术，模拟仿真后再叠加，将虚拟的信息应用到真实世界，被人类感官所感知，从而达到超越现实的感官体验。

增强现实技术不仅展现了真实世界的信息，而且将虚拟的信息同时显示出来，两种信息相互补充、叠加。在视觉化的增强现实中，用户利用头盔显示器，把真实世界与计算机图形合成在一起，便可以看到真实的世界围绕着它。

增强现实技术包含了多媒体、三维建模、实时视频显示及控制、多传感器融合、实时跟踪及注册、场景融合等新技术与新手段。

增强现实系统也是虚拟现实系统的一种，也被称作增强式虚拟现实系统。虚拟现实致力于完全打造沉浸式虚拟环境，而增强现实则是将虚拟信息融入真实世界。

2. 增强现实技术的特点

AR 具有三个突出的特点。

（1）将真实世界和虚拟信息进行集成。

增强现实技术不同于虚拟现实,它没有完全取代现实环境,相反它比较依赖现实世界,它的存在就是为现实服务的。AR将虚拟信息应用到真实世界中,两者叠加成一个画面,不仅展现了真实世界的信息,而且将虚拟的信息同时显示出来,两种信息相互补充、叠加。

(2) 具有实时交互性。

实时交互是指用户能够通过现实世界的信息比较及时地得到相应的反馈信息。因为增强现实需要迅速识别现实世界的事物,在设备中进行迅速合成,并通过传感技术将混合信息传达给用户,这样才能实现所见即能所知的效果。

(3) 在三维尺度空间中增添虚拟物体定位。

增强现实中需要通过实时跟踪摄像机位置,实时计算出摄像机影像位置及角度,定位出虚拟图像于真实场景中的注册位置,以实现虚拟世界与真实世界更自然地融合。增强现实必须经过三维注册才能识别,它不是对任何一个物体都能实现增强的。

4.4.4 虚拟现实和增强现实技术的应用

1. 虚拟现实技术的应用

除了大家熟悉的看电影和玩游戏之外,虚拟现实还能被运用于各行各业,下面列举一些虚拟现实技术的典型应用。

1) 医学

虚拟现实在医学方面的应用具有十分重要的现实意义。在虚拟环境中,建立虚拟的人体模型,借助于跟踪球、头戴式显示器、感觉手套,可以学习了解人体内部各器官结构,对虚拟的人体模型进行手术等(见图4-11)。

图 4-11 虚拟现实技术在医学领域的应用

虚拟现实技术在医学中的应用是非常有前景的,学员在进行手术学习之前,可以通过虚拟现实制作的模拟手术系统进行预习,这样,在进行实际操作时有的放矢,教学效果相比预习文字描述的步骤要深刻得多,将大大减少失误造成的实验动物和标本的浪费。

例如,在学习诊断学时,心脏的心音听诊是一个难点,这时可以让学员通过虚拟现实系统,在虚拟的病人身上,直接看到心脏内部的结构,将心音的录音与心脏实际的工作过程相关联,使学员可以以三维的方式,从各个角度观看心瓣膜工作状态与心音产生的关系,这种学习的直观程度,即使在真实病人的身上,配合彩色超声也很难达到。

临床上,80%的手术失误是人为因素引起的,所以手术训练极其重要。医生可在虚拟手术系统上观察专家手术过程,也可重复练习。虚拟手术使得手术培训的时间大为缩短,同时减少了对昂贵的实验对象的需求。由于虚拟手术系统可为操作者提供一个极具真实感和沉浸感的训练环境,力反馈绘制算法能够制造很好的临场感,所以训练过程与真实情况几乎一致,尤其是能够获得在实际手术中的手感。计算机还能够给出手术练习的评价。在虚拟环境中进行手术,不会发生严重的意外,能够提高医生的协作能力。外科医生在真正动手术之前,通过虚拟现实技术的帮助,能在显示器上重复地模拟手术,移动人体内的器官,寻找最佳手术方案并提高熟练度。另外,在远距离遥控外科手术、复杂手术的计划安排、手术过程的信息指导、手术后果预测及改善残疾人生活状况,乃至新药研制等方面,虚拟现实技术都能发挥十分重要的作用。

2) 游戏、艺术、教育

游戏领域:丰富的感觉能力与三维显示环境使得虚拟现实成为理想的视频游戏工具,虚拟现实在该方面发展最为迅猛。对于游戏的开发,角色扮演类、动作类、冒险解谜类、竞速赛车类的游戏(见图4-12),其先进的图像引擎丝毫不亚于目前的主流游戏引擎的图像表现效果,而且整合配套的动力学和AI系统给游戏的开发提供了便利。目前已投入市场商业运营,显示出了很好的前景。

图 4-12　虚拟现实在游戏中的应用

艺术领域:虚拟现实所具有的临场参与感与交互能力可以将静态的艺术(如油画、雕刻等)转化为动态的,可以使观赏者更好地欣赏作者的艺术思想。另外,虚拟现实提高了艺术表现能力。同时,各种大型的文艺演出效果,也可能通过虚拟现实技术进行效果模拟。

教育领域:主要是发挥其互动性和表现力,用于立体几何、物理、化学等相关课件的模拟制作,解释一些复杂而抽象的概念,如量子物理等。在相关专业的培训机构,虚拟现实技术能够为学员提供更多的辅助,如虚拟驾驶、各种交通规则的模拟、特种器械模拟操作、模拟装备等。

3) 应急演练

对于具有一定危险性的行业(如消防、电力、石油、矿产等)来说,定期执行应急演练是传统并有效的防患方式,但投入成本高,使得其不可能进行频繁性地执行。在军事与航天工业中,模拟训练一直是一个重要课题。这些都为虚拟现实提供了广阔的应用前景。虚拟现实为应急演练或模拟训练提供了一种全新的模式,将事故现场模拟到虚拟场景中去,人为制造各种事故情况,组织参演人员做出正确响应。这样的推演大大降低了投入成本,提高了时效,从而保证了人们面对事故灾难时的应对技能,并且可以打破空间的限制,方便组织各地人员参演。图4-13所示为虚拟现实技术在军事演练中的应用。

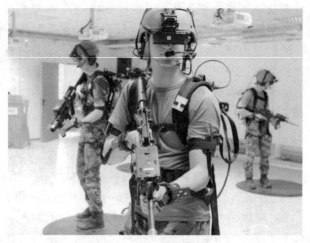

图 4-13　虚拟现实技术在军事演练中的应用

4）城市规划、地理交通

虚拟现实技术对于政府在城市规划的工作中起到了举足轻重的作用（见图 4-14）。用虚拟现实技术不仅能十分直观地表现虚拟的城市环境，而且能很好地模拟飓风、火灾、水灾、地震等自然灾害的突发情况，排水系统、供电系统、道路交通、沟渠湖泊等也都一目了然。

图 4-14　虚拟现实技术在城市规划中的应用

除了以上提到的几个典型应用外，虚拟现实技术还有着广泛的应用，几乎涉及各行各业。例如在娱乐、室内设计、房地产开发、工业仿真、文物古迹、Web 3D、道路桥梁、地理、船舶制造、汽车仿真、轨道交通、数字地球、康复训练、能源等领域，都有着丰富的应用。

2. 增强现实技术的应用

增强现实技术不仅与虚拟现实技术有相似的应用领域，如尖端武器、飞行器的研制与开发、数据模型的可视化、虚拟训练、娱乐与艺术等领域，而且由于其具有能够对真实环境进行增强显示输出的特性，在医疗研究与解剖训练、精密仪器制造和维修、军用飞机导航、工程设计和远程机器人控制等领域，具有比虚拟现实技术更加明显的优势。下面介绍增强现实技术的几个典型应用。

1）医疗辅助

在最新的增强现实技术应用下，医生可以准确断定手术的位置，降低手术的风险，可以更好地提高手术的成功率。尤其是一些对手术刀操作有精确需求的外科手术，就更需要这样的辅助型设备了。

最声名远播的是 Microsoft 公司的 HoloLens 全息眼镜（见图 4-15），医学研究人员可通过它查看人体器官、肌肉组织、人体骨骼的结构。例如，一个脊柱外科手术，增强现实技术的应用可以让一个螺钉更容易、更快、更安全地插入到脊椎。

图 4-15　HoloLens 全息眼镜

2）电视、电影节目

在电视制作领域所说的增强现实制作技术，主要还是视觉化的增强现实技术，是基于实时跟踪摄像机所拍摄影像的位置，并通过计算机系统实时叠加上相应的视频、音频、图文信息等。这种技术可以在电视屏幕上把虚拟信息叠加到现实世界上，通过普通电视屏幕不仅展现了真实世界的信息，而且将虚拟的信息同时显示出来，两种信息相互补充、叠加，甚至通过精心的节目创意设计，可以实现真实世界同虚拟世界的良好互动效果，让观众在电视屏幕面前难辨虚拟世界和真实世界。

以虚拟植入为主体的增强现实制作可以完成多种多样的节目需求，无论是在艺术效果上还是功能结构上，且在很大程度上弥补了画面中实景内容的不充分，可丰富有效画面。在大量的节目需求和技术投入之下，虚拟植入已经被广泛地使用在了录播或直播节目当中，甚至和 LED 大屏幕一样成为大小晚会和专题节目的标准配置。图 4-16 所示为 2017 年央视春晚节目《清风》，其中应用了大量虚拟植入技术。

图 4-16　增强现实技术在电视节目中的应用示例

3）广告营销

增强现实技术在广告营销中的应用非常多，而且创新了广告表现手法，视觉效果和艺术上的提升能够吸引客户，从而获得更高的广告效益。例如，通过增强现实技术，消费者可以将想要选购的商品先叠加在真实的环境中进行试看，再决定是否购买。其中较有代表性的有宜家推出的 App——家居指南，如果用户有纸质版的家居指南，可以直接扫描对应的家具,没有的也可以先选择某款家具,选中后摄像头会自动打开呈现出现实画面,而被选择的家具也会被叠加到现实画面中,以供用户购买时进行参考,如图 4-17 所示。

图 4-17 "家居指南"增强现实效果图

4.5 区块链技术

4.5.1 区块链技术概述

区块链(Block Chain)是一个信息技术领域的术语。从本质上讲,它是一个共享数据库,存储于其中的数据或信息具有"不可伪造""全程留痕""可以追溯""公开透明""集体维护"等特征。基于这些特征,区块链技术奠定了坚实的"信任"基础,创造了可靠的"合作"机制,具有广阔的运用前景。2019 年 1 月 10 日,国家互联网信息办公室发布《区块链信息服务管理规定》。2019 年 10 月 24 日,在中央政治局第十八次集体学习时,习近平总书记强调,"把区块链作为核心技术自主创新的重要突破口""加快推动区块链技术和产业创新发展"。"区块链"已走进大众视野,成为社会的关注焦点。

4.5.2 区块链的概念

什么是区块链?从科技层面来看,区块链涉及数学、密码学、互联网和计算机编程等很多科学技术问题。从应用视角来看,简单来说,区块链是一个分布式的共享账本和数据库,具有去中心化、不可篡改、全程留痕、可以追溯、集体维护、公开透明等特点。这些特点保证了区块链的"诚实"与"透明",为区块链创造信任奠定基础。而区块链丰富的应用场景,基本上都基于区块链能够解决信息不对称问题,实现多个主体之间的协作信任与一致行动。

区块链是分布式数据存储、点对点传输、共识机制、加密算法等计算机技术的新型应用模式。区块链是比特币的一个重要概念,它本质上是一个去中心化的数据库,同时作为比特币的底层技术,是一串使用密码学方法相关联产生的数据块,每一个数据块中包含了一批次比特币网络交易的信息,用于验证其信息的有效性(防伪)和生成下一个区块。

4.5.3 区块链的类型

1. 公有区块链

公有区块链(Public Block Chains)是指世界上任何个体或者团体都可以发送交易,且交易能够获得该区块链的有效确认,任何人都可以参与其共识过程。公有区块链是最早的区块链,也是应用最广泛的区块链,各大比特币系列的虚拟数字货币均基于公有区块链,世界上有且仅有一条该币种对应的区块链。

2. 联合(行业)区块链

行业区块链(Consortium Block Chains)由某个群体内部指定多个预选的节点为记账人,每个块的生成由所有的预选节点共同决定(预选节点参与共识过程),其他接入节点可以参与交易,但不过问记账过程(本质上还是托管记账,只是变成分布式记账,预选节点的多少、如何决定每个块的记账者成为该区块链的主要风险点),其他任何人可以通过该区块链开放的 API 进行限定查询。

3. 私有区块链

私有区块链(Private Block Chains)仅使用区块链的总账技术进行记账,可以是一个公司,也可以是个人,独享该区块链的写入权限,本链与其他的分布式存储方案没有太大区别。传统金融都想实验私有区块链,而公有区块链的应用例如比特币已经工业化,私有区块链的应用产品还在摸索当中。

4.5.4 区块链的特征

1. 去中心化

区块链技术不依赖额外的第三方管理机构或硬件设施,没有中心管制,除了自成一体的区块链本身,通过分布式核算和存储,各个节点实现了信息自我验证、传递和管理。去中心化是区块链最突出最本质的特征。

2. 开放性

区块链技术基础是开源的,除了交易各方的私有信息被加密外,区块链的数据对所有人开放,任何人都可以通过公开的接口查询区块链数据和开发相关应用,因此整个系统信息高度透明。

3. 独立性

基于协商一致的规范和协议(类似比特币采用的哈希算法等各种数学算法),整个区块链系统不依赖其他第三方,所有节点能够在系统内自动安全地验证、交换数据,不需要任何人为的干预。

4. 安全性

只要不能掌控全部数据节点的 51%,就无法肆意操控修改网络数据,这使区块链本身变得相对安全,避免了主观人为的数据变更。

5. 匿名性

除非有法律规范要求,单从技术上来讲,各区块节点的身份信息不需要公开或验证,信息传递可以匿名进行。

4.5.5 区块链的架构模型

一般说来,区块链系统由数据层、网络层、共识层、激励层、合约层和应用层组成,如图 4-18 所示。其中,数据层封装了底层数据区块以及相关的数据加密和时间戳等基础数据和基本算法;网络层则包括分布式组网机制、数据传播机制和数据验证机制等;共识层主要封装网络节点的各类共识算法;激励层将经济因素集成到区块链技术体系中来,主要包括经济激励的发行机制和分配机制;合约层主要封装各类脚本、算法和智能合约,是区块链可编程特性的基础;应用层则封装了区块链的各种应用场景和案例。该模型中,基于时间戳的链式区块结构、分布式节点的共识机制、基于共识算力的经济激励和灵活可编程的智能合约是区块链技术最具代表性的创新点。

图 4-18　区块链基础架构模型

4.5.6　区块链的核心技术

1. 分布式账本

分布式账本指的是交易记账由分布在不同地方的多个节点共同完成,而且每个节点记录的是完整的账目,因此它们都可以参与监督交易合法性,同时也可以共同为其作证。

跟传统的分布式存储有所不同,区块链的分布式存储的独特性主要体现在两方面:一是区块链的每个节点都按照块链式结构存储完整的数据,传统分布式存储一般是将数据按照一定的规则分成多份进行存储;二是区块链每个节点存储都是独立的、地位等同的,依靠共识机制保证存储的一致性,而传统分布式存储一般是通过中心节点往其他备份节点同步数据。没有任何一个节点可以单独记录账本数据,从而避免了单一记账人被控制或者被贿赂而记假账的可能性。由于记账节点足够多,理论上讲除非所有的节点都被破坏,否则账目就不会丢失,从而保证了账目数据的安全性。

2. 非对称加密

存储在区块链上的交易信息是公开的,但是账户身份信息是高度保密的,只有在数据拥有者授权的情况下才能访问到,从而保证了数据的安全和个人的隐私。

3. 共识机制

共识机制就是所有记账节点之间怎么达成共识,去认定一个记录的有效性,这既是认定的手段,也是防止被篡改的手段。区块链提出了 4 种不同的共识机制,适用于不同的应用场景,在效率和安全性之间取得平衡。

区块链的共识机制具备"少数服从多数"以及"人人平等"的特点,其中"少数服从多数"并不完全指节点个数,也可以是计算能力、股权数或者其他的计算机可以比较的特征量。"人人平等"是当节点满足条件时,所有节点都有权优先提出共识结果,直接被其他节点认同后,最后有可能成为最终共识结果。以比特币为例,采用的是工作量证明,只有在控制了全网超过 51% 的记账节点的情况下,才有可能伪造出一条不存在的记录。当加入区块链的节点足够多的时候,这基本上不可能,从而杜绝了造假的可能。

4. 智能合约

智能合约是基于这些可信的不可篡改的数据,可以自动化地执行一些预先定义好的规则和条款。以保险为例,如果说每个人的信息(包括医疗信息和风险发生的信息)都是真实可信,那就很容易在一些标准化的保险产品中进行自动化的理赔。在保险公司的日常业务中,虽然交易不像银行和证券行业那样频繁,但是对可信数据的依赖有增无减。因此,利用区块链技术,从数据管理的角度切入,能够有效地帮助保险公司提高风险管理能力。具体来讲主要分投保人风险管理和保险公司的风险监督。

4.5.7 区块链的应用

1. 金融领域

区块链在国际汇兑、信用证、股权登记和证券交易所等金融领域有着潜在的巨大应用价值。将区块链技术应用在金融行业中,能够省去第三方中介环节,实现点对点的直接对接,从而在大大降低成本的同时,快速完成交易支付。

比如 Visa 推出基于区块链技术的 Visa B2B Connect,它能为机构提供一种费用更低、更快速和安全的跨境支付方式来处理全球范围的企业对企业的交易。传统的跨境支付需要等 3～5 天,并为此支付 1%～3% 的交易费用。Visa 还联合 Coinbase 推出了首张比特币借记卡,花旗银行则在区块链上测试运行加密货币"花旗币"。

2. 物联网和物流领域

区块链在物联网和物流领域也可以天然结合。通过区块链可以降低物流成本,追溯物品的生产和运送过程,并且提高供应链管理的效率。该领域被认为是区块链一个很有前景的应用方向。

区块链通过节点连接的散状网络分层结构,能够在整个网络中实现信息的全面传递,并能够检验信息的准确程度。这种特性一定程度上提高了物联网交易的便利性和智能化。区块链+大数据的解决方案利用了大数据的自动筛选过滤模式,在区块链中建立信用资源,可双重提高交易的安全性,并提高物联网交易便利程度,为智能物流模式应用节约时间成本。区块链节点具有十分自由的进出能力,可独立参与或离开区块链体系,不对整个区块链体系有任何干扰。区块链+大数据解决方案利用了大数据的整合能力,促使物联网基础用户拓展更具有方向性,便于在智能物流的分散用户之间实现用户拓展。

3. 公共服务领域

区块链在公共管理、能源、交通等领域都与民众的生产生活息息相关,但是这些领域的中心化特质也带来了一些问题,这些问题可以用区块链来改造。区块链提供的去中心化的完全分布式 DNS 服务通过网络中各个节点之间的点对点数据传输服务就能实现域名的查询和解析,可用于确保某个重要的基础设施的操作系统和固件没有被篡改,可以监控软件的状态和完整性,发现不良的篡改,并确保使用了物联网技术的系统所传输的数据没有被篡改。

4. 数字版权领域

通过区块链技术,可以对作品进行鉴权,证明文字、视频、音频等作品的存在,保证权属的真实性、唯一性。作品在区块链上被确权后,后续交易都会进行实时记录,实现数字版权全生命周期管理,也可作为司法取证中的技术性保障。例如,美国纽约一家创业公司 Mine Labs 开发了一个基于区块链的元数据协议,这个名为 Mediachain 的系统利用星际文件系统(InterPlanetary File System,IPFS),实现数字作品版权保护,主要是面向数字图片的版权保护应用。

5. 保险领域

在保险理赔方面,保险机构负责资金归集、投资、理赔,往往管理和运营成本较高。通过智能合约的应用,既无须投保人申请,也无须保险公司批准,只要触发理赔条件,实现保单自动理赔。一个典型的应用案例就是 LenderBot,是于 2016 年由区块链企业 Stratumn、德勤与支付服务商 Lemonway 合作推出,它允许人们通过 Facebook Messenger 的聊天功能,注册定制化的微保险产品,为个人之间交换的高价值物品进行投保,而区块链在贷款合同中代替了第三方角色。

6. 公益领域

区块链上存储的数据,具有高可靠且不可篡改性,天然适合用在社会公益场景。公益流程中的相关信息,如捐赠项目、募集明细、资金流向、受助人反馈等,均可以存放于区块链上,并且有条件地进行透明公开公示,方便社会监督。

4.6 数字人民币

4.6.1 数字人民币的概念

数字人民币(Digital RMB)是由中国人民银行发行的数字形式的法定货币,由指定运营机构参与运营并向公众兑换,以广义账户体系为基础,支持银行账户松耦合功能,与纸钞硬币等价,具有价值特征和法偿性,支持可控匿名。

数字人民币的概念有两个重点,一是数字人民币是数字形式的法定货币,另一个是和纸钞和硬币等价。数字人民币主要定位于 M0,也就是流通中的现钞和硬币。

依照 2020 年 8 月 14 日的商务部文件《关于印发全面深化服务贸易创新发展试点总体方案的通知》,全面深化试点地区为北京、天津、上海、重庆(涪陵区等 21 个市辖区)、海南、大连、厦门、青岛、深圳、石家庄、长春、哈尔滨、南京、杭州、合肥、济南、武汉、广州、成都、贵阳、昆明、西安、乌鲁木齐、苏州、威海和河北雄安新区、贵州贵安新区、陕西西咸新区共 28 个省市(区域)。

4.6.2 数字人民币发展历史

2014年,中国人民银行成立专门团队,开始对数字货币发行框架、关键技术、发行流通环境及相关国际经验等问题进行专项研究。

2017年末,中国人民银行组织部分商业银行和有关机构共同开展数字人民币体系(DC/EP)的研发。DC/EP在坚持双层运营、现金(M0)替代、可控匿名的前提下,基本完成了顶层设计、标准制定、功能研发、联调测试等工作。

2020年4月19日,中国人民银行数字货币研究所相关负责人表示,数字人民币研发工作正在稳妥推进,先行在深圳、苏州、雄安新区、成都及未来的冬奥场景进行内部封闭试点测试,以不断优化和完善功能。

2020年5月,中国人民银行行长易纲表示,数字人民币目前的试点测试,还只是研发过程中的常规性工作,并不意味着数字人民币正式落地发行,何时正式推出尚没有时间表。

2020年10月,广东省深圳市互联网信息办公室发布消息称,为推进粤港澳大湾区建设,结合本地促消费政策,深圳市人民政府近期联合人民银行开展了数字人民币红包试点。该红包采取"摇号抽签"形式发放,抽签报名通道于9日正式开启。在5万名中签者中,共47 573名中签者成功领取红包,使用红包交易62 788笔,交易金额876.4万元。部分中签者还对本人数字钱包进行充值,充值消费金额90.1万元。参加本次活动的罗湖区商户达3000余家。数字人民币钱包基本以App形式出现,用户在受邀后方能下载App。支付方式包括上滑付款、下滑收款,收付款都可选择扫码与被扫。

2020年12月,香港金融管理局(以下简称金管局)总裁余伟文发表一篇题为《金融科技新趋势——跨境支付》的文章指出,金管局目前正在与央行数字货币研究所研究使用数字人民币进行跨境支付的技术测试,并作相应的技术准备。据21财经报道,此次试点由中国银行(香港)和部分银行员工(约200名)以及商户参与测试。

2020年12月,据江苏省苏州市人民政府新闻办公室官方微信号"苏州发布"消息,苏州市人民政府联合中国人民银行开展的数字人民币红包试点工作当日正式启动预约。中签市民已领取红包人数为96 614,占总中签人数比例为96.61%,参与"双离线"支付体验人数为536。已消费红包金额1896.82万元,占发放红包总金额比例为94.84%。支持使用的线下商户超过1万家,线上消费(京东商城)红包金额847.82万元,占比44.70%。

部分市民还参与体验了离线钱包功能。所谓离线支付体验,即在无网或弱网条件下,用户也可进行交易或者转款。在离线支付过程中,无须连接后台系统,只需在数字人民币钱包App中验证用户身份、确认交易信息即可进行支付。

在钱包App中,用户还可选择是否向商户推送数字钱包子钱包,打开后用户可在商户免密便捷支付。在苏州试点中,京东、善融商务(中国建设银行旗下B2C购物平台)、哔哩哔哩、美团单车和滴滴出行都在可选择接入商户的列表内。子钱包的优势在于方便快捷、安全保障,以及对个人隐私的保护。一方面,在数字人民币App里面可以调整子钱包的付款金额,同时也可以关闭子钱包,加强了用户可以实时管理自己钱袋子的入口和方式。另一方面,子钱包推送的方式对于像京东这样的App来说是无法获得个人敏感信息的,可以保证用户的隐私不会泄露。

2020年12月29日,北京市首个央行数字货币应用场景在丰台丽泽落地,当天上午,丽泽桥西的金唐大厦，一家名为漫猫咖啡的咖啡店内启动了数字人民币应用场景测试，获得授权的消费者可以用数字人民币钱包支付购买各类商品。

数字人民币北京冬奥试点应用在北京地铁大兴机场线启动，当日，花样滑冰世界冠军申雪等人受邀在中国银行大兴航站楼支行开通了数字人民币钱包并充值购买了地铁票，与此同时，申雪体验了使用数字人民币可穿戴设备钱包——滑雪手套"碰一碰"通过地铁闸机进站。《北京日报》报道称，活动中展示了多种形态的数字人民币钱包，包括超薄卡钱包、可视卡钱包和徽章、手表、手环等可穿戴设备钱包。申雪表示，滑雪手套等数字人民币可穿戴设备钱包充分考虑到运动员的出行需求，未来冬奥会期间将全面应用，相信可以为国内外运动员、教练员和观众提供更多出行及支付便利，是北京智慧城市建设中数字金融赋能科技奥运的重要体现。

2021年1月5日，位于上海长宁区的上海交通大学医学院附属同仁医院员工食堂里，医生们正通过数字人民币硬钱包，实现点餐、消费、支付一站式体验。不同于此前使用手机支付数字人民币，此次脱离手机的可视卡式硬钱包首次亮相。现场图片显示，硬钱包卡片是一种可视卡，在右上角的水墨屏窗口中，可以看到消费金额、卡内余额、支付次数。数字人民币硬钱包可匿名也可实名。按照匿名或实名程度的不同，对相关钱包金额上限有不同要求。该硬钱包可在银行或相应机器及手机等设备上完成充值，技术类似于NFC圈存。

4.6.3 数字人民币的基本理念

1. 法定货币

数字人民币由中国人民银行发行，是有国家信用背书、有法偿能力的法定货币。

与比特币等虚拟币相比，数字人民币是法币，与法定货币等价，其效力和安全性是最高的，而比特币是一种虚拟资产，没有任何价值基础，也不享受任何主权信用担保，无法保证价值稳定。这是央行数字货币与比特币等加密资产的最根本区别。

2. 双层运营体系

数字人民币采取了双层运营体系，即中国人民银行不直接对公众发行和兑换央行数字货币，而是先把数字人民币兑换给指定的运营机构，比如商业银行或者其他商业机构，再由这些机构兑换给公众。运营机构需要向中国人民银行缴纳100%准备金，这就是1∶1的兑换过程。这种双层运营体系和纸钞发行基本一样，因此不会对现有金融体系产生大的影响，也不会对实体经济或者金融稳定产生大的影响。

DC/EP投放采用双层运营模式，不对商业银行的传统经营模式构成竞争，同时能充分发挥商业银行和其他机构在技术创新方面的积极性；数字货币投放系统保证DC/EP不超发，当货币生成请求符合校验规则时才发送相对应的额度凭证。

3. 以广义账户体系为基础

在现行数字货币体系下，任何能够形成个人身份唯一标识的东西都可以成为账户。比如车牌号就可以成为数字人民币的一个子钱包，在通过高速公路或者停车的时候进行支付。这就是广义账户体系的概念。

银行账户体系是非常严格的体系，一般需要提交很多文件和个人信息才能开立银行账户。

4. 支持银行账户松耦合

支持银行账户松耦合是指不需要银行账户就可以开立数字人民币钱包。

对于一些农村地区或者边远山区群众、来华境外旅游者等，不能或者不便持有银行账户的，也可以通过数字钱包享受相应的金融服务，有助于实现普惠金融。

5. 其他个性设计

（1）双离线支付。像纸钞一样满足飞机、邮轮、地下停车场等网络信号不佳场所的电子支付需求。

（2）安全性更高。如果真的发生了盗用等行为，对于实名钱包，数字人民币可提供挂失功能。

（3）多终端选择。不愿意用或者没有能力用智能手机的人群，可以选择IC卡、功能机或者其他硬件。

（4）多信息强度。根据掌握客户信息的强度不同，把数字人民币钱包分成几个等级。例如，大额支付或转账必须通过信息强度高的实名钱包。

（5）点对点交付。通过数字货币智能合约的方式，可以实现定点到人交付。民生资金，可以发放到群众的数字钱包上，从而杜绝虚报冒领、截留挪用的可能性。

（6）高可追溯性。在有关机关严格依照程序出具相应法律文书的情况下，进行相应的数据验证和交叉比对，为打击违法犯罪提供信息支持。即使腐败分子通过化整为零等手段，也难以逃避监管。

4.6.4 数字人民币的期待作用及价值意义

1. 期待作用

（1）避免纸钞和硬币的缺点，如印制发行成本高、携带不便、容易匿名、伪造，存在被用于洗钱、恐怖融资的风险。

（2）满足人们的一些正常匿名支付需求，如小额支付。

（3）极大地节约造币所需的各项成本。

（4）新冠肺炎疫情之下，减少货币交易中的病毒传播机会。

（5）支付宝、微信支付等电子支付方式已经成为一种公共产品或服务，一旦出现服务中断等极端情况，会对社会经济活动和群众生活产生非常大的影响。这就要求中国人民银行作为一个公共部门，要提供类似功能的工具和产品，作为相应公共产品的备份。

2. 价值意义

法定数字货币的研发和应用，有利于高效满足公众在数字经济条件下对法定货币的需求，提高零售支付的便捷性、安全性和防伪水平，助推中国数字经济加快发展。

习 题

一、判断题

1. 云计算就是一种计算平台或者应用模式。
2. 可以简单地理解为云计算是因资源的闲置而产生的。
3. 云计算服务可信性依赖于计算平台的安全性。

4. 人工智能就是要让机器的行为看起来就像是人所表现出来的智能行为一样。
5. 物联网与互联网不同，不需要考虑网络数据安全。
6. 物联网的核心是"物物互联、协同感知"。

二、选择题

1. SaaS 是_____的简称。
   A. 软件即服务　　　　　　　　　　B. 平台即服务
   C. 基础设施即服务　　　　　　　　D. 硬件即服务
2. 云计算面临的一个很大的问题，就是_____。
   A. 服务器　　B. 存储　　C. 计算　　D. 节能
3. 首次提出"人工智能"是在_____年。
   A. 1946　　B. 1960　　C. 1916　　D. 1956
4. 人工智能应用研究的两个最重要最广泛领域为_____。
   A. 专家系统、自动规划　　　　　　B. 专家系统、机器学习
   C. 机器学习、智能控制　　　　　　D. 机器学习、自然语言理解
5. 1997 年 5 月，著名的"人机大战"，最终计算机以 3.5 比 2.5 的总比分将世界国际象棋棋王卡斯帕罗夫击败，这台计算机被称为_____。
   A. 深蓝　　B. IBM　　C. 深思　　D. 蓝天
6. 在物联网的发展过程中，我国与国外发达国家相比，最需要突破的是哪一方面_____。
   A. 传感器技术　　　　　　　　　　B. 通信协议
   C. 集成电路技术　　　　　　　　　D. 控制理论
7. 射频识别卡与其他识别卡最大的区别在于_____。
   A. 功耗　　B. 非接触性　　C. 抗干扰性　　D. 保密性
8. 下列选项中，不是区块链技术的特征的是_____。
   A. 去中心化　　B. 开放性　　C. 封闭性　　D. 安全性

三、填空题

1. 从部署模式来看，云计算主要分为_____、_____、_____和_____四种形态。
2. 目前人工智能主要分_____和_____两个流派。
3. 虚拟现实的本质特征：Immersion（沉浸）、Interaction（交互）、Imagination（想象），其中_____是最弱的，是虚拟现实最重要的技术特征。
4. 区块链的类型有_____、_____和_____三种。
5. 数字人民币的概念有两个重点，一是数字人民币是数字形式的_____货币；另一个是和纸钞和硬币_____，数字人民币主要定位于 M0，也就是流通中的现钞和硬币。

四、简答题

1. 什么是云计算？
2. 物联网的定义是什么？有什么特征？它主要应用在哪些方面？
3. 人工智能的应用有哪些？
4. 什么是虚拟现实？什么是增强现实？二者有什么联系和区别？

5. 区块链的核心技术有哪些？
6. 简述数字人民币的基本理念。

阅读材料1：北斗卫星导航系统

卫星导航作为军民双重属性的重大基础设施，对国家经济安全、国防军事以及国际地位等重大战略利益都具有重大而广泛的影响，一旦出现紧急情况或重大利益冲突，无论国防军事还是经济社会安全都将受到掣肘，甚至胁迫。

1991年海湾战争时期，美国轰炸伊拉克水电站至少需要数百吨常规弹药，并且轰炸机面临着巨大的防空火力威胁。而基于GPS和图像精确制导的导弹，只需两颗——一颗炸出缺口，第二颗沿着缺口飞进去，在百千米外发射便可自动飞向目标。第二次海湾战争期间，甚至出现了导弹顺着新闻大楼通风口一直钻下去的高精度袭击场景。

1993年7月23日，美国无中生有地指控中国"银河"号货轮将制造化学武器的原料运往伊朗。当时"银河"号正在印度洋上正常航行，突然船停了下来。事后大家才知道，这是因为当时美国局部关闭了该船所在海区的GPS导航服务，使得该船不知道该向哪个方向行驶。

1999年印巴卡吉尔（Kargil）战争期间，美国觉得不能让印度太嚣张，就直接关闭了印巴战区的所有GPS服务，导致印度的武器和士兵瞬间"失明"，遭受了巨大的损失。

在美国GPS一家独大之时，美国军方在所有民用信号上加了干扰。后来俄罗斯格洛纳斯（GLONASS）系统出现，美国为了应对竞争才取消了这个干扰（2000年5月2日）。取消干扰后，民用信号的定位精度直接从百米级提高到了今天的米级。

无数的历史教训告诉我们，大国重器，必须靠自己！

"银河"号事件发生后，孙家栋院士与国防科工委副主任沈荣骏联名"上书"，建议启动中国的卫星导航工程。1994年12月，北斗导航实验卫星系统工程获得国家批准。

1. 概述

中国北斗卫星导航系统（BeiDou Satellite Navigation System，BDS），是中国着眼于国家安全和经济社会发展需要，自行研制的全球卫星导航系统，是国家重要时空基础设施，也是继GPS、GLONASS之后的第三个成熟的卫星导航系统。北斗卫星导航系统（BDS）和美国GPS、俄罗斯GLONASS、欧盟GALILEO，是联合国卫星导航委员会已认定的供应商。

北斗卫星导航系统由空间段、地面段和用户段三部分组成，可在全球范围内全天候、全天时为各类用户提供高精度、高可靠定位、导航、授时服务，并且具备短报文通信能力，已经初步具备区域导航、定位和授时能力，定位精度为分米、厘米级别，测速精度0.2m/s，授时精度10ns。

2020年7月31日上午，北斗三号全球卫星导航系统正式开通。

北斗系统提供服务以来，已在交通运输、农林渔业、水文监测、气象测报、通信授时、电力调度、救灾减灾、公共安全等领域得到广泛应用，服务国家重要基础设施，产生了显著的经济效益和社会效益。基于北斗系统的导航服务已被电子商务、移动智能终端制造、位置服务等厂商采用，广泛进入中国大众消费、共享经济和民生领域，应用的新模式、新业态、新经济不断涌现，深刻改变着人们的生产生活方式。中国将持续推进北斗应用与产业化发展，服务国家现代化建设和百姓日常生活,为全球科技、经济和社会发展做出贡献。

北斗系统秉承"中国的北斗、世界的北斗、一流的北斗"发展理念,愿与世界各国共享北斗系统建设发展成果,促进全球卫星导航事业蓬勃发展,为服务全球、造福人类贡献中国智慧和力量。北斗系统为经济社会发展提供重要时空信息保障,是中国实施改革开放40余年来取得的重要成就之一,是新中国成立70年来重大科技成就之一,是中国贡献给世界的全球公共服务产品。中国将一如既往地积极推动国际交流与合作,实现与世界其他卫星导航系统的兼容与互操作,为全球用户提供更高性能、更加可靠和更加丰富的服务。

2. 发展历程

20世纪后期,中国开始探索适合国情的卫星导航系统发展道路,逐步形成了三步走发展战略,第一步是覆盖国内,第二步是覆盖亚太,第三步是覆盖全球。

第一步,建设北斗一号系统。1994年,启动北斗一号系统工程建设;2000年,发射2颗地球静止轨道卫星,建成系统并投入使用,采用有源定位体制,为中国用户提供定位、授时、广域差分和短报文通信服务;2003年,发射第3颗地球静止轨道卫星,进一步增强系统性能。

第二步,建设北斗二号系统。2004年,启动北斗二号系统工程建设;2012年年底,完成14颗卫星(5颗地球静止轨道卫星、5颗倾斜地球同步轨道卫星和4颗中圆地球轨道卫星)发射组网。北斗二号系统在兼容北斗一号系统技术体制基础上,增加无源定位体制,为亚太地区用户提供定位、测速、授时和短报文通信服务。

第三步,建设北斗三号系统。2009年,启动北斗三号系统建设;从2017年底开始,北斗三号系统建设进入了超高密度发射。2018年年底,完成19颗卫星发射组网,完成基本系统建设,向全球提供服务。截至2019年9月,北斗卫星导航系统在轨卫星已达39颗。

2020年6月23日9时43分,我国在西昌卫星发射中心用长征三号乙运载火箭,成功发射北斗系统第55颗导航卫星,暨北斗三号最后一颗全球组网卫星,至此北斗三号全球卫星导航系统星座部署比原计划提前半年全面完成。

2020年7月31日10时30分,北斗三号全球卫星导航系统建成暨开通仪式在人民大会堂举行,中共中央总书记、国家主席、中央军委主席习近平宣布北斗三号全球卫星导航系统正式开通。

北斗三号系统继承北斗有源服务和无源服务两种技术体制,能够为全球用户提供基本导航(定位、测速、授时)、全球短报文通信、国际搜救服务,中国及周边地区用户还可享有区域短报文通信、星基增强、精密单点定位等服务。

3. 发展目标

北斗系统的发展目标是:建设世界一流的卫星导航系统,满足国家安全与经济社会发展需求,为全球用户提供连续、稳定、可靠的服务;发展北斗产业,服务经济社会发展和民生改善;深化国际合作,共享卫星导航发展成果,提高全球卫星导航系统的综合应用效益。

4. 建设原则

中国坚持"自主、开放、兼容、渐进"的原则建设和发展北斗系统。

(1)自主。坚持自主建设、发展和运行北斗系统,具备向全球用户独立提供卫星导航服务的能力。

(2)开放。免费提供公开的卫星导航服务,鼓励开展全方位、多层次、高水平的国际合作与交流。

（3）兼容。提倡与其他卫星导航系统开展兼容与互操作，鼓励国际合作与交流，致力于为用户提供更好的服务。

（4）渐进。分步骤推进北斗系统建设发展，持续提升北斗系统服务性能，不断推动卫星导航产业全面、协调和可持续发展。

5. 远景目标

2035年前，还将建设完善更加泛在、更加融合、更加智能的综合时空体系，进一步提升时空信息服务能力，为人类走得更深更远做出中国贡献。

6. 基本组成

北斗系统由空间段、地面段和用户段三部分组成。

（1）空间段。北斗系统空间段由若干地球静止轨道卫星、倾斜地球同步轨道卫星和中圆地球轨道卫星等组成。

（2）地面段。北斗系统地面段包括主控站、时间同步/注入站和监测站等若干地面站，以及星间链路运行管理设施。

（3）用户段。北斗系统用户段包括北斗兼容其他卫星导航系统的芯片、模块、天线等基础产品，以及终端产品、应用系统与应用服务等。

7. 发展特色

北斗系统的建设实践，走出了在区域快速形成服务能力、逐步扩展为全球服务的中国特色发展路径，丰富了世界卫星导航事业的发展模式。

北斗系统具有以下特点：一是北斗系统空间段采用三种轨道卫星组成的混合星座，与其他卫星导航系统相比高轨卫星更多，抗遮挡能力强，尤其低纬度地区性能优势更为明显。二是北斗系统提供多个频点的导航信号，能够通过多频信号组合使用等方式提高服务精度。三是北斗系统创新融合了导航与通信能力，具备定位导航授时、星基增强、地基增强、精密单点定位、短报文通信和国际搜救等多种服务能力。

北斗系统真正实现了独立自主，核心技术来源于中国专家的刻苦钻研。从无到有，从有到精，面对大国技术的垄断，中国科学家们凭着一股不服输的韧性，一次次进行突破，攻克了一道又一道的技术难题，功夫不负有心人，如今的中国彻底摆脱了对GPS的依赖，中国这头苏醒的雄狮，一次次地让世界各国刮目相看。

阅读材料2：人工智能的应用——AlphaGo

阿尔法狗（AlphaGo）是第一个击败人类职业围棋选手、第一个战胜围棋世界冠军的人工智能程序，由Google公司旗下DeepMind公司戴密斯·哈萨比斯领衔的团队开发。

2016年3月，AlphaGo与围棋世界冠军、职业九段棋手李世石进行围棋人机大战，以4∶1的总比分获胜；2016年末至2017年初，该程序在中国棋类网站上以"大师"（Master）为注册账号与中、日、韩数十位围棋高手进行快棋对决，连续60局无一败绩；2017年5月，在中国乌镇围棋峰会上，它与排名世界第一的世界围棋冠军柯洁对战，以3∶0的总比分获胜。围棋界公认AlphaGo的棋力已经超过人类职业围棋顶尖水平，在GoRatings网站公布的世界职业围棋排名中，其等级分曾超过排名人类第一的棋手柯洁。

2017年5月27日,在柯洁与AlphaGo的人机大战之后,阿尔法狗团队宣布AlphaGo将不再参加围棋比赛。

2017年10月18日,DeepMind团队公布了最强版AlphaGo,代号AlphaGo Zero。同年12月,AlphaGo Zero再进化,通用棋类算法Alpha Zero问世。

1. 旧版原理

1) 深度学习

AlphaGo是一款围棋人工智能程序。其主要工作原理是"深度学习"。"深度学习"是指多层的人工神经网络和训练它的方法。一层神经网络会把大量矩阵数字作为输入,通过非线性激活方法取权重,再产生另一个数据集合作为输出。这就像生物神经大脑的工作机理一样,通过合适的矩阵数量,多层组织链接在一起,形成神经网络"大脑"进行精准复杂的处理,就像人们识别物体、标注图片一样。

AlphaGo用到了很多新技术,如神经网络、深度学习、蒙特卡罗树搜索法等,使其实力有了实质性飞跃。美国Facebook(脸书)公司"黑暗森林"围棋软件的开发者田渊栋在网上发表分析文章说,AlphaGo系统主要由几部分组成:①策略网络(Policy Network),给定当前局面,预测并采样下一步的走棋;②快速走子(Fast Rollout),目标和策略网络一样,但在适当牺牲走棋质量的条件下,速度要比策略网络快1000倍;③价值网络(Value Network),给定当前局面,估计是白胜概率大还是黑胜概率大;④蒙特卡罗树搜索(Monte Carlo Tree Search),把以上这三部分连起来,形成一个完整的系统。

2) 两个大脑

AlphaGo通过两个不同神经网络"大脑"合作来改进下棋。这些"大脑"是多层神经网络,跟那些Google网站的图片搜索引擎识别图片在结构上是相似的。它们从多层启发式二维过滤器开始,去处理围棋棋盘的定位,就像图片分类器网络处理图片一样。经过过滤,13个全连接的神经网络层产生对它们看到的局面的判断。这些层能够做分类和逻辑推理。

(1) 第一个大脑:落子选择器(Move Picker)。

AlphaGo第一个神经网络大脑是"监督学习的策略网络"——观察棋盘布局企图找到最佳的下一步。事实上,它预测每个合法下一步的最佳概率,最终猜测的就是概率最高的。这可以理解成"落子选择器"。

(2) 第二个大脑:棋局评估器(Position Evaluator)。

棋局评估器是AlphaGo的第二个大脑,相对于落子选择器它不是去猜测具体的下一步,而是在给定棋子位置情况下,预测每个棋手赢棋的概率。棋局评估器就是一个"价值网络",它通过整体局面判断来辅助落子选择器。这个判断仅仅是大概的,但对于分析速度提高很有帮助。通过分析归类潜在的未来局面的"好"与"坏",AlphaGo能够决定是否通过特殊变种去深入阅读。如果棋局评估器判定这个特殊变种不行,那么AI就跳过分析。

这些网络通过反复训练来检查结果,再去校对调整参数,让下次执行得更好。这个处理器有大量的随机性元素,所以人们是不可能精确知道网络是如何"思考"的,但进行更多的训练后能让它进化得更好。

3) 操作过程

AlphaGo为了应对围棋的复杂性,结合了监督学习和强化学习的优势。它通过训练形成一个策略网络,将棋盘上的局势作为输入信息,并对所有可行的落子位置生成一个概率分布。然后,训练出一个价值网络对自我对弈进行预测,以-1(对手的绝对胜利)到1(AlphaGo的绝对胜利)的标准,预测所有可行落子位置的结果。这两个网络自身都十分强大,而AlphaGo将这两种网络整合进基于概率的蒙特卡罗树搜索中,实现了它真正的优势。新版的AlphaGo产生大量自我对弈棋局,为下一代版本提供了训练数据,此过程循环往复。

在获取棋局信息后,AlphaGo会根据策略网络探索哪个位置同时具备高潜在价值和高可能性,进而决定最佳落子位置。在分配的搜索时间结束时,模拟过程中被系统最频繁考察的位置将成为AlphaGo的最终选择。在经过先期的全盘探索过程对最佳落子的不断揣摩后,AlphaGo的搜索算法就能在其计算能力之上加入近似人类的直觉判断。

2017年1月,Google公司旗下DeepMind公司CEO哈萨比斯在德国慕尼黑DLD(数字、生活、设计)创新大会上宣布推出真正2.0版本的AlphaGo。其特点是摈弃了人类棋谱,只靠深度学习的方式成长起来,挑战围棋的极限。

2. 新版原理

1) 自学成才

AlphaGo此前的版本,结合了数百万人类围棋专家的棋谱,以及通过强化学习进行了自我训练。AlphaGo Zero的能力在这个基础上有了质的提升。其最大的区别是,它不再需要人类数据。也就是说,它一开始就没有接触过人类棋谱。研发团队只是让它自由随意地在棋盘上下棋,然后进行自我博弈。

"这些技术细节强于此前版本的原因是,我们不再受到人类知识的限制,它可以向围棋领域里最高的选手——AlphaGo自身学习。"AlphaGo团队负责人大卫·席尔瓦(Dave Sliver)说。

据大卫·席尔瓦介绍,AlphaGo Zero使用新的强化学习方法,让自己变成了老师。系统一开始甚至并不知道什么是围棋,只是从单一神经网络开始,通过神经网络强大的搜索算法,进行了自我对弈。

随着自我博弈的增加,神经网络逐渐调整,提升预测下一步的能力,最终赢得比赛。更为厉害的是,随着训练的深入,DeepMind团队发现,AlphaGo Zero还独立发现了游戏规则,并走出了新策略,为围棋这项古老游戏带来了新的见解。

2) 一个大脑

AlphaGo Zero仅用了单一的神经网络。在此前的版本中,AlphaGo用到了策略网络来选择下一步棋的走法,以及使用价值网络来预测每步棋后的赢家。而在新的版本中,这两个神经网络合二为一,从而让它能得到更高效的训练和评估。

3) 神经网络

AlphaGo Zero并不使用快速、随机的走子方法。在此前的版本中,AlphaGo用的是快速走子方法,来预测哪个玩家会从当前的局面中赢得比赛。相反,新版本依靠的是其高质量的神经网络来评估下棋的局势。

3. 旧版战绩

1) 对战机器

研究者让AlphaGo和其他的围棋人工智能机器人进行了较量,在总计495局中只输了1局,胜率是99.8%。它甚至尝试了让4子对阵3个先进的人工智能机器人CrazyStone、Zen和Pachi,胜率分别是77%、86%和99%。

2017年5月26日,中国乌镇围棋峰会举行人机配对赛。对战双方为古力/AlphaGo组合和连笑/AlphaGo组合。最终连笑/AlphaGo组合逆转获得胜利。

2) 对战人类

2016年1月27日,国际顶尖期刊《自然》封面文章报道,Google公司研究者开发的名为AlphaGo的人工智能机器人,在没有任何让子的情况下,以5∶0完胜欧洲围棋冠军、职业二段选手樊麾。在围棋人工智能领域,实现了一次史无前例的突破。计算机程序能在不让子的情况下,在完整的围棋竞技中击败专业选手,这是第一次。

2016年3月9日到15日,AlphaGo挑战世界围棋冠军李世石的围棋人机大战5番棋在韩国首尔举行。比赛采用中国围棋规则,最终AlphaGo以4∶1的总比分取得了胜利。

2016年12月29日晚到2017年1月4日晚,AlphaGo在弈城围棋网和野狐围棋网以Master为注册名,依次对战数十位人类顶尖围棋高手,取得60胜0负的辉煌战绩。

2017年5月23日到27日,在中国乌镇围棋峰会上,AlphaGo以3∶0的总比分战胜排名世界第一的世界围棋冠军柯洁。在这次围棋峰会期间的2017年5月26日,AlphaGo还战胜了由陈耀烨、唐韦星、周睿羊、时越、芈昱廷5位世界冠军组成的围棋团队。

4. 新版战绩

经过短短3天的自我训练,AlphaGo Zero就强势打败了此前战胜李世石的旧版AlphaGo,战绩是100∶0。经过40天的自我训练,AlphaGo Zero又打败了AlphaGo Master版本。Master曾击败过世界顶尖的围棋选手,甚至包括世界排名第一的柯洁。

5. 版本介绍

据公布的题为《在没有人类知识条件下掌握围棋游戏》的论文介绍,开发公司将AlphaGo的发展分为4个阶段,也就是4个版本,第1个是战胜樊麾时的版本,第2个是2016年战胜李世石的版本,第3个是在围棋对弈平台名为Master(大师)的版本,其在与人类顶尖棋手的较量中取得60胜0负的骄人战绩,而最新版的AlphaGo开始学习围棋3天后便以100∶0横扫了第2个版本的AlphaGo,学习40天后又战胜了在人类高手看来不可企及的第3个版本AlphaGo。

6. 设计团队

戴密斯·哈萨比斯(Demis Hassabis),是人工智能企业家,也是Google公司旗下DeepMind公司创始人,人称"AlphaGo之父"。4岁开始下国际象棋,8岁自学编程,13岁获得国际象棋大师称号。17岁进入剑桥大学攻读计算机科学专业。在大学里,他开始学习围棋。2005年,进入伦敦大学学院攻读神经科学博士,选择大脑中的海马体作为研究对象。两年后,他证明了5位因为海马体受伤而患上健忘症的病人,在畅想未来时也会面临障碍,并凭这项研究入选《科学》杂志的"年度突破奖"。2011年创办DeepMind公司(后被Google公司收购),以"解决智能"为公司的终极目标。

大卫·席尔瓦(David Silver),是剑桥大学计算机科学学士、硕士,加拿大阿尔伯塔大学计算机科学博士,伦敦大学学院讲师,也是Google公司旗下DeepMind研究员,AlphaGo的主要设计者之一。

除上述人员之外,AlphaGo设计团队核心人员还有黄士杰(Aja Huang)、施恩·莱格(Shane Legg)和穆斯塔法·苏莱曼(Mustafa Suleyman)等。

2017年10月18日,DeepMind团队在世界顶级科学杂志——《自然》发表论文,公布了最强版 AlphaGo，代号 AlphaGo Zero。它的独门秘籍是"自学成才"，而且是从一张白纸开始，零基础学习，在短短 3 天内成为顶级高手。

7. 发展方向

AlphaGo 能否代表智能计算发展方向还有争议，但比较一致的观点是，它象征着计算机技术已进入人工智能的新信息技术时代（新 IT 时代），其特征就是大数据、大计算、大决策，三位一体。它的智慧正在接近人类。

DeepMind 首席执行官（CEO）戴密斯·哈萨比斯宣布"要将 AlphaGo 和医疗、机器人等进行结合"。因为它是人工智能，会自己学习，只要给它资料就可以移植。为实现该计划，哈萨比斯于 2016 年初在英国的初创公司巴比伦投资了 2500 万美元。巴比伦正在开发医生或患者说出症状后，在互联网上搜索医疗信息、寻找诊断和处方的人工智能 App（应用程序）。如果 AlphaGo 和巴比伦结合，诊断的准确度将得到划时代性提高。

AlphaGo 将进一步探索医疗领域，利用人工智能技术攻克现代医学中存在的种种难题。在医疗资源的现状下，人工智能的深度学习已经展现出了潜力，可以为医生提供辅助工具。

Google 公司研发 AlphaGo，只是为了对付人类棋手吗？实际上，这从来不是 AlphaGo 的目的，开发公司只是通过围棋来试探它的能力，而研发这一人工智能的最终目的是推动社会变革、改变人类命运。

AlphaGo 之父哈萨比斯表示："如果我们通过人工智能可以在蛋白质折叠或设计新材料等问题上取得进展，那么它就有潜力推动人们理解生命，并以积极的方式影响我们的生活。"据悉，目前他们正积极与英国医疗机构和电力能源部门合作，以此提高看病效率和能源效率。

第 5 章　Windows 操作系统

5.1　Windows 操作系统简介

Microsoft Windows 是美国微软公司研发的一套操作系统,又称作视窗操作系统,它问世于 1985 年,起初仅仅是 Microsoft-DOS 模拟环境,后续的系统版本由微软不断地更新升级,使得用户界面更直观,操作简单易用,成为目前个人计算机上使用最普遍的操作系统。

Windows 采用了图形用户界面(GUI),比起从前的 DOS 需要输入指令使用的方式更为人性化。它是一种多任务多用户操作系统,具有丰富的应用程序,支持网络和多媒体技术,硬件支持良好。

5.1.1　Windows 10 的配置要求

1. Windows 10 的最低配置

要求 CPU 为 1 GHz 32 位或 64 位处理器;内存为 1 GB(基于 32 位)或 2 GB(基于 64 位);硬盘为 16 GB(基于 32 位)或 20 GB(基于 64 位);显卡支持 DirectX 9(WDDM1.1 或更高版本的驱动程序)。

2. Windows 10 的推荐配置

要求 CPU 为 2 GHz 32 位或 64 位处理器;内存为 2 GB DDR 及以上;硬盘为 40 GB 以上;显卡支持 DirectX 10(WDDM1.1 或更高版本的驱动程序)。

5.1.2　Windows 10 的桌面管理

Windows 10 是微软首个跨平台操作系统,可支持 PC、平板计算机、智能手机、游戏主机等多类装置。

在 Windows 10 中,微软不仅恢复了开始菜单,而且增强了开始菜单的功能。新的开始菜单最大的变化就是新增加了一栏,这一栏加入了原来在 Windows 8 开始屏幕中才能放置的动态磁贴。用户可以灵活地调整、增加、删除动态磁贴,甚至删除所有磁贴,让开始菜单回归经典样式。

Windows 10 的工作界面也称"桌面",包括桌面图标、背景、开始按钮、任务栏等,Windows 10 的桌面如图 5-1 所示。

1. 开始菜单

Windows 10 恢复了被 Windows 8 去掉的开始菜单,还有用户熟悉的导航栏和个性化的磁贴。另外,高度、宽度都是可以调节的。

图 5-1 Windows 10 的桌面

1)"开始"按钮

单击"开始"按钮,会弹出"开始"菜单。右击"开始"按钮,弹出的快捷菜单如图 5-2 所示,比 Windows 7 增加了许多内容,包括传统控制面板中的一些常用的系统设置功能,更有利于用户快速使用这些功能。

2)程序和文件列表

"开始"菜单中的"程序和文件列表"栏按字母顺序列出计算机中安装的所有程序和文件。

3)最近常用列表

"开始"菜单中的"最近常用列表"自动为用户显示近期经常使用的应用程序。

4)磁贴

这是 Windows 10 很有特色的一个功能,可以直接将常用程序、文件和文件夹拖放到这里并重命名,方便快速访问。

操作方法是:在左边的"程序和文件列表"栏选择需要添加的对象,按住鼠标将其拖曳至个性化磁贴面板的指定位置即可。通过拖曳磁贴,可以调整它在磁贴面板上的位置。

磁贴可以分组进行管理。磁贴的大小也可以根据需要进行调整,操作方法是:选择要调整大小的磁贴,右击鼠标,弹出快捷菜单,如图 5-3 所示,选择"调整大小",在弹出的级

图 5-2 开始按钮快捷菜单

联子菜单中选择"小""中""宽"等选项。

如果要取消磁贴,右击相应磁贴,在快捷菜单中选择"从'开始'屏幕取消固定"命令。

2. 任务栏

Windows 10 的任务栏包括"开始"按钮、快速启动区、任务按钮和任务托盘等几部分,如图 5-4 所示。

图 5-3 磁贴快捷菜单

图 5-4 任务栏

1) 快速启动区

快速启动区用于快速启动应用程序。其添加方法是拖曳要添加的应用程序图标至快速启动区。删除则可指向相应图标,右击鼠标,在弹出的快捷菜单中执行"将此程序从任务栏解锁"。快速启动区中常用的图标有以下几种。

(1) 搜索框。

在"搜索框"中输入文件名、应用程序名或其他内容,系统能够智能查找本机和网络的相关资源,获得相应搜索结果。例如,在"搜索框"中输入"控制面板",系统将显示搜索到的本机和网络上的相关程序与应用,如图 5-5 所示。对于只知程序名而不知应用程序位置的情况,使用"搜索框"很便捷。

图 5-5 搜索"控制面板"示例

"搜索框"可以显示成搜索按钮或者搜索框的形式,甚至可以隐藏。在任务栏空白处右击,弹出快捷菜单,单击"搜索"命令,在弹出的列表中选择需要的显示方式。

（2）任务视图按钮。

这是 Windows 10 中加入的新图标,紧贴在搜索框右边。单击它就能看到所有的活动窗口,即使某些窗口被最小化也能看见。在这些窗口中可以选择想要的运行程序。

（3）Edge 浏览器。

Edge 浏览器看起来很像曾经的 IE 浏览器,但它是 IE 的继任者。

2）任务按钮

显示系统打开的各个应用程序和文档,单击相应图标可切换相应程序。

3）任务托盘

通常情况下显示后台应用程序、时间和日期管理程序图标,以及 Windows 的一些突发事件等。

4）任务栏的个性化设置

任务栏默认在屏幕底部,可以将任务栏移动到桌面的左侧、右侧或顶部。在任务栏空白处右击鼠标,弹出快捷菜单,如图 5-6 所示。依次单击"工具栏""搜索""显示 Cortana 按钮"等命令将在任务栏中隐藏或显示相应按钮；依次单击"层叠窗口""堆叠显示窗口"等命令将以不同的方式显示窗口；单击"任务栏设置"命令,打开"任务栏"窗口,如图 5-7 所示,可以设置任务栏在屏幕上的位置、自动隐藏任务栏等。

3. 桌面背景

透着光的窗户,就是 Windows 10 的默认桌面 Hero（英雄）。Windows 10 提供了丰富的桌面背景图片,用户可以根据个人喜好进行设置。其操作方法如下。

第 1 步：在桌面空白处右击鼠标,执行快捷菜单的"个性化"命令,打开"个性化"窗口,单击页面左侧的"背景"选项,打开背景设置窗格,如图 5-8 所示。

第 2 步：在列表中选择相应的背景图片,或者单击"浏览"按钮选择其他图片作为背景。

除了可以设置背景,单击窗口左侧的"颜色""锁屏界面""主题""字体""开始""任务栏",还可以分别设置窗口的颜色、屏幕保护程序、主题、字体、开始菜单和任务栏,使得桌面更具个人风格。

4. 桌面图标

桌面图标主要包括系统图标和快捷图标两类。

1）系统图标

系统图标是操作系统自带的图标,如"此电脑"图标、"回收站"图标等。用户可以根据需要添加系统图标,操作步骤如下。

第 1 步：在桌面空白处右击鼠标,执行快捷菜单的"个性化"命令。

第 2 步：打开"个性化"窗口,单击左侧窗格中的"主题",在右侧窗格滚动鼠标到"相关的设置"下,选择"桌面图标设置",如图 5-9 所示。

图 5-6　任务栏快捷菜单

图 5-7 "任务栏设置"窗口

图 5-8 "桌面背景"设置窗口

第3步：打开"桌面图标设置"对话框，如图5-10所示。勾选需要添加图标的复选框，单击"确定"按钮。

图 5-9 "主题"设置窗口

图 5-10 "桌面图标设置"对话框

第 4 步：如果想更改图标的图案，可以在"桌面图标设置"对话框中选中需要更换的图标，单击"更改图标"按钮，在弹出的"更改图标"对话框中选中一个图案，单击"确定"按钮即可。

2) 快捷图标

快捷图标是应用程序或者文件(夹)的快速链接,主要特征是图标的左下角有一个小箭头标记,双击图标可以打开相应的应用程序或文件(夹)。

在桌面添加快捷图标的操作方法是:选中目标文件或者程序,右击,执行"发送到→桌面快捷方式"命令,就可以将快捷图标添加到桌面。

3) 设置桌面图标的显示方式

默认情况下,桌面图标排列在桌面左侧。用户可以根据个人爱好改变图标的显示方式及排列顺序。操作方法是:在桌面空白处右击鼠标,执行快捷菜单中的"查看"和"排序方式"命令,选择相应选项修改桌面图标的显示方式。

5. 常用快捷键

在 Windows 系统的使用中,使用快捷键能使得操作事半功倍。常用的快捷键如表 5-1 所示。

表 5-1 常用快捷键

常用快捷键	功　　能	常用快捷键	功　　能
F1	打开帮助窗口	F3	进入搜索状态
F2	重命名选中的对象	F5	刷新资源管理器窗口
Print Screen	复制当前屏幕图像到剪贴板	Alt+Print Screen	复制当前窗口到剪贴板
Ctrl+Space	中/英文输入法间切换	Ctrl+Shift	所有输入法间切换
Shift+Space	全角/半角间切换	Ctrl+.	全角/半角标点转换
Ctrl+A	选中当前文件夹中的所有对象	Ctrl+C	将选中的对象复制到剪贴板
Ctrl+V	从剪贴板上粘贴最近一次剪切或复制的对象	Ctrl+X	将选中的对象剪切到剪贴板
Ctrl+Z	撤销最近一次操作	Ctrl+Esc	打开"开始"菜单
Win	打开或关闭"开始"菜单	Win+D	显示桌面
Win+E	打开"计算机"窗口	Win+F	打开"搜索"窗格

5.2　文件管理

文件管理是操作系统的一项重要功能。借助文件资源管理器,可以实现创建、复制、移动、删除、重命名、查找文件和文件夹等操作,Windows 10 的文件资源管理器更加智能化。

启动文件资源管理器的常用方法有以下几种。

方法一:右击任务栏上的"开始"按钮,弹出快捷菜单,选择"文件资源管理器"命令。

方法二:依次单击"开始/Windows 系统/文件资源管理器"菜单项。

方法三:双击桌面上的"此电脑"图标。

方法四:按 Win+E 快捷键。

方法五:在"搜索框"输入"文件资源管理器",在搜索结果界面中单击打开。

Windows 10 的文件资源管理器界面如图 5-11 所示。

图 5-11　文件资源管理器

文件资源管理器的工作窗口分为左、右两个窗格。左窗格称为导航窗格，显示了文件资源管理器全部的目录结构。左边的导航窗格默认显示"快速访问""OneDrive""此电脑""网络"四个组。每个组又有子分支，形成一个树形目录结构。右窗格中显示的是左窗格中被选中的对象所包含的内容。

(1)"快速访问"相当于收藏夹功能，可以快速访问指定文件夹。当希望把某个经常使用的文件夹添加到"快速访问"时，选中该文件夹，右击鼠标，在弹出的快捷菜单中执行"固定到快速访问"命令即可。

(2)"OneDrive"是微软公司推出的云存储服务，跟百度云、360云盘、微云等功能类似。

(3)"此电脑"相当于 Windows 7 中的"计算机"。

(4)"网络"是相关网络应用。

打开文件资源管理器时，可以设置默认打开"快速访问"或"此电脑"，方法是：单击"文件"选项卡，选择"更改文件夹和搜索选项"命令，在弹出的对话框中选择"常规"选项卡，设置"打开文件资源管理器时打开:"为"此电脑"或"快速访问"项。

5.2.1　管理文件和文件夹

1. 创建文件夹

方法一：单击文件资源管理器"主页"菜单中的"新建文件夹"命令。

方法二：右击文件资源管理器右窗格空白处，在弹出的快捷菜单中选择"新建"→"文件夹"。

2. 选定文件或文件夹

在操作文件或文件夹之前，首先要选定它们。

(1) 选定单个文件或文件夹：单击要选定的对象即可。

(2) 选定多个连续的文件或文件夹：先单击第一个文件或文件夹，按住 Shift 键，再单击最后一个文件或文件夹，然后松开 Shift 键。

(3) 选定多个不连续的文件或文件夹：先单击第一个文件或文件夹，按住 Ctrl 键，再依次单击要选定的其他文件或文件夹，选取结束后，松开 Ctrl 键。

(4) 选定所有文件或文件夹：执行"主页"菜单中的"全部选择"命令，或者按 Ctrl+A 快捷键。

(5) 取消选定：在窗口空白处单击即可。

3. 复制文件或文件夹

复制是指将选定的文件或文件夹复制到另一个新的位置，原来的文件或文件夹保持不变。常见的操作有以下几种。

方法一：选定要复制的文件或文件夹，右击其中任一文件，在弹出的快捷菜单中选择"复制"；然后打开目标文件夹，右击窗口任意空白处，在弹出的快捷菜单中选择"粘贴"。

方法二：选定要复制的文件或文件夹，选择"主页"菜单中的"复制"命令；然后打开目标文件夹，选择"主页"菜单中的"粘贴"命令。

方法三：选定要复制的文件或文件夹，按 Ctrl+C 快捷键；然后打开目标文件夹，按 Ctrl+V 快捷键。

方法四：选定要复制的文件或文件夹，按住 Ctrl 键，用鼠标将选定的对象拖曳到目标文件夹。如果是在不同的盘符间进行复制，则不需要按住 Ctrl 键，直接拖曳即可。

4. 移动文件或文件夹

移动是指将选定的文件或文件夹移动到另一个新的位置，原来的文件或文件夹不复存在。常见的操作有以下几种。

方法一：选定要移动的文件或文件夹，右击其中任一文件，在弹出的快捷菜单中选择"剪切"；然后打开目标文件夹，右击窗口任意空白处，在弹出的快捷菜单中选择"粘贴"。

方法二：选定要移动的文件或文件夹，选择"主页"菜单中的"剪切"命令；然后打开目标文件夹，选择"主页"菜单中的"粘贴"命令。

方法三：选定要移动的文件或文件夹，按 Ctrl+X 快捷键，然后打开目标文件夹，按 Ctrl+V 快捷键。

方法四：选定要移动的文件或文件夹，按住 Shift 键；用鼠标将选定的对象拖曳到目标文件夹。

注意：选定文件或文件夹后，不按住任何键，直接用鼠标拖动该文件或文件夹也能移动或复制该文件或文件夹。如果目标文件或文件夹与选定文件或文件夹在同一驱动器，则为移动，否则为复制。

5. 删除文件或文件夹

删除包括临时删除和永久删除。临时删除是将文件或文件夹移动到"回收站"中，在"回收站"中还可以通过"还原"操作解除删除操作；永久删除是指将文件或文件夹彻底删除，不能被恢复。

1) 临时删除

方法一：选定要删除的文件或文件夹，选择"主页"菜单中的"删除"命令。

方法二：选定要删除的文件或文件夹，按 Delete 键。

方法三：选定要删除的文件或文件夹，右击鼠标，在弹出的快捷菜单中选择"删除"。

方法四：直接将要删除的文件或文件夹拖曳至"回收站"。

2) 永久删除

操作方法：选定要删除的文件或文件夹，按住 Shift 键不放，再按 Delete 键。

6. 重命名文件或文件夹

方法一：选定要重命名的文件或文件夹，再次单击该文件或文件夹，其名称将会高亮显示，此时就可以输入新的名称了。

方法二：选定要重命名的文件或文件夹，选择"主页"菜单中的"重命名"命令。

方法三：选定要重命名的文件或文件夹，右击鼠标，在快捷菜单中选择"重命名"。

7. 创建文件或文件夹的快捷方式

快捷方式图标左下角带有一个弧形箭头，创建快捷方式的操作步骤是：右击要创建快捷方式的文件或文件夹，在弹出的快捷菜单中依次选择"创建快捷方式"。如果要在桌面创建快捷方式，选择文件或文件夹，右击鼠标，在弹出的快捷菜单中依次选择"发送到"→"桌面快捷方式"。

5.2.2 查找文件和文件夹

如果要快速查找所需要的文件或文件夹，可以使用资源管理器的查找功能。

1. 文件通配符

在查找文件时，如果忘记了部分文件名，可以使用文件通配符"?"和"＊"提高查找效率。其中："?"代表任意一个字符，"＊"代表任意多个字符。

例如：设有文件 win.txt、win.doc、wan.txt、Windows.txt，则 w?n.txt 可以代表 win.txt、wan.txt，w＊.txt 可以代表 win.txt、wan.txt、Windows.txt，w＊.＊ 可以代表 win.txt、win.doc、wan.txt、Windows.txt。

2. 查找文件或文件夹

在文件资源管理器的"地址栏"选择要搜索的盘符或文件夹，在右边的"搜索"文本框中输入要查找的文件名，按 Enter 键，系统将自动搜索，并将搜索结果显示出来。

例如，要查找 D 盘中的 a.txt 文件。操作方法是：在地址栏中打开 D 盘，在右边的"搜索"文本框中输入 a.txt，按 Enter 键，窗口中将显示搜索结果。如图 5-12 所示。

再例如，要查找 C 盘中所有扩展名为.bmp 的图像文件。操作方法是：在地址栏中打开 C 盘，在右边的"搜索"文本框中输入 ＊.bmp，按 Enter 键，窗口中将显示搜索结果，如图 5-13 所示。

5.2.3 改变文件和文件夹的显示方式

1. 改变文件或文件夹的布局方式

文件和文件夹的布局方式有以下几种：超大图标、大图标、中等图标、小图标、列表、详细信息、平铺和内容。用户可以根据自己的需要选择其布局方式。

方法一：利用"查看"选项卡。在"布局"组中选择某种布局方式。如图 5-14 所示。

方法二：利用快捷菜单。在文件资源管理器窗口空白处右击，弹出快捷菜单，单击"查

图 5-12 指定文件名搜索

图 5-13 使用通配符搜索文件

图 5-14 文件或文件夹的布局方式

看"命令,在弹出的列表中选择某种布局方式。

2. 改变文件或文件夹的排列方式

在文件资源管理器中,根据查看文件的需要,可以按文件名的字母顺序、文件建立的日期等方式来排列文件。

方法一:利用"查看"选项卡。在"当前视图"组中单击"排序方式",在下拉列表中选择某种排序方式。

方法二:利用快捷菜单。在文件资源管理器窗口空白处右击,弹出快捷菜单,单击"排序方式"命令,然后选择按名称、日期、类型、大小或标记进行递增或递减排序。

3. 设置"文件夹选项"属性

一般文件夹是按系统默认的设置方式显示,但可以根据需要设置"文件夹选项"属性。例如不显示文件扩展名的操作方法是:单击"文件"选项卡中的"更改文件夹和搜索选项"命令,或者单击"查看"选项卡中的"选项"命令,弹出"文件夹选项"对话框,选择"查看"选项卡,勾选"高级设置"列表中的"隐藏已知文件类型的扩展名"复选框,单击"确定"按钮,如图 5-15 所示。

图 5-15 "文件夹选项"对话框

5.3 控制面板

"控制面板"是 Windows 系统维护和配置的核心,打开"控制面板"有以下两种操作方法。

方法一:依次单击"开始"按钮→"Windows 系统"→"控制面板"。

方法二：利用"搜索框"。在"搜索框"中输入"控制面板"，系统搜索到"控制面板"程序，单击右边的"应用"打开"控制面板"。

"控制面板"可以有多种显示方式，默认是按"类别"显示，如图 5-16 所示，包括"系统和安全""用户账户""网络和 Internet"等八大类别。单击窗口右上角的 查看方式：类别，可以"小图标""大图标"等显示方式查看"控制面板"。

图 5-16 "控制面板"窗口

5.3.1 系统

如果想查看计算机的软硬件属性，比如 Windows 的版本号、CPU 的型号、内存的大小、计算机名、磁盘驱动器型号等，可以使用"控制面板"中的"系统和安全"模块。

操作方法是：单击"控制面板"中的"系统和安全"超链接，在打开的"控制面板\系统和安全"窗口中单击右侧的"系统"，如图 5-17 所示。切换至"控制面板\系统和安全\系统"窗口，如图 5-18 所示，显示当前系统的基本信息，包括操作系统版本、CPU、内存等信息。

单击左侧的"设备管理器"超链接，打开"设备管理器"窗口，如图 5-19 所示，可以查看计算机中所有硬件设备的信息。

单击图 5-18 右下角的"计算机名、域和工作组设置"组中的"更改设置"超链接，打开"系统属性"对话框，在"计算机名"选项卡下，可以修改计算机描述及网络 ID，如图 5-20 所示。

5.3.2 用户账户管理

当多人使用同一台计算机时，为了提高系统的安全性，可以为每人设置一个账户，每个账户设置不同的权限。Windows 10 中有 3 种账户类型：管理员、标准用户和来宾用户。

（1）管理员：拥有全部的管理权限，可以使用创建、更改和删除账户等高级管理操作。

（2）标准用户：也称受限用户，可以使用大多数软件，以及不影响其他用户或计算机安

图 5-17 "控制面板\系统和安全"窗口

图 5-18 "控制面板\系统和安全\系统"窗口

全的系统设置。

(3) 来宾用户：用于远程登录的网上用户访问，系统默认状态下，该账户不被启用。

1. 创建新账户

打开控制面板，单击"用户账户"下的"更改账户类型"按钮，切换至"管理账户"窗口，单

图 5-19 "设备管理器"窗口

图 5-20 "系统属性"对话框

击窗口中的"在电脑设置中添加新用户"超链接,在"家庭和其他用户"设置窗口中单击"将其他人添加到这台电脑"按钮,弹出"本地用户和组"窗口(见图 5-21),在左侧窗格中选择"用户",再单击"操作"菜单下的"新用户"命令,弹出"新用户"对话框(见图 5-22),在对话框中输入用户名、密码后,单击"创建"按钮。

图 5-21 "本地用户和组"窗口

2. 账户管理

打开控制面板,单击"用户账户"下的"更改账户类型"按钮,弹出"管理账户"窗口,选择要修改的账户名,切换至"更改账户"窗口,单击"更改账户名称""创建密码"等超链接完成相应修改，如图 5-23 所示。

图 5-22 "新用户"对话框

图 5-23 "更改账户"窗口

5.3.3 设置 Internet 属性

依次单击"控制面板"中的"网络和 Internet"→"Internet 选项"超链接，打开"Internet 属性"对话框，如图 5-24 所示。单击"常规"选项卡，可以设置浏览器的主页，删除及设置浏览历史记录；"安全"选项卡用于安全设置，"高级"选项卡则用于高级参数设置。

5.3.4 外观和个性化

单击"控制面板"中的"外观和个性化"超链接，切换至"外观和个性化"窗口，如图 5-25

图 5-24 "Internet 属性"对话框

所示,用户可以根据需要,个性化设置"任务栏和导航""文件资源管理器选项""字体"等属性。

图 5-25 "控制面板/外观和个性化"窗口

5.3.5 卸载应用程序

当应用程序不再需要时,依次单击"控制面板"中的"程序"→"卸载程序"超链接,转至如

图 5-26 所示,列表中显示系统已安装的应用程序,滚动鼠标,选择需要卸载的程序,单击工具栏上的"卸载/更改"按钮,根据提示完成卸载。

图 5-26 "卸载程序"窗口

5.4 常用附件

5.4.1 记事本

记事本是一个简单的纯文本编辑器,使用它可以方便地记录日常事务,其默认扩展名为.txt。它功能简单,只能输入文字,设置文字大小,不能进行段落的格式编排,不能插入图片、表格等对象,但占用空间小,运行速度快。

启动记事本的操作方法是:依次单击"开始"按钮→"Windows 附件"→"记事本",或者直接在"搜索框"中输入"记事本"进行搜索并打开。"记事本"界面如图 5-27 所示。

5.4.2 写字板

与记事本相比,写字板功能更加丰富,可以进行格式编排,如设置字体、字形、字号、段落缩进、插入图片等,格式可以保存为 txt 格式、rtf 格式、doc 格式。

启动写字板的操作方法是:依次单击"开始"按钮→"Windows 附件"→"写字板",或者直接在"搜索框"中输入"写字板"进行搜索并打开。"写字板"界面如图 5-28 所示。

图 5-27 "记事本"界面

图 5-28 "写字板"界面

5.4.3 画图

画图是 Windows 自带的一个绘图软件，可以绘制直线、矩形、箭头等简单图形，可以对图片进行剪裁、复制、移动、旋转等操作，同时还提供了工具箱（包括铅笔、颜料桶、刷子、橡皮擦等工具），图片的保存格式可以为 bmp、jpg、png 等。

启动画图程序的操作方法是：依次单击"开始"按钮→"Windows 附件"→"画图"，或者直接在"搜索框"中输入"画图"进行搜索并打开。"画图"界面如图 5-29 所示。

（1）绘制圆或正方形时，单击"椭圆形"或"矩形"按钮，再按住 Shift 键，拖动鼠标即可。

（2）如果要保存整个屏幕图片，按 Print Screen 键，将整个屏幕拷贝到剪贴板上，再按 Ctrl＋V 快捷键将剪贴板内容复制到画图中。

（3）如果要保存当前活动窗口图片，按住 Alt＋Print Screen 快捷键，将当前活动窗口拷贝到剪贴板上，再按 Ctrl＋V 快捷键将剪贴板内容复制到画图中。

5.4.4 命令提示符

由于 Windows 2000 及其后续系统不支持直接运行 MS-DOS 程序，如果要执行 DOS 命令，可以通过"命令提示符"执行代码。

启动的操作方法是：依次单击"开始"按钮→"Windows 系统"→"命令提示符"，或者直接在"搜索框"中输入"命令提示符"进行搜索并打开。

例如：在命令提示符窗口输入 ipconfig 命令可以查看计算机的 IP 地址、子网掩码和默认网关，如图 5-30 所示。

图 5-29 "画图"界面

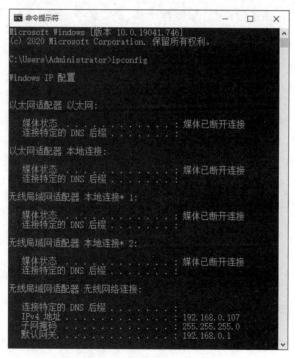

图 5-30 "命令提示符"窗口

5.4.5 截图工具

SnippingTool 是 Windows 操作系统自带的截图软件，比大部分截图软件方便、简洁。依次单击"开始"按钮→"Windows 附件"→"截图工具"或者直接在"搜索框"中输入"截图"

进行搜索并打开。

截图时先选择截图模式,单击"模式"右边的▼,如图 5-31 所示,选择截图模式,然后单击"新建"按钮,桌面变淡,进入截图状态,拖动鼠标选择截图对象,截图之后会弹出编辑器,可以进行一些简单的勾画编辑操作。

图 5-31 "截图工具"界面

5.5 Windows 管理工具

Windows 自带了多种系统工具,如磁盘清理、磁盘碎片整理、系统还原等。启动的操作方法是:依次单击"开始"按钮→"Windows 管理工具"。

5.5.1 磁盘清理

磁盘清理主要用于删除计算机中的临时文件、Internet 缓存文件以及其他不需要的文件,从而腾出更多的磁盘空间。如果要查看磁盘的情况,右击磁盘图标,在弹出的快捷菜单中选择"属性"命令,打开"磁盘属性"对话框,在"常规"选项卡下,显示该磁盘的类型、文件系统、空间大小、卷标信息等常规属性,如图 5-32 所示,单击"磁盘清理"按钮,清理该盘符。

或者单击"Windows 管理工具"下的"磁盘清理",在弹出的对话框中选择要清理的驱动器,单击"确定"按钮,如图 5-33 所示。

5.5.2 磁盘碎片整理程序

由于频繁的存储、删除操作,磁盘上的空间会变得零零碎碎,导致磁盘的存取效率降低,磁盘碎片整理程序的功能就是合并碎片文件,提高运行速度。操作方法是单击"Windows 管理工具"下的"碎片整理和优化驱动器"。

5.5.3 系统信息

单击"Windows 管理工具"下的"系统信息",显示系统摘要,包括硬件资源、组件、软件环境。其界面如图 5-34 所示。

5.5.4 任务管理器

利用 Windows 10 的任务管理器,可以查看计算机当前运行的应用程序、进程信息、计

图 5-32 "磁盘属性"对话框

图 5-33 "磁盘清理"对话框

图 5-34 "系统信息"界面

算机性能,并且可以结束任务、进程。

　　启动任务管理器的方法是:在任务栏空白处右击,在弹出的快捷菜单中选择"任务管理器"命令，或者按 Shift＋Ctrl＋Esc 快捷键，打开 Windows"任务管理器"窗口，如图 5-35 所示。

1. "进程"选项卡

"任务管理器"窗口中的"进程"选项卡"应用"部分显示系统当前正在运行的应用程序的名称及状态，如图 5-35 所示。当某个应用程序没有响应时，选择该应用程序，单击下面的"结束任务"按钮可结束该程序。"后台进程"部分显示计算机所有用户当前正在运行的应用程序进程、CPU、内存等的使用情况信息，单击"结束任务"按钮可以结束选中的进程。

图 5-35 "任务管理器"窗口及"进程"选项卡

2. "性能"选项卡

"性能"选项卡显示当前系统的 CPU 和内存等使用情况信息，如图 5-36 所示。如果想更详细查看资源使用动态情况，单击下方的"打开资源监视器"超链接，弹出"资源监视器"窗口。

5.5.5 注册表编辑器

注册表是 Windows 操作系统中的一个核心数据库，存放着各种参数，直接控制着 Windows 的启动、硬件驱动程序的装载以及一些 Windows 应用程序的运行，从而在整个系统中起着核心作用。用户可以通过注册表编辑器查看、编辑或修改注册表信息。操作注册表有可能造成系统故障，若对 Windows 注册表不熟悉，建议尽量不要随意操作注册表。

1. 启动注册表

依次单击"开始"按钮→"Windows 管理工具"→"注册表编辑器"，打开"注册表编辑器"窗口，如图 5-37 所示。

图 5-36 "性能"选项卡

图 5-37 "注册表编辑器"窗口

注册表由键(也叫主键或称"项")、子键(子项)和值项构成。一个键就是分支中的一个文件夹,而子键就是这个文件夹当中的子文件夹,子键同样也是一个键。一个值项则是一个键的当前定义,由名称、数据类型以及分配的值组成。一个键可以有一个或多个值,每个值的名称各不相同,如果一个值的名称为空,则该值取该键的默认值。"注册表编辑器"窗口的左窗格中显示注册表项,由 5 个基本项组成。右窗格中显示选中的某个注册表项的值项。其中各注册表项功能如下。

(1) HKEY_CLASSES_ROOT:存储文件资源管理器正常启动的信息。

(2) HKEY_CURRENT_USER:存储当前用户的配置信息,包括用户文件夹、屏幕颜色、控制面板等配置信息。

(3) HKEY_LOCAL_MACHINE:存储计算机中针对任何用户的配置信息。

(4) HKEY_USERS:存储计算机中所有用户的配置文件的信息。

(5) HKEY_CURRENT_CONFIG:存储本地计算机在系统启动时所用的硬件配置文

件信息。

2. 修改注册表

用户可以修改注册表项或值项。

1) 修改注册表项

打开"注册表编辑器"窗口,在左窗格找到要修改的注册表项,右击鼠标,在弹出的快捷菜单中选择重命名、删除、新建等操作。

2) 修改注册表值项

打开"注册表编辑器"窗口,在右窗格找到要修改的注册表值项,右击鼠标,在弹出的快捷菜单中选择修改、删除等操作。

习　　题

一、判断题

1. 在桌面上可以为同一个 Windows 应用程序建立多个快捷方式。
2. Windows 中,后台程序是指被前台程序完全覆盖了的程序。
3. Windows 的开始菜单不能进行自定义。
4. 在 Windows 中,用户可以对磁盘进行快速格式化,但是被格式化的磁盘必须是以前做过格式化的磁盘。
5. Windows 的磁盘扫描程序是用于检查并恢复磁盘错误的。

二、选择题

1. 在 Windows 中的桌面是指_____。

　　A. 整个屏幕　　　　　　　　　　B. 活动窗口
　　C. 资源管理器窗口　　　　　　　D. 窗口、图标、对话框所在的屏幕

2. 在 Windows 中,有些文件的内容比较多,即使窗口最大化也无法在屏幕上完全显示出来,此时可利用窗口的_____来阅读文件内容。

　　A. 窗口边框　　B. 控制菜单　　C. 滚动条　　D. 最大化按钮

3. Windows 系统安装完毕并启动后,由系统安排在桌面上的图标是_____。

　　A. 资源管理器　　B. 回收站　　C. 记事本　　D. 控制面板

4. 在 Windows 中,下列叙述正确的是_____。

　　A. 回收站与剪贴板一样,是内存中的一块区域
　　B. 只有对当前活动窗口才能进行移动、改变窗口大小
　　C. 一旦屏幕保护开始,原来在屏幕上的活动窗口就关闭了
　　D. 桌面上的图标,不能按用户的意愿重新排列

5. 在 Windows 中,下列叙述正确的是_____。

　　A. 当用户为应用程序创建了快捷方式时,就是将应用程序增加一个备份
　　B. 关闭一个窗口就是将该窗口正在运行的程序转入后台运行
　　C. 桌面上的图标完全可以按用户的意愿重新排列
　　D. 一个应用程序窗口只能显示一个文档窗口

6. 在同一张硬盘分区上,Windows_____。

  A. 允许同一文件夹中的文件同名,也允许不同文件夹中的文件同名

  B. 不允许同一文件夹中的文件以及不同文件夹中的文件同名

  C. 允许同一文件夹中的文件同名,不允许不同文件夹中的文件同名

  D. 不允许同一文件夹中的文件同名,允许不同文件夹中的文件同名

 7. 欲在 Windows 的网络方式中打开其他计算机中的文档时,地址的完整格式是_____。

  A. \计算机名\路径名\文档名   B. 文档名\路径名\计算机名

  C. \计算机名\路径名 文档名   D. \计算机名 路径名 文档名

 8. Windows 10 是一种_____操作系统。

  A. 单用户单任务   B. 单用户多任务

  C. 多用户单任务   D. 多用户多任务

三、填空题

 1. 在 Windows 中,复制整个桌面的内容可以通过按_____快捷键实现。

 2. 要选定多个不连续的文件夹,要先按下_____键。

 3. Windows 10 是由_____公司开发,具有革命性变化的操作系统。

 4. 要安装 Windows 10,系统磁盘分区必须为_____格式。

 5. 在 Windows 操作系统中,Ctrl+C 是_____命令的快捷键,Ctrl+X 是_____命令的快捷键,Ctrl+V 是_____命令的快捷键。

第 6 章　文字处理软件 Word 2016

6.1　Word 2016 概述

6.1.1　文字处理软件概述

文字处理软件是应用广泛的一种办公软件,一般用于文字的录入、存储、编辑、排版和打印等任务。文字处理软件的发展和文字处理的电子化是信息社会发展的标志之一。在国内广泛使用的中文文字处理软件主要是微软公司的 Word 和金山公司的 WPS。其他的产品,如 Latex、Indesign、Publisher 等也都能实现差不多的功能,但这些软件的侧重点不同。

在当今的中国,Microsoft Word 几乎等同于是文字处理软件的代名词,然而在 DOS 盛行的那个年代,WPS 在中国可以说是文字处理软件的绝对王者。在微软面向中国推出 Microsoft Office 前,与金山公司达成了协议,允许双方可以互相读取对方的文件,正是这一纸协议成为了 WPS 由衰到盛的转折点。后来在 2001 年 WPS 更名为 WPS Office,从单模块的文字处理软件升级为以文字处理、电子表格、演示文稿制作、电子邮件和网页制作等一系列产品为核心的多模块组件式产品,又重新焕发了青春。与 Microsoft Office 相比,WPS Office 具有内存占用低、运行速度快、体积小巧、全面兼容 Microsoft Office 格式的独特优势。它强大的插件平台支持、免费提供海量在线存储空间及文档模板、支持阅读和输出 PDF 文件等特点,使得 WPS 移动版已在 Android 平台的应用排行榜上领先于微软等竞争对手,居同类应用之首。

Latex 适合于生成科技文献。一般来说它的格式比较规范、整齐,不会出现 Word 中一个图片或公式无缘无故错位等奇怪问题,但上手比较困难,需要一定的编程基础,而且功能比较单一。Latex 中对"文字"的处理就像是程序中的变量一样。

Indesign 是专业的排版软件,适合用来对书籍、杂志进行排版,它有很多针对专业排版的特殊功能。Indesign 中的"文字"更像是一张图片或其他设计元素,对待文字更偏重设计,而不是处理。

Publisher 是 Microsoft 推出的业余排版软件,它有一些专业排版功能,但文字处理功能比 Word 弱,操作与 Word 类似,上手很容易。不想学习 Indesign 的人可以考虑用 Publisher 来排版杂志等印刷品。或者如果一篇文章中图文混排的工作很多,也可以考虑使用这款软件。

虽然上述软件都具有文字处理功能,但是综合其功能、易用性,以及在国内市场上的占有率等方面考虑,文字处理软件的首选依然是 Microsoft Word。

6.1.2　Word 2016 的主要功能

Word 2016 的功能非常强大,可以处理日常的办公文档,从排版、处理数据、建立表格,到做简单的网页,还可以通过其他软件发传真、发 E-mail 等,足以满足普通人的大多数日常办公需求。Word 2016 的主要功能与特点可以概括如下。

(1) 所见即所得。用户用 Word 2016 编制的文档,打印效果在屏幕上一目了然。

(2) 直观的操作界面。Word 2016 软件界面友好,提供了丰富的工具,很容易利用鼠标完成选择、排版等操作。

(3) 多媒体混排。利用 Word 2016 可以编辑文字、图形、图像,也可以插入声音、动画等其他软件制作的信息,还可以用 Word 2016 提供的绘图工具绘制图形、编辑艺术字及数学公式等,满足用户的各种文档处理要求。

(4) 强大的制表功能。Word 2016 不仅可以制表,也可以对表格中的数据自动计算,以及对表格进行各种修饰,并且可以在 Word 2016 文档中直接插入电子表格。用 Word 2016 制作表格,轻松又美观,快捷而方便。

(5) 强大的打印功能。Word 2016 提供了打印预览功能,对打印机参数具有强大的支持性和配置性,使用户能精确地打印排版内容。

6.1.3　工作界面

启动 Word 2016 后将出现如图 6-1 所示的文档选择界面,在左侧区域可以选择打开最近使用过的文档,右侧区域则可以选择一种模板来创建新文档。模板是 Word 2016 中内置的包含固定格式设置和版式设置的模板文件,用于帮助用户快速生成特定类型的 Word 文档。除了通用型的空白文档模板外,Word 2016 还内置了如书法字帖、基本信函等多种文档模板。另外 Office 网站还提供了证书、奖状、名片、简历等特定功能模板。用户借助这些模板,可以大大减少重复性的工作,将节省下来的时间专注于内容本身,提升工作效率。

图 6-1　文档选择界面

空白文档使用 Word 2016 默认的 Normal 模板,选择并单击"空白文档"后,出现如图 6-2 所示的工作界面。Word 2016 的界面主要由快速访问工具栏、标题栏、功能区、窗口操作按钮、"文件"选项卡、导航区、文本编辑区、滚动条、状态栏、"视图"切换区以及比例缩放区等组成。

图 6-2　Word 2016 工作界面

(1) 快速访问工具栏。快速访问工具栏内是用户频繁使用的命令按钮,默认情况下会显示"保存"和"新建空白文档"两个按钮,在进行了一系列操作后,也将显示"撤销"和"恢复/重复"按钮。此外还可以根据用户需要自行定义快速访问工具栏中的按钮。

(2) 标题栏。标题栏显示应用程序的名称和正在编辑的文件名,其右侧是一组窗口操作按钮,除最小化、最大化/向下还原和关闭按钮外,新增了一个功能区显示选项按钮,以方便用户快速显示或隐藏功能区。

(3) 功能选项卡。Word 2016 取消了传统的菜单,取而代之的是多个选项卡,每个选项卡代表一组核心任务,并按功能不同分成若干组,比如"开始"选项卡下有"剪贴板"组、"字体"组、"段落"组、"样式"组等。

(4) 功能区。功能选项卡与功能区是对应的关系,单击某个选项卡即可展开相应的功能区。在功能区中有多个自适应窗口大小的工具栏,每个工具栏为用户提供了相应的组,每组中包含了不同的命令、按钮和列表框等,如图 6-3 所示。有的组右下角会显示一个"对话框扩展"按钮,单击该按钮将打开相关的对话框或任务窗格。

(5) "文件"选项卡。用于对文档执行操作的命令集。单击"文件"选项卡,左侧将出现类似早期版本的"文件"菜单组,包括信息、新建、打开、保存、另存为、打印、关闭等命令,选择不同的命令将在右侧的预览窗格中显示不同的内容。

(6) 状态栏。位于窗口最底端的左侧。用来显示当前文档的页面、字数、拼写语法检查、语言状态等信息。

命令按钮　组　　　　　　　　　对话框扩展按钮　　　　　列表框

图 6-3　功能区

（7）"视图"切换区和比例缩放区。位于状态栏的右侧。单击"视图"切换区的视图按钮可切换视图模式。单击当前显示比例的数字（如100％）可打开"显示比例"对话框调整显示比例。单击"－""＋"按钮或拖动中间的竖线也可以调节页面显示比例，方便用户查看文档内容。

（8）文本编辑区。用于输入和编辑文本的区域。文档编辑区中的一个不断闪烁的竖线即"文本插入点"，又叫光标，用于指示文本的输入位置。在文档编辑区的右侧和底部有垂直和水平滚动条，当编辑区不能完全显示所有的文档内容时，可拖动滚动条中的滑块或单击滚动条两端的三角箭头按钮使内容显示出来。

6.2　文档操作

6.2.1　新建文档

启动 Word 2016 后，采用 6.1.3 节介绍的方法将自动创建一个名为"文档1"的文档。在未关闭 Word 2016 前，如果还要继续新建文档，可以单击"文件"选项卡下的"新建"命令，选择一种合适的模板来创建新文档，新建的文件名将依照顺序自动命名为"文档 2""文档 3"……

除使用"文件"选项卡以外，单击快速访问工具栏中的"新建空白文档"按钮 可以快速创建一个空白文档。

6.2.2　打开文档

1. 资源管理器中打开 Word 文档

一般来说，在"资源管理器"中找到 Word 文档后双击文档图标即可启动 Word 并打开该文档。但如果计算机中同时还安装了其他文字处理软件如 WPS 等，则可能双击图标将用 WPS 来打开文件。如果用户希望使用 Word 打开文档，只需右击文档图标，在弹出的快捷菜单中依次选择"打开方式"→"Word 2016"即可。

2. 利用"文件"选项卡打开 Word 文档

单击"文件"选项卡下的"打开"命令，或者按 Ctrl＋O 快捷键，均可展开"打开"页面，该页面将默认展示最近使用过的文档。单击中部的"浏览"按钮，可以打开"打开"对话框。文件的 3 个重要因素是文件名、文件类型和路径。Word 默认的打开文件类型是所有 Word 文档类型，包括 .docx、.docm、.dotx、.dotm 等。如果用户想打开 .txt 或 .wps 等其他格式的文件，需要在文件类型下拉列表框中选择需要的文件类型，或者选择"所有文件（＊.＊）"。

6.2.3 保存和关闭文档

1. 主动保存

在文档的编辑过程中,为了防止数据丢失应及时保存文件。保存文件的方法主要有以下几种。

(1) 以原文件名保存。单击"文件"选项卡下的"保存"命令或快速访问工具栏上的"保存"按钮 ![]。如果保存的是新文档,将自动采用"另存为"方式保存文件。

(2) 换名保存。单击"文件"选项卡下的"另存为"命令,展开"另存为"页面,在中部单击"浏览"按钮后,打开"另存为"对话框。在对话框中根据需要设置保存位置、新文件名及保存的文件类型后,单击"保存"按钮即可换名保存。

2. 文档的自动保存

除用户主动保存外,也可以让系统自动定时保存。单击"文件"选项卡下的"选项"命令,在如图 6-4 所示的"Word 选项"对话框中,勾选"保存"选项中的"保存自动恢复信息时间间隔"复选框并指定一个时间间隔(一般为 5~10 分钟)。

图 6-4 设置自动保存的间隔时间

设置自动保存以后,一旦由于意外断电或死机等原因造成 Word 非正常退出,则可以通过最近一次自动保存的文件尽可能挽回损失。操作方法是单击"文件"选项卡的"打开"命令,在展开的"打开"页面右侧下方有一个"恢复未保存的文档"按钮,单击该按钮可以打开自动保存的文档,就能恢复文档内容了。

3. 关闭文档

完成文档编辑以后,单击标题栏右侧的"×"按钮,或者单击"文件"选项卡下的"关闭"命令,均可关闭文档。

6.2.4 合并文档

编辑 Word 文档时,有时需要将多个其他文件中的内容合并到当前文档中。合并文档的方法主要有以下几种。

(1) 利用插入"对象"。将光标定位到插入点,单击"插入"选项卡下"对象"按钮右侧的▼,在展开的下拉列表中选择"文件中的文字"命令,弹出"插入文件"对话框,选取需要的文件后单击"插入"按钮。如果要插入的不是 Word 文档,需要更改文件类型。

(2) 利用剪贴板。打开要插入的文件,选中所有要插入的内容,利用剪贴板"复制",然后打开被编辑的文档,"粘贴"内容即可。

6.2.5 保护文档

为了避免文档的内容被他人随意修改,用户可以将文档保护起来。Word 2016 提供了多种保护措施,比如设置打开或修改密码、设为只读文件、对文件加密、设置不同人员的权限,以及添加数字签名等方式。

保护文档的方法是在"文件"选项卡的"信息"选项中选择"保护文档",如图 6-5 所示,即可为文档设置密码或其他保护措施。

图 6-5 保护文档

此外,在"另存为"对话框中也可以设置密码,单击"工具"按钮右侧的▼展开列表框,选择"常规选项"可打开如图 6-6 所示的"常规选项"对话框。在其中可以设置打开密码、修改密码,以及只读方式打开属性等。

图 6-6　利用"另存为"对话框设置密码

如果之后想要解除密码,与设置密码的操作步骤一样,只需在设置密码的地方删除密码即可。

6.3　文档内容编辑

6.3.1　输入文本

1. 输入文字

输入文字是文档操作的最基本一步。打开文档后,将光标定位到插入点,直接用键盘录入文字。在录入过程中,按 Ctrl+Space(即空格)快捷键可以切换中英文输入法。如果要切换不同的中文输入法,按 Ctrl+Shift 快捷键。中文输入法中切换中英文字符则按 Shift 键。

2. 插入特殊符号

有些特殊符号,如"√""÷"等无法直接用键盘输入,可以在"插入"选项卡下单击"符号"按钮,选择所需的符号即可。如果在符号列表中未找到需要的符号,可单击下方的"其他符号"命令,弹出"符号"对话框做进一步选择。

另外,某些特殊符号如希腊字母、标点符号、数学符号等,也可以利用中文输入法的软键盘进行输入。

3. 插入日期和时间

单击"插入"选项卡下的"日期和时间"按钮,弹出"日期和时间"对话框,选择一种格式,单击"确定"按钮。

4. 插入与改写状态切换

Word有插入和改写两种编辑状态。用户可以观察状态栏上的状态指示以确定当前状态。在"插入"状态下,新输入的内容会把原有内容往后挤,文字出现在插入点之后。而在"改写"状态下,新输入的内容将覆盖原有内容。按Insert键可切换"插入"与"改写"状态。

6.3.2 编辑文本

编辑文本主要指复制、移动、删除等操作。在对文本编辑前,需先选择操作对象。

1. 选定文本

选定文本可以使用鼠标,也可以使用键盘。

1)使用鼠标

用鼠标选定文本的方法如表6-1所示。

表6-1 使用鼠标选定文本

被 选 对 象	操 作 方 法
一个词	双击该词的任意位置
连续的几个字词	从待选文本的起始位置拖曳至尾部,释放鼠标
一行	在该行行首文本选定区单击
连续多行	在起始行和终止行左侧的行首文本选定区拖曳鼠标
一个段落	方法一:在该段落的任意位置快速三击 方法二:在该段落左侧的文本选定区快速双击
连续多个段落	选中一个段落后,继续拖曳鼠标至其他段落后再释放
连续较长的文本	单击待选文本的起始位置,然后在结束位置按住Shift键并单击
一块矩形区域文本	按住Alt键的同时拖曳鼠标
整篇文档	在文档左侧文本选定区任意位置快速三击
不连续的多个区域	按前述方法选定一个区域后,按住Ctrl键继续选择其他区域
取消选定	在选定的区域之外,单击

2)使用键盘

用键盘选定文本的方法如表6-2所示。

表6-2 使用键盘选定文本

快 捷 键	选 定 范 围
Shift+↑	从当前光标处到上一行文本
Shift+↓	从当前光标处到下一行文本
Shift+←	当前光标处左边的文本
Shift+→	当前光标处右边的文本
Ctrl+A	全部文档

快 捷 键	选 定 范 围
Ctrl+Shift+Home	从当前光标处到文档首部的文本
Ctrl+Shift+End	从当前光标处到文档结尾处的文本
Shift+Home	从当前光标处到所在行首的文字
Shift+End	从当前光标处到所在行尾的文字

2. 移动文本

常用的移动文本的操作方法有以下几种。

(1) 鼠标拖曳。选定要移动的文本,按住鼠标左键拖曳至目标位置。

(2) 使用功能区按钮。选定要移动的文本,在"开始"选项卡的"剪贴板"组中单击"剪切"按钮,然后将光标定位到目标位置,单击"剪贴板"组中的"粘贴"按钮。

(3) 使用快捷菜单。选定要移动的文本,右击弹出快捷菜单,选择"剪切"命令,然后定位光标到目标位置,右击弹出快捷菜单,选择"粘贴选项"中的某个适当按钮。

(4) 使用快捷键。选定要移动的文本,按 Ctrl+X 快捷键,再将光标定位到目标位置,按 Ctrl+V 快捷键。

3. 复制文本

常用的复制文本的操作方法有以下几种。

(1) 拖曳鼠标。选定要复制的文本,按住 Ctrl 的同时拖曳鼠标到目标位置。

(2) 使用功能区按钮。选定要复制的文本,在"开始"选项卡的"剪贴板"组中单击"复制"按钮,然后将光标定位到目标位置,单击"剪贴板"组中的"粘贴"按钮。

(3) 使用快捷菜单。选定要复制的文本,右击弹出快捷菜单,选择"复制"命令,然后将光标定位到目标位置,右击弹出快捷菜单,选择"粘贴选项"中的某个适当按钮。

(4) 使用快捷键。选定要复制的文本,按 Ctrl+C 快捷键,再将光标定位到目标位置,按 Ctrl+V 快捷键。

4. 粘贴功能

在 Word 2016 中,粘贴功能有多种使用方式,根据剪贴板中内容的不同,粘贴功能可选的方式也不同。使用粘贴功能的操作方法如下。

图 6-7 "粘贴"选项

(1) 单击"开始"选项卡"剪贴板"组中的"粘贴"按钮,出现如图 6-7 所示的"粘贴"选项(选项有多有少,取决于复制或剪切的内容)。

(2) 在需要粘贴的位置右击,弹出的快捷菜单中有不同的粘贴选项。

若选择如图 6-7 所示的"选择性粘贴"命令,将弹出"选择性粘贴"对话框,如图 6-8 所示。"选择性粘贴"对话框中的组件说明如表 6-3 所示。用户可以根据不同的需要选择不同的粘贴形式。

5. 撤销与恢复

在文本编辑过程中,如果对前面的操作不满意,可以在关闭文件前撤销几乎所有已做的操作。与"撤销"操作对应的是"恢复"操作。

图 6-8 "选择性粘贴"对话框

表 6-3 "选择性粘贴"对话框中的组件说明

组件	说明
粘贴	被粘贴内容嵌入当前文档后立即断开与源文件的联系
粘贴链接	被粘贴内容嵌入当前文档的同时仍保持与源文件的联系,即源文件中的任何改动都会反映到当前文档中
形式	供用户选择被粘贴对象以什么形式插入到当前文档中

(1)撤销。单击快速工具栏中的"撤销"按钮 。如果需要撤销多步,则单击撤销按钮右侧的▼,扩展撤销的操作列表,选择某个操作即可撤销该操作及之后的所有操作。

(2)恢复与重复。在快速工具栏上还有一个"重复/恢复"按钮,该按钮会随当前操作状态的不同而自动变换。做除撤销操作以外的各种操作时,该按钮是"重复"按钮 ,此时单击该按钮可以对选中的文字或当前光标处重复做最后执行的操作。若已进行过撤销操作,则该按钮变为"恢复"按钮 ,单击此按钮可恢复最近一次撤销的操作。

6.3.3 查找替换

Word 的查找替换功能不仅可以快速定位内容,也可以批量修改文章中的内容。

1. 查找文本

在长文档中找某个字、词、句子或段落,单靠眼睛去搜寻就如同大海捞针一样,且容易遗漏。利用查找替换功能则可以轻松找到需要的内容。

1) 简单查找

在"开始"选项卡下单击如图 6-9 所示的"查找"按钮,可出现"导航"窗格,在"搜索文档"文本框中输入需查找的字或词,全文范围内的被查找文本即以高亮方式显示。

输入新的文本或编辑格式可以取消查找文本的高亮显示状态,或者单击"搜索文档"文

图 6-9 "查找"和"替换"按钮

本框右侧的"×"按钮也可以取消高亮状态。

2) 高级查找

单击"查找"按钮右侧的▼,在下拉菜单中选择"高级查找"命令,将弹出如图 6-10(a)所示的"查找和替换"对话框,单击"更多"按钮可扩展搜索选项,如图 6-10(b)所示。

(a) "查找和替换"对话框的常规视图　　　　(b) "查找和替换"对话框的高级视图

图 6-10　高级查找

如果要查找的是具有一定格式的文字,可单击"格式"按钮,对查找的文字限定字体、字号、颜色等格式。

2. 替换文本

进行文字替换必须指定文档搜索范围,否则将在整个文档内替换。具体操作方法是单击如图 6-9 所示的"替换"按钮,打开"查找和替换"对话框。该对话框其实与查找所用的对话框是同一个对话框中的两个不同选项卡。

与查找一样,单击"更多"按钮可扩展对话框以进行高级替换。需注意的是,"查找内容"和"替换为"的文本都可以设置格式,如果要设置"查找内容"的格式,那么光标一定要置于"查找内容"文本框中。反之,如果设置"替换为"的格式,则必须将光标置于"替换为"文本框中。所设置的格式都将在其下方有说明。如图 6-11 所示的例子中是"替换为"的文字设置有格式。

要取消所设的格式,将光标置于需取消格式的"查找内容"或"替换为"文本框中,单击"不限定格式"按钮即可。

图 6-11　高级替换

3. 定位

定位是快速转移插入点的一种有效手段。一般来说，定位的常用方法主要有以下几种。

（1）使用键盘。通过键盘上的 4 个方向键来定位，这种方法适合于小范围内的移动。

（2）使用鼠标。用鼠标直接单击要插入的位置。

（3）使用定位对话框。单击"查找"按钮右侧的▼，在下拉菜单中选择"转到"命令，弹出如图 6-12 所示的对话框，在"定位"选项卡下根据页、节、行或批注等进行定位。

图 6-12　定位

6.4 文档格式设置

6.4.1 字符格式

1. 设置字体

Word 具有丰富的字体、字号、颜色、特殊效果、动态效果等来为文档增色。Word 2016 中设置字体格式的方法主要有以下几种。

(1) 使用"开始"选项卡下的"字体"组。在"字体"组中可以设置文本的常见格式,如字体、字号、颜色等。

(2) 利用"字体"对话框。"字体"组中的按钮只能对字符进行常规设置。如果要进行更丰富的设置,"字体"对话框是一个很好的选择。通过单击"字体"组上的扩展按钮,或者右击选中的文本,选择快捷菜单中的"字体"命令,均可打开"字体"对话框。在"字体"对话框的"字体"选项卡下可进行常见的字体、字形、字号、字体颜色、下画线等设置。

2. 设置字符缩放、间距和位置

单击"字体"对话框的"高级"选项卡,如图 6-13 所示,可以设置字符的间距、位置,调节字符的缩放比例。

图 6-13 "字体"对话框的"高级"选项卡

缩放:用于按文字当前尺寸的百分比横向压缩或扩展文字。

间距:用于加大或缩小字符间的距离,有标准、加宽、紧缩三种设置。

位置：用于将文字相对于基准点提高或降低指定的磅值，有标准、提升、降低三种设置。

3. 设置文本效果

文本效果是指为文本添加轮廓、阴影、映像和发光等元素。在"开始"选项卡的"字体"组中单击"文本效果"按钮 A·，即可在下拉列表中进行相关的设置。

6.4.2 段落格式

Word 中的段落是文字、图形、对象或其他项目等的集合，以回车符作为段落之间的分隔符。段落的排版主要包括设置段落的缩进量、行间距、段间距和对齐方式等。进行段落格式设置时，如果只对一个段落进行操作，只需将光标定位到段落中即可。如果对多个段落操作，则应先选定段落，然后再对这些段落进行排版。

设置段落格式的方法主要有两种：使用"开始"选项卡下"段落"组中的按钮，或者使用"段落"对话框。

1. 对齐方式、缩进、间距

"段落"组中的对齐按钮 ≡ ≡ ≡ ≡ ≡ 分别是左对齐、居中对齐、右对齐、两端对齐和分散对齐，它们的对齐效果如图 6-14 所示。

(a) 左对齐　　　　　　　　　　(b) 居中对齐

(c) 右对齐　　　　　　　　　　(d) 两端对齐

(e) 分散对齐

图 6-14　段落对齐方式

缩进主要指左侧和右侧的缩进量，也可以设置特殊缩进格式，包括首行缩进和悬挂缩进，它们的显示效果如图 6-15 所示。

(a) 首行缩进　　　　　　　　　　(b) 悬挂缩进

图 6-15　特殊缩进格式

行间距和段间距设置的一种简单方法是单击"开始"选项卡下的"行距"按钮，如图 6-16 所示，可以设置预设的行距。如果对预设行距不满意，也可以单击"行距选项"，在"段落"对话框中进行更复杂的行距设置。

图 6-16 "行距"按钮

图 6-17 "换行和分页"选项卡

2. 段落的换行和分页控制

换行和分页是指段落内容涉及跨页面时的处理与控制。在"段落"对话框的"换行和分页"选项卡下，勾选需要的选项即可，如图 6-17 所示。常用选项的说明如表 6-4 所示。

表 6-4 换行和分页的选项说明

选 项	说 明
孤行控制	使段落最后一行文本不单独显示在下一页的顶部，或段落首行文本不单独显示在上一页的底部
与下段同页	防止在选定段落及其后继段落之间产生分页符
段中不分页	防止在选定段落中产生分页符。如果碰到分页符，Word 将自动将整段移到下一页
段前分页	在段落前插入分页符

3. 设置中文版式

在"段落"对话框中打开"中文版式"选项卡，即可按中文习惯设置换行和调整字符间距。

4. 首字下沉

在文档排版时，有时要用到"首字下沉"功能，即段落的第一个字特别大。设置方法是选中段落或将光标定位到段落中,选择"插入"选项卡下的"首字下沉"按钮,弹出如图 6-18(a)所示的下拉列表框。

选择"下沉"则首字默认下沉 3 行;选择"悬挂"则首字单独出现在文档左侧并占据 3 行。如果对默认设置不满意,可以选择"首字下沉选项",在弹出的"首字下沉"对话框中做进一步的设置,如指定首字的位置、字体、下沉行数等,如图 6-18(b)所示。

取消"首字下沉"只需选择"无"即可。

5. 项目符号与编号

项目符号和编号是指位于段落左侧的符号或编号,如●、■、◆等符号,或 1、2、3 等编号。合理使用项目符号和编号可以使文档层次更分明、条理更清晰、内容更醒目。

1) 项目符号

添加项目符号的方法是先选定段落,然后单击"开始"选项卡下的"项目符号"按钮,将在段首添加默认的项目符号。如果不满意默认的项目符号,可以单击"项目符号"按钮右侧的▼,在"项目符号库"中选择合适的符号。如果仍不满意这些项目符号库中的项目符号,还可以通过单击"定义新项目符号"命令,在打开的"定义新项目符号"对话框中选择合适的符号或图片来添加新项目符号,如图 6-19 所示。

(a) "首字下沉"按钮　　　(b) "首字下沉"对话框

图 6-18　设置"首字下沉"　　　　图 6-19　"定义新项目符号"对话框

此外,在"定义新项目符号"对话框中也可以设置项目符号的字体、对齐方式等属性。

2) 编号

添加编号的方法与添加项目符号类似,只是单击的是"开始"选项卡下的"编号"按钮,段首添加的编号默认是数字"1.""2."……

与项目符号一样,编号的形式可以通过单击"编号"按钮右侧的▼来更改。如果对列表中提供的编号形式不满意,可以单击"定义新编号格式"命令,在弹出的"定义新编号格式"对话框中进行更多的设置,包括编号样式、编号格式、对齐方式、字体等属性。

3) 多级编号

多级编号在某些场合（如编写书籍、试卷等）非常有用，可以清晰地表明各项内容之间的层次关系。设置多级编号的方法是选定段落后，单击"开始"选项卡的"多级编号"按钮，如图 6-20 所示，选择需要的编号。

使用多级编号时，输完某一级中某个编号后的内容之后，按 Enter 键即自动进入同级的下一个编号，再按 Tab 键可降为下一级编号，要返回上一级继续编号，可按 Shift＋Tab 快捷键。

如果"列表库"中没有满意的编号，可以单击"定义新的多级列表"命令，打开如图 6-21 所示的对话框，在该对话框中可指定编号的格式、样式、对齐方式、缩进量等属性。

图 6-20 "多级编号"按钮的下拉列表

图 6-21 "定义新多级列表"对话框

6.4.3 边框和底纹

为了突出显示文档的某些内容，可以为它们添加边框和底纹。Word 有丰富的边框和底纹效果，在设置时一定要注意作用域的选择。作用域指的是格式的应用范围，边框和底纹的作用域可以是文字、段落、页面、节和表格等范围。

1. 边框

边框的设置方法是单击"开始"选项卡下的"边框"按钮，该按钮的形状可能会随上次所做选择的不同而变化，一般默认为下框线。如果默认框线与自己需要的不符，可以单击右侧的▼，在下拉菜单中选择"边框和底纹"命令，弹出如图 6-22 所示的对话框，用户可以选择需要的边框类型，并对框线的线型、颜色、粗细等进行设置。需注意的是，应用于段落和文字是两种截然不同的效果，如图 6-23 所示。

图 6-22 "边框和底纹"对话框的"边框"选项卡

(a) 应用于段落的边框效果　　　　　(b) 应用于文字的边框效果

图 6-23 不同应用范围的边框效果

设置边框作用于文字的另一种方法是单击"开始"选项卡下"字体"组中的"字符边框"按钮 A。

2. 底纹

底纹的设置方法是单击"边框和底纹"对话框的"底纹"选项卡,如图 6-24 所示。其中"填充"用于设置底纹颜色,"图案"的"样式"用于设置不同深浅比例的纯色或带图案底纹。当有图案时,可以设置图案的颜色。

3. 页面边框

"边框和底纹"对话框中的"页面边框"选项卡用于设置页面的边框,与"边框"选项卡非常相像。设置页面边框时需要注意边框的作用域。Word 默认的页面边框作用于"整篇文档",也就是文档的每一页都采用同一种页面边框。但是 Word 还允许一个文档有多种不同的页面设置,前提是建立节。"节"是与页面设置有关的一个单位,同一节中的页面将采用同一种页面设置。Word 文档默认只有一节。

6.4.4 分栏

默认情况下文档只有一栏,为了满足特殊的排版需要,或者使文档布局更美观,有时候

图 6-24 "边框和底纹"对话框的"底纹"选项卡

需要将文档分为多栏显示。

设置分栏的方法是单击"布局"选项卡下的"分栏"按钮,选择需要的分栏方式。如果对预置的分栏方式不满意,可以单击"更多分栏"命令,打开如图 6-25 所示的对话框,在该对话框中可以指定栏数、栏宽、栏间距以及分隔线等。

图 6-25 "分栏"对话框

需要说明的是,有时当设置分栏的内容在文档尾部,可能会发现分栏效果未能如我们所愿以多栏形式填满整个页面,而是偏在左边。出现这种情况是因为在选择文本的时候包含了文档的最后一个段落标记,而 Word 认为文档最后的段落标记意味着后面还有内容没有填完,因此在右边留了空间等待用户填满。

解决此问题的方法是选择文本时不要包含最后的段落标记,或者干脆在选择文本前在文末添加一个空段,选择文本时不选中那个空段就能解决问题。

6.4.5 页面设置与打印输出

Word 文档经常需要打印出来,用户可以设置页面的纸张大小和方向、页边距、页面的字数和行数、页面的版式布局、页面颜色、页眉页脚和页码等,这些设置会影响文档的打印效果。

1. 页面设置

Word 中的页面设置可以通过"布局"选项卡下"页面设置"组中的按钮或"页面设置"对话框来完成,打开"页面设置"对话框的方法是单击"页面设置"组右下角的 。"页面设置"对话框中有如下 4 个选项卡。

(1)"页边距"选项卡用于设置版面的上、下、左、右页边距和纸张方向。

(2)"纸张"选项卡用于设置纸张大小。

(3)"版式"选项卡主要用于控制页眉和页脚的显示属性。

(4)"文档网格"选项卡用于设置文字的排列方向、栏数和每行字数及每页行数。

2. 页眉和页脚

页眉和页脚分别位于文档的顶部和底部,通常用于添加说明性文字或美化版面,可以包括页码、日期、文档标题、文档名、作者名等文字和图表。页眉和页脚的排版单位是节,在同一节中页眉和页脚的设置相同,不同节中的页眉和页脚则可以相同,也可以不同。

在正常的文档编辑状态下,如果文档包含页眉和页脚,一般页眉和页脚区显示为灰色,表示此时无法编辑页眉和页脚,只能编辑正文部分。如果双击灰色的页眉或页脚区域,页眉和页脚将显示为正常颜色,而正文部分则变为灰色,此时可以编辑页眉和页脚,但是不能编辑正文。

如果文档还没有建立页眉和页脚,则插入页眉和页脚的方法是单击"插入"选项卡下的"页眉"或"页脚"按钮,在"页眉"或"页脚"的下拉列表框中可以选择内置的一种页眉或页脚样式,也可以直接选择"编辑页眉"或"编辑页脚"命令进入页眉或页脚的编辑状态,此时功能区出现"页眉和页脚工具",如图 6-26 所示。

图 6-26 "页眉和页脚工具"选项卡

编辑完页眉和页脚后,单击"页眉和页脚工具"中的"关闭页眉和页脚"按钮,可以返回正文编辑状态。

如果勾选"首页不同"复选框,可以将节内的首页设置为跟其他页不同。

如果勾选"奇偶页不同"复选框,可以为奇数页和偶数页分别设置不同的页眉或页脚。

如果选中"链接到前一条页眉(页脚)",则本节的页眉(页脚)和前一节的页眉(页脚)相同,否则就是不同的页眉(页脚)。

3. 插入页码

在"插入"选项卡下,"页眉和页脚"组中除了有"页眉"和"页脚"按钮外,还有一个"页码"按钮,单击该按钮可插入各种样式及位置的页码。

4. 打印预览与打印

虽然 Word 的页面视图比较接近于真实的打印效果,但与真正的打印结果仍有一定的差异,比如页眉和页脚打印出来是黑色的,但在页面视图中看到的是灰色。而 Word 的打印预览功能可以让用户看到真正的文档打印效果。

快速访问工具栏中提供了"打印预览和打印"按钮,默认情况下该按钮是不可见的,单击"快速访问工具栏"右侧的 ,在下拉菜单中选择"打印预览和打印"命令,即可在快速访问工具栏中显示"打印预览和打印"按钮了。单击该按钮,或者单击"文件"选项卡下的"打印"命令,均展开打印页面。在该页面下可以设置打印参数,如选择打印机、打印份数、打印范围等选项,并且可以观察打印预览效果。

打印完以后,单击左侧的 ,即可返回到文档编辑状态。

6.4.6 其他格式

1. 脚注和尾注

脚注和尾注用于为文档中的文本提供解释、批注以及相关的参考资料。脚注一般位于页面的底部,可以作为文档某处内容的注释;尾注一般位于文档的末尾,列出引文的出处等。

脚注和尾注由两个关联的部分组成,包括注释引用标记和对应的注释文本。Word 自动为脚注和尾注编号,可以使用单一编号方案,也可以在每节使用不同的编号方案。在文档或节中插入了第一个脚注或尾注后,后面的脚注和尾注将自动按指定的格式顺序编号。

插入脚注和尾注的方法是单击"引用"选项卡下的"插入脚注"或"插入尾注"按钮,光标将直接转到脚注或尾注的注文处,等待用户输入注文内容。想做更多的设置可以单击"脚注"组右下角的 ,弹出如图 6-27 所示的对话框,在对话框中可以指定脚注或尾注的位置和格式,以及应用范围等。

2. 页面背景

页面背景可以是某种颜色、图案或图片。设置页面背景色的操作方法是单击"设计"选项卡下的"页面颜色"按钮,在下拉颜色面板中选择一种心仪的颜色。若是对所列的颜色不满意,可以单击"其他颜色"命令,弹出"颜色"对话框,选择其中的某种标准色或自定义颜色。除颜色外,还可以为页面指定渐变色、纹理、图案和

图 6-27 "脚注和尾注"对话框

图片等。方法是单击"页面颜色"下拉菜单中的"填充效果"命令,在弹出的"填充效果"对话框中进行设置,如图 6-28 所示。

(a) "页面颜色"按钮　　　　(b) "颜色"对话框　　　　(c) "填充效果"对话框

图 6-28　设置页面背景色

3. 添加水印

水印是一种半透明的标志,可以是文字,例如"机密""严禁复制"等,也可以是图片,例如公司标志。Word 2016 中内置了多种水印样式。

添加水印的方法是单击"设计"选项卡下的"水印"按钮,弹出如图 6-29(a)所示的"水印"面板,单击列表中的水印样式即可把该水印添加到文档中。但是多数情况下这些预置的水印都不符合我们的需要,因此必须对水印有更多的控制。单击"自定义水印"命令,打开如图 6-29(b)所示的对话框,在该对话框中可以设置水印的文字内容和字体格式,以及指定图片作为水印。

4. 插入分隔符

Word 2016 中的分隔符主要指分页符、分栏符、自动换行符和各种形式的分节符。

1) 分页符

当文字或其他对象填满一个页面时,Word 会自动分页。但有时用户需要强制分页,即将某一位置之后的内容放到下一页。强制分页的方法是单击"插入"选项卡下的"分页"按钮,或者单击"布局"选项卡下的"分隔符"按钮,选择其中的"分页符"命令即可。

2) 分节符

节是 Word 文档进行页面设置的基本单位。当需要为 Word 文档的不同部分做不同的页面设置时,必须插入分节符将文档分成多节。插入分节符的方式是单击"布局"选项卡下的"分隔符"按钮,选择需要的分节符。分节符的类型共有 4 种,分别是下一页、连续、奇数页和偶数页。

(a) 扩展的"水印"面板　　　　　　　　(b) "水印"对话框

图 6-29　添加水印

由于自动分页和插入分页符或下一页分节符的显示效果都能使得文档分页，因此有时为了能清楚了解究竟是什么原因产生了分页，需要将隐藏的分隔符显示出来。Word 默认的显示方式是隐藏编辑标记，将隐藏切换为显示的操作方法是单击"开始"选项卡下的"显示/隐藏编辑标记"按钮 ，该按钮是一个切换按钮，显示为浅灰色时是"隐藏编辑标记"，显示为深灰色时是"显示编辑标记"，分页符或分节符在这两种状态下的显示效果如图 6-30 所示。

(a) 隐藏编辑标记的效果　　　　　　　　(b) 显示编辑标记的效果

图 6-30　隐藏和显示编辑标记的显示效果

6.4.7 格式的复制与清除

要在文档的不同位置使用相同的段落或文字格式，可以使用"格式刷"按钮来复制格式。操作方法是选定带源格式的文本，然后单击或双击"格式刷"按钮，可以看到鼠标指针变为刷子形状，表示此时正处于复制格式状态。接着选择目标文本，就可以看到目标文本的格式变为与源文本的格式一模一样了。

在复制源格式时如果采用的是单击"格式刷"按钮，只可以复制格式一次，复制完以后鼠标指针就自动变回常态。如果采用的是双击"格式刷"按钮，则可以复制格式多次，只需继续选择其他目标文本即可。要停止复制格式，需再次单击"格式刷"按钮，将鼠标指针变回常态。

如果对设置的格式不满意，要清除已设置的格式，可以在选中文本后，单击"开始"选项卡下"样式"组右下角的 按钮，打开"样式"窗格，选择"全部清除"命令。也可以单击样式列表右下方的 按钮，在扩展列表框中选择"清除格式"命令。

6.5 图文混排

6.5.1 插入图片

在"插入"选项卡下单击"图片"按钮，弹出如图 6-31 所示的"插入图片"对话框，左侧可以修改文件搜索路径，右侧显示搜索到的文件，选中文件后单击"插入"按钮即可插入图片。

图 6-31 "插入图片"对话框

6.5.2 设置图片格式

图片的格式包括大小、边框、版式等属性。选中图片后，功能区将自动添加图片工具。

图片的格式设置均可以在图片工具的"格式"选项卡下进行。

1. 调整图片大小

（1）使用鼠标。选定要调整大小的图片，图片边框上将出现 8 个控点。按住鼠标左键拖动任意一个控点均可调整大小。如果按住 Ctrl 键的同时拖动控点，图片将以其中心为参照点成比例缩放。

（2）使用"图片工具"。在"图片工具"的"大小"组中，单击"高度"或"宽度"框右侧的上下三角箭头，可改变图片的大小。

（3）使用快捷菜单。右击图片，在快捷菜单中选择"大小和位置"命令，弹出如图 6-32 所示的"布局"对话框，在对话框中调节图片的高度和宽度即可。Word 默认图片为"锁定纵横比"，即图片的长宽比与原始图片保持一致。如果取消该选项，则可以对图片做拉伸或压缩处理。

2. 裁剪图片

裁剪图片是指截取图片的部分区域。操作方法是选定图片后，单击"图片工具"中的"裁剪"按钮，如图 6-33 所示，选择需要的裁剪命令。

图 6-32　利用"布局"对话框调整图片大小　　　图 6-33　"裁剪"按钮下拉菜单

裁剪：使图片的边框上出现 8 个小圈控点和 8 个线条控点，拖动小圈控点能按比例伸缩图片，拖动线条控点能保持图片比例裁掉相应部分。

裁剪为形状：用某种形状裁剪图片。

纵横比：按比例裁剪图片。

填充和调整：自动适应图片的裁剪方式。

3. 设置图片的环绕方式

（1）使用功能区按钮。单击"图片工具"中的"环绕文字"按钮，在下拉菜单中选择一种环绕方式，如图 6-34(a)所示。

（2）使用"布局"对话框。单击"自动换行"按钮，选择下拉菜单中的"其他布局选项"命令，打开"布局"对话框，如图 6-34(b)所示，在"文字环绕"选项卡下选择合适的环绕方式。

(a) "环绕文字"按钮下拉菜单　　(b) "布局"对话框中的"文字环绕"选项卡

图 6-34　设置环绕方式

4. 图片处理

Word 2016 新增了一系列图片处理功能，可以完成一些专业图片处理软件才能进行的图片处理功能，如图片的柔化和锐化、调整图片亮度和对比度、修改图片的颜色、添加艺术字效果等。图片处理功能集中在图片工具的"调整"组和"图片样式"组中。图片处理工具的功能说明如表 6-5 所示。

表 6-5　图片处理工具的功能说明

功　　能	说　　明
删除背景	用于突出或强调图片的主题
更正	柔化和锐化图片、调整图片的亮度和对比度
颜色	调整颜色饱和度、修改色调、重新为图片着色
艺术效果	为图片添加艺术效果，使图片具有水墨画、铅笔画等艺术效果
图片样式	不同的样式会使图片具有不一样的形状、边框和效果
图片边框	设置图片边框
图片效果	设置图片的立体效果
图片版式	不同的版式以不同的方式为图片配置文本

6.5.3 文本框

1. 插入文本框

文本框是可以存放文本和图形的容器,默认情况下文本框是浮于文字上方的。文本框分为横排文本框和竖排文本框两种,两者可以相互转换。

插入文本框的操作方法是:单击"插入"选项卡下的"文本框"按钮,打开"文本框"下拉列表,单击所需的文本框即可在当前插入点插入一个文本框。也可以单击"绘制文本框"或"绘制竖排文本框",然后按住鼠标左键拖出一个矩形。

2. 编辑文本框

文本框本身属于一种特殊的图形对象,图形的常用格式如位置、大小、环绕方式的设置与图片的设置基本类似,这里不再赘述。

(1) 横排与竖排文本框的转换。选中文本框,单击"布局"选项卡下的"文字方向"按钮,选择相反的文字方向。

(2) 设置框内文字的边距。右击文本框,选择快捷菜单中的"设置形状格式"命令,打开"设置形状格式"窗格,单击如图 6-35 所示的图标,即可展开显示"文本框"的左右上下边距。

(3) 文本框内的图片。在文本框中插入的图片只能是嵌入式的,无法跟文本框中的文字进行图文混排。但是文本框整体可以作为一个对象在文档中进行图文混排。

图 6-35 "设置形状格式"窗格

3. 文本框的链接

文本框的链接是把两个以上的文本框链接在一起构成一个整体,如果文字在上一个文本框中排满了,会自动流到下一个文本框中。

创建相互链接的文本框的方法是首先选中第一个文本框,在"绘图工具"中单击"创建链接"按钮,此时鼠标指针变为茶壶形状,将鼠标移至需链接的文本框处释放鼠标,即完成了两个文本框的链接。

在链接成功以后,"创建链接"按钮会变为"断开链接"按钮,需要中断两个文本框的链接时单击"断开链接"按钮即可。

6.5.4 艺术字

Word 2016 中的艺术字是一种具有变形、填充、加阴影和发光等文字效果的特殊文本框。

1. 插入艺术字

可以通过两种方式插入艺术字。

(1) 使用文本框作为艺术字。首先插入一个文本框,输入需要的文字,然后选中文本框中的文字,单击"开始"选项卡下的"文本效果"按钮 A ,在下拉列表框中选择需要的文字样式。

(2) 使用"艺术字"按钮。单击"插入"选项卡下的"艺术字"按钮,在"艺术字样式"下拉列表中选择需要的类型。删除"请在此放置您的文字"后输入需要的文字。

2. 修改艺术字格式

插入后的艺术字就是文本框,因此修改艺术字格式主要有下列方法。

(1) 使用"开始"选项卡"字体"组中的各个按钮。

(2) 使用"文本效果"中的样式和命令。

(3) 使用"绘图工具"中"艺术字样式"组中的各个按钮。

6.5.5 绘制图形

1. 插入绘图画布

绘图画布是文档中的一个特殊区域,可用来绘制和管理多个图像对象,其意义相当于一个"图形容器"。绘图画布内可以放置自选图形、文本框、图片、艺术字等多种不同的图形。将图形绘制在绘图画布内,画布中的对象就有了一个绝对位置,这样它们可作为一个整体移动和调整大小,可以避免文本中断或分页时出现的图形异常。也可以对整个绘图画布设置文字环绕方式,或对其中的单个图形对象进行格式化操作。因此建议在绘制复杂图形时首先建立绘图画布。

创建绘图画布的方法是单击"插入"选项卡下的"形状"按钮,在下拉列表中选择"新建绘图画布"即可。拖动绘图画布的控点可调整其大小,拖动其余部分可移动位置。

2. 绘制自选图形

"插入"选项卡下的"形状"按钮中提供了多种不同类型的形状,在绘图画布上拖动鼠标可在绘图画布中建立图形。如果拖动鼠标的同时按住 Shift 键则建立的是规则图形,如正圆、正方形等。

1) 设置图形格式

"绘图工具"的"形状样式"组中的"形状填充"和"形状轮廓"按钮可用于设置图形的填充颜色和边框线。

2) 图形中插入文字

要在绘制的图形中插入文字可以右击要插入文字的自选图形,在快捷菜单中选择"添加文字"命令,然后在出现光标的位置处输入文字。图形中的文本可以跟在文档其他地方的文本一样设置字符和段落格式。

3) 选定图形对象

选定单个对象:可用鼠标单击对象。如果要选定的对象被其他对象遮挡了,可先单击任意一个对象,然后按 Tab 键或 Shift+Tab 快捷键,Word 将按照创建对象的先后次序,正向或反向依次切换对象,直到找到所需对象为止。

选定多个对象:按住 Shift 或 Ctrl 键,用鼠标分别单击所需的对象。

4) 对象的叠放次序

插入多个对象时可能产生部分位置的重合,位于下层的对象可能被上层对象遮挡内容。要改变对象的叠放次序,可以选中对象,单击"绘图工具"中的"上移一层"或"下移一层"按钮,如图 6-36 所示。

5) 组合对象

绘制的分立图形都是独立个体,可以被移动和放大缩小。为了防止破坏画好的图形,可

图 6-36 "绘图工具"中的"排列"组

以将相关的图形组合起来构成一个整体,这样就不会被破坏了。

组合图形的方法是选中要组合在一起的多个图形对象,单击"绘图工具"中的"组合"按钮,或者右击鼠标,在快捷菜单中选择"组合"→"组合"。选择"取消组合"可以取消已经组合在一起的图形关系。

6.5.6 公式

在科技论文中经常需要输入一些数学公式或数学表达式,Word 可以方便地插入和编辑公式。

插入数学公式的方法是单击"插入"选项卡下的"公式"按钮,在下拉列表中选择内置的某种公式模板。但多数情况下模板不符合我们的需要,因此选择"插入新公式"命令,可以从头编写公式内容。

无论插入的是内置公式还是新公式,选中公式即进入公式编辑状态,此时功能区中动态出现公式工具的"设计"选项卡。根据公式的内容,选择一种结构,如分数、上下标、根式等模板,在相应位置输入数字和符号即可。

对于使用公式较多的用户,建议用户安装第三方公式编辑器 MathType,它可以跟 Word 无缝结合,能够方便地输入公式。

6.6 表 格

6.6.1 创建表格

表格是一种组织文字和数据的常用方式,使用表格可以清晰地表达要传达的信息,在科学研究及数据分析中经常需要使用各种表格。

创建表格的方法主要有以下几种。

1) 利用"表格"网格

在"插入"选项卡下单击"表格"按钮,根据需要的行列数在下拉列表的网格中拖动鼠标可创建表格,如图 6-37 所示。

2) 利用"插入表格"对话框

单击"表格"按钮后选择"插入表格"命令,则弹出如图 6-38 所示的对话框,调整表格尺寸并选择"自动调整"方式,单击"确定"按钮后可建立表格。

3) 手工绘制表格

当需要创建不规则表格时,可使用"绘制表格"命令来绘制表格。单击"表格"按钮并选

图 6-37 "表格"按钮下拉列表　　图 6-38 "插入表格"对话框

择"绘制表格"命令,鼠标指针将变成铅笔形状,在需要绘制表格的地方拖动鼠标即可绘制表格。

4) 创建快速表格

单击"表格"按钮,选择"快速表格",在级联选项中选择所需的表格样式,即可在文档中创建带默认格式与数据的表格。通常快速表格需要修改与编辑后方可使用。

6.6.2 编辑表格

1. 选定表格

选定表格或表格中部分内容的方法如下。

(1) 选定整个表格。鼠标指针移至表格任意位置,表格左上角将出现四向箭头 ⊕,单击该标记可选定整个表格。

(2) 选择行。鼠标移至表格所在行的左侧,即文档选定区,鼠标指针将变成一个指向右上方的空心箭头,单击可选定该行。如果要选定的是连续多行,则在左边选定区上下拖动鼠标。

(3) 选择列。鼠标移至表格所在列的上方,鼠标指针将变成一个向下垂直的黑色实心箭头,单击即可选定该列。如果选定的是连续多列,则在表格上方左右拖动鼠标。

(4) 选择单元格。鼠标移至待选定单元格的左边线,鼠标指针即变成一个指向右上方的实心箭头,单击可选定该单元格。

(5) 选择不连续区域。在选定一个区域后,继续按住 Ctrl 键选择下一个区域。

(6) 选定单元格中的内容。与正文的选定方法相同。

2. 插入行、列、单元格

1) 利用表格工具

鼠标定位到表格中,功能区动态出现"表格工具",在"布局"选项卡的"行和列"组中有多个插入行或列的按钮,如图 6-39(a)所示。如果单击该组右下角的 ⌐,将弹出"插入单元格"对话框,如图 6-39(b)所示,在该对话框中同样可以插入行、列、单元格。

(a) 表格工具"格式"选项卡下的"行和列"组　　(b) "插入单元格"对话框

图 6-39　利用表格工具插入行、列、单元格

2）利用快捷菜单

在表格的插入点或选定区域右击，选择快捷菜单中的"插入"命令，弹出级联菜单，选择某种方式可插入行、列或单元格。若选择"插入单元格"命令可弹出"插入单元格"对话框，可以插入行、列、单元格。如果插入行或列前选定的是多行或多列，插入的行数和列数将与选定的行数或列数相同。

3. 删除行、列、单元格和表格

1）利用表格工具

选定要删除的行、列或单元格后，在"表格工具"的"布局"选项卡下单击"删除"按钮，选择某种方式删除，如图 6-40 所示。

2）利用快捷菜单

选定要删除的行或列后，右击鼠标，在快捷菜单中选择"删除行"或"删除列"命令。如果选定的是单元格，或者仅仅将鼠标定位在单元格中，则右击鼠标后快捷菜单中出现的是"删除单元格"命令，选择该命令，会弹出如图 6-41 所示的对话框，利用该对话框可删除行、列、单元格。

图 6-40　"删除"按钮下拉菜单　　　图 6-41　"删除单元格"对话框

4. 合并与拆分单元格和表格

1）利用表格工具

选定要合并或拆分的单元格后，单击表格工具"布局选项卡"中"合并"组中的相应按钮，如图 6-42 所示，可以合并单元格和拆分单元格或表格。

2）利用快捷菜单

合并单元格：选定待合并的单元格区域，右击鼠标，在快捷菜单中选择"合并单元格"命令。

拆分单元格：选定待拆分的单元格区域，右击鼠标，在快捷菜单中选择"拆分单元格"命

令,弹出如图 6-43 所示的对话框,设定行数和列数后单击"确定"按钮。

图 6-42 表格工具"布局"选项卡下的"合并"组　　图 6-43 "拆分单元格"对话框

6.6.3 修饰表格

1. 自动套用表格样式

Word 2016 提供了多种表格样式,以满足各种不同类型表格的需要。将鼠标置于表格内部,在"表格工具"的"设计"选项卡下可以看到"表格样式"组中有很多表格样式,单击需要的某一个表格样式,表格即自动套用该表格样式。预置的表格样式有自己的行高、列宽、边框和底纹及对齐方式等,用户也可通过下面的方法修改表格的各种属性。

2. 设置行高和列宽

(1) 通过鼠标拖动。将鼠标移至表格的边框线上,鼠标指针将变为双向箭头,此时拖动鼠标可改变行高或列宽。

(2) 使用"表格工具"。当光标位于表格中时,功能区将出现"表格工具",选择"布局"选项卡,在"单元格大小"组中可调整行高和列宽。

(3) 使用"表格属性"对话框。单击表格工具"布局"选项卡的"单元格大小"组右下角的 ,或者右击表格的单元格区域,在快捷菜单中选择"表格属性"命令,弹出"表格属性"对话框,在"行"选项卡、"列"选项卡和"单元格"选项卡下分别可设置行高和列宽。

需注意的是,"单元格"选项卡下只提供了宽度设置,而没有高度设置。也就是说,只能改变单元格的宽度,而不能改变单元格的高度。当选定某个单元格后拖动鼠标可以改变该单元格的列宽,而不选定任何单元格时横向拖动鼠标改变的则是整列的列宽。

3. 表格的对齐和环绕方式

在"表格属性"对话框的"表格"选项卡下,可以指定整个表格的对齐方式和文字环绕方式。

4. 表格的边框和底纹

设置表格边框和底纹的方法有多种,用户选中表格后,可以在"开始"选项卡下单击"段落"组中的"边框"按钮右边的▼,在展开的下拉菜单中选择"边框和底纹"命令,弹出"边框和底纹"对话框。设置边框时要先选择合适的线形、颜色和宽度,再根据预览区中显示的边框外观单击代表各种框线的按钮。

除使用"边框和底纹"对话框外,也可以利用表格工具"设计"选项卡下"表格样式"组中的"边框"和"底纹"按钮进行设置。

还可以利用"绘制表格"工具,在选定线形和粗细、颜色以后,直接在原有边框线上拖拉来改变或设置边框线。

6.6.4 表格与文字的转换

Word 2016 提供了表格转换功能,可以将表格转换为文本,也可以将文本转换为表格。

(1)表格转换成文本。选中整张表格,单击"表格工具""布局"选项卡下的"转换为文本"按钮,弹出"表格转换成文本"对话框,如图 6-44 所示,指定文字分隔符后单击"确定"按钮可转换成文字。

(2)文本转换成表格。首先要为表格的数据项间设置统一的分隔符,如逗号、空格、制表位等,然后选中所有要设定为表格的数据,单击"插入"选项卡下的"表格"按钮,选择"文本转换成表格"命令,弹出如图 6-45 所示的对话框,指定表格尺寸和文字分隔位置后单击"确定"按钮即可。

图 6-44 "表格转换成文本"对话框

图 6-45 "将文字转换成表格"对话框

6.6.5 管理表格数据

1. 表格中数据的计算

Word 表格具有一定的计算能力,但是相对专门的电子表格软件 Excel 来说功能较简单,只具有最简单的一些统计功能。对于复杂计算,建议使用 Excel 而不是 Word 来完成计算。

Word 中表格数据的计算方法是首先定位要计算的单元格,单击表格工具的"布局"选项卡,在"数据"组中单击"公式"按钮,弹出如图 6-46 所示的对话框,通过"粘贴函数"下拉列表框可更改函数,数据源将根据单元格的位置自动选择 ABOVE 或 LEFT,用户也可以在公式文本框中直接输入公式。单击"确定"按钮后单元格中即出现了计算结果。

图 6-46 "公式"对话框

Word 中带函数或公式的数据其实是一个域,域有自己的域代码和域结果。当表格中数据使用的公式与源数据相同时,可以复制数据,此时复制的域连同域代码和域结果都与源数据相同,必须更新域才能得到正确结果。更新域的方法是:单击域,当域区域变为灰色时,右击,在快捷菜单中选择"更新域"命令就能得到正确的域结果。

图 6-47 "排序"对话框

2. 表格的排序

表格排序可以将表格中的行按指定的方式重新调整顺序。操作时将光标置于要排序的表格中,单击表格工具"布局"选项卡下的"排序"按钮,将弹出如图 6-47 所示的"排序"对话框,指定主要关键字及其升降序形式,有必要的话还可以指定次要关键字和第三关键字,单击"确定"按钮后可对表格中的数据排序。

6.7 高级编排

6.7.1 样式

样式是一套预先设置好的文本格式,利用它可以快速地对文本进行格式化。样式分为内置样式和自定义样式两种。

1. 内置样式

Word 2016 内置了很多样式,用户选中文本或段落后,直接单击样式就可以使用样式所定义的格式。样式集是在"开始"选项卡的"样式"组中,单击"样式"列表框右下角的 按钮,可展开"样式"列表框,如图 6-48 所示。

如果单击"样式"组右下角的 ,将打开"样式"窗格,如图 6-49 所示。

2. 创建新样式

当内置的样式不符合用户需要时,可以创建新的样式。方法是在"样式"窗格中单击"新建样式"按钮 ,弹出如图 6-50 所示的对话框。在"名称"输入框中输入新样式的名字;"样式类型"下拉列表框中选择样式的类型;"样式基准"下拉列表框可选择一种样式作为基准,

图 6-48 扩展的"样式"列表框　　　　图 6-49 "样式"窗格

图 6-50 "根据格式设置创建新样式"对话框

默认显示的是"正文"样式;"后续段落样式"下拉列表框可指定后续段落样式,后续段落是指应用该样式的段落下一段的默认样式；"格式"栏可对字体、段落、对齐方式等进行设置，也可以单击"格式"按钮进行设置。设定完成后，可以在"样式"列表框中看到新样式的名称。

3. 修改样式

对已有的样式进行修改，可以在"样式"窗格中右击需要更改的样式，在弹出的快捷菜单中选择"修改"命令，弹出"修改样式"对话框，该对话框的用法与新建样式类似，按照要求更改格式即可。

4. 删除样式

在"样式"窗格中，右击需删除的样式，选择快捷菜单中的"从样式库中删除"命令，可删除指定样式。

6.7.2 长文档编辑

1. 视图模式

Word 2016 中提供了多种视图模式供用户选择，这些视图包括：页面视图、阅读视图、Web 版式视图、大纲视图和草稿。

（1）页面视图。用于文字输入、编辑和格式设置的最主要的视图模式，也是最接近实际打印效果的一种视图模式。在页面视图中可以看到页眉、页脚、图形、分栏、页边距等元素。

（2）阅读视图。为满足用户的自然阅读习惯，隐藏了不必要的元素，Word 窗口被分隔为两个尽可能大的页面以便阅读。

（3）Web 版式视图。以网页形式显示 Word 文档，这种视图适用于创建网页和发送电子邮件。

（4）大纲视图。主要用于 Word 文档标题层级结构的显示，可方便地折叠和展开各层级的文档。大纲视图简化了文本格式效果，适用于长文档的快速浏览和设置。

（5）草稿。取消了页边距、分栏、页眉页脚和图片等元素，仅显示标题和正文，是最节省计算机资源的视图方式。

切换视图模式可以在"视图"选项卡下选择需要的文档视图模式，也可以在窗口右下角的视图切换区中单击"视图"按钮。

2. 文档结构

书籍是最常见的一种长文档，一般由封面、目录、标题、正文、辅文（包括前言、后记、引文、注文、附录、索引、参考文献等）组成。

Word 可以根据文档的大纲级别自动生成目录。大纲级别分为标题和正文，只有正文是无法生成目录的，因为目录编制的依据是标题。标题可以带序号，如书稿的各个章节，也可以不带序号，如前言、附录、参考文献等。

1）调整大纲级别

大纲级别也属于一种段落格式，Word 2016 默认的大纲级别是正文。调整大纲级别的方法有如下几种。

方法一：在"段落"对话框中设置。按照设置段落格式的方法打开"段落"对话框，在"缩进和间距"选项卡下，选择合适的"大纲级别"，如图 6-51 所示。

方法二：利用"样式"设置大纲级别。Word 2016 内置的样式本身已含有大纲级别的信息。

方法三：利用"多级列表"设置带自动序号的大纲级别。多级编号是基于大纲级别的，单击"开始"选项卡下"多级列表"按钮,选择下拉菜单中的"定义新的多级列表"命令,弹出如图 6-52 所示的对话框。

图 6-51 在"段落"对话框中设置大纲级别

图 6-52 利用多级列表设置大纲级别

方法四:利用"大纲视图"。将视图模式切换到大纲视图,功能区将出现"大纲"选项卡,单击"大纲工具"组中的 ← 和 → 可升降标题级别,单击 ← 和 → 可升顶和降底。也可以在"显示级别"下拉列表框中直接设置大纲级别。

2) 导航窗格

长文档编辑时可以使用大纲视图,但是大纲视图与实际打印效果相差较大,图文混排时较为不便。为了在其他视图中也能方便地管理长文档,Word 提供了导航窗格,允许用户在各种视图模式下快速地查看与搜寻长文档中的内容。

打开导航窗格的方法是在"视图"选项卡的"显示"组中勾选"导航窗格"复选框,使得文档分成左右两部分,左边窗格显示文档导航,右边窗格显示对应的文档内容,如图 6-53 所示。单击左侧导航窗格中的标题可快速定位内容。

3. 编制目录

1) 插入目录

将光标定位到需插入目录的位置,在"引用"选项卡下单击"目录"按钮,打开如图 6-54(a)所示的选项框,选择一种适合的目录。

图 6-53 文档与导航窗格

(a) "目录"按钮下拉列表

(b) "目录"对话框

图 6-54 编制目录

（1）手动目录：需用户输入目录条目的文字和页码，目录无法随文字内容的改变而改变。

（2）内置目录：根据预置的目录样式按标题级别自动生成目录条目和页码。

（3）自定义目录：允许通过设置不同参数来控制生成自动的目录条目和页码。

插入自定义目录的方法是单击"自定义目录"命令，弹出如图 6-54(b)所示的对话框。在该对话框中可控制目录显示的级别和制表符前导符。单击"修改"按钮可修改目录的样式。

2)更新目录

Word 中的目录是一种域,当文档内容变化时,必须手动更新目录。更新目录的方法是单击"引用"选项卡下"目录"组中的"更新目录"按钮,或者右击目录,在快捷菜单中选择"更新域"命令,弹出如图 6-55 所示的对话框,选择一种更新方式后单击"确定"按钮。

3)页码控制

书籍的正文页码一般从第 1 页开始,如果把目录放在正文之前,那么正文页码就不再是第 1 页。采用下述操作方法可以解决把目录插在正文之前又不影响正文页码设置的问题。

第 1 步:在正文前插入一行,将这个空行的样式设置为"正文"格式。

第 2 步:在空行处插入一个分隔符,分隔符类型选择"分节符→下一页"。

第 3 步:在正文第 1 页单击"插入"选项卡下的"页码"按钮,在下拉菜单中选择"设置页码格式"命令,然后在"页码格式"对话框中设置"页码编号"为"起始页码",并设置为 1。

图 6-55 "更新目录"对话框

图 6-56 "题注"对话框

4. 插入题注

书籍中经常有大量的图片、表格和公式,这些图片、表格或公式都有自己的编号和说明,如"图 1""表 1-1"等。如果采用手工编号,那么在文档内容和顺序调整以后,编号就会产生混乱和不对应。为了更好地管理图片和表格的编号及说明,可以为这些图片或表格插入题注。题注是自动编号的,且能随插入或删除题注而自动更新编号。

插入题注的方法是先选中图片或表格,然后单击"引用"选项卡下的"插入题注"按钮,或者右击鼠标,在快捷菜单中选择"插入题注"命令。弹出如图 6-56 所示的对话框,在对话框中可以设置标签、位置和注释。Word 默认的标签是 Figure、Equation 和 Table,用户可以单击"新建标签"按钮,添加自定义的标签,然后在"题注"输入框中输入注释性文字即可。

5. 插入封面

封面对于书籍来说是重要的,要求尽可能地吸引读者。Word 2016 中预置了一些封面模板,可以帮助用户快速创建封面。插入封面的方法是单击"插入"选项卡下的"封面"按钮,在下拉列表框中选择需要的封面版式。

6.7.3 审阅文档

日常工作中,某些文件需要在不同人员之间传阅、修改,比如导师给学生改论文,可以将修改意见作为批注插入文档中,也可以直接在论文上修改。为了清晰地看出哪些地方有改动,可以使用修订功能将不同的审阅者以不同的颜色突出显示修订内容,作者也可以决定接受还是拒绝修订。

1. 添加批注

1) 添加批注

选择要插入批注的文字,单击"审阅"选项卡下的"新建批注"按钮,在批注框中输入批注内容。单击批注框外的任意位置可退出编辑状态,完成批注的添加。

2) 查看批注

在"审阅"选项卡下,单击"上一条"或"下一条"按钮,可使光标在批注间跳转,方便查看和编辑文档中的所有批注。

3) 删除批注

要快速删除单个批注,可右击该批注,在快捷菜单中选择"删除批注"命令。或者将光标置于批注中,单击"审阅"选项卡下的"删除"按钮。若单击"删除"按钮下的▼,可选择删除光标所在的批注还是全部批注。

2. 修订文档

单击"审阅"选项卡下的"修订"按钮,进入文档修订状态。这时对文档的所有修订都会突出显示,例如,输入的文字下出现下画线、被删除的文字以删除线标识等。

退出修订状态需再次单击"修订"按钮。退出修订状态后不会删除已被跟踪的更改。

3. 接受或拒绝修订

当审阅完文档后,文档作者可以选择接受或拒绝每一处修订。若接受修订,修订内容将替换原有内容,并转为正常状态。若拒绝修订,则修订内容将被删除,并恢复原有内容。

接受某处修订时可将光标置于修订位置处,单击"审阅"选项卡下"接受"按钮下方的▼,在下拉菜单中可以选择只接受此处修订还是接受所有修订。

拒绝修订的操作方法类似,将光标置于修订位置处,单击"审阅"选项卡下"拒绝"按钮下的▼,在下拉菜单中可以选择拒绝此处修订还是拒绝所有修订。

6.7.4 邮件合并

在日常工作中经常有这种情况:处理的文件主要内容基本相同,只是具体数据有变化。如制作多份请柬、邀请函等。针对这种有大量重复内容的应用,可以利用 Word 的邮件合并功能快速生成文档。邮件合并涉及两个文档:主文档和数据源文件。

(1) 主文档。包含了内容固定不变的文档主体部分,例如请柬的主体文字部分。创建方法与普通文档类似,可以对字体、段落、页面等进行格式设置。

(2) 数据源文件。是保存不同信息的文档,如请柬的邀请人员名单。数据源文件的格式有多种,如 Access 数据库中的表、Excel 工作表,或者 Word 文档中的表格数据等。

邮件合并最常用、最简便的方法是使用邮件合并向导。单击"邮件"选项卡下的"开始邮件合并"按钮,在下拉菜单中选择"邮件合并分步向导"命令,弹出"邮件合并"窗格。向导共有以下 6 步。

第 1 步:选择文档类型。一般选择默认的"信函"。

第 2 步:选择开始文档。即选择哪个文件作为主文档。

第 3 步:选择收件人。"使用现有列表"需单击下方的"浏览",可弹出"选取数据源"对话框选取已有的数据源文件。输入新列表需单击"创建",可弹出"新建地址列表"对话框供用户按默认的字段名建立数据,如图 6-57(a)所示。也可以单击"自定义列"按钮打开"自定义地址列表"对话框创建用户自己的字段名,如图 6-57(b)所示。

(a) "新建地址列表"对话框　　　　　　(b) "自定义地址列表"对话框

图 6-57　设置数据源的字段

第 4 步:撰写信函。需要把数据源中的多个字段分别插入到主文档中的合适位置。单击"其他项目"可选取数据源中的字段名插入当前光标处。

第 5 步:预览信函。单击<<或>>按钮可向前或向后查看不同数据的显示效果。单击"排除此收件人"按钮可令最终生成的文档中不包含当前收件人。

第 6 步:完成合并。"打印"指打印合并后的文档。"编辑单个信函"是将合并后的文档保存到一个文件中。

此外,"邮件"选项卡下提供了多个按钮,功能与邮件合并向导中的步骤对应。

(1) "开始邮件合并"按钮对应邮件合并向导的第 1 步。

(2) "选择收件人"按钮对应邮件合并向导的第 2 步。

(3) "编辑收件人列表"按钮对应邮件合并向导的第 3 步。

(4) "编写和插入域"组对应邮件合并向导的第 4 步。

(5) "预览结果"组对应邮件合并向导的第 5 步。

(6) "完成并合并"按钮对应邮件合并向导的第 6 步。

6.8　域

6.8.1　什么是域

域是 Word 中的一种特殊命令,属于文档中的变量。当单击域时,可看到域带有灰色的底纹。使用域可实现许多复杂的工作,比如:自动编页码和图表的题注、脚注、尾注的号码;按不同格式插入日期和时间;通过链接与引用在活动文档中插入其他文档的部分或整体;自动创建目录、关键词索引、图表目录;插入文档属性信息;实现邮件的自动合并与打印;执行加、减等数学运算;创建数学公式;调整文字位置等。若能熟练使用域,可增强排版的灵活性,减少许多烦琐的重复操作,提高工作效率。

域有域代码和域结果两种形式。

1) 域代码

域代码是由域特征字符、域类型、域选项开关等组成的字符串。例如,当前时间域"10时 27 分 5 秒"的域代码是{ TIME \@ "h 时 m 分 s 秒"   * MERGEFORMAT }。其中,包含域代码的一对大括号"{}"是域的特征字符,它不能从键盘直接输入,而必须通过按 Ctrl+F9 快捷键插入这对域特征字符,所有的域代码都包含这对特征字符。域类型是域的名称,如本例中的"TIME"。域选项开关是规定域类型如何工作的指令或开关,在域中可触发特定的操作,如本例中的* MERGEFORMAT。

2) 域结果

域结果是域代码所代表的信息,会随文档的变动或相应因素的变化而更新。如上例中的域结果为"10 时 27 分 5 秒"(当前时间,随实际情况而改变)。

6.8.2 插入域

单击"插入"选项卡下"文本"组中的"文档部件"按钮,在下拉菜单中选择"域"命令,将弹出如图 6-58 所示的对话框。在域类别下拉列表框中选择域名,会在右侧出现相应的域属性和域选项,选择需要的选项后,单击"确定"按钮即可插入域。

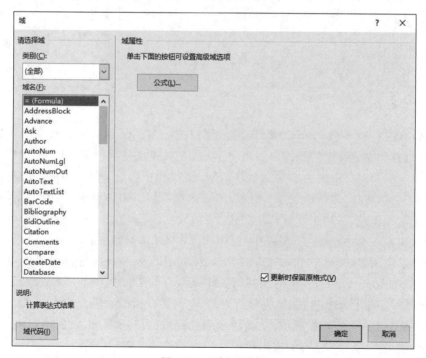

图 6-58 "域"对话框

6.8.3 域操作

1. 更新域

当域没有显示最新信息时,可采用以下措施进行更新,以获得新的域结果。操作方法是选中需要更新的域,按下 F9 键,或者右击,在快捷菜单中选择"更新域"命令。

另外,用户也可以在"Word 选项"中,将"显示"选项中的"打印选项"设置为"打印前更新域",可以使 Word 在每次打印前都自动更新文档中的所有域。

2. 切换域代码

(1) 切换单个域代码。单击需要切换域代码的域,按 Shift+F9 快捷键,或者右击,在快捷菜单中选择"切换域代码"命令。

(2) 切换文档中所有域代码。按 Alt+F9 快捷键即可。

3. 锁定/解锁域

(1) 锁定域。锁定域可以防止域结果被修改。操作方法是单击需要锁定的域,按 Ctrl+F11 快捷键。

(2) 解锁域。解除锁定以后可以重新对域进行更新。操作方法是单击需要解除锁定的域,按 Ctrl+Shift+F11 快捷键。

4. 解除域的链接

解除域的链接之后域结果将变为常规文本,即失去了域的所有功能,以后它将再也无法更新。操作方法是选中需解除域链接的域,按 Ctrl+Shift+F9 快捷键。

6.9 宏

6.9.1 什么是宏

宏(Macro)是一个批量处理的操作命令,可以把一系列菜单选项和指令操作集成在一起,由计算机自动完成特定的操作。如果在 Word 中需要反复执行某项任务,可以使用宏提高工作效率。例如网页中的内容复制粘贴到 Word 文档中以后,可能存在不少空行,有的行距很大,手工去除空行、改行距、进行页面设置都比较麻烦。如果创建一个宏以后,则只需要按一下设定的快捷键,一切工作就自动完成了。

宏的本质是一个小型的 VBA 程序,程序代码由 Office 软件自动生成。除了本章介绍的 Word 可以使用宏,其他软件如 Excel、PowerPoint 以及 Access 等都可以使用宏。VBA 是 Visual Basic for Applications 的缩写,是 Microsoft Office 提供的一种编程语言。VBA 是 VB 的子集,是基于 Visual Basic 发展而来的,它们具有相似的语言结构,但两者又不完全相同。VB 有自己独立的开发环境,主要用于创建标准的应用程序,而使用 VBA 无须安装 VB 开发环境,它只寄生于已有的应用程序,如 Word、Excel 等。

Office 提供了两种方法创建宏:宏录制器和 Visual Basic 编辑器。用宏录制器录制的一系列键盘和鼠标动作都会被自动转译成 VBA 代码,在 Visual Basic 编辑器中可以查看和修改这些 VBA 代码。使用 Visual Basic 编辑器可以创建更灵活、功能更强大的宏,可以包含无法录制的一些 VBA 指令。由于 VBA 的学习涉及 VB 语法、算法知识等,需要有大量的时间积累,因此本书只介绍录制宏。

6.9.2 "开发工具"选项卡

在 Word 的工作界面中很多跟宏及 VBA 有关的命令都置于"开发工具"选项卡下,"开发工具"选项卡一般默认为隐藏,需要使用时必须把"开发工具"选项卡显示出来。

显示"开发工具"选项卡的方法是单击"文件"选项卡下的"选项"命令,弹出"Word 选项"对话框,选择"自定义功能区"选项,勾选"开发工具"选项,点击"确定"按钮以后即增加了如图 6-59 所示的"开发工具"选项卡。

图 6-59 "开发工具"选项卡

6.9.3 录制宏

当需要在 Word 中反复执行同一组操作时,可以通过录制宏来提高工作效率。比如,假设需要对多篇文档进行格式化,中文使用一种字体,英文使用另一种字体,而且中英文还要全部统一修改为另一种字号。如果使用普通方法,一篇一篇的文档逐个去完成以上操作,不仅费时费力,而且容易出错。但是如果使用宏,每篇文档只需单击一次即可完成,而且大大减少了出错率。下面用一个实例说明录制宏的方法。

【例 6-1】 准备一个含有文字的 Word 文档,将全部文字设置中文字体为微软雅黑,英文字体为 Consolas,并将所有文字的字号修改为 11 号。

操作步骤如下。

第 1 步:在 Word 中打开文档,启用录制宏命令。

在 Word 中启用录制宏的常用方法有两种。第一种方法是在"视图"选项卡下单击"宏"按钮下方的▼,在下拉菜单中选择"录制宏"命令。另一种方法是在"开发工具"选项卡下单击"录制宏"按钮。

第 2 步:为宏指定名称、添加方式及应用范围。

单击"录制宏"按钮后,弹出"录制宏"对话框,如图 6-60 所示。Word 默认的宏名为"宏 1""宏 2"……,这样的名字不便于以后再次使用时了解该宏的作用,建议给宏取一个有意义的名字。宏名可以是汉字、字母、数字的组合,要求第一个字符必须是汉字或字母。若设置的宏名与 Word 中已有的某个内置命令相同,则此新建宏的功能将代替同名的内置命令功能。

图 6-60 "录制宏"对话框

图 6-61 宏指定到按钮

宏的位置可以指定到按钮，也可以指定到键盘。若指定到按钮，则弹出图 6-61 所示的对话框，单击"添加"按钮可以将新建的宏指定到快速访问工具栏中。如果单击"修改"按钮，还可以指定按钮的图标。单击"确定"按钮以后，即可在快速访问工具栏中出现指定的图标。

指定到按钮是比较推荐的一种做法，因为更直观。但是频繁使用鼠标操作按钮相对来说较费时间，不如使用快捷键便捷，因此指定到键盘为宏设置一个快捷键也是较常见的做法。

若选择将宏指定到键盘，则打开如图 6-62 所示的"自定义键盘"对话框，将光标定位到"请按新快捷键"文本框中，按下希望设置的快捷键。需要注意，单独一个字母是不可以使用的，必须跟 Ctrl 键、Alt 键或 Shift 键中的一个、两个或三个组合在一起使用。应尽量不使用 Word 已经使用的快捷键。如果一定要使用，就失去了快捷键的原有功能。另外指定的快捷键最好要方便记忆，有一定的规律性。

第 3 步：录制具体的操作。

录制开始后，鼠标的形状会变成 的模样，以提示我们正在录制宏。在录制宏时可以像正常操作文档一样，但是尽量不要有多余的操作动作。在本例中，就是先全选文字，然后修改字体为微软雅黑，再修改字体为 Consolas（目的是使其中的英文变为 Consolas，因为 Consolas 只对英文起作用，中文仍然是微软雅黑），接着将所有文字的字号修改为 11 号。

操作完成后，再次回到"视图"菜单，单击"宏"按钮下面的▼，在下拉菜单中单击"停止录制"按钮。也可以在"开发工具"选项卡下单击"停止录制"按钮。这样宏就录制好了。

图 6-62 "自定义键盘"对话框

6.9.4 管理宏

通过打开"宏"对话框,如图 6-63 所示,可以对宏进行各种管理,如创建、编辑、删除、运行及单步执行。也可以用管理器对宏方案项进行管理。

(1) 创建:新创建的宏会替换掉原有的宏。
(2) 编辑:将打开 Visual Basic 编辑器,允许修改宏代码。
(3) 删除:在删除前要求确认是否删除。
(4) 运行:一次性执行完宏。
(5) 单步执行:将打开 Visual Basic 调试器,通过按 F8 键逐条执行语句。

查看宏的方法有多种,第一种方法是单击"开发工具"选项卡下的"宏"按钮,或者单击"视图"选项卡下的"宏"按钮(注意应单击按钮的上部,不要单击▼)。另外还可以使用 Alt+F8 快捷键。

6.9.5 运行宏

运行宏的最简单方法就是单击指定到快速访问工具栏中的宏命令按钮,或者使用为宏指定的快捷键。

另一种运行宏的方式是在如图 6-63 所示的"宏"对话框中选择要运行的宏,单击"运行"按钮。

图 6-63　在"宏"对话框中管理宏

6.9.6　保存宏

宏依附于 Word 文件而存在,指定宏保存的位置就是指定宏依附于谁。在录制宏时可以设置录制好的宏保存的位置,宏保存位置的不同决定了宏的适用范围。如果创建的宏只需要在当前文档中使用,可以选择指定文档;如果需要在所有文件中都可以调用录制的宏,则需将宏保存在 Normal.dotm 文件中。这个文件的位置一般是 C:\Documents and Settings\Administrator\Application Data\Microsoft\Templates,也可能根据用户名和系统位置而不同。

在 Word 2003 及更早的版本中,Word 文档的扩展名是.doc,模板文件名是.dot,这两种文件都可以使用宏。在 20 世纪 90 年代中后期,宏病毒一度成为最流行的计算机病毒类型之一。宏病毒就是用宏代码编写的。为了避免感染宏病毒,此后 Word 文档的扩展名更改为.docx 和.docm,模板文件也相应更改为.dotx 和.dotm。这些文件对宏的处理方式不同,具体如表 6-6 所示。

表 6-6　Word 中的不同文件扩展名

扩 展 名	描　　述
.docx、.dotx	绝对不可能含有宏
.docm、.dotm	有可能含有宏
.doc、.dot	Word 2003 之前的版本,可能含有宏

6.9.7 宏安全性

在打开包含宏命令的 Word 文档时,可能会在功能区的下方弹出一条"安全警告"。用户单击"启用内容"按钮可以运行文档中的宏。若单击右侧的关闭按钮,则无法运行文档中的宏,但可见宏名和查看宏代码。

如果用户非常信任各种来源的 VBA 代码,可以单击"开发工具"选项卡下的"宏安全性"按钮,打开"信任中心"对话框,如图 6-64 所示,在"宏设置"中选择"启用所有宏"单选按钮,并勾选"信任对 VBA 工程对象模型的访问"复选框。

图 6-64 "信任中心"对话框

不过启用了所有宏以后就失去了一道防护宏病毒的天然屏障,不建议用户取消宏病毒防护功能。

习　　题

一、判断题

1. 分散对齐和两端对齐的唯一区别是在最后一行。
2. 我们可以把图片放置在 Word 的页眉中。
3. 英文标点状态下,不能从键盘上输入"、"。
4. 要删除分节符,必须转到普通视图才能进行。
5. "查找"命令只能查找字符串,不能查找格式。
6. 在插入页码时,页码的范围只能从 1 开始。
7. 目录生成后会独占一页,正文内容会自动从下一页开始。
8. 在 Word 中可以插入表格,而且可以对表格进行绘制、擦除、合并和拆分单元格、插入和删除行列等操作。

二、选择题

1. Word 中,如果要精确地设置段落缩进量,应该使用＿＿＿＿操作。
   A. 布局→页面设置   B. 视图→标尺
   C. 开始→样式   D. 开始→段落

2. Word 中,选定一行文本的技巧方法是＿＿＿＿。
   A. 将鼠标箭头置于目标处,单击
   B. 将鼠标箭头置于此行的选定栏并出现选定光标时单击
   C. 用鼠标在此行的选定栏双击
   D. 用鼠标三击此行

3. Word 中查找的快捷键是＿＿＿＿。
   A. Ctrl+H   B. Ctrl+F   C. Ctrl+G   D. Ctrl+A

4. Word 中,精确设置"制表位"的操作是＿＿＿＿。
   A. "插入"→"制表位"   B. "开始"→"段落"→"制表位"
   C. "格式"→"段落"   D. "格式"→"文字方向"

5. Word 中,以下有关"项目符号"的说法错误的是＿＿＿＿。
   A. 项目符号可以是英文字母   B. 项目符号可以改变格式
   C. ♯、& 不可以定义为项目符号   D. 项目符号可以自动顺序生成

6. 在 Word 中,单击"格式刷"按钮可以进行＿＿＿＿操作。
   A. 复制文本的格式   B. 保存文本
   C. 复制文本   D. 以上三种都不对

7. 在 Word 中,打印一个文件的第 1、3、5、7、8、9、10 页,页码范围设定正确的是＿＿＿＿。
   A. 1.3.5.7-10   B. 1、3、5、7/10   C. 1,3,5,7-10   D. 1-3-5-7\10

8. Word 中字号最大值是＿＿＿＿。
   A. 初号   B. 72   C. 1638   D. 无限大

9. 对于 Word 的"拆分表格"功能,正确的说法是＿＿＿＿。
   A. 只能把表格拆分为左右两部分   B. 只能把表格拆分为上下部分
   C. 可以自己设定拆成的行列数   D. 只能把表格拆分成列

10. 关于 Word 的文本框,＿＿＿＿说法是正确的。
    A. Word 中提供了横排和竖排两种类型的文本框
    B. 在文本框中不可以插入图片
    C. 在文本框中不可以使用项目符号
    D. 通过改变文本框的文字方向不可以实现横排和竖排的转换

11. 在 Word 中,如果要隐藏文档中的标尺,可以通过＿＿＿＿选项卡来实现。
    A. 插入   B. 编辑   C. 视图   D. 文件

12. 如何在 Word 2016 中插入手动分页符?
    A. 单击"布局"→选择"分隔符"→"分页符"
    B. 单击"插入"→"页码"

C. 按 Alt＋Enter 快捷键

D. 按 Shift＋Enter 快捷键

13. 在 Word 中使用_____快捷键,可以将光标快速移至文档尾部。

　　A. Ctrl＋Shift＋A　　B. Shift＋Home　　C. Ctrl＋A　　D. Ctrl＋End

14. 在 Word 中,要改变一些字符的字体和大小,首先应_____。

　　A. 选中字符

　　B. 在字符右侧单击

　　C. 单击工具栏中的"字体"图标

　　D. 单击"开始"中的"字体"命令

15. 一般情况下,如果忘记了 Word 文件的打开权限密码,则_____。

　　A. 可以以只读方式打开

　　B. 可以以副本方式打开

　　C. 可以通过属性对话框,将其密码取消

　　D. 无法打开

16. 在 Word 中使用 Ctrl＋B 快捷键后,字体发生什么变化_____。

　　A. 上标　　　　　B. 底线　　　　　C. 斜体　　　　　D. 加粗

17. 在 Word 中,用于将所选段落的首行除外的其他行向版心的位置进行缩进的是_____。

　　A. 左缩进　　　　B. 右缩进　　　　C. 首行缩进　　　D. 悬挂缩进

18. 在 Word 中,默认的视图方式是_____。

　　A. 普通视图　　　B. 页面视图　　　C. 大纲视图　　　D. Web 版式视图

19. 在 Word 中,若想建立新文档,可以使用的快捷键是_____。

　　A. Ctrl＋N　　　　B. Alt＋N　　　　C. Shift＋N　　　D. Ctrl＋Alt＋N

三、填空题

1. 在 Word 2016 中,想对文档进行字数统计,可以通过_____功能区来实现。

2. 在 Word 2016 中,给图片或图像插入题注是选择_____功能区中的命令。

3. 在"插入"功能区的"符号"组中,可以插入_____和符号、编号等。

4. 在 Word 2016 中的邮件合并,除需要主文档外,还需要已制作好的_____支持。

第 7 章　电子表格软件 Excel 2016

7.1　Excel 2016 概述

Microsoft Excel 是 Microsoft 公司出品的 Office 系列办公软件中的一个组件,本章介绍的版本为 2016。Excel 是一个优秀的电子表格软件,可以方便地对数据进行组织和分析,并把数据用各种统计图形象地表示出来。日常工作中常见的值班表、计划表、人员信息表、产品登记表等都可以利用 Excel 2016 软件来制作。

7.1.1　基本概念

1. 工作簿

工作簿是一个 Excel 文件(其扩展名为.xlsx)。一个工作簿可以包含多张工作表,它像一个文件夹,把相关的表格或图表存在一起,以方便处理。启动 Excel 后,会自动创建一个名为 Book1 的工作簿。

2. 工作表

工作簿中有若干由水平方向的行与垂直方向的列构成的表格,叫工作表,用于存储数据、处理数据。

一个工作簿中可以包含很多张工作表,当新建一个工作簿,默认有 1 张工作表,默认名称为 Sheet1。一张工作表可以有 1 048 576 行与 16 384 列。

用户在同一时间只能对一张工作表进行操作,正处于操作状态的工作表叫当前工作表。

3. 单元格

工作表的每个行与列交叉形成若干小格,称为单元格,它是 Excel 的基本元素,可以在单元格中输入数字、文字、日期、公式等数据。

每个单元格都有一个地址,由"行号"与"列标"组成。其中行号为数字 1~1 048 576,列标为字母 A~Z、AA~ZZ、AAA~XFD。例如,G3 表示是第 3 行第 7 列的单元格的地址。

7.1.2　主要功能

Excel 2016 主要具有以下几个功能。

(1) 快捷地制作各种报表,输入和编辑数据,也可导入其他格式的外部数据。

(2) 对报表进行修饰和美化,如设置边框和底纹、设置单元格的背景色、插入图片和艺术字等。

(3) 提供了丰富的函数,如数学和三角函数、日期函数、文本函数、查找与引用函数、逻辑函数等,以便快速解决各种数据计算问题。

（4）对数据列表中的数据进行分析和管理，如排序、筛选、分类汇总、合并计算等。

（5）根据需要生成各种类型的图表，将数据的变化以图形方式直观、形象地呈现出来。

（6）对于大数据量的数据列表，通过数据透视表和数据透视图，可以根据需要建立一个交叉列表，通过更改行、列标签来生成相应的统计数据。

（7）使用模拟运算表，查看一个计算公式中某些参数的值的变化对计算结果的影响，也称为灵敏度分析。

（8）通过录制宏将一些需要重复的操作记录下来，如创建报表、对报表进行格式设置以及一些数据的处理与分析等，在需要时执行宏来重复这些操作，达到节约工作时间的目的。

（9）提供了 VBA 的编程功能，可以通过代码来控制 Excel 的很多操作，如工作簿和工作表的新建、保存等。

7.1.3 界面组成

通过"开始"菜单启动 Excel 2016 后，系统将自动打开一个默认名为"工作簿 1"的新工作簿，界面如图 7-1 所示，主要由快速访问工具栏、标题栏、功能区、编辑栏、工作表和状态栏等部分组成。其中快速访问工具栏、标题栏、功能区和状态栏的作用与 Word 中类似，不再赘述。以下只介绍 Excel 独有的对象。

图 7-1　Excel 2016 工作簿界面

1. 编辑栏

编辑栏主要用于显示、输入和修改活动单元格中的数据或公式。当在工作表的某个单元格中输入数据时，编辑栏会同步显示输入的内容。

2. 工作区

工作表编辑区位于工作簿窗口的中央区域，由行号、列标和网格线构成。每张工作表由

1 048 576 行和 16 384 列组成,行与列的相交处构成一个单元格,也是工作表中的基本编辑单位,用于显示或编辑工作表中的数据。

3. 工作表标签

工作表标签位于工作簿窗口的左下角,默认名称为 Sheet1、Sheet2、Sheet3、…,单击不同的工作表标签可在工作表间进行切换。

7.2 基 本 操 作

Excel 中的对象分工作簿、工作表和单元格。工作簿就是 Excel 文档,因此对工作簿的操作就是文档的操作,包括创建、打开、保存与关闭工作簿,用户可以借鉴 Word 中文档操作的方法。下面主要介绍工作表与单元格的基本操作。

7.2.1 工作表操作

1. 选择工作表

在 Excel 中,要对工作表进行重命名、删除、移动或复制等操作前,首先得选择工作表。
1) 选择单张工作表
单击工作簿底部相应的工作表标签。
2) 选择连续的多张工作表
首先单击第一个工作表标签,然后按下 Shift 键并单击最后一个工作表标签。松开 Shift 键后,这两张工作表之间的所有工作表标签背景都变为白色,表示它们都已被选中。
3) 选择不连续的多张工作表
首先单击第一个工作表标签,然后按下 Ctrl 键并一一单击所需的工作表标签。
当同时选择了多张工作表时,标题栏上将出现"工作组"字样。单击显示为黑色的工作组标签可取消工作组,标题栏的"工作组"字样也同时消失。

2. 重命名工作表

新建的工作表默认以 Sheet1、Sheet2、Sheet3……的方式命名,为了便于管理,有时需将其改为有意义的名字。重命名工作表的方法如下。
方法一:双击要重命名的工作表标签,可以输入新的名字,输入完成后按 Enter 键。
方法二:右击要重命名的工作表标签,在弹出的快捷菜单中选择"重命名"。
方法三:单击"开始"选项卡下"单元格"组中的"格式"按钮,在下拉菜单中选择"重命名工作表"。

3. 插入新工作表

Excel 允许一次插入一张或多张工作表。插入工作表有以下三种方法。
方法一:单击工作表标签右侧的"新工作表"按钮⊕,新插入的工作表自动成为当前工作表,并有一个默认的名字。
方法二:右击工作表标签,在弹出的快捷菜单中选择"插入"命令,在打开的对话框中选择"常用"选项卡,单击"工作表"图标,再单击"确定"按钮。
方法三:在"开始"选项卡下单击"单元格"组中"插入"按钮下方的▼,在下拉菜单中选择"插入工作表"命令。

4. 删除工作表

当不需要工作簿中的工作表时，可将其删除。删除工作表有如下方法。

方法一：先选择要删除的工作表，然后单击"开始"选项卡"单元格"组中"删除"按钮下方的▼，在下拉菜单中选择"删除工作表"。

方法二：先选择要删除的工作表，然后右击其工作表标签，在弹出的快捷菜单中选择"删除"。

删除工作表时，若工作表中包含数据，会出现提示对话框，单击对话框中的"删除"按钮可将选中的一张或多张工作表同时删除。删除工作表将永久删除，不能恢复。

5. 移动或复制工作表

1）使用菜单

第1步：选中要移动或复制的工作表。

第2步：单击"开始"选项卡"单元格"组中的"格式"按钮，选择下拉菜单中的"移动或复制工作表"命令，或者右击选中的工作表标签，在快捷菜单中选择"移动或复制"，都将出现如图7-2所示的对话框。

第3步：在对话框中选择好目标工作簿，再选择工作表要移动或复制的位置，并根据需要选择是否建立副本，最后单击"确定"按钮即可。"建立副本"即为复制，否则为移动。

2）使用鼠标拖动

使用鼠标拖动实现移动或复制工作表的方法如下。

第1步：打开目标工作簿，选中要移动或复制的工作表。

第2步：按住鼠标左键沿着标签栏拖动鼠标，当小黑三角形移到目标位置时，松开鼠标左键即可移动工作表。若是复制工作表，则在拖动过程中要按住Ctrl键。

图7-2 "移动或复制工作表"对话框

需注意的是，在不同工作簿间移动或复制工作表时，必须保证源工作簿和目标工作簿均可见。这可以通过"视图"选项卡的"全部重排"功能，在弹出的"重排窗口"对话框中设置窗口的排列方式来实现。

6. 拆分工作表

图7-3 "冻结窗格"按钮

当工作表中的数据比较多，并且需要比较工作表中不同部分数据时，可以对工作表进行拆分，以使屏幕能同时显示工作表的不同部分，方便用户对较大的表格进行数据比较。

单击工作表中某单元格，单击"视图"选项卡"窗口"组中的"拆分"按钮，工作表将被拆分成上、下、左、右四部分。在工作表处于拆分状态时，再次单击"视图"选项卡"窗口"组中的"拆分"按钮，将取消拆分的效果。

7. 冻结工作表窗格

选择"视图"选项卡"窗口"组中的"冻结窗格"按钮，将打开如图7-3所示的下拉菜单，根据需要选择需要冻结的内容即可。

若选择"冻结拆分窗格",将在选中的单元格的上面和左边出现两条细实线,细实线的上面和左边部分单元格区域不再随着滚动条而滚动。

若需要取消冻结,则再次单击"冻结窗格"按钮,在下拉菜单中单击"取消冻结窗格"命令即可。

7.2.2 单元格、行、列基本操作

1. 选择单元格

单元格是存放输入数据或公式的区域。在对单元格进行编辑操作之前,首先要选择一个或多个单元格。

(1) 选择单个单元格。用鼠标直接单击所要选择的单元格,选中的单元格将以黑色边框显示。

(2) 选择连续的单元格。在要选择区域的第一个单元格上按下鼠标左键并拖动鼠标,到适当位置后松开。鼠标划过的连续的矩形区域即为选中的单元格区域。或者先单击要选择区域的第一个单元格,然后按下 Shift 键的同时单击最后一个单元格,此时两次单击之间的连续多个单元格即为选中的单元格区域。

(3) 选择不连续的单元格。单击任意一个要选择的单元格,然后按住 Ctrl 键单击其他需要选择的单元格。

(4) 选择一行或一列。单击所要选择行的行号或列的列标。

(5) 选择连续的多行(列)。选中第一行(列)后,按住鼠标左键并拖至要选择的最后一行(列)。或者选中第一行(列)后,按住 Shift 键再选中最后一行(列)。

(6) 选择不连续的多行(列)。选中第一行(列),然后按住 Ctrl 键的同时一一选中其他需要选择的行(列)。

(7) 全选。按 Ctrl+A 快捷键或者单击工作区左上角的全选按钮 ◢。

2. 合并与取消单元格合并

1) 合并单元格

合并单元格是指将相邻的两个或多个水平或垂直单元格区域合并为一个单元格。区域左上角单元格的名称和内容自动成为合并后的单元格的名称和内容,区域中其他单元格的内容将被删除。合并单元格有以下方法。

方法一:先选中要进行合并操作的单元格区域,单击"开始"选项卡"对齐方式"组中的"合并后居中"按钮或其右侧的▼。各合并按钮功能如下。

合并后居中:将选中的所有单元格合并为一个单元格,且合并后的单元格的内容默认为水平居中、垂直居中显示。

跨越合并:将所选单元格的每行分别合并成一个大的单元格,但并不改变原有的对齐方式。

合并单元格:将选中的所有单元格合并为一个单元格,且保留合并前左上角单元格的对齐方式。

方法二:先选中要进行合并操作的单元格区域,然后单击"开始"选项卡"对齐方式"组右下角的 ⬚,打开"设置单元格格式"对话框,如图 7-4 所示。单击对话框的"对齐"选项卡,选中"合并单元格"复选框,单击"确定"按钮。通过此对话框,可同时设置合并后的单元格内

容的"水平对齐""垂直对齐"方式以及文本的"方向"。

图 7-4 "设置单元格格式"对话框

2) 取消合并单元格

取消合并单元格的方法如下。

方法一：选中已经合并的单元格，单击"开始"选项卡"对齐方式"组中的"合并后居中"按钮，或单击"合并后居中"按钮右侧的▼，在下拉列表中选择"取消单元格合并"。

方法二：选中已经合并的单元格，单击"开始"选项卡"对齐方式"组右下角的 ，打开"设置单元格格式"对话框。单击对话框的"对齐"选项卡，取消勾选"合并单元格"复选框，单击"确定"按钮。

3. 插入单元格、行与列

当在工作表中插入单元格、行或列后，原有的单元格将发生移动。

1) 插入单元格

首先选择要插入单元格的位置，然后单击"开始"选项卡"单元格"组中的"插入"按钮，在下拉列表中选择"插入单元格"，或右击要插入单元格的位置，在快捷菜单中选择"插入"，将会打开"插入"对话框，选择一种插入方式后，单击"确定"按钮。

2) 插入行或列

单击某单元格，然后单击"开始"选项卡"单元格"组中的"插入"按钮，在下拉列表中选择"插入工作表行"或"插入工作表列"，将在该单元格的上方插入一行或左侧插入一列。也可以通过插入单元格的方法，选择"整行"或"整列"插入方式插入行或列。

4. 删除单元格、行与列

先选中要删除的单元格、行或列，然后单击"开始"选项卡"单元格"组中的"删除"按钮，选择"删除单元格""删除工作表行"或"删除工作表列"；或者右击要删除的一个单元格，在快捷菜单中选择"删除"，在随后打开的"删除"单元格对话框中选择一种删除方式后，单击"确定"按钮。

7.3 输入和导入数据

Excel 中的数据类型有：文本类型、数值类型、日期类型、时间类型和逻辑类型。

7.3.1 输入文本型数据

文本类型也叫字符型，是由汉字、字母、空格、数字、标点符号等字符组成。例如，"学生成绩表""SCORE""A3001"等都是文本类型的数据。

文本的输入比较简单，一般的文本直接输入即可。文本数据默认的对齐方式为左对齐。Excel 中文本的最大长度为 32 767 个字符，当输入的文本超过了单元格的宽度时，系统会自动将文本依次显示在右边相邻的单元格中，但内容仍然存储在当前单元格中。如果相邻的单元格中有数据存在，则本单元格中超出部分的文本不显示。

对于由纯数字组成的文本，例如学号、手机号、身份证号码、邮政编码等，在输入时应该在数字前加一个英文的单引号作为纯数字文本的前导符。例如，在如图 7-5 所示的工作表中，如果在 A1 单元格直接输入一个身份证号码，此时由于系统默认为数值型数据，而身份证号码的长度为 18 位数，该单元格会将身份证号码以科学记数法来显示。在 A2 单元格中，先输入一个英文的单引号，则系统会将其转换为文本型数据，此时可以正确显示身份证号码。单元格左上角的绿色三角形标记表示文本类型的数据。

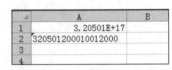

图 7-5 输入身份证号码

如果想要将所有文本显示在本单元格中，可以在输入时按下 Alt＋Enter 快捷键在单元格内换行，或者在"设置单元格格式"对话框的"对齐"选项卡下将其设置为"自动换行"。

7.3.2 数值型数据

数值型数据由数字 0～9、正负号（＋、－）、小数点（.）、百分号（％）、千位分隔符（,）、货币符号（¥ 或 $）、指数符号（E 或 e）、分数符号（/）等组成。例如，123.456、$200,345.678、1.4E−5 和 1 2/3 等都是有效的数值型数据。数值数据默认的对齐方式为右对齐。

数值数据的输入需注意负数、分数的输入方法。

1. 负数的输入

可以直接输入负号及数字，另外还可以用圆括号来进行负数的输入，如输入(100)就相当于−100。

2. 分数的输入

若要输入一个分数 2/3，方法是先输入一个 0，然后输入一个空格，再输入 2/3，即 0 2/3。若不输入 0 与空格而直接输入 2/3，系统会显示为"2 月 3 日"。

7.3.3 日期与时间型数据

Excel 中将日期类型的数据存储为整数,范围为 1~2 958 465,对应的日期为 1900 年 1 月 1 日—9999 年 12 月 31 日。负数不能对应日期,在单元格中显示♯♯♯♯♯♯♯。

Excel 将时间类型的数据存储为小数,0 对应 0 时,1/24 对应 1 时,1/12 对应 2 时。如 1.5 对应于 1900 年 1 月 1 日 12:00。

日期与时间的输入要遵循一定的格式,否则系统会把输入的数据当作文本来处理。日期的一般格式为"年-月-日"或"月-日"或"日-月"。如果日期中没有给定年份,则系统默认使用当前的年份(以计算机系统的时间为准)。若输入的年份为两位整数时,输入的年份在 30~99 时,默认情况下,系统会在输入的两位年份前面自动加上 19,而年份为 00~29 时,系统自动加上 20。

时间的一般格式为"时:分:秒",如果要同时输入日期与时间,需要在日期与时间之间输入一个空格。可以按 24 小时制输入时间,也可以按 12 小时制输入时间,系统默认为 24 小时制。

日期与时间数据默认的对齐方式为右对齐,按下"Ctrl+;"快捷键可以输入当前系统日期;按下"Ctrl+Shift+;"快捷键可以输入当前系统时间。

7.3.4 逻辑型数据

逻辑类型的数据只有两个值:TRUE 与 FALSE,分别表示"真"与"假"。一般情况下,不会直接在单元格中输入逻辑型数据。对于逻辑型数据通常是与 IF 函数结合使用,具体参见后面的函数章节。

7.3.5 快速输入数据

在输入大量重复或具有一定规律的数据时,为节省输入时间,提高工作效率,Excel 2016 提供了多种快速输入方法。

1. 使用填充柄

填充柄是位于当前选中单元格右下角的小黑方块。当鼠标移动到填充柄上时,鼠标指针由空心十字形✦变为实心十字形✚。此时,若按下鼠标左键拖动填充柄,则可在连续的单元格中填充相同或有规律的数据。使用填充柄可以在相邻的单元格中快速地进行数据填充。

1) 填充相同的数据

首先在第一个单元格中输入数据,然后向上、下、左或右拖动填充柄即可。

2) 填充等差序列

首先在第一个单元格中输入序列的第一个数值,然后在第二个单元格中输入序列的第二个数值,将这两个单元格选中,拖动右下角的填充柄进行填充即可。

3) 填充等比序列

等比序列的填充不能直接使用填充柄,必须使用菜单填充。输入好第一个数据后,选择"开始"选项卡"编辑"组中的"填充"按钮,在下拉菜单中单击"序列"命令,打开"序列"对话框,如图 7-6 所示,选择类型为"等比序列",输入"步长值"和"终止值",单击"确定"按钮即可。

4）填充自定义序列

Excel 中内置了一些自定义序列，如"星期日、星期一、星期二……""甲、乙、丙、丁……""Sunday、Monday、Tuesday……"等。这些序列可以直接用填充柄来生成，例如，在如图 7-7 所示的工作表中，在 A1 单元格中输入"星期日"后，B1：G1 是使用填充柄填充的效果，A3 到 G3 是按住 Ctrl 键再使用填充柄填充的效果，即全部填充为"星期日"。

图 7-6 "序列"对话框   图 7-7 填充自定义序列

若要填充用户个人需要的序列，如"赵""钱""孙""李""周""吴""郑""王"，则需要首先将该序列添加到系统的自定义序列中，具体操作方法如下。

第 1 步：选择"文件"选项卡下的"选项"按钮，打开"Excel 选项"对话框。

第 2 步：在左栏选择"高级"命令，如图 7-8 所示。在右栏选择"常规"分组中的"编辑自定义列表"按钮，打开如图 7-9 所示的"自定义序列"对话框。

图 7-8 "Excel 选项"对话框

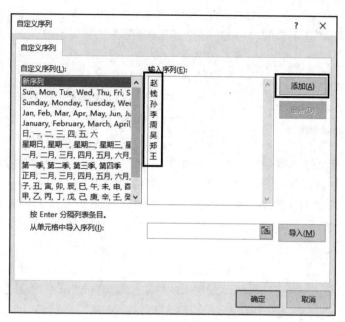

图 7-9 "自定义序列"对话框

第 3 步：在"输入序列"列表框中输入自定义序列，每个数据项一行，或用英文逗号分隔。

第 4 步：单击"添加"按钮将该序列添加到自定义序列列表中。

第 5 步：单击"确定"按钮关闭对话框，继续关闭"Excel 选项"对话框。

第 6 步：选中 A1 单元格，输入"赵"，拖动 A1 单元格的填充柄即可。

在添加自定义序列时，也可以单击如图 7-9 所示对话框中的按钮，选择指定单元格区域的内容后单击"导入"按钮。对于用户添加的自定义序列，选中后可单击"删除"按钮将其从系统中删除。

2. 在不相邻的单元格中输入相同的数据

选定需要输入数据的区域(可以连续，也可以不连续)，输入数据后按下 Ctrl+Enter 快捷键即可以在所有选中的单元格中填充相同的数据。

3. 在多张工作表同时输入相同内容

Excel 中可以同时在多张工作表的相同区域输入相同内容，方法是同时选中几张工作表，然后输入内容。经此操作后，被选中的工作表的相同区域中便会有相同的内容。

需注意的是，在完成多张工作表中输入相同内容的工作后，一定要单击任意一张工作表标签，来取消工作表的多选状态。

7.3.6 导入外部数据

要将其他文档(如 Word 文档、PowerPoint 文档、网页、文本文件、Excel 工作簿、Access 数据库、XML 文件等)中的数据转换到 Excel 工作表中，通常有两种方法：一种方法是使用剪贴板，另一种方法是使用 Excel 的数据导入功能。

使用剪贴板的操作方法比较简单，在此不再赘述。

使用数据导入功能可以将文本文件、网页、Access 数据库等文件中的数据导入到 Excel 工作表中。在"数据"选项卡的"获取外部数据"组中提供了不同的按钮来导入相应的数据，如图 7-10 所示。

图 7-10　"获取外部数据"组

1. 从文本文件导入

从文本文件中导入数据的操作方法如下。

第 1 步：单击"数据"选项卡"获取外部数据"组中的"自文本"按钮，打开"导入文本文件"对话框。

第 2 步：选择要导入数据的文本文件后单击"打开"按钮，在"文本导入向导"的第 1 步会自动判断数据中是否具有分隔符，单击"下一步"按钮。

第 3 步：在"文本导入向导"的第 2 步，设置分隔数据所包含的分隔符号。设置完成后，单击"下一步"按钮。

第 4 步：在"文本导入向导"的第 3 步，设置每列的数据类型，一般情况下可以使用系统识别的默认类型。设置完成后，单击"完成"按钮。

第 5 步：在"导入数据"对话框设置数据的存放位置，单击"确定"按钮。

2. 从网站导入

从网站中导入数据的操作方法如下。

第 1 步：打开需要导入的网站，将其 URL 地址复制到剪贴板。

第 2 步：选择"数据"选项卡下"获取外部数据"组中的"自网站"按钮，打开"新建 Web 查询"对话框。

第 3 步：将 URL 地址粘贴到对话框中的"地址"栏后，单击"转到"按钮，对话框下方显示需要导入数据的网页。

第 4 步：在网页的左侧有若干 ，单击某个箭头后，箭头符号变为 ，此时，网站中相应的区域被选中，该区域的内容即为需要导入 Excel 的数据，如图 7-11 所示。

图 7-11　"新建 Web 查询"对话框

第 5 步：单击"导入"按钮后，设置数据的存放位置，单击"确定"按钮即可。

3. 从 Access 导入

从 Access 中导入数据的操作方法如下。

第 1 步：选择"数据"选项卡"获取外部数据"组中的"自 Access"按钮，打开"选择表格"对话框，如图 7-12(a)所示。

第 2 步：选择需要导入的表名称，单击"确定"按钮。

第 3 步：打开如图 7-12(b)所示的"导入数据"对话框，设置数据的显示方式和数据的放置位置后，单击"确定"按钮。

(a) "选择表格"对话框　　　　　　　　(b) "导入数据"对话框

图 7-12　从 Access 导入数据

7.4　编辑和整理数据

对于已经输入好的表格数据，用户经常需要对其进行一些编辑和整理的操作，如查找数据、添加批注等。

7.4.1　数据的查找和替换

Excel 2016 提供了强大的查找与替换功能，可以通过单击"开始"选项卡的"编辑"组中的"查找和选择"按钮，打开下拉菜单，选择适当的功能。

1. 查找和替换

Excel 中的查找和替换功能与 Word 中类似，打开"查找与替换"对话框后，"查找"选项卡用于查找指定的数据；"替换"选项卡可以将现有数据快速替换为其他数据。

2. 转到

打开"定位"对话框，在"引用位置"文本框中输入一个地址，该地址可以是本工作表，也可以是其他工作表，在输入时需要按照以下格式书写：

[工作簿名称]工作表名称！单元格地址

输入好引用位置后，单击"确定"按钮即可选中指定的单元格。

3. 定位条件

打开"定位条件"对话框,在该对话框中可以设置各种筛选条件,如选择"批注",则Excel会将所有含有批注的单元格同时选中。

7.4.2 操作的撤销和恢复

在编辑工作表时,出现各种操作错误在所难免。使用 Excel 的撤销功能可以撤销最近一次或多次的操作结果,而恢复功能则可以将撤销的操作再次恢复。

Excel 2016 中的撤销和恢复按钮在快速访问工具栏中,若快速访问工具栏中未显示,则单击快速访问工具栏最右侧的"自定义快速访问工具栏"按钮,在下拉菜单中选择需要的快速访问工具即可。"撤销"按钮 用于撤销,"恢复"按钮 用于恢复。

7.4.3 批注的插入

批注是对单元格进行说明的信息。一个单元格有了批注以后,在其右上角会有一个红色的三角标记,当鼠标指针移动到单元格上时,会自动显示所设置的批注内容。

1. 添加批注

为单元格添加批注的方法有如下两种:

方法一:选中单元格,选择"审阅"选项卡下"批注"组里的"新建批注"按钮,在出现的批注区域中输入批注内容。

方法二:右击单元格,在弹出的快捷菜单中选择"插入批注"命令,然后在出现的批注区域中输入批注内容。

2. 编辑批注

若要修改批注,方法有如下两种。

方法一:选中有批注的单元格,单击"审阅"选项卡下"批注"组里的"编辑批注"按钮,打开批注框,编辑其中的内容即可。

方法二:右击单元格,在弹出的快捷菜单中选择"编辑批注",此时打开批注框,编辑其中的内容即可。

3. 删除批注

删除批注有以下几种方法。

方法一:选中有批注的单元格,单击"审阅"选项卡下"批注"组里的"删除"按钮。

方法二:右击有批注的单元格,在弹出的快捷菜单中选择"删除批注"命令。

方法三:选中有批注的单元格,单击"审阅"选项卡下"批注"组里的"编辑批注"按钮,然后单击批注框的边框,选中批注框,按下 Delete 键删除批注。

7.5 格式化工作表

为了使表格中的数据更加美观,通常在完成数据的录入工作后,都会进行工作表内容的格式化,如设置字体格式、对齐方式等。

7.5.1 套用表格格式

为了迅速建立适合于不同专业需求的工作表,Excel 2016 预制了 60 种外观精美的表格格式。具体操作方法如下。

第 1 步：选中需要设置格式的表格区域。

第 2 步：选择"开始"选项卡"样式"组中的"套用表格格式"按钮，在下拉菜单中选择合适的表格格式。

第 3 步：在弹出的"套用表格格式"对话框中确认引用范围后，单击"确定"按钮。

第 4 步：单击"设计"选项卡"工具"组中的"转换为区域"按钮，弹出询问"是否将表格转换为普通区域？"的消息提示框，单击"确定"按钮，将表格转换成普通数据表。

7.5.2 设置字体格式

单元格内容的字体、字形、字号以及颜色等格式可以利用"开始"选项卡下的"字体"组进行设置，也可以单击"字体"组右下角的 ，打开"设置单元格格式"对话框，在"字体"选项卡下对字体格式进行设置。

7.5.3 设置数字格式

Excel 中提供的数据类型有：常规、数值、货币、会计专用、日期、时间、百分比等。设置数字格式只是更改单元格中数值的显示形式，并不影响其实际值，具体操作方法是：选择要设置数字格式的单元格区域，在"开始"选项卡下单击"数字"组中的"常规"下拉列表框，如图 7-13(a)所示，在打开的列表框中选择要设置的数值类型，如"货币"类型、"百分比"类型、"数字"类型等，如图 7-13(b)所示。

(a) "常规"选项　　(b) "数字"选项下拉列表

图 7-13　"数字"组

在"数字"组中还提供了"会计数字格式"按钮 、"百分比样式"按钮 %、"千位分隔式"按钮 、"增加小数位数"按钮 、"减少小数位数"按钮 。单击以上格式按钮，可快速设置数字的格式。

需要对数字的格式进行进一步设置时，可以单击"数字"组右下角的 ，也可选择

图 7-13(b)所示列表中的最后一项"其他数字格式",均可打开如图 7-14 所示的"设置单元格格式"对话框的"数字"选项卡。对话框的右侧将根据选择的数字类型给出对应的详细设置,比如"数值"类型的右侧可以设置小数位数、负数形式等信息。

图 7-14 "设置单元格格式"对话框的"数字"选项卡

7.5.4 设置对齐方式

对齐是指单元格内容相对于单元格上下左右的位置,分为水平对齐和垂直对齐。水平对齐方式有:常规、靠左、居中、靠右、填充、两端对齐、跨列居中。垂直对齐方式有:靠上、居中、靠下、两端对齐、分散对齐。

设置单元格内容对齐方式和文字方向的方法是选择要设置对齐方式的单元格区域,在"开始"选项卡下的"对齐方式"组里单击需要的对齐按钮。

(1) ≡ ≡ ≡ 分别表示"顶端对齐""垂直居中""底端对齐"。

(2) ≡ ≡ ≡ 分别表示"文本左对齐""居中""文本右对齐"。

(3) ≫ ▾ 为"方向"按钮,用于设置文字的方向,选择其下拉列表中的旋转方向即可改变单元格中的文字方向。

(4) ← → 分别为"减少缩进量"和"增加缩进量"按钮,可以将单元格中的文字缩进或取消缩进。

(5) ≣ 为"自动换行"按钮,单击该按钮,可以根据单元格的宽度多行显示单元格中的所有内容。

(6) 合并后居中 ▾ 的下拉菜单中分别有如下几个功能,需要注意的是,进行单元格合并时,若不止一个单元格中有内容,则系统只保留选中区域左上角单元格的内容。

① "合并后居中"按钮可以将多个单元格合并,并使内容水平居中。
② "跨越合并"按钮仅将同一行中的多个单元格合并,保留原有的对齐方式。
③ "合并单元格"按钮可以将若干连续的单元格合并。
④ "取消单元格合并"按钮可以取消上述的各种合并方式所合并的单元格。

若需要对单元格的对齐方式进行更为详细地设置,则单击"对齐方式"组右下角的 ,打开"设置单元格格式"对话框的"对齐"选项卡,如图7-15所示,根据需要设置即可。

图7-15 "设置单元格格式"对话框的"对齐"选项卡

对话框右侧的文字方向是指单元格内容在单元格中显示时偏离水平线的角度,默认为水平方向。

如图7-16所示的示例中,单元格A1中的内容"课程表"的对齐方式为A1:F1的"合并后居中",而单元格B1中的内容"2018年春学期"则是从B2:F2的"跨列居中"。请注意这两种居中方式的区别,"合并后居中"将所有的单元格先合并然后再居中,而"跨列居中"则不会合并单元格。

7.5.5 设置边框和填充色

1. 设置边框

设置单元格边框的方法如下。

第1步:选择要设置边框的单元格区域。

第2步:在"开始"选项卡下的"字体"组中,单击 ▾按钮右侧的▼,在下拉菜单中选择需要的边框样式。

若要设置更多的边框样式,则单击"设置单元格格式"对话框中的"边框"选项卡,如图

图 7-16 对齐方式示例

7-17 所示。在线条"样式"框中选择线型,在"颜色"下拉列表中选择线条颜色(默认为黑色),单击"预置"区中的"外边框"或"内部"按钮,将选择的线型应用到外边框或内部边框,同时预览区中可看到应用的效果。若单击"无"按钮,则可取消设置的边框效果。单击"边框"区中的八个按钮,可单独设置所选中单元格区域的上、下、左、右、中间以及斜线的样式。

图 7-17 "边框"选项卡

2. 设置填充色

设置单元格填充色的方法如下。

第 1 步:选择要设置填充的单元格区域。

第 2 步:在"开始"选项卡下的"字体"组中,单击 按钮右侧的▼,在下拉菜单中选择需要的填充颜色。

若要设置更多的填充样式,则单击"设置单元格格式"对话框中的"填充"选项卡,如图 7-18 所示。选择"背景色"颜色,若选择的是"图案样式"中的一种样式,则可以同时设置背

图 7-18 "填充"选项卡

景色和图案颜色,在"示例"区域可以显示预览效果。

7.5.6 设置行、列格式

默认情况下,Excel 工作表中所有行的行高和所有列的列宽分别都是相等的。当在单元格中输入较多数据时,经常会出现内容显示不完整的情况(只有在编辑栏中才能看到完整数据),此时就需要适当调整单元格的行高和列宽。对于有些行或列,当不需要查看时,还可将它们隐藏起来。

1. 设置行高或列宽

设置单元格的行高或列宽有两种方法,一种是使用鼠标直接拖动,另一种是利用菜单。

通过鼠标拖动设置行高或列宽的操作方法是:将鼠标指针移到某行行号的下框线或某列列标的右框线处,当鼠标指针变为✢或✣时,按下鼠标左键进行上下或左右移动(在行号或列标处会显示当前行高或列宽的具体数值,且工作表中有一根横向或纵向的虚线),到合适位置后释放鼠标即可。

利用菜单设置行高的方法是选择要设置行高的若干行,选择"开始"选项卡的"单元格"组中的"格式"按钮,在下拉菜单中选择"行高…",打开"行高"对话框。在行高输入框中输入行高值,如 15、20 等。单击"确定"按钮。

若在下拉菜单中选择"自动调整行高",则不会打开"行高"对话框,而是系统自动调整各行的行高,以使单元格内容全部显示出来。

利用菜单设置列宽的操作步骤与设置行高的步骤类似,首先选择要设置列宽的若干列,选择"开始"选项卡"单元格"组中的"格式"按钮,在下拉菜单中选择"列宽",打开"列宽"对话框。在列宽输入框中输入列宽值,如 25、30 等。单击"确定"按钮。

2. 行或列的隐藏与取消

若要将若干行或列隐藏起来,采用下列方法。

方法一:将要隐藏的若干行的行高或列的列宽设置为数值 0。

方法二:选择"开始"选项卡下的"单元格"组里的"格式"按钮,在下拉菜单中选择"隐藏和取消隐藏"功能,在级联菜单中选择"隐藏行"或"隐藏列"。

方法三:选择好需要隐藏的若干行或若干列,在行号或列标上右击,在弹出的快捷菜单中选择"隐藏"。

若要将隐藏的若干行或列重新显示出来,采用下列方法。

方法一:将鼠标指针移到隐藏行下方的行框线或隐藏列右边的列框线附近,当鼠标指针变为 ↔,按下鼠标左键向下或向右拖动即可。

方法二:选中包含隐藏行或隐藏列在内的若干行或列,如第 3 行被隐藏,则选中第 2 行到第 4 行。选择"开始"选项卡下的"单元格"组里的"格式"按钮,在下拉菜单中选择"隐藏和取消隐藏"功能,在级联菜单中选择"取消隐藏行"或"取消隐藏列"。

方法三:选中包含隐藏行或隐藏列在内的若干行或列,在行号或列标上右击,在弹出的快捷菜单中选择"取消隐藏"。

7.5.7 格式的复制和删除

1. 格式的复制

与 Word 相同,在 Excel 中同样也提供了格式刷的功能,使用"开始"选项卡下的格式刷按钮,可以将相同的格式复制到其他单元格区域中。单击"格式刷"按钮可以复制一次格式,双击"格式刷"按钮可以将复制好的格式多次应用到新的单元格中。

2. 删除单元格的格式

若需要一次性删除单元格的所有格式,有以下两种操作方法。

方法一:单击"开始"选项卡"编辑"组中的"清除"按钮,在下拉列表中选择"清除格式"。

方法二:选中一个未编辑过的空白单元格,单击格式刷按钮,然后拖动鼠标去选中要删除格式的单元格区域。

7.6 公式和函数

Excel 最特出的特点就是可以使用公式进行数据处理。公式可以由运算符、常量、单元格引用以及函数组成。函数是一些预定义的特殊公式,可以用来执行数据处理任务如数据计算、分析等。

7.6.1 运算符

Excel 中常用的运算符有数值运算符、字符运算符和关系运算符。

1) 数值运算符

数值运算符主要有"＋""－""*""/""^",其运算对象主要是数值类型的数据,如由数值运算符、数值类型的数据以及相关函数组成的数值表达式,返回结果为数值类型。

2）字符运算符

字符运算符的运算对象为文本类型的数据,只有一种连接运算"&",连接运算的结果类型仍然为文本类型。文本类型的常量在连接运算时需要加上双引号,但纯数字文本的引号可以省略。例如,"123"&"456"与123&456的结果都为文本123456。

3）关系运算符

关系运算符运算的对象是两个相同类型的数据。关系运算符包括"＝""＜＞"">"">＝""＜""＜＝"。关系表达式的运算结果为逻辑型,即其值只能是 TRUE 或 FALSE。

文本数据的大小约定为：汉字比字母大；字母比数字大；字母 A 最小,Z 最大；同一个字母大小写相等；汉字以对应的拼音字母大小顺序为准；数字 0 最小,9 最大。

数值数据的大小与数学中的约定相同。逻辑型数据中的 TRUE 比 FALSE 大。日期时间的大小以转换为数值后的大小为准。

7.6.2 公式的使用

在输入公式时,必须以＝开头。普通公式在输入完成后直接按下 Enter 键,或用鼠标单击公式编辑栏上的 ✓ 按钮即可。例如,输入＝A1＋B2。

1. 创建和编辑公式

创建公式时,可以先单击单元格,然后直接输入公式,或者先单击单元格,再单击编辑栏,然后输入公式。公式输入结束后,单击编辑栏左侧的"输入"按钮 ✓ 或直接按 Enter 键。

所有公式必须以"＝"开头,后面紧跟运算符、常量、单元格引用、函数名等。对于单元格引用,可以由键盘输入,也可以用鼠标单击要引用的单元格。对于公式中的函数,可以直接输入函数名及其参数,也可以单击"插入函数"按钮,在随后弹出的对话框中选择函数名及函数参数。在输入的过程中,若要取消,则单击"取消"按钮 ✗。

若发现输入的公式有误,可单击含有公式的单元格,然后在编辑栏中修改,修改完毕单击"输入"按钮 ✓ 或按 Enter 键即可。

2. 使用公式时常见的错误代码

在单元格中输入公式后,若不能正确地计算出结果,将会在单元格中显示错误信息,了解这些错误代码的含义,可以帮助我们更快地找到错误原因。常见的错误代码及其含义如表 7-1 所示。

表 7-1　错误代码及其含义

错误代码	含　义
＃＃＃＃	单元格中的数据太长或结果太大,导致单元格列宽不够显示所有数据
＃DIV/0!	除数为 0
＃VALUE!	使用了错误的引用
＃REF!	公式引用的单元格被删除了
＃N/A	用于执行计算的信息不存在
＃NUM!	提供的函数参数无效
＃NAME?	使用了不能识别的文本

7.6.3 公式中单元格的引用方式

在公式中经常要用到工作表中的单元格或单元格区域,用于指明公式中处理的数据所处的位置。在公式中不但可以引用同一工作表中的单元格,也可以引用不同工作表中的单元格以及不同工作簿中的单元格。

单元格的引用有三种方法:相对引用、绝对引用和混合引用。默认情况下,Excel 使用相对引用。

1. 引用运算符

在引用单元格区域时,可能用到引用运算符冒号(:)与逗号(,)。

若有单元格区域 A1:C4,则表示以 A1 单元格与 C4 单元格为顶点的一个矩形区域。若有单元格区域"A1,C4",则表示只有 A1 单元格与 C4 单元格的区域。

引用运算符除了冒号与逗号之外,还有空格运算符。空格运算符的含义是求前后两个单元格区域的交集,即既包含在第一个区域中,也包含在第二个区域中的单元格区域。若两个单元格区域无重叠区域,则公式将返回"#NULL!"的错误。

2. 引用方式

1) 相对引用

直接给出列标与行号的引用方法为相对引用,如 A1、C5 等。

2) 绝对引用

在列标与行号的前面加符号"$"的引用方法为绝对引用,如 $A$2、$C$5 等。

3) 混合引用

有时希望公式中的单元格地址一部分固定不变,另一部分随目标单元格的变化自动变化,这时可以使用混合引用。混合引用有两种:行绝对列相对,如 A$1;行相对列绝对,如 $A1。

3. 不同的引用方式对公式的影响

公式中使用的单元格地址的引用方式不同,虽然不会影响当前单元格的计算结果,但是在复制该单元格的公式到其他单元格时,则会产生完全不同的变化。

1) 相对引用对公式的作用

使用相对引用的单元格地址在公式发生复制和移动时,其单元格地址也会发生相对的变化。如图 7-19 所示的示例中,计算第 6 行总计时,可以使用相对引用。

	A	B	C	D	E	F
1	销售地区	交换机	电话机	传真机	电脑	各地区电脑销量占全国比例
2	华东地区	100	50	80	77	
3	华南地区	200	67	100	68	
4	西北地区	75	40	30	43	
5	华北地区	34	20	18	30	
6	总计					

图 7-19 "相对引用"及"绝对引用"示例

具体操作方法如下。

第 1 步:选中 B6 单元格,单击"开始"选项卡"编辑"组中的"自动求和"按钮。

第 2 步:Excel 自动生成 SUM 求和函数,虚线框中的单元格区域为求和区域,确认求和区域正确后,按 Enter 键或单击编辑栏上的按钮 ✓。此时 B6 单元格的编辑栏上显示的公式为=SUM(B2:B5),公式中对单元格的引用方式为相对引用。

第 3 步:鼠标移至 B6 单元格右下角的填充柄上,当指针变为实心的十字时,拖动鼠标至 E6 单元格。

选中 E6 单元格后,会发现编辑栏中显示的公式为=SUM(E2:E5)。这说明在公式发生移动和复制时,公式中相对引用的单元格地址也会随之一起相对变化。

2) 绝对引用对公式的作用

使用绝对引用的单元格地址在公式发生复制和移动时,均保持不变。在上例中,计算 F 列比例时,应该使用绝对引用,其具体步骤如下。

第 1 步:选中 F2 单元格,在编辑栏中手工输入=,再使用鼠标选择 E2,接着再手工输入/,再使用鼠标选择 E6,此时编辑栏中显示的公式为=E2/E6。

第 2 步:选中编辑栏中公式中的 E6,按一下键盘上的 F4 功能键,将该单元格地址的引用方式更改为绝对引用,也可以手工修改单元格地址的引用方式,此时编辑栏中显示的公式为=E2/\$E\$6。

第 3 步:按 Enter 键或单击编辑栏上的按钮 ✓。

第 4 步:拖动 F2 单元格的填充柄至 F5,此时选中 F5 单元格后,在编辑栏中显示的公式为=E5/\$E\$6。这说明在公式发生移动和复制时,公式中绝对引用的单元格地址是绝对不变的。

若不修改引用方式,直接使用填充柄来填充公式,则在 F3:F5 区域中会提示♯DIV/0! 的错误代码。因为选中 F3 单元格后,在编辑栏中显示公式为=E3/E7,而 E7 单元格是空白单元格,因此 Excel 会给出除数为 0 的错误。

3) 混合引用对公式的作用

使用混合引用的单元格地址,在公式发生复制和移动时,若列标前有 \$ 符号,则列标绝对不变行号相对变化,若行号前有 \$ 符号,则行号绝对不变列标相对变化。

4. 不同工作表中单元格的引用

同一工作簿不同工作表间的单元格引用格式为:工作表名![\$]列标[\$]行号。

例如,在工作表 Sheet1 的 A1 单元格中计算工作表 Sheet2 的 A1 与 A2 单元格之和的方法为:选定工作表 Sheet1 工作表的 A1 单元格,输入公式=Sheet2!A1+Sheet2!A2 后按下 Enter 键。

更简单的操作方法是在输入=后,单击 Sheet2 的选项卡,切换到 Sheet2 工作表中。单击 A1 单元格,然后再输入+号,再单击 A2 单元格。最后按下 Enter 键。

不同工作表中单元格引用的应用很广,一定要熟悉这种操作。

5. 不同工作簿中单元格的引用

不同工作簿间的单元格引用格式为:[工作簿文件名]工作表名![\$]列标[\$]行号。

例如,在当前工作表中 A1 单元格统计工作簿"招生统计.xlsx"中的 A1 和 A2 单元格数值和的方法如下。

第 1 步:选中当前工作表中的 A1 单元格,输入=。

第 2 步:单击任务栏上"招生统计"工作簿任务按钮。

第 3 步:单击 A1 单元格后输入+,再单击"招生统计.xlsx"工作簿中的 A2 单元格,最后按下 Enter 键。

此时,在当前工作表中 A1 单元格的公式为"=[招生统计.xlsx]Sheet1!＄A＄1＋[招生统计.xlsx]Sheet1!＄A＄2"。

引用不同工作簿中的单元格时,默认是用绝对引用,也可以在编辑栏中选定公式中单元格引用部分,然后按 F4 功能键进行切换。

7.6.4 函数的使用

Excel 函数是预先定义好的表达式。每个函数包括函数名和参数,一般形式为:函数名(参数列表)。

其中函数名决定了函数的功能和用途,函数名的大小写等价。函数参数提供了函数执行相关操作的数据来源或依据。一个函数可以使用多个参数,参数与参数之间使用西文逗号进行分隔。参数可以是常量、逻辑值、数组、错误值或单元格引用,甚至可以是另一个或几个函数。

输入函数有两种方法。

1. 手工输入

在编辑栏中采用手工输入函数,前提是用户必须熟悉函数名的拼写、函数参数的类型、次序以及含义。

2. 使用函数向导

为方便用户输入函数,Excel 提供了函数向导功能,打开"插入函数"对话框的方法是:单击编辑栏上的"插入函数"按钮,或者单击"公式"选项卡下的"插入函数"按钮。

以上两种方法均会打开如图 7-20(a)所示的"插入函数"对话框。在该对话框的"或选择类别"下拉列表中选择所需要的函数类型,单击"选择函数"列表框中所需要的函数名,然后单击"确定"按钮,出现"函数参数"对话框,如图 7-20(b)所示。对于不同的函数,由于函数的参数个数不同,类型也不同,因此"函数参数"对话框内容也有所不同(个别函数没有参数,故不会出现"函数参数"对话框)。分别输入各个参数后,单击"确定"按钮即可。

(a) "插入函数"对话框　　　　　　　　　(b) "函数参数"对话框

图 7-20　插入函数

除此以外，Excel 2016 将不同类别的函数封装成了不同的按钮，放置在"公式"选项卡的"函数库"组中。用户可以选择不同类别的函数按钮，在下拉菜单中选择需要的函数，打开对应的函数对话框设置函数参数即可。

7.6.5 常用函数

1. SUM

格式：SUM(参数1,参数2,…)。

功能：求各参数之和。

2. AVERAGE

格式：AVERAGE(参数1,参数2,…)。

功能：求各参数的平均值。

3. MAX

格式：MAX(参数1,参数2,…)。

功能：求若干参数中最大值。

4. MIN

格式：MIN(参数1,参数2,…)。

功能：求若干参数中最小值。

5. COUNT

格式：COUNT(参数1,参数2,…)。

功能：统计参数中数值数据的个数，非数值数据与空单元格不计算在内。

6. COUNTIF

格式：COUNTIF(条件区域,条件)。

功能：统计条件区域中满足指定条件单元格的个数。

例如，统计图7-21所示某班成绩表中各等级的人数及比例，结果以百分比样式显示，保留一位小数。具体操作步骤如下。

	A	B	C	D	E	F	G
1	学号	姓名	分数	等级	等级	人数	比例
2	02051101	赵江一	88	良好	优秀		
3	02051102	万春	67	及格	良好		
4	02051103	李俊	48	不及格	中等		
5	02051104	石建飞	85	良好	及格		
6	02051105	李小梅	70	中等	不及格		
7	02051106	祝燕飞	75	中等			
8	02051107	周天添	92	优秀			
9	02051108	伍军	63	及格			
10	02051109	付云霞	76	中等			
11	02051110	费通	79	中等			
12	02051111	李立扬	73	中等			
13	02051112	钱明明	85	良好			
14	02051113	程坚强	78	中等			
15	02051114	叶明放	86	良好			
16	02051115	黄永抗	63	及格			

图7-21 某班成绩表

第1步：选中F2单元格，选择"公式"选项卡"函数库"组中的"其他函数"按钮，在下拉菜单中选择"统计",在级联菜单中选择 COUNTIF 命令,打开 COUNTIF 函数的"函数参数"对话框。

第 2 步:按如图 7-22 所示设置"函数参数"对话框中的参数。

图 7-22 "函数参数"对话框

第 3 步:单击"确定"按钮关闭"函数参数"对话框,此时 F2 单元格中的公式为 =COUNTIF($D$2:$D$16,E2)。

第 4 步:拖动 F2 单元格的填充柄到 F6 单元格。

第 5 步:选中 G2 单元格,输入=F2/SUM($F$2:$F$6)后按 Enter 键。

第 6 步:选中 G2 单元格,单击"开始"选项卡"数字"组中百分比样式按钮%,再单击增加小数位数按钮,设置数据显示一位小数。

第 7 步:拖动 G2 单元格的填充柄到 G6 单元格。

7. IF

格式:IF(条件,表达式 1,表达式 2)。

功能:若条件成立则返回表达式 1 的结果,否则返回表达式 2 的结果。

8. INT

格式:INT(数值表达式)。

功能:返回不大于数值表达式的最大整数,即下取整。

9. ABS

格式:ABS(数值表达式)。

功能:返回数值表达式的绝对值。

10. ROUND

格式:ROUND(数值表达式,n)。

功能:对数值表达式四舍五入,返回精确到小数点第 n 位的结果。$n>0$ 表示保留 n 位小数;$n=0$ 表示只保留整数部分;$n<0$ 表示整数部分从右到左的第 n 位上四舍五入。

7.7 图表操作

图表是对数据的图形化,可以使数据更为直观,方便用户进行数据的比较和预测。

7.7.1 插入图表

1. 图表的组成要素

Excel 的图表由许多图表项组成,包括图表标题、分类轴、数值轴、图例、数据系列、网格线等,如图 7-23 所示。

图 7-23 图表的组成要素

1)图表标题

描述图表的名称,默认在图表的顶端。

2)坐标轴

坐标轴分为水平(类别)轴与垂直(值)轴。

3)图例

包含图表中相应的数据系列的名称和数据系列在图中的颜色。

4)绘图区

以坐标轴为界的图形绘制区域。

5)数据系列

工作表中选定区域的一行或一列数据。

6)网格线

从坐标轴刻度延伸出来并贯穿整个绘图区的线条。

2. 创建图表

根据工作表中已有的数据列表创建图表有两种方法。

方法一:使用快捷键。选中要创建图表的源数据区域(若只是单击数据列表中的一个单元格,则系统自动将紧邻该单元格的包含数据的所有单元格作为源数据区域)。按 F11 快捷键,即可基于默认图表类型(柱形图),迅速创建一张新工作表,用来显示建立的图表(即图表与源数据不在同一个工作表中);或者使用 Alt+F1 快捷键,在当前工作表中创建一个基于默认图表类型(柱形图)的图表。

方法二：使用"插入"选项卡。选中要创建图表的源数据区域，在"插入"选项卡的"图表"组中选择需要的图表按钮。在打开的子类型中，选择需要的图表类型，"柱形图"的子类型如图7-24（a）所示，即可在当前工作表中快速创建一个嵌入式图表。也可以单击右下角的 ，打开如图7-24（b）所示的"插入图表"对话框，在该对话框中选择推荐的图表，或者在所有图表中选择合适的图表类型后，单击"确定"按钮。

(a) "图表"组的按钮　　　　　　　　　　(b) "插入图表"对话框

图 7-24　插入图表

7.7.2　图表的编辑和美化

图表创建好了之后，对图表中的各个元素进行必要的修改与装饰，可使图表更美观。选中制作好的图表，Excel 2016的功能区中增加了"图表工具"，包括"设计"和"格式"两个选项卡，提供了对图表的布局、类型、格式等方面的设置。

1. "设计"选项卡

在"设计"选项卡下，可以更改图表类型、添加图表元素、图表数据源、图表布局、图表区格式和图表位置等，如图 7-25 所示。

图 7-25　"图表工具"的"设计"选项卡

1) "更改图表类型"按钮

单击"类型"组中的"更改图表类型"按钮，将弹出"更改图表类型"对话框，该对话框与图7-24（b）所示的"插入图表"对话框一致，选择需要的图表类型即可改变图表类型。

2)"添加图表元素"按钮

单击"添加图表元素"按钮,将打开图表元素的设置子菜单,如图 7-26 所示,包括坐标轴、图表标题、数据标签、网格线等。

3)"切换行/列"按钮

单击"切换行/列"按钮可以将图表中的水平(类别)轴与图例进行切换。

4)"选择数据"按钮

单击"选择数据"按钮可以打开"选择数据源"对话框,在该对话框的"图表数据区域"中可以重新选择生成图表的数据源。

5)"快速布局"按钮

单击"快速布局"按钮,将打开默认的几种布局方案,对图表各元素如图表标题、图例、坐标轴、数据系列、网格线等进行了预定义。通过选择不同的布局方式,可以设置图表的外观。

图 7-26 "添加图表元素"按钮

6)"图表样式"组

在"图表样式"组中提供了多种图表样式,选择不同的样式可以设置数据系列、图表区背景、绘图区背景等图表外观格式。

7)"移动图表"按钮

单击"移动图表"按钮会打开"移动图表"对话框,用于设置图表的位置。

2. "格式"选项卡

在"格式"选项卡下可以设置图表的边框格式、字体格式、填充颜色等,如图 7-27 所示。

图 7-27 "图表工具"的"格式"选项卡

1)"设置所选内容格式"按钮

在"当前所选内容"组最上面的"图表区"组合框中显示了当前被选中的图表元素,也可以通过单击右侧的▼打开组合框的下拉菜单,来选择需要设置格式的图表元素。单击"设置所选内容格式"按钮,将打开如图 7-28 所示的"设置图表区格式"对话框,可设置相应对象的格式。

除上述方法外,直接双击图表元素,可以弹出与该图表项相关的属性设置窗格,通过该窗格也可以修改图表元素的属性。

2)"插入形状"组

通过"插入形状"组中的对应按钮,可以在图表上插入其他形状,并设置其格式。

3)"形状样式"组

在"形状样式"组中预设了多种样式,可以对图表中的各个元素设置合适的样式。

图 7-28 "设置图表区格式"对话框

7.8 数 据 管 理

Excel 2016 提供了强大的数据管理功能,如排序、分类汇总、筛选等,所有的数据管理操作都是基于数据列表进行的。

7.8.1 数据列表与记录单

1. 数据列表

数据列表是指包含一组相关数据的若干工作表数据行。数据列表的有关概念以及一些约定如下。

(1) 每个数据列表相当于一个二维表,由标题行(表头)和数据两部分组成。

(2) 数据列表中的每一列称为一个字段,用于存放相同类型的数据。标题行中的每项即为字段名。

(3) 数据列表中的每行称为一个记录,存放一组相关的数据。

(4) 一个数据列表最好单独占用一个工作表。

(5) 一个数据列表中应该避免出现空行或空列。

2. 使用记录单编辑数据列表

数据列表中的数据行可单击单元格直接编辑,但是当数据量较大时,频繁在行列之间切换,很容易出错,因此可以选择使用记录单编辑数据。记录单是数据列表的一种管理工具,使用记录单不仅可以向数据列表中添加数据,还可以修改、删除、移动和查询数据记录。

使用记录单编辑数据列表的操作方法如下。

第 1 步:在"文件"选项卡下,单击"选项"命令,打开"Excel 选项"对话框。

第 2 步：在对话框左侧选择"快速访问工具栏"，对话框如图 7-29 所示。

图 7-29 "Excel 选项"对话框

第 3 步：在"从下列位置选择命令"下拉列表中选择"不在功能区中的命令"。在下方的列表框中选择"记录单"命令，单击"添加"按钮。

第 4 步：然后单击"确定"按钮关闭对话框，即在 Excel 的快速访问工具栏中添加了"记录单"按钮 。

第 5 步：选中数据列表中任意一个单元格，单击"记录单"按钮 ，打开如图 7-30 所示的对话框。在该对话框中，对数据进行编辑即可。

在记录单对话框中，单击"上一条""下一条"按钮可浏览数据列表中的各行数据；单击"删除"按钮则可删除当前正在查看的一条记录。需要注意的是，使用记录单删除的数据，不能通过"撤销"命令恢复，所以在删除时需小心谨慎。

7.8.2 数据的排序

对数据列表中的数据进行排序，Excel 中提供了两种操作方法。一种是通过单击升序按钮 或降序按钮 进行快速排序；另一种是打开"排序"对话框进行排序。

Excel 的排序规则如下。

图 7-30 "记录单"对话框示例

(1) 数值数据按数学上的大小规则进行排序。
(2) 文本数据按字符的 ASCII 码进行排序,数字小于大写字母,大写字母小于小写字母,小写字母小于汉字,汉字按字母顺序排。
(3) 日期与时间数据按其对应的数值大小进行排序。

若在同一列中有多种数据,则排序规则如下。
(1) 按降序排列时,顺序为:错误值、逻辑值、汉字、字母、数字、空格。
(2) 按升序排列时,顺序为:数字、字母、汉字、逻辑值、错误值、空格。

不管是升序排列还是降序排列,空格总是在最后。

1. 利用排序按钮排序

将光标定位在需要排序的列中任意一个单元格中,注意一定要在数据列表内。单击"数据"选项卡下"排序和筛选"组中的↓或↓按钮,对数据进行升序或降序排列。也可以单击"开始"选项卡下"编辑"组的"排序和筛选"按钮,在下拉菜单中选择↓或↓按钮。

排序时只需要将光标定位在需要排序的列中即可,无须选中整个列。若选中了某列数据,则 Excel 会给出"排序提醒"对话框。此时用户可以只排序当前列,也可以选择"扩展选定区域"来实现整个数据列表的排序。但是若只对当前列排序,将会造成数据行中的数据对应关系紊乱,因此,一般情况下,不建议选中某列数据进行排序。

2. 利用对话框排序

第 1 步:将光标定位在数据列表中的任意一个单元格中,单击"数据"选项卡下"排序和筛选"组中的"排序"按钮,打开如图 7-31 所示的"排序"对话框。

图 7-31 "排序"对话框

第 2 步:在"主要关键字"中选择排序的关键字,如"语文";在"排序依据"中选择排序的依据,如"数值";在"次序"中选择排序的方式,如"升序"。

第 3 步:单击"确定"按钮,即可将数据列表中的记录按照"语文"升序排列。

3. 多关键字排序

若要对数据列表中的数据按两个或两个以上关键字进行排序,具体操作方法如下。

第 1 步:单击"数据"选项卡下"排序和筛选"组中的"排序"按钮,打开"排序"对话框。

第 2 步:添加排序的"主要关键字"并设置其排序方式。

第 3 步:单击"添加条件"按钮,对话框中将多出一行"次要关键字"。根据排序需求,设置次要关键字及其排序依据等信息。

第 4 步：若需要继续增加排序关键字，则重复上述步骤，如图 7-32 所示，设置了三个排序关键字，还可以根据需要继续增加。

图 7-32　多关键字"排序"对话框

第 5 步：若要删除某个条件，则选中该条件后单击"删除条件"按钮。
第 6 步：单击"确定"按钮关闭对话框。

7.8.3　数据的筛选

数据筛选的功能是查询出满足条件的数据。Excel 中主要有两种方法可以实现数据的筛选：自动筛选和高级筛选。本节主要讲述自动筛选，高级筛选的内容请参考 7.10.14 节。

使用自动筛选的方法是选中数据列表中的任意一个单元格，单击"数据"选项卡下"排序和筛选"组的"筛选"按钮，此时数据列表中标题行的每个单元格右侧将会出现筛选按钮▼。单击所需筛选的字段旁的▼，可以在下拉列表中选择相关筛选项进行筛选。

1. 在值列表中筛选

例如，在图 7-33 所示的"医药用品销售情况表"中，筛选出所有药品类别为"医疗器械"的相关数据。

	A	B	C	D	E	F	G	H
1	日期	药品编号	药品类别	品名	零售价	数量	金额	零售单位
2	2008/1/8	YPYL003	饮片原料	灵芝草	¥ 150.00	2	¥ 300.00	元/袋 (250g)
3	2008/1/8	YPYL004	饮片原料	冬虫夏草	¥ 260.00	1	¥ 260.00	元/盒 (10g)
4	2008/1/8	YLQ002	医疗器械	周林频谱仪	¥ 225.00	1	¥ 225.00	元/台
5	2008/1/8	YLQ003	医疗器械	颈椎治疗仪	¥ 198.00	1	¥ 198.00	元/个
6	2008/1/8	BJP007	保健品	燕窝	¥ 198.00	1	¥ 198.00	元/盒
7	2008/1/8	BJP005	保健品	朵儿胶囊	¥ 77.40	2	¥ 154.80	元/盒
8	2008/1/8	BJP003	保健品	排毒养颜	¥ 67.20	2	¥ 134.40	元/盒
9	2008/1/8	BJP004	保健品	太太口服液	¥ 38.00	3	¥ 114.00	元/盒
10	2008/1/8	BJP005	保健品	朵儿胶囊	¥ 77.40	1	¥ 77.40	元/盒
11	2008/1/8	YLQ004	医疗器械	505神功元气带	¥ 69.50	1	¥ 69.50	元/个
12	2008/1/8	YLQ007	医疗器械	月球车	¥ 58.00	1	¥ 58.00	元/个
13	2008/1/8	ZCY007	中成药	国公酒	¥ 11.40	5	¥ 57.00	元/瓶
14	2008/1/8	BJP002	保健品	红桃K	¥ 44.80	1	¥ 44.80	元/盒
15	2008/1/8	YPYL007	饮片原料	枸杞	¥ 18.00	2	¥ 36.00	元/袋 (100g)
16	2008/1/8	YPYL001	饮片原料	人参	¥ 0.13	250	¥ 32.50	元/g
17	2008/1/8	XY004	西药	青霉素	¥ 25.00	1	¥ 25.00	元/盒
18	2008/1/8	ZCY005	中成药	感冒冲剂	¥ 12.30	2	¥ 24.60	元/盒
19	2008/1/8	ZCY002	中成药	舒肝和胃丸	¥ 11.00	2	¥ 22.00	元/盒
20	2008/1/8	XY006	西药	去痛片	¥ 8.60	2	¥ 17.20	元/瓶

图 7-33　医药用品销售情况表

具体操作方法如下。

第 1 步：单击数据列表中任意一个单元格，或者选中数据列表 A1:H20。

第 2 步：单击"数据"选项卡下"排序和筛选"组的"筛选"按钮，此时数据列表的标题行中的每个单元格右侧出现筛选按钮▼。也可以单击"开始"选项卡下"编辑"组中的"排序和筛选"按钮，在下拉菜单中选择"筛选"命令。

第 3 步：单击"药品类别"单元格右侧的▼，在展开的下拉列表中取消"全选"复选框，再勾选"医疗器械"复选框，如图 7-34 所示，单击"确定"按钮。

2. 根据数据筛选

很多情况下，我们不仅需要按照现有的值列表来筛选，还要根据列数据中的数据大小、内容等来筛选，如在上述"医药用品销售情况表"中，筛选出品名中含有"草"字的相关数据，需打开"品名"列的自动筛选按钮的下拉菜单，选择"文本筛选"，在级联菜单中选择"包含"命令，打开如图 7-35 所示的对话框，设置包含内容为"草"，单击"确定"按钮。

图 7-34 "自动筛选"下拉菜单

图 7-35 "自定义自动筛选方式"对话框

除了对文本型数据可以进行文本内容的筛选以外，还可以对数值型数据的大小进行筛选。例如在"医药用品销售情况表"中筛选出零售价低于 50 元的相关数据，打开"零售价"列的自动筛选按钮下拉菜单后，选择"数字筛选"，在子菜单中选择"小于"命令，打开对话框后进行相应设置即可。

日期与时间型数据同样有相应的筛选模式，步骤与之类似，不再赘述。

3. 多条件筛选

若需要对多列数据同时进行筛选，则反复多次执行筛选步骤即可。需要注意的是，多个筛选条件之间为"并且"的关系，也就是说，所有筛选条件都满足的数据才会显示。

4. 取消筛选

取消数据筛选的方法为：单击"开始"选项卡"编辑"组的"排序和筛选"按钮，在下拉菜单中再次单击"筛选"命令可取消筛选。取消筛选会令所有筛选结果都取消，即所有因筛选而被隐藏的行将全部显示出来。

7.8.4 数据的分类汇总

分类汇总可以实现对数据的分类统计，即将分类字段中字段值相同的记录合并为一个组，然后按某一种汇总方式进行合并计算。

Excel在检查分类字段时，每遇到一个不同的字段值就会认为一个分组结束，因此在执行分类汇总操作之前，一定要对分类字段进行排序，将字段值相同的记录排列在一起。

例如，在图7-36所示的人事档案表中，统计各个部门的人数。具体操作步骤如下。

	A	B	C	D	E	F
1	姓名	性别	部门	身份证号	出生日期	毕业院校
2	王志强	男	行政部	322920197903021932	1979年3月2日	苏州大学
3	马勇	男	行政部	330203196908023318	1969年8月2日	苏州大学
4	包晓燕	女	行政部	21030319841208272X	1984年12月8日	苏州科技大学
5	吴英	女	行政部	210304198503040065	1985年3月4日	南京理工大学
6	马爱华	女	生产部	330101197610120104	1976年10月12日	河海大学
7	王传	男	生产部	210302198607160938	1986年7月16日	南京大学
8	朱晓晓	女	生产部	32058419701107020X	1970年11月7日	南京理工大学
9	吴晓丽	女	售后部	210303198412082729	1984年12月8日	复旦大学
10	李志	女	售后部	370212197910054747	1979年10月5日	苏州大学
11	张晓军	男	销售部	130133197310132131	1973年10月13日	常熟理工大学
12	朱强	男	销售部	622723198602013432	1986年2月1日	南京大学
13	顾志刚	男	销售部	210303196508131212	1965年8月13日	同济大学
14	李冰	男	销售部	152123198510030654	1985年10月3日	浙江大学
15	刘畅	女	销售部	37010219780709298X	1978年7月9日	南京大学
16	任卫杰	男	研发部	120117198507020614	1985年7月2日	苏州大学
17	王刚	男	研发部	210303198105153618	1981年5月15日	苏州大学

图7-36 人事档案表

第1步：使用"排序"功能将数据列表按照"部门"升序或降序排列。

第2步：选择"数据"选项卡"分级显示"组中的"分类汇总"按钮，打开"分类汇总"对话框，如图7-37(a)所示。

第3步：在对话框中选择"分类字段"为"部门"，汇总方式为"计数"，"选定汇总项"列表框中勾选"毕业院校"复选框。

第4步：单击"确定"按钮关闭对话框，分类汇总结果如图7-37(b)所示。

(a) "分类汇总"对话框　　　　　　　　(b) 分类汇总结果

图7-37 分类汇总

在分类汇总的结果中,左侧出现了分级按钮 1 2 3 ,若单击 1 按钮,显示总的汇总结果,单击 2 按钮可以显示各部门的汇总结果,单击 3 按钮则可以显示明细数据。

此外,单击左侧的 — 按钮可以隐藏相关的数据,同时按钮变为 +。单击 + 按钮则可以显示相关数据,同时按钮变为 —。

若要删除分类汇总,可以打开"分类汇总"对话框后,单击对话框左下角的"全部删除"按钮即可。

7.9 打印工作表

制作完成后的工作表需要打印时,可以根据不同的用户需求,设置不同的打印内容。

7.9.1 设置页面布局

Excel 2016 中的页面布局包括设置纸张的大小、页边距、打印方向、页眉和页脚等。在"页面布局"选项卡下有多个页面布局的功能按钮,如页边距、纸张方向、纸张大小等,如图 7-38 所示,选择各按钮可以完成对页面布局的相关设置。

图 7-38 "页面布局"选项卡

单击"页面设置"组右下角的 ,可以打开"页面设置"对话框,里面包含了 4 个选项卡,分别为"页面""页边距""页眉/页脚""工作表",如图 7-39 所示。

1. "页面"选项卡

(1) "方向"设置区用于选择工作表的打印方向(纵向或横向)。

(2) "缩放"设置区用于设置打印区域的缩放比例(百分比形式),或在"页宽"和"页高"编辑框中指定数值,使打印区域自动缩放到合适比例。

(3) "纸张大小"下拉列表用于选择纸张的大小,如 A3、A4、B4 等。

2. "页边距"选项卡

(1) "上""下""左""右"编辑框分别用于设置打印区域与纸张的上边缘、下边缘、左边缘和右边缘的距离。

(2) "页眉""页脚"编辑框分别用于设置页眉与纸张上边缘的距离、页脚与纸张下边缘的距离。

(3) 居中方式中的"水平"和"垂直"复选框若同时被选中,则可将打印区域打印在纸张的中心位置。

3. "页眉/页脚"选项卡

(1) 设置页眉:单击页眉下拉列表框,选择一种系统预定义的页眉样式,或单击"自定义页眉"按钮来插入页码、日期、时间或图片等内容。

(2) 设置页脚的方法与之类似。

(a) "页面"选项卡

(b) "页边距"选项卡

(c) "页眉/页脚"选项卡

(d) "工作表"选项卡

图 7-39 "页面设置"对话框

4. "工作表"选项卡

（1）设置打印区域：若不设置打印区域，则系统默认打印所有包含数据的单元格。如果只想打印部分单元格区域，则单击"打印区域"右端的 ，选择打印区域范围。

（2）设置打印标题：通过设置"顶端标题行"和"左端标题列"可将工作表中的第一行或第一列设置为打印时每页的标题。通常，当工作表的行数超过一页的高度时，需设置"顶端标题行"；当工作表的列数超过一页的宽度时，需设置"左端标题列"。

（3）设置打印选项：选中需要打印的项目，如网格线、行号列标、批注等。

7.9.2 打印预览和打印

在正式打印之前,最好先进行打印效果的预览。打印预览和打印的具体操作方法如下。

第 1 步:选择"文件"选项卡下的"打印"功能,窗口右侧显示打印的相关设置和文档的预览效果,如图 7-40 所示。在窗口的底部显示了当前的页码和总页数,可以输入页码来切换打印预览的对象。

第 2 步:单击窗口的右下角 按钮,可以对预览的文件进行放大和缩小。单击窗口右下角 按钮,可以在预览的页面上以细实线显示出页边距的距离,通过鼠标拖动可以改变页边距的大小。

第 3 步:在中间的窗格中,根据需要设置打印参数,如选择需要的打印机、设置打印份数、选择打印的范围等。

第 4 步:设置完成后,单击"打印"按钮即可打印该文档。

图 7-40 "打印"功能

7.10 实用高级操作技巧

7.10.1 设置数据验证

为了在输入数据时尽量少出错,可以通过使用 Excel 的数据验证来设置单元格中允许输入的数据类型或者有效数据的取值范围。默认情况下,输入单元格的有效数据为任意值。若输入值不符合指定的约束条件,系统将拒绝接收数据。

选中某单元格后,单击"数据"选项卡下的"数据验证"按钮,弹出如图7-41所示的"数据验证"对话框。

图 7-41 "数据验证"对话框

在"允许"下拉列表框中有有效性类型,其含义如表7-2所示。

表 7-2 数据验证有效性类型及含义

类　型	含　义
任何值	数据无约束
整数	输入的数据必须是符合条件的整数
小数	输入的数据必须是符合条件的小数
序列	输入的数据必须是指定序列内的数据
日期	输入的数据必须是符合条件的日期
时间	输入的数据必须是符合条件的时间
文本长度	输入的数据的长度必须满足指定的条件
自定义	允许使用公式、表达式指定单元格中数据必须满足的条件。公式或表达式的返回值为TRUE时数据有效,返回值为FALSE时数据无效

例如,制作如图7-42所示的学生考试成绩表时,需要为"性别"与各科成绩设置数据有效性验证。同时还可以设置输入提示信息与出错警告信息。

1. 利用序列设置有效性

设置性别字段的有效性:只允许为男或女。具体操作方法如下。

第 1 步:选中 C4:C13 单元格区域,单击"数据"选项卡"数据工具"组中的"数据验证"按钮。

第 2 步:在弹出的对话框中,在"设置"选项卡的"允许"下拉列表中选择"序列"。在"来源"编辑框中输入"男,女"。注意此处的分隔符应使用英文逗号,不能使用中文逗号,如图 7-43(a)所示。

图 7-42 学生成绩登记表

(a) "设置"选项卡

(b) "输入信息"选项卡

(c) "出错警告"选项卡

(d) 出错警告

图 7-43 数据验证有效性设置

第 3 步：在"输入信息"选项卡下，输入相应的提示信息，如图 7-43(b)所示。

第 4 步：在"出错警告"选项卡下，输入出错时的警告信息，如图 7-43(c)所示。

第 5 步：单击"确定"按钮。

设置完成后，当光标在性别列中时，会出现一个下拉列表。用户既可以在列表中选择数据,也可以直接输入数据。若输入的性别不是"男"或"女",则系统会提示出错警告,如图 7-43(d)所示。

2. 利用数值大小设置数据有效性

设置各门课程成绩的有效性：成绩只能为 0~100。操作方法如下。

第 1 步：选中 D4:G13 单元格区域,打开"数据有效性"对话框。

第 2 步：在"设置"选项卡的"允许"下拉列表中选择"整数"。

第 3 步："最小值"编辑框中输入 0,"最大值"编辑框中输入 100。

第 4 步：分别设置输入信息和出错警告,单击"确定"按钮。

3. 利用文本长度设置数据有效性

设置学号的长度必须为 10 位,操作方法如下。

第 1 步：选中 A4:A13 区域,打开"数据有效性"对话框。

第 2 步：在"设置"选项卡的"允许"下拉列表中选择"文本长度",在"数据"下拉列表中选择"等于",在"长度"下拉列表中输入 10。

第 3 步：分别设置输入信息和出错警告后,单击"确定"按钮关闭对话框。

7.10.2 数据的保护、共享及修订

1. 工作簿的保护与撤销保护

在工作中,为了防止他人打开或查看具有保密性质的数据(如公司的财务报表等),可对工作簿、工作表或单元格采取一些保护措施。

选择"文件"选项卡下的"信息"命令,单击中部"保护工作簿"按钮,打开下拉菜单,如图 7-44 所示。

图 7-44 "保护工作簿"按钮的下拉菜单

其中常用的选项含义如下。

(1) 标记为最终状态：选择该选项，弹出确认对话框，若单击"确定"按钮，则再次打开 Excel 文档时提示该工作簿为最终版本，并且工作簿的属性设为只读，不支持用户修改。

(2) 用密码进行加密：选择该选项，弹出"加密文档"对话框，如图 7-45(a)所示，输入密码后单击"确定"按钮，在弹出的"确认密码"对话框中再次输入密码后单击"确定"按钮关闭对话框。此时文档权限更改为"需要密码才能打开此工作簿"，如图 7-45(b)所示。

取消工作簿文件密码的操作步骤与设置步骤类似，只需在输入密码的对话框中将原来设置的密码删除即可。

(a) "加密文档"对话框

(b) 文档权限为加密

图 7-45 为文档加密

(3) 保护当前工作表：选择该选项，可以限制其他用户对工作表进行单元格格式修改、插入或删除行(列)、排序、自动筛选等操作，对工作表实施保护。在如图 7-44 所示的"保护工作簿"下拉菜单中选择"保护当前工作表"命令，打开如图 7-46 所示的对话框，根据需要勾选允许用户进行的操作即可。也可以设置"取消工作表保护时使用的密码"，使通过授权的用户可以在某些特殊情况下修改工作表结构。

(4) 保护工作簿结构：选择该选项，可以防止他人对打开的工作簿进行调整窗口大小或添加、删除、移动工作表等操作，可对工作簿设置保护。此操作将打开"保护结构和窗口"对话框，如图 7-47 所示。

图 7-46 "保护工作表"对话框

图 7-47 "保护结构和窗口"对话框

选中"结构"复选框可使工作簿的结构保持不变,例如,对工作表进行插入、移动、删除、复制、重命名、隐藏等操作均无效。

选中"窗口"复选框则不能最小化、最大化、关闭工作表窗口,也不能调整工作表窗口的大小和位置。

若填写了密码,可以使某些拥有密码的用户获得修改结构和窗口的权限。

注意:实现保护工作表和保护工作簿的操作,也可以选择"审阅"选项卡"更改"组中的"保护工作表"按钮和"保护工作簿"按钮。

2. 单元格的保护

在日常使用中,工作表中一些单元格区域的内容,如商品编号、商品名称等是不允许改动的,而其他的数据单元格区域,如商品数量、商品单价等允许随时改动,此时可以对不允许改动的单元格区域实施保护。具体操作方法如下。

第 1 步:在 Excel 工作表中选中允许用户修改的单元格区域,右击,在快捷菜单中选择"设置单元格格式"命令,打开"设置单元格格式"对话框。

第 2 步:选择对话框中的"保护"选项卡,取消勾选"锁定"复选框,如图 7-48 所示,单击"确定"按钮关闭对话框。

第 3 步:打开如图 7-46 所示的"保护工作表"对话框,取消勾选"选定锁定单元格"复选框,单击"确定"按钮关闭对话框。

设置完成后,允许用户修改的单元格可以被选中并修改,除此以外,其他的单元格均不允许被鼠标选中,因此用户也无法修改,从而达到了保护单元格的目的。

图 7-48 "设置单元格格式"对话框的"保护"选项卡

3. 工作簿的共享

为了提高工作效率，有时允许多个用户对工作簿同时进行编辑修改，此时可将工作簿进行共享。具体操作方法如下。

第 1 步：选择"审阅"选项卡"更改"组中的"共享工作簿"按钮，打开如图 7-49 所示的"共享工作簿"对话框。

第 2 步：在"编辑"选项卡下，勾选"允许多用户同时编辑，同时允许工作簿合并"复选框。

第 3 步：在"高级"选项卡下，根据需要设置共享工作簿时的冲突控制方法等参数。

第 4 步：单击"确定"按钮关闭对话框。

(a) "编辑"选项卡

(b) "高级"选项卡

图 7-49 "共享工作簿"对话框

4. 查看工作簿的修订内容

当一个共享工作簿在经过多人的修订之后，工作簿的用户一定很想查看其他人或者自己到底做了哪些修订，修订数据都保存在冲突日志里。在工作表上显示修订数据的方法如下。

第 1 步：打开设置为共享的工作簿文件，选择"审阅"选项卡下"更改"组里的"修订"按钮，在下拉菜单中选择"突出显示修订"命令，打开如图 7-50(a)所示的"突出显示修订"对话框。

第 2 步：选中"编辑时跟踪修订信息，同时共享工作簿"复选框。

第 3 步：勾选"时间"复选框，在后面的下拉列表中选择需要显示修订的起始时间。

第 4 步：在"修订人"的下拉列表中可以选择显示某些用户的修订内容，若不勾选该复选框，默认为显示所有人的修订内容。

第 5 步：若在"位置"文本框中选择某些单元格区域，则 Excel 将只显示这些单元格区域内的修订内容。

(a) "突出显示修订"对话框	(b) 突出显示修订信息

图 7-50　查看修订内容

第 6 步：选中"在屏幕上突出显示修订"复选框。

第 7 步：单击"确定"按钮。

此时，Excel 会将工作表中修改过的内容、插入或删除的单元格以突出的颜色标记显示，且为每个用户的修改都分配一种不同的颜色。当鼠标指针停留在修订过的单元格上时，会用批注形式显示出修订的详细信息，如图 7-50(b)所示。

5. 合并工作簿修订内容

在合并修订时，可以根据需要接受或拒绝所做的修订。

选择"审阅"选项卡"更改"组中的"修订"按钮，在下拉菜单中选择"接受/拒绝修订"命令，打开如图 7-51(a)所示的"接受或拒绝修订"对话框。根据需要选择修订时间、修订人与位置后，单击"确定"按钮，设置后的对话框如图 7-51(b)所示。

(a) 设置前	(b) 设置后

图 7-51　"接受或拒绝修订"对话框

根据需要单击相关按钮。单击"接受"按钮，接受修订并清除突出显示标记，若某处经过多次修改，还会提示用户为单元格从多个修改值中选择一个。单击"拒绝"按钮，放弃当前对工作表的修改。单击"全部接受"或"全部拒绝"，可以一次性完成修改或拒绝修改。

7.10.3　设置条件格式

条件格式用于将所有符合某个特定条件的单元格内容以指定格式显示。使用条件格式可以直观地查看和分析数据，发现关键问题，以及识别模式和趋势。

选中要使用条件格式的单元格区域后,单击"开始"选项卡"样式"组中的"条件格式"按钮,打开如图 7-52 所示的下拉菜单。

1. 突出显示单元格规则

当需要对某些符合特定条件的单元格设置特殊的格式时,可以使用该命令。

例如,将"语文"成绩数据小于 60 的单元格内容设置为加红色边框的字体格式,操作步骤如下。

第 1 步:选定"语文"列数据,单击"开始"选项卡"样式"组中的"条件格式"按钮,在下拉菜单中选择"突出显示单元格规则"→"小于"命令。

第 2 步:在弹出的对话框中,输入数值 60,如图 7-53 所示。

图 7-52 "条件格式"按钮的下拉菜单 　　图 7-53 设置条件格式——突出显示单元格规则

第 3 步:在"设置为"下拉列表中选择"红色边框"。

第 4 步:单击"确定"按钮关闭对话框。

完成上述设置以后,单元格的格式如图 7-54 中"语文"列数据所示。

如果在"设置为"下拉列表中没有需要的格式,可以选择"自定义格式",打开"设置单元格格式"对话框,设置需要的字体、边框、底纹等格式即可。

	A	B	C	D	E	F	G	H
1				学生成绩登记表				
2						填表日期		2021/1/28
3	学号	姓名	性别	语文	数学	英语	体育	总分
4	2016060301	王勇	男	89	98	70	60	317
5	2016060302	刘田田	女	78	67	90	95	330
6	2016060303	李冰	女	80	90	78	94	342
7	2016060304	任卫杰	男	80	78	59	48	265
8	2016060305	吴晓丽	女	40	88	96	69	293
9	2016060306	刘唱	男	67	89	76	90	322
10	2016060307	王强	男	88	97	89	89	363
11	2016060308	马爱军	男	95	80	79	85	339
12	2016060309	张晓华	女	45	89	98	83	315
13	2016060310	朱刚	男	94	89	87	50	320

图 7-54 使用"条件格式"的效果

2. 项目选取规则

项目选取规则可以突出显示选定区域中最大或最小的一部分数据所在单元格,可以用百分数或数字来指定,也可以指定大于或小于平均值的单元格。

例如,用红色底纹突出显示"数学"成绩高出平均分的单元格,具体操作方法如下。

第 1 步:选定"数学"列的单元格区域,单击"开始"选项卡"样式"组中的"条件格式"按钮,在下拉菜单中选择"项目选取规则"→"高于平均值",如图 7-55 所示。

第 2 步:在弹出的对话框中,选择"设置为"下拉列表框中的"自定义格式"。

第 3 步:在"设置单元格格式"对话框中设置"背景"为"红色"。

第 4 步:单击"确定"按钮关闭对话框。

图 7-55 设置条件格式——项目选取规则

完成上述设置后的单元格格式效果如图 7-54 中"数学"列所示。

3. 数据条

利用数据条功能,可以非常直观地查看选定区域中数值的大小情况。

例如,将"英语"列数据设置为数据条的显示方式,如图 7-54 中"英语"列数据所示,数据条越长,表示数值越大,具体操作方法是:选定"英语"列单元格区域,单击"开始"选项卡"样式"组中的"条件格式"按钮,在下拉菜单中选择"数据条",在级联菜单中选择"渐变填充"中的"蓝色数据条",如图 7-56 所示。

4. 色阶

色阶功能可以利用颜色的变化表示数据值的高低,帮助用户迅速地了解数据的分布趋势,Excel 2016 提供了 12 种色阶供用户使用。

例如,将"体育"成绩设置"白-绿"色阶,分数越高的单元格底纹越接近白色,分数越低的单元格底纹越接近绿色,如图 7-54 中的"体育"列数据所示。具体操作方法是:选定"体育"列单元格区域,单击"开始"选项卡"样式"组中的"条件格式"按钮,在下拉菜单中选择"色阶",在级联菜单中选择"白-绿色阶",如图 7-57 所示。

图 7-56　设置条件格式——数据条

图 7-57　设置条件格式——色阶

5. 图标集

利用图标集标识数据就是把单元格内的数值按照大小进行分级，然后根据不同的等级，用不同方向、形状的图标进行标识。

例如，将"总分"列数据以"三向箭头（彩色）"的图标集形式表现，具体操作方法是：选定"总分"列单元格区域，单击"开始"选项卡"样式"组中的"条件格式"按钮，在下拉菜单中选择"图标集"，在级联菜单中提供了多种图标集，如图 7-58 所示，选择"三向箭头（彩色）"。

图 7-58　设置条件格式——图标集

6. 其他规则

若要对条件格式进行更高级的条件设置，可在上面几种设置中选择"其他规则"，或者在"条件格式"菜单中选择"新建规则"，均可打开"新建格式规则"对话框，如图 7-59 所示。在该对话框中，可以选择不同的规则类型，并进行详细规则设置。

7. 管理规则

若要修改条件格式的规则，则选择"条件格式"中的"管理规则"命令，打开"条件格式规则管理器"对话框，如图 7-60 所示。

在"显示其格式规则"的下拉列表中选择"当前工作表"，则对话框显示本工作表中所有的条件格式规则。在该列表中也可以选择"当前选择"来对选中的单元格区域的条件规则进行修改。或者选择其他的工作表名称，来显示对应工作表中的条件格式规则。

"新建规则"按钮可以打开如图 7-59 所示的对话框来新建一个条件格式；"编辑规则"按钮可以对现有的条件格式规则进行修改；"删除规则"按钮可以删除选中的条件格式规则。

8. 清除规则

使用"条件格式"按钮下拉菜单中的"清除规则"命令，可以一次性清除所选单元格规则

图 7-59 "新建格式规则"对话框

图 7-60 "条件格式规则管理器"对话框

或者整个工作表的格式规则等。

7.10.4 数学函数

1. RAND 函数

格式：RAND( )。该函数不需要参数。

功能：返回大于等于 0 且小于 1 的均匀分布随机实数，每次计算工作表时都将返回一个新的随机实数。

说明：若要生成 a 与 b 之间的随机实数，请使用 RAND( )*(b−a)+a。

2. FACT 函数

格式：FACT(Number)。

功能：返回 Number 的阶乘，一个数 n 的阶乘等于 $1\times 2\times 3\times \cdots \times n$。如果 Number 不

是整数,则截尾取整。如果 Number 为负,则返回错误值 ♯NUM!。

3. POWER 函数

格式:POWER(Number,Power)。

功能:返回 Number 的 Power 次幂。例如,POWER(5,2)表示 5^2,即 25。

4. MOD 函数

格式:MOD(Number,Divisor)。

功能:返回两数相除的余数,结果的正负号与除数相同。

参数:Number 为被除数,Divisor 为除数。

5. SQRT 函数

格式:SQRT(Number)。

功能:返回 Number 的平方根。如果 Number 为负值,函数 SQRT 返回错误值 ♯NUM!。

6. PRODUCT 函数

格式:PRODUCT(Number1,[Number2],…)。

功能:计算所有参数的乘积。

参数:Number1,Number2,…为 1 到 255 个需要相乘的数。

7. SUMIF 函数

格式:SUMIF(Range,Criteria,[Sum_range])。

功能:对范围中符合指定条件的值求和。

参数:Range 为用于条件判断的单元格区域。Criteria 为确定哪些单元格将被相加求和的条件,其形式可以为数字、表达式或文本;例如,条件可以表示为 32、"32"、">32" 或 "apples"。Sum_range 是需要求和的实际单元格。

说明:①只有在 Range 区域中相应单元格符合条件的情况下,Sum_range 中与其对应的单元格才求和;②如果省略了 Sum_range,则对 Range 区域中符合条件的单元格求和。

8. SUMPRODUCT 函数

格式:SUMPRODUCT(Array1,[Array2],[Array3],…)。

功能:在给定的几组数组中,将数组间对应的元素(元素的位置号相同)相乘,并返回乘积之和。

参数:Array1、Array2、Array3、…为若干数组,其相应元素需要进行相乘并求和。

说明:(1)数组参数必须具有相同的维数,否则,函数 SUMPRODUCT 将返回错误值 ♯VALUE!。(2)函数 SUMPRODUCT 将非数值型的数组元素作为 0 处理。

9. INT 函数

格式:INT(Number)。

功能:返回小于等于 Number 的最大整数。

7.10.5 文本函数

涉及处理文本的问题时,经常要用到文本函数。文本函数可以用来提取特定位置上的字符、进行字母的大小写转换、查找字符等。

1. FIND 函数

格式：FIND(find_text,within_text,start_num)。

功能：用于查找文本字符串 within_text 内的文本字符串 find_text，并从 within_text 的首字符开始返回 find_text 的起始位置编号。

参数：find_text 是要查找的文本。within_text 是包含要查找内容的文本。start_num 指定开始进行查找的位置。

使用示例如图 7-61 所示。

2. SEARCH 函数

格式：SEARCH（find_text，within_text，start_num）。

功能：返回从 start_num 开始首次找到特定字符或文本字符串的位置。

图 7-61　FIND 函数示例

参数：find_text 是要查找的文本。within_text 是要在其中查找 find_text 的文本。start_num 是 within_text 中开始查找的位置。

SEARCH 函数类似于 FIND 函数，其区别如下。

（1）FIND 区分大小写，而 SEARCH 函数不区分大小写。

（2）FIND 函数的参数 find_text 不能使用通配符，而 SEARCH 函数中的参数 find_text 可以使用通配符，包括问号（?）和星号（*）。问号可匹配任意的单个字符，星号可匹配任意一串字符。

3. LEN 函数

格式：LEN(text)。

功能：返回文本字符串中的字符数。

参数：text 是要计算其长度的文本。空格将作为字符进行计数。

例如，LEN("hello")的返回值是 5。

4. LEFT 函数

格式：LEFT(text,num_chars)。

功能：返回文本字符串中由左边 num_chars 个字符构成的文本。

参数：text 是包含要提取字符的文本字符串。num_chars 指定要提取的字符数。

例如，LEFT("好好学习 Excel",6)返回的结果为"好好学习 Ex"。

5. RIGHT 函数

格式：RIGHT(text,num_chars)。

功能：返回文本字符串中由右边 num_chars 个字符构成的文本。

参数：text 是包含要提取字符的文本字符串。num_chars 指定需要提取的字符数。

6. MID 函数

格式：MID(text,start_num,num_chars)。

功能：返回文本字符串中从指定位置开始的特定数目的字符，该数目由用户指定。

参数：text 是包含要提取字符的文本字符串。start_num 是文本中要提取的第一个字符的位置。num_chars 指定希望从文本中返回字符的个数。

例如，MID("好好学习 Excel",3,7)返回的结果为"学习 Excel"。

7. TRIM 函数

格式：TRIM(text)。

功能：清除文本的前导空格和尾随空格。

参数：text 是需要清除其中空格的文本。

8. REPLACE 函数

格式：REPLACE(old_text,start_num,num_chars,new_text)。

功能：根据所指定的字符数使用其他文本字符串替换某文本字符串中的部分文本。

参数：old_text 是要替换其部分字符的文本。start_num 是要用 new_text 替换 old_text 中字符的位置。num_chars 是使用 new_text 替换 old_text 中字符的个数。new_text 是要用于替换 old_text 中字符的文本。

9. SUBSTITUTE 函数

格式：SUBSTITUTE(text,old_text,new_text,instance_num)。

功能：在文本字符串中用 new_text 替代 old_text。

参数：text 为需要替换其中字符的文本，或对含有文本的单元格的引用。old_text 为需要替换的旧文本。new_text 为用于替换 old_text 的文本。instance_num 为一数值，用来指定以 new_text 替换第几次出现的 old_text。如果指定了 instance_num，则只有满足要求的 old_text 被替换；否则将用 new_text 替换 text 中出现的所有 old_text。

如果需要在某一文本字符串中替换指定的文本，请使用函数 SUBSTITUTE；如果需要在某一文本字符串中替换指定位置处的任意文本，请使用函数 REPLACE。

10. TEXT 函数

格式：TEXT(value,format_text)。

功能：将数值转换为按指定数字格式表示的文本。

参数：value 为数值或计算结果为数字值的公式，或对包含数字值的单元格的引用。format_text 为"设置单元格格式"对话框中"数字"选项卡上"分类"框中的文本形式的数字格式。

例如，TEXT(2500,"＄0,000.00")返回的结果为＄2,500.00；TEXT(4000,"mm-dd-yyyy")返回的结果为 07-06-2009；TEXT(30000,"yyyy 年 m 月 d 日")返回的结果为"2009 年 7 月 6 日"。

7.10.6 统计函数

1. AVERAGE 函数

格式：AVERAGE(number1,number2,…)。

功能：返回参数的平均值(算术平均值)。

参数：number1，number2，…为需要计算平均值的参数。

说明：AVERAGE 函数的参数可以是数字，或者是包含数字的名称、数组或引用。如果参数包含文本、逻辑值或空白单元格，则这些值将被忽略；但包含 0 值的单元格将计算在内。

2. COUNT 函数

格式：COUNT(value1,value2,…)。

功能：返回包含数字以及包含参数列表中的数字的单元格的个数。

参数：value1，value2，⋯为包含或引用各种类型数据的参数。

说明：COUNT 函数仅计算数值类型的单元格个数，而空白单元格、逻辑值、文字或错误值都将被忽略。

3. COUNTA 函数

格式：COUNTA(value1,value2,⋯)。

功能：返回参数列表中非空值的单元格个数。

参数：value1，value2，⋯为包含或引用各种类型数据的参数（1 到 30 个）。

说明：COUNTA 函数将计算所有非空单元格的个数，包括非数值类型的单元格。

4. COUNTIF 函数

格式：COUNTIF(range,criteria)。

功能：计算区域中满足给定条件的单元格的个数。

参数：range 为需要计算其中满足条件的单元格数目的单元格区域。criteria 为确定哪些单元格将被计算在内的条件，其形式可以为数字、表达式或文本。

COUNT、COUNTA 和 COUNTIF 函数的示例如图 7-62 所示。

	A	B	C	D	E
1	学号	姓名	性别	语文	
2	2008060301	王勇	男	89	
3	2008060302	刘田田	女	78	
4	2008060303	李冰	女	80	
5	2008060304	任卫杰	男	缺考	
6	2008060305	吴晓丽	女	90	
7	2008060306	刘唱	男	67	
8	2008060307	王强	男	88	
9	2008060308	马爱军	男	95	
10	2008060309	张晓华	女	67	
11	2008060310	朱刚	男	94	
12					
13	应考人数	10	=COUNTA(D2:D11)		
14	实考人数	9	=COUNT(D2:D11)		
15	85分以上人数	5	=COUNTIF(D2:D11,">=85")		

图 7-62 COUNT * 函数示例

5. MAX 函数

格式：MAX(number1,number2,⋯)。

功能：返回一组数中的最大值。

参数：number1，number2，⋯为要计算最大值的数字参数。

6. MIN 函数

格式：MIN(number1,number2,⋯)。

功能：返回一组数中的最小值。

参数：number1，number2，⋯为要计算最小值的数字参数。

7. MEDIAN 函数

格式：MEDIAN(number1,number2,⋯)。

功能：返回一组数中的中值。

参数：number1，number2，⋯为要计算中值的数字参数。

说明：中值是在一组数据中居于中间的数，即在这组数据中，有一半的数据比它大，有一半的数据比它小。如果参数集合中包含偶数个数字，MEDIAN 函数将返回位于中间的两个数的平均值。

8. RANK.EQ 函数

格式：RANK.EQ(number,ref,order)。

功能：返回一个数字在数字列表中的排位。

参数：number 为需要找到排位的数字。ref 为数字列表数组或对数字列表的引用，ref 中的非数值型参数将被忽略。order 为一数字，指明排位的方式：如果 order 为 0(零)或省略，则排位按照降序排列；如果 order 不为 0，则排位按照升序排列。

	A	B	C	D	E
1	学号	姓名	性别	语文	名次
2	2016060301	王勇	男	89	3
3	2016060302	刘田田	女	78	7
4	2016060303	李冰	女	80	5
5	2016060304	任卫杰	男	80	5
6	2016060305	吴晓丽	女	40	10
7	2016060306	刘唱	男	67	8
8	2016060307	王强	男	88	4
9	2016060308	马爱军	男	95	1
10	2016060309	张晓华	女	45	9
11	2016060310	朱刚	男	94	2

图 7-63　RANK.EQ 函数示例

例如，在如图 7-63 所示的成绩表中，填入各位学生的名次。操作方法如下。

第 1 步：选定 E2 单元格后，选择"公式"选项卡"函数库"组中的"其他函数"按钮，在下拉菜单中选择"统计"类别中的"RANK.EQ"函数，打开该函数的参数对话框，对话框中的参数设置如图 7-64 所示。

第 2 步：单击"确定"按钮。

第 3 步：拖动 E2 单元格的填充柄，快速填充到 E11 单元格。

图 7-64　RANK.EQ"函数参数"对话框

若用户对函数及其参数都比较熟悉,本例也可以直接在 E2 单元格中输入公式"=RANK.EQ(D2,$D$2:$D$11)"后按 Enter 键即可。

7.10.7 查找和引用函数

1. ADDRESS 函数

格式:ADDRESS(row_num,column_num,abs_num,a1,sheet_text)。

功能:按照给定的行号和列标,建立文本类型的单元格地址。

参数:row_num 是在单元格引用中使用的行号。column_num 是在单元格引用中使用的列标。abs_num 指定返回的引用类型,具体含义见表 7-3。a1 用以指定 A1 或 R1C1 引用样式的逻辑值。如果 a1 为 TRUE 或省略,函数 ADDRESS 返回 A1 样式的引用;如果 a1 为 FALSE,函数 ADDRESS 返回 R1C1 样式的引用。sheet_text 为一文本,指定作为外部引用的工作表的名称,如果省略 sheet_text,则不使用任何工作表名。

表 7-3 abs_num 的取值及意义

abs_num	返回的引用类型	abs_num	返回的引用类型
1 或省略	绝对引用	3	相对行号,绝对列标
2	绝对行号,相对列标	4	相对引用

例如,ADDRESS(3,4)的返回值为 $D$3,ADDRESS(3,4,4)的返回值为 D3。

2. COLUMN 函数

格式:COLUMN(reference)。

功能:返回给定引用的列标。

参数:reference 为需要得到其列标的单元格或单元格区域。

说明:如果省略 reference,则假定为对函数所在单元格的引用。

例如,COLUMN(A3)的返回值为 A,即 A3 单元格所在的列标。

3. ROW 函数

格式:ROW(reference)。

功能:返回引用的行号。

参数:reference 为需要得到其行号的单元格或单元格区域。

说明:如果省略 reference,则假定为对函数所在单元格的引用。

例如,ROW(A3)的返回值为 3,即 A3 单元格所在的行号。

4. LOOKUP 函数

函数 LOOKUP 有两种语法形式:向量和数组,本书仅介绍向量形式的 LOOKUP 函数。向量为只包含一行或一列的区域。

格式:LOOKUP(lookup_value,lookup_vector,result_vector)。

功能:函数 LOOKUP 的向量形式是在单行区域或单列区域(向量)中查找数据,然后返回第二个单行区域或单列区域中相同位置的数据。

参数:lookup_value 为函数 LOOKUP 在第一个向量中所要查找的数据。lookup_vector 为只包含一行或一列的区域。result_vector 为只包含一行或一列的区域,其单元格个数必须与 lookup_vector 相同。

说明：lookup_vector 的数据必须按升序排序，否则函数 LOOKUP 不能返回正确的结果。如果函数 LOOKUP 找不到 lookup_value，则查找 lookup_vector 中小于或等于 lookup_value 的最大数值。

例如，利用 LOOKUP 函数在如图 7-65 所示的工作表中构造一个简单的查询。若在 B13 单元格中输入要查询的学号，则对应的 E13：E16 单元格中显示该学生的信息。具体操作方法如下。

第 1 步：选中 B13 单元格，输入一个学号。

第 2 步：选中 E13 单元格，输入公式 = LOOKUP(B13，A2：A11，B2：B11) 后按 Enter 键。

第 3 步：选中 E14 单元格，输入公式 = LOOKUP(B13，A2：A11，D2：D11) 后按 Enter 键。

第 4 步：选中 E15 单元格，输入公式 = LOOKUP(B13，A2：A11，E2：E11) 后按 Enter 键。

第 5 步：选中 E16 单元格，输入公式 = LOOKUP(B13，A2：A11，F2：F11) 后按 Enter 键。

	A	B	C	D	E	F
1	学号	姓名	性别	语文	数学	英语
2	2008060301	王勇	男	89	98	70
3	2008060302	刘田田	女	78	67	90
4	2008060303	李冰	女	80	90	78
5	2008060304	任卫杰	男	67	78	59
6	2008060305	吴晓丽	女	90	88	96
7	2008060306	刘唱	男	67	89	76
8	2008060307	王强	男	88	97	89
9	2008060308	马爱军	男	95	80	79
10	2008060309	张晓华	女	67	89	98
11	2008060310	朱刚	男	94	89	87
12						
13	请输入学号	2008060303		姓名	李冰	
14				语文	80	
15				数学	90	
16				英语	78	

图 7-65　LOOKUP 函数示例

当改变 B13 单元格中输入的内容时，对应的数据也会跟着变化。

5. HLOOKUP 函数

格式：HLOOKUP(lookup_value，table_array，row_index_num，range_lookup)。

功能：在表格的首行查找指定的数据，并由此返回表格中指定行的对应列处的数据。

参数：lookup_value 为需要在数据表第一行中进行查找的数据。table_array 为需要在其中查找数据的数据表。row_index_num 为 table_array 中待返回的匹配值的行序号。range_lookup 为一逻辑值，指明函数 HLOOKUP 查找时是精确匹配还是近似匹配。如果为 TRUE 或省略，则返回近似匹配值。也就是说，如果找不到精确匹配值，则返回小于 lookup_value 的最大数据。如果 range_value 为 FALSE，函数 HLOOKUP 将查找精确匹配值，如果找不到，则返回错误值 ♯N/A！。

例如，利用 HLOOKUP 函数在图 7-66 所示的表格中，计算不同奖金所应得的提成比例。

	A	B	C	D	E	F
1	销售金额下限	¥0.00	¥100,001.00	¥200,001.00	¥300,001.00	¥5,000,001.00
2	销售金额上限	¥100,000.00	¥200,000.00	¥300,000.00	¥5,000,000.00	
3	提成比例	0.00%	0.75%	1.00%	1.50%	2.00%
4						
5	销售金额	150000				
6	提成比例	0.75%				

图 7-66　HLOOKUP 函数示例

具体方法是：在 B5 单元格中输入一个金额，如 150 000。设置 B6 单元格为百分比样式，保留两位小数。选中 B6 单元格，输入公式"＝HLOOKUP(B5,B1:F3,3)"后按 Enter 键。

6. VLOOKUP 函数

格式：VLOOKUP(lookup_value,table_array,col_index_num,range_lookup)。

功能：在表格或数据数组的首列查找指定的数据，并由此返回表格或数组当前行中指定列处的数据。

参数：与 HLOOKUP 函数类似。

7. INDEX 函数

INDEX 函数的功能是返回表或区域中的值或值的引用。函数 INDEX 有两种形式：数组和引用。本书仅介绍数组形式的 INDEX 函数。

格式：INDEX(array,row_num,column_num)。

功能：返回数组中指定行列交叉处的单元格的数据。

参数：array 为单元格区域或数组常量。row_num 是数组中某行的行序号，函数从该行返回数据。column_num 为数组中某列的列标号，函数从该列返回数据。

8. MATCH 函数

格式：MATCH(lookup_value,lookup_array,match_type)。

功能：返回在指定方式下与指定数据匹配的数组中元素的相应位置。如果需要找出匹配元素的位置而不是匹配元素本身，则应该使用 MATCH 函数而不是 LOOKUP 函数。

参数：lookup_value 为需要在数据表中查找的数据。lookup_array 为可能包含所要查找的数据的连续单元格区域。match_type 的取值和意义见表 7-4。

表 7-4　match_type 的取值及意义

match_type 的取值	意　义
1 或省略	查找小于或等于 lookup_value 的最大数据。lookup_array 必须按升序排列
0	查找等于 lookup_value 的第一个数据。lookup_array 可以按任何顺序排列
−1	查找大于或等于 lookup_value 的最小数据。lookup_array 必须按降序排列

9. INDIRECT 函数

格式：INDIRECT(ref_text,a1)。

功能：返回由文本字符串指定的引用。此函数立即对引用进行计算，并显示其内容。若需要更改公式中单元格的引用，而不更改公式本身，请使用函数 INDIRECT。

参数：ref_text 为对单元格的引用。a1 为一逻辑值，指明包含在单元格 ref_text 中的引用的类型。如果 a1 为 TRUE 或省略，ref_text 被解释为 A1 样式的引用。如果 a1 为 FALSE，ref_text 被解释为 R1C1 样式的引用。

例如，函数 INDIRECT("B1") 将返回 B1 单元格中的值。

7.10.8 日期和时间函数

1. NOW 函数

格式：NOW()。

功能：返回当前日期和时间所对应的序列号。

2. TODAY 函数

格式：TODAY()。

功能：返回当前日期的序列号。

3. YEAR 函数

格式：YEAR(serial_number)。

功能：返回某日期对应的年份。返回值为 1900 到 9999 之间的整数。

参数：serial_number 为一个日期值，其中包含要查找年份的日期。

例如，YEAR("2021-5-6") 的返回值为 2021。

4. MONTH 函数

格式：MONTH(serial_number)。

功能：返回以序列号表示的日期中的月份。月份是介于 1（一月）到 12（十二月）之间的整数。

参数：serial_number 为一个日期值，其中包含要查找的月份。

例如，MONTH("2021-5-6") 的返回值为 5。

5. DAY 函数

格式：DAY(serial_number)。

功能：返回以序列号表示的某日期的天数，用整数 1 到 31 表示。

参数：serial_number 为要查找的那一天的日期。

例如，DAY("2021-5-6") 的返回值为 6。

6. DATE 函数

格式：DATE(year,month,day)。

功能：返回代表特定日期的序列号。

参数：year 代表日期中年份的数字。month 代表日期中月份的数字。day 代表在该月份中第几天的数字。

例如，DATE(2021,10,1) 的返回值为日期值 2021/10/1。

7. WEEKDAY 函数

格式：WEEKDAY(serial_number,return_type)。

功能：返回某日期为星期几。默认情况下，其值为 1（星期天）到 7（星期六）之间的整数。

参数：serial_number 是一个日期值。return_type 为控制返回值类型的数字，如表 7-5

所示。

表 7-5 return_type 的含义

return_type	函数返回的数字含义
1 或省略	数字 1(星期日)到数字 7(星期六)
2	数字 1(星期一)到数字 7(星期日)
3	数字 0(星期一)到数字 6(星期日)

8. DATEDIF 函数

DATEDIF 函数是一个隐秘函数,在 Excel 的插入函数对话框和函数帮助中都没有该函数,但是可以直接输入函数名称来使用 DATEDIF 函数。

格式:DATEDIF(start_date,end_date,unit)。

功能:返回两个日期之间间隔的年数、月数或天数等。

参数:start_date 为时间段内的起始日期。end_date 为时间段内的结束日期。unit 为所需信息的返回类型,如表 7-6 所示。

表 7-6 unit 的含义

return_type	信息的返回类型
Y	时间段中的整年数
M	时间段中的整月数
D	时间段中的天数

例如,DATEDIF("1999-4-1","2007-7-12","Y") 函数的返回值为 8,即两个日期之间相差了 8 年。DATEDIF("1999-4-1","2007-7-12","M") 的返回值为 99,即两个日期之间相差了 99 个月。

7.10.9 逻辑函数

1. NOT 函数

格式:NOT(logical)。

功能:对参数值求反。当要确保一个值不等于某一特定值时,可以使用 NOT 函数。

参数:logical 为一个可以计算出 TRUE 或 FALSE 的逻辑值或逻辑表达式。

说明:如果逻辑值为 FALSE,函数 NOT 返回 TRUE;如果逻辑值为 TRUE,函数 NOT 返回 FALSE。

2. AND 函数

格式:AND(logical1,logical2,…)。

功能:所有参数的逻辑值均为 TRUE 时,返回 TRUE;只要一个参数的逻辑值为 FALSE,即返回 FALSE。

参数:Logical1,logical2,…表示待检测的条件值。

3. OR 函数

格式:OR(logical1,logical2,…)。

功能：在其参数中，任何一个参数逻辑值为 TRUE，即返回 TRUE；所有参数的逻辑值均为 FALSE，则返回 FALSE。

参数：logical1，logical2，… 表示待检测的条件值，各条件值可为 TRUE 或 FALSE。

4. IF 函数

格式：IF(logical_test,value_if_true,value_if_false)。

功能：根据对条件表达式真假值的判断，返回不同结果。

参数：logical_test 是返回结果为 TRUE 或 FALSE 的任意值或表达式。value_if_true 是 logical_test 为 TRUE 时返回的值。value_if_false 是 logical_test 为 FALSE 时返回的值。

例如，计算如图 7-67 所示的成绩等第评定表中的等第评定。评定方法为：若成绩在 90 分及以上，并且老师评价或同学打分中有 90 分及以上的同学，评为"优秀"；若成绩在 80 分及以上，并且老师评价或同学打分中有 80 分及以上的同学，评为"良好"；若成绩在 60 分及以上，并且老师评价或同学打分中有 60 分及以上的同学，评为"合格"；除此以外，其他都为"重修"。

	A	B	C	D	E
1	姓名	成绩	老师评价	同学打分	等第
2	王勇	92	98	85	优秀
3	刘田田	78	67	78	合格
4	李冰	80	90	92	良好
5	任卫杰	67	78	70	合格
6	吴晓丽	90	88	95	优秀
7	刘唱	77	89	85	合格
8	王强	88	97	88	良好
9	马爱军	95	80	80	良好
10	张晓华	67	55	50	重修
11	朱刚	94	89	90	优秀

图 7-67　IF 函数示例

具体方法如下。

第 1 步：选定 E2 单元格，输入公式"=IF(AND(B2>=90，OR(C2>=90，D2>=90))，"优秀"，IF(AND(B2>=80，OR(C2>=80，D2>=80))，"良好"，IF(AND(B2>=60，OR(C2>=60，D2>=60))，"合格"，"重修"))))"后按 Enter 键。

第 2 步：选定 E2，拖动填充柄至 E11 单元格。

7.10.10　数据库函数

数据库函数主要用于对数据列表或数据库中的数据进行分析。简单地说，数据库函数就是将普通的统计函数与高级筛选合二为一。对于高级筛选的知识点讲解，请参考 7.10.14 节。

数据库函数一般都具有相同的参数。

(1) database 构成列表或数据库的单元格区域。

(2) field 指定函数所使用的数据列。列表中的数据列必须在第一行具有标志项。

(3) criteria 为一组包含给定条件的单元格区域。可以为参数 criteria 指定任意区域，只要它至少包含一个列标志和列标志下方用于设定条件的单元格。

Excel 提供了 12 个数据库函数，见表 7-7。

表 7-7 Excel 中的数据库函数

函 数	功 能
DAVERAGE	返回列表或数据库中满足指定条件的列中数值的平均值
DCOUNT	返回数据库或列表的列中满足指定条件并且包含数字的单元格个数。参数 field 为可选项,如果省略,函数 DCOUNT 返回数据库中满足条件 criteria 的所有记录数
DCOUNTA	返回数据库或列表的列中满足指定条件的非空单元格个数。参数 field 为可选项。如果省略,则函数 DCOUNTA 将返回数据库中满足条件的所有记录数
DGET	从列表或数据库的列中提取符合指定条件的单个值。如果没有满足条件的记录,则函数 DGET 将返回错误值 ♯VALUE!。如果有多个记录满足条件,则函数 DGET 将返回错误值 ♯NUM!
DMAX	返回列表或数据库的列中满足指定条件的最大数值
DMIN	返回列表或数据库的列中满足指定条件的最小数值
DPRODUCT	返回列表或数据库的列中满足指定条件的数值的乘积
DSTDEV	将列表或数据库的列中满足指定条件的数字作为一个样本,估算样本总体的标准差
DSTDEVP	将列表或数据库的列中满足指定条件的数字作为样本总体,计算总体的标准差
DSUM	返回列表或数据库的列中满足指定条件的数字之和
DVAR	将列表或数据库的列中满足指定条件的数字作为一个样本,估算样本总体的方差
DVARP	将列表或数据库的列中满足指定条件的数字作为样本总体,计算总体的方差

例如,在图 7-68 所示的表格中,计算出三门课有不及格的人数。

图 7-68 数据库函数示例

图 7-69 筛选条件

具体方法是:在 I1:K4 区域中,构造筛选条件,如图 7-69 所示。在 F21 单元格中输入公式=DCOUNT(A1:G19,E1,I1:K4)。

7.10.11 信息函数

1. IS 类函数

IS 类函数可以检验数据的类型，并根据参数值返回 TRUE 或 FALSE。

IS 类函数的功能见表 7-8。

表 7-8 IS 类函数

函 数	如果为下面的内容，则返回 TRUE
ISBLANK	值为空
ISERR	值为除 #N/A 以外的任意错误值
ISERROR	值为任意错误值(#N/A、#VALUE!、#REF!、#DIV/0!、#NUM!、#NAME? 或 #NULL!)
ISLOGICAL	值为逻辑值
ISNA	值为错误值 #N/A(值不存在)
ISNONTEXT	值为非文本的任意项(注意此函数在值为空白单元格时返回 TRUE)
ISNUMBER	值为数字
ISREF	值为引用
ISTEXT	值为文本

value 为需要进行检验的数据。分别为：空白(空白单元格)、错误值、逻辑值、文本、数字、引用值或对于以上任意参数的名称引用。

IS 类函数的参数 value 是不可转换的。例如，在其他大多数需要数字的函数中，文本值 19 会被转换成数字 19。然而在公式 ISNUMBER("19") 中，"19"并不由文本值转换成别的类型的值，函数 ISNUMBER 返回 FALSE。

IS 类函数在用公式检验计算结果时十分有用。当它与函数 IF 结合在一起使用时，可以提供一种方法用来在公式中查出错误值。

2. CELL 函数

格式：CELL(info_type,[reference])。

功能：返回某一引用区域的左上角单元格的格式、位置或内容等信息。

参数：info_type 为一个文本值，指定所需要的单元格信息的类型。reference 表示要获取其有关信息的单元格。如果忽略，则在 info_type 中所指定的信息将返回给最后更改的单元格。如表 7-9 所示。

表 7-9 info_type 的值与函数返回结果

info_type	返回结果
"address"	引用中第一个单元格的地址，是文本类型
"col"	引用中单元格的列标
"color"	如果单元格中的负值以不同颜色显示，则为 1，否则返回 0

续表

info_type	返回结果
"contents"	引用中左上角单元格的值(不是公式)
"filename"	包含引用的文件名(包括全部路径),是文本类型。如果包含目标引用的工作表尚未保存,则返回空文本("")
"format"	与单元格中不同的数字格式相对应的文本值。如果单元格中负值以不同颜色显示,则在返回的文本值的结尾处加-;如果单元格中为正值或所有单元格均加括号,则在文本值的结尾处返回()
"parentheses"	如果单元格中为正值或全部单元格均加括号,则为1,否则返回0
"prefix"	与单元格中不同的"标志前缀"相对应的文本值。如果单元格文本左对齐,则返回单引号(');如果单元格文本右对齐,则返回双引号(");如果单元格文本居中,则返回插入字符(^);如果单元格文本两端对齐,则返回反斜线(\);如果是其他情况,则返回空文本("")
"protect"	如果单元格没有锁定,则为0;如果单元格锁定,则为1
"row"	引用中单元格的行号
"type"	与单元格中的数据类型相对应的文本值。如果单元格为空,则返回b。如果单元格包含文本常量,则返回"l";如果单元格包含其他内容,则返回v
"width"	取整后的单元格的列宽。列宽以默认字号的一个字符的宽度为单位

例如,函数 Cell("row",A5)所表示的含义为返回 A5 单元格的行号,即返回 5。若在 A1 单元格中输入函数 Cell("address"),表示的含义为返回最后更改的单元格的地址,此时 A1 单元格为最后更改的单元格,因此返回值为 \$A\$1,若此时选中 B1 单元格并按功能键 F9 来刷新单元格,则 A1 单元格中的函数返回值立刻更改为 \$B\$1。

7.10.12 合并计算

在实际工作中,经常有这样的情况:某公司有几个分公司,各分公司分别建立好各自的年终报表,现在该公司想要得到总的年终报表,以了解整个公司的全局情况。这就需要用到数据的合并计算。Excel 的合并计算功能可以方便地将多个工作表的数据合并计算并存放到另一个工作表中。

例如,将如图 7-70(a)、(b)和(c)所示的三张工作表中数据合并到如图 7-70(d)所示的工作表中。

具体方法如下。

第 1 步:选中"一季度销售情况统计"工作表中的 A3 单元格,单击"数据"选项卡"数据工具"组中的"合并计算"按钮,打开"合并计算"对话框,如图 7-71 所示。

第 2 步:在"函数"下拉列表中选择"求和"。

第 3 步:单击"引用位置"文本框右侧的折叠对话框按钮,折叠"合并计算"对话框。

第 4 步:单击工作表标签切换到"1月销售情况表"工作表中,选择 A3:C10 区域,单击展开对话框按钮,重新打开"合并计算"对话框。

第 5 步:单击"添加"按钮,将已经选中的区域添加到"所有引用位置"列表框中。

第 6 步:重复上述步骤,将工作表"2月销售情况表"和"3月销售情况表"中的对应数据

(a) 1月销售情况表　　　　　　　　(b) 2月销售情况表

(c) 3月销售情况表　　　　　　　　(d) 一季度销售情况统计

图 7-70　合并计算

区域添加到"所有引用位置"列表框中。

第 7 步：选中"标签位置"中的"最左列"复选框。

第 8 步：单击"确定"按钮关闭对话框，合并计算的结果如图 7-72 所示。

图 7-71　"合并计算"对话框　　　　图 7-72　合并计算结果

7.10.13　高级排序

在 Excel 中除了可以对数据进行简单的升序和降序排列以外，还可以进行一些更复杂的排序。

1. 按行排序

一般情况下，排序操作都是按照列数据来排序的，但是有些表格的设计风格会使数据列表的第一列是字段标题,其他列中存放了具体数据,如图 7-73 所示。

	A	B	C	D	E	F	G	H	I	J	K
1	姓名	王勇	刘田田	李冰	任卫杰	吴晓丽	刘唱	王强	马爱军	张晓华	朱刚
2	语文	89	78	80	67	90	67	88	95	67	94
3	数学	98	67	90	78	88	89	97	80	89	89
4	英语	70	90	78	59	96	76	89	79	98	87

图 7-73　按行排序的数据列表

例如,将图 7-73 中的数据列表按照"语文"成绩降序排列。

具体操作步骤如下。

第 1 步:选中数据列表中 B1:K4 单元格区域,单击"数据"选项卡下"排序和筛选"组中的"排序"按钮,打开"排序"对话框。

第 2 步:单击"选项"按钮,打开"排序选项"对话框,如图 7-74 所示。

第 3 步:在"方向"中选择"按行排序"单选按钮,单击"确定"按钮。

第 4 步:回到"排序"对话框中,"主要关键字"上方的"列"变为"行",表示此时的排序为按行排序。"语文"在数据列表中的行号为 2,因此,在"主要关键字"列表框中选择"行 2","排序依据"为"数值","次序"为"降序",如图 7-75 所示。

第 5 步:单击"确定"按钮关闭对话框,此时数据列表按照"语文"成绩降序排列。

图 7-74　"排序选项"对话框

图 7-75　按行排序时的"排序"对话框

注意:第一步操作中选择的单元格区域不能包括第一列标题列,也不可以像按列排序一样选择数据列表中的任意一个单元格,因为在按行排序时,Excel 不会自动识别标题列,会将标题列也当作数值列来处理,即将标题列和数值列一起按照排序规则进行排序,导致标题列被移动位置。

2. 自定义序列排序

有时候,用户不希望按照 Excel 提供的标准顺序进行排序,而是希望按照某种特殊的顺序来排列,如职称、部门等数据。

例如,在图 7-76 所示的员工信息表中,将数据按照学历从高到低的顺序排序,即按照"博士-硕士-本科-大专"的顺序排列。具体操作方法如下。

第 1 步:选中数据列表中的任意一个单元格,利用"排序"按钮打开"排序"对话框。

第 2 步:在"主要关键字"列表框中选择"学历","排序依据"为"数值","次序"为"自定

图 7-76 员工信息表

义序列",打开如图7-77所示的"自定义序列"对话框。

图 7-77 "自定义序列"对话框

第3步：在右侧的"输入序列"中输入"博士-硕士-本科-大专"的序列，用"回车符"或英文的逗号分隔。

第4步：单击"添加"按钮，将序列添加到左侧的"自定义序列"列表框中。

第5步：选中已经添加的序列，单击"确定"按钮关闭对话框。此时"排序"对话框如图7-78所示，单击"确定"按钮即可。

7.10.14 高级筛选

在自动筛选时，列与列之间的条件关系为"与"，即需要多个条件同时成立，但是有些情

图 7-78 "排序"对话框

况下,条件之间需要采用"或"的关系,因此,需要使用高级筛选来完成任务。要使用高级筛选,需要按如下规则建立条件区域。

(1) 条件区域必须位于数据列表区域外,即与数据列表之间至少间隔一个空行和一个空列。

(2) 条件区域的第一行是高级筛选的标题行,其名称必须和数据列表中的标题行名称完全相同。条件区域的第二行及以下行是条件行。

(3) 同一行中条件单元格之间的逻辑关系为"与",即条件之间是"并且"的关系。

(4) 不同行中条件单元格之间的逻辑关系为"或",即条件之间是"或者"的关系。

例如,在如图 7-79 所示的成绩表中,在 A1:F11 区域中筛选出有不及格科目的男生。

图 7-79 成绩表

使用高级筛选的操作方法如下。

第 1 步:在数据列表之外,按照条件区域的建立规则创建条件区域,例如图 7-79 中 A13:D16 区域。

第 2 步:单击数据列表中任一单元格,选择"数据"选项卡"排序和筛选"组中的"高级"按钮,打开"高级筛选"对话框,如图 7-80(a)所示。

第 3 步:在"列表区域"选择 A1:F11,"条件区域"选择 A13:D16 的单元格区域。

第 4 步:选择筛选结果存放方式。"在原有区域显示筛选结果"将筛选结果放置在原来数据列表处,隐藏不符合条件的数据行。"将筛选结果复制到其他位置"将筛选结果复制到当前活动工作表的其他位置。

若上一步中选择了"将筛选结果复制到其他位置",则在"复制到"文本框中选择一个需要存放筛选结果的起始单元格。

第 5 步:单击"确定"按钮关闭对话框,筛选结果如图 7-80(b)所示。

(a) "高级筛选"对话框

(b) 高级筛选结果

图 7-80　高级筛选

7.10.15　创建复杂图表

依照之前介绍的图表制作方法,虽然可以制作出相应的图表,但是在一些特殊情况下,并不能满足用户的需求,为此,介绍以下两种特殊的图表:动态图表和动态混合图表。

1. 创建动态图表

如果在同一张图表上,根据不同的需要查看每一科的考试情况,则需要借助公式来制作动态图表。主要使用的是查找与引用函数和信息函数,具体函数的格式和含义请参考 7.10.7 节和 7.10.11 节。

例如,基于图 7-81 所示的某班学生成绩表中的数据,创建动态图表。要求:单击不同科目列可以显示相应科目的成绩图表。

	A	B	C	D	E	F	G
1			高三(3)班学生成绩登记表				
2							
3	学号	姓名	性别	语文	数学	英语	总分
4	2016060301	王勇	男	89	98	70	257
5	2016060302	刘田田	女	78	67	90	235
6	2016060303	李冰	女	80	90	78	248
7	2016060304	任卫杰	男	67	78	59	204
8	2016060305	吴晓丽	女	90	88	96	274
9	2016060306	刘唱	男	67	89	76	232
10	2016060307	王强	男	88	97	89	274
11	2016060308	马爱军	男	95	80	79	254
12	2016060309	张晓华	女	67	89	98	254
13	2016060310	朱刚	男	94	89	87	270
14							

图 7-81　某班成绩表

具体操作方法是:首先将 B3:B13 区域复制到 I3:I13,然后在 J3 中输入公式=INDIRECT(ADDRESS(ROW(D3),CELL("col")))。按 Enter 键后会弹出一个错误提示框。这是因为该公式中包含循环引用。在输入公式时，CELL("col")返回的是公式所在单元格的列标。如果鼠标单击其他单元格必须按F9功能键，让Excel重新计算公式的值。单击"确定"按钮，则在J3中显示数值0。拖动J3单元格的填充柄，复制数据到J13。将光标定位于数学列中的任何一个单元格，按F9键，这时J3:J13中便显示出与E3:E13区域中相同内容的数据，如图7-82所示。

图7-82 动态数据结果

选择数据区域I3:J13，插入一张簇状柱形图，如图7-83所示。

图7-83 动态图表结果

单击语文列中任何一格，再按F9键，此时图表结束变成了显示语文成绩。

2. 创建动态混合图表

上例中创建的是各科成绩的柱形图，如果能将平均成绩也显示在图表中，就可以很容易地看出哪些学生的某科成绩是平均分以下或以上。

接着上一张动态图表继续创建一张混合图表，在原有图表基础上，以折线图形式显示各科目的平均分，这样可以清晰地看出哪些学生的成绩在平均分以下。具体操作方法如下。

第1步：在K3单元格中输入"平均分"。

第 2 步:在 K4 单元格中输入公式＝AVERAGE($J$4:$J$13),按 Enter 键,忽略出现的错误。

第 3 步:拖动 K4 单元格的填充柄到 K13,复制平均分,然后设置平均分列显示一位小数。

第 4 步:选中一门课程如数学,则在 E 列的任意一个单元格中按 F9 键,此时 J 列为数学成绩,K 列为数学的平均分。

第 5 步:选中 I3:K13 区域,创建簇状柱形图。

第 6 步:在图表上,右击红色的"平均分"数据系列,在弹出的快捷菜单中选择"更改系列图表类型"命令。

第 7 步:在"更改图表类型"对话框中左侧选择"组合",右侧选择"簇状柱形图-折线图",如图 7-84 所示,然后单击"确定"按钮,此时图表如图 7-85 所示。

单击其他科目列,然后按 F9 键,可以查看其他科目的成绩与平均分情况。

图 7-84 包含"平均分"的簇状柱形图

7.10.16 数据透视表和数据透视图

利用 Excel 的数据透视表或数据透视图可以对工作表中的大量数据进行快速汇总并建立交互式表格,用户可以通过选择不同的行或列标签来筛选数据,查看对数据源的不同汇总。

1. 创建数据透视表

例如,在如图 7-86 所示的工作表中,根据数据列表创建数据透视表的操作方法是:先

图 7-85　更改"平均分"数据系列图表类型

选择要创建数据透视表的源数据区域。若是对整个数据列表创建数据透视表，则单击数据列表中任意单元格即可。然后执行以下操作。

	A	B	C	D	E	F	G	H	I	J
1					文化用品公司销售情况表					
2	日期	业务员	商品代码	品牌	克重	规格	单价	数量	销售额	订货单位
204	2000/03/22	游妍妍	JD70B5	金达牌	70g	B5	200	116	￥ 23,200.00	明月商场
205	2000/03/23	李良	SY70B4	三一牌	70g	B4	210	113	￥ 23,730.00	蓝图公司
206	2000/03/23	何宏禹	SP70A4	三普牌	70g	A4	225	75	￥ 16,875.00	星光出版社
207	2000/03/24	高嘉文	JN70B5	佳能牌	70g	B5	189	109	￥ 20,601.00	阳光公司
208	2000/03/24	方依然	SG80A3	三工牌	80g	A3	290	127	￥ 36,830.00	明月商场
209	2000/03/24	孙建	SG80A3	三工牌	80g	A3	290	98	￥ 28,420.00	明月商场
210	2000/03/25	张一帆	SP70A4	三普牌	70g	A4	220	89	￥ 19,580.00	开心商场
211	2000/03/25	李良	SY70B4	三一牌	70g	B4	210	129	￥ 27,090.00	蓝图公司
212	2000/03/25	林木森	XL70A4	雪莲牌	70g	A4	275	10	￥ 2,750.00	开心商场
213	2000/03/26	游妍妍	XL70A3	雪莲牌	70g	A3	230	128	￥ 29,440.00	蓓蕾商场
214	2000/03/27	叶佳	FG80B4	富工牌	80g	B4	230	72	￥ 16,560.00	期望公司
215	2000/03/27	高嘉文	JN70B5	佳能牌	70g	B5	189	30	￥ 5,670.00	阳光公司
216	2000/03/27	李良	JN80A3	佳能牌	80g	A3	290	59	￥ 17,110.00	星光出版社
217	2000/03/28	张一帆	SP70A4	三普牌	70g	A4	220	42	￥ 9,240.00	开心商场
218	2000/03/28	方依然	JD70B4	金达牌	70g	B4	260	29	￥ 7,540.00	开缘商场
219	2000/03/30	叶佳	FG80B4	富工牌	80g	B4	230	34	￥ 7,820.00	期望公司
220	2000/03/30	林木森	XL70A4	雪莲牌	70g	A4	275	96	￥ 26,400.00	开心商场
221	2000/03/30	高嘉文	SG80A3	三工牌	80g	A3	295	32	￥ 9,440.00	白云出版社
222	2000/03/30	叶佳	JD70B5	金达牌	70g	B5	210	105	￥ 22,050.00	蓝图公司
223	2000/03/30	李良	FG80A4	富工牌	80g	A4	330	51	￥ 16,830.00	海天公司

图 7-86　文化用品公司销售情况表

第 1 步：单击"插入"选项卡"表格"组中的"数据透视表"按钮，打开"创建数据透视表"对话框，如图 7-87 所示。

第 2 步：在"表/区域"文本框中显示了已经选中的数据源，在此可以重新选择。在对话框中可以选择创建的数据透视表放置的位置，若选择"新工作表"则将创建一张新的工作表来放置数据透视表；若选择"现有工作表"，则需要在"位置"框中选择一个单元格，数据透视表将从该单元格开始存放。本例选择"新工作表"作为存放位置。

第 3 步：设置完毕后，单击"确定"按钮。

电子表格软件 Excel 2016

图 7-87 "创建数据透视表"对话框

新建的数据透视表如图 7-88 所示,右侧显示"数据透视表字段"窗格,用鼠标将需要的字段拖动到窗格下方的对应区域,如"行""列""值"区域。

图 7-88 新建的数据透视表

例如将"业务员"拖动到"行",将"品牌"拖动到"列",将"数量"拖动到"值",则生成基于各品牌、各业务员的销售数量的数据透视表,如图 7-89 所示。

2. 编辑数据透视表

对于建立好的数据透视表,由于各类分析的具体要求不同,有时还需要对数据透视表进行各种操作。例如,重新组织表格、改变数据透视表的页面布局等,以便从不同的角度对数据进行分析。

	A	B	C	D	E	F	G	H	I
1									
2									
3	求和项:数量	列标签							
4	行标签	富工牌	佳能牌	金达牌	三工牌	三普牌	三一牌	雪莲牌	总计
5	方依然	24		774	224				1022
6	高嘉文	787	728	57	716			67	2355
7	何宏禹	53				834		1129	2016
8	李良	811	959		112		927		2809
9	林木森		83					898	981
10	孙建	56	38		919		126		1139
11	叶佳	807		937					1744
12	游妍妍	28		925				1253	2206
13	张一帆					1113			1113
14	总计	2566	1808	2693	1971	1947	1053	3347	15385
15									

图 7-89 "销售数量"数据透视表

1)更改和设置字段

若需要改变数据透视表的分析字段,可以使用鼠标将已经添加的字段拖回到"数据透视表字段列表"中,再重新拖动需要的字段到数据透视表中。

对于行字段和列字段的数据,Excel 还提供了筛选功能。如在如图 7-89 所示的数据透视表中,单击行标签右侧的▼,可以打开如图 7-90 所示的下拉菜单,根据需要勾选需要的业务员姓名即可。

2)更改汇总方式

数据透视表默认的汇总方式为"求和",若要改变为其他汇总方式,如"最大值",其操作方法是:将鼠标移动到窗口右侧的"值"框中,单击 求和项:数量 ▼ 按钮,在子菜单中选择"值字段设置"命令,打开如图 7-91 所示的"值字段设置"对话框。在"计算类型"列表框中选择"最大值"。若需要设置数据的格式,则单击对话框的"数字格式"按钮,在打开的"设置单元格格式"对话框中,设置合适的数字格式。单击"确定"按钮关闭对话框。

图 7-90 "行标签"下拉菜单

图 7-91 "值字段设置"对话框

3）设置数据透视表格式

创建数据透视表后，功能区中增加了"数据透视表工具"，包含"分析"和"设计"选项卡，如图7-92所示，分别提供了更改数据源、更改汇总方式、更改数据排序方式和设置数据透视表布局、数据透视表样式等功能。

(a) "分析"选项卡

(b) "设计"选项卡

图 7-92 数据透视表工具

3. 创建数据透视图

创建数据透视图必须先创建数据透视表，操作方法有如下两种。

方法一：根据数据源创建。选择要创建数据透视图的源数据区域，单击"插入"选项卡中的"数据透视图"按钮，在下拉菜单中选择"数据透视图"。打开"创建数据透视表及数据透视图"对话框，对话框的设置方法与"创建数据透视表"的对话框一致。Excel将创建一个新的工作表，如图7-93所示，与创建数据透视表一样，拖动需要的字段到数据透视表中，在生成数据透视表的同时，也会生成对应的数据透视图。

图 7-93 创建数据透视表和数据透视图

方法二：根据数据透视表创建。在建立好的数据透视表中，单击任意单元格。在图7-92(a)所示的"数据透视表工具"的"分析"选项卡下，单击"数据透视图"按钮。在打开的"插入图表"对话框中，选择需要的图表类型。单击"确定"按钮即可。

7.10.17 其他实用操作

1. 通过自定义快速录入数据

当用户经常需要在单元格中重复输入固定的某些内容，例如，在图7-94所示的D3:D17区域中，需要输入性别"男"或"女"，可以使用自定义方式，将常用的文本序列添加到Excel中。使用自定义方式快速录入数据的方法如下。

图7-94 员工信息表

第1步：选中D3:D17区域，在选中区域右击，在快捷菜单中选择"设置单元格格式"命令，打开"设置单元格格式"对话框。

第2步：选择"数字"选项卡，在"分类"列表框中单击"自定义"选项。

第3步：在右侧"类型"文本框中输入"[=1]"男";[=2]"女""，注意所有标点符号均为英文输入法中的标点符号，如图7-95所示。

第4步：单击"确定"按钮关闭对话框。

设置完成后，在性别列中输入1或2，按Enter键即可输入"男"或"女"。

使用同样的方法，也可以为"学历""职位"等列数据设置快速输入方式。

2. 插入表单控件

在用Excel制作表格时，有时需要使用表单控件来丰富表格的使用功能。插入表单控件的操作，必须在"开发工具"选项卡下完成。默认情况下，Excel的选项卡区域是没有"开发工具"选项卡的，因此，首先需要打开"开发工具"选项卡。

插入表单控件的方法是选中需要插入表单控件的单元格。单击"开发工具"选项卡"控件"组中的"插入"按钮，在下拉菜单中选择需要插入的表单控件，如选项按钮 ◉。在单元格中拖动鼠标绘制出一个大小合适的控件。在控件上右击，在快捷菜单中选择"编辑文字"命令可以更改控件上显示的文字内容。

制作完成后单击其他单元格，此时控件为可以使用的状态，单击可以触发控件。若要重

图 7-95 "设置单元格格式"对话框

图 7-96 表单控件示例

新修改控件的属性或删除控件,则需在控件上右击。

如图 7-96 中所示的性别、学历和爱好后的单元格中分别添加了选项按钮控件 ⊙ 和复选框控件 ☑。需要注意的是性别和学历是两组独立的选项按钮,因此,在添加选项按钮之前,应该先添加"分组框"控件,然后在不同的分组框中再添加选项按钮。

3. 创建迷你图

在数据处理中,图表能比较直观形象地反映数据的变化,但是大图表占用空间较大,排版较费时,因此迷你图应运而生。

例如,在图 7-97 所示的数据列表中制作每种产品全年销售量的迷你图。操作方法如下。

第 1 步:选中 N4 单元格,单击"插入"选项卡"迷你图"组中的"折线图"按钮。

第 2 步:打开"创建迷你图"对话框,在数据范围中选中 B4:M4 单元格区域,如图 7-98 所示。

第 3 步:单击"确定"按钮关闭对话框。

第 4 步:使用填充柄,填充至 N10 单元格,制作好的迷你图如图 7-99 所示。

注意:迷你图无法使用 Delete 键来删除,要删除迷你图,必须在"迷你图工具"的"设计"选项卡的"分组"组中,单击"清除"按钮。

图 7-97 全年销售量统计表

图 7-98 "创建迷你图"对话框

图 7-99 "全年销售量统计表"工作表中的迷你图

4. 分类汇总嵌套

在对数据进行一个字段的分类汇总后,若继续进行其他要求的分类汇总,即构成了分类汇总的嵌套。分类汇总的嵌套,可以针对同一个字段采用不同的汇总方式进行多次汇总,也可以针对不同的字段进行不同分类的汇总。

例如,在人事档案表中,统计各部门平均工资与工资总额。这样的分类汇总需要做两次,第一次制作各部门平均工资的汇总,第二次再制作各部门工资的总额。两次分类汇总的分类字段都为"部门",因此在分类汇总前,只需将数据按照"部门"排序即可。需注意的是第二次分类汇总时必须取消"分类汇总"对话框中的"替换当前分类汇总"复选框,如图 7-100 所示。

再如,在人事档案表中,统计各部门男女职工人数。这时分类汇总同样需要嵌套做两次,但这两次分类汇总的分类字段分别为"部门"和"性别",而且必须第一次按照"部门"分

图 7-100 "分类汇总"对话框

类,第二次按照"性别"分类。因此,在分类汇总之前,需要将表中数据按照"部门"为主要关键字、"性别"为次要关键字的排序规则排序。其余步骤与上例相同。

习 题

一、单选题

1. 在工作表的 B2:E2 区域中分别存入数值 100、200、300、400,在单元格 G4 中输入公式=AVERAGE(B2:E2)+80,则 G4 中显示结果为_____。

  A. 240   B. 330   C. 480   D. 1080

2. 在进行公式计算时,当出现♯♯♯♯错误时,可能的原因是_____。

  A. 使用了负的日期或时间   B. 数字被 0 除
  C. 单元格无法容纳计算结果   D. 使用的参数类型错误

3. 函数以"="开始,后面是函数名和括号,其中括号里的内容是_____。

  A. 参数   B. 值   C. 公式   D. 嵌套

4. 若要求 Excel 单元格的值大于 0,则在本单元格中显示"已完成";单元格的值小于 0,则在本单元格中显示"还未开始";单元格值等于 1,则在本单元格中显示"正在进行中"。最优的操作方法是_____。

  A. 使用 IF 函数
  B. 通过自定义单元格格式,设置数据显示方式
  C. 使用条件格式命令
  D. 使用自定义函数

5. 在 Excel 2016 中,当两个都包含数据的单元格进行合并时_____。

  A. 所有的数据丢失   B. 所有的数据合并放入新的单元格
  C. 只保留最左上角单元格中的数据   D. 只保留最右上角单元格中的数据

6. 在 Excel 2016 中,当右击选择清除单元格的内容时_____。
    A. 将删除该单元格所在列   B. 将删除该单元格所在行
    C. 将彻底删除该单元格   D. 以上都不对
7. 在 Excel 的单元格中输入手机号码 13511111111 时,应输入_____。
    A. '13511111111   B. "13511111111"
    C. 13511111111   D. '13511111111'
8. 在 Excel 2016 中,选中上下相邻两个含有数值的单元格,使用填充柄用拖曳法向下做自动填充,默认的填充规则是_____。
    A. 等比序列   B. 等差序列   C. 自定义序列   D. 日期序列
9. Excel 2016 工作簿默认的文件扩展名为_____。
    A. xlsx   B. docx   C. pptx   D. xls
10. Excel 2016 中,下面_____选项不属于"设置单元格格式"对话框中"数字"选项卡下的内容。
    A. 字体   B. 货币   C. 日期   D. 自定义
11. Excel 2016 中分类汇总的默认汇总方式是_____。
    A. 求和   B. 求平均   C. 求最大值   D. 求最小值
12. Excel 2016 中向单元格输入 0 3/5,Excel 会认为是_____。
    A. 分数 3/5   B. 日期 3 月 5 日 C. 小数 3.5   D. 错误数据
13. 如果 Excel 2016 中某单元格显示为 ♯DIV/0,这表示_____。
    A. 除数为零   B. 格式错误   C. 行高不够   D. 列宽不够
14. 按_____可执行保存 Excel 工作簿的操作。
    A. Ctrl+C 快捷键   B. Ctrl+E 快捷键
    C. Ctrl+S 快捷键   D. Esc 键
15. 工作表是由行和列组成的表格,其行和列分别用_____表示。
    A. 数字和数字   B. 数字和字母   C. 字母和字母   D. 字母和数字
16. 如果删除的单元格是其他单元格的公式所引用的,那么这些公式将会显示_____。
    A. ♯♯♯♯♯♯♯   B. ♯REF!
    C. ♯VALUE!   D. ♯NUM
17. 在 Excel 2016 中,进行分类汇总之前,必须对数据列表进行_____。
    A. 筛选   B. 排序   C. 建立数据库   D. 有效计算
18. 当输入的数据位数太长,一个单元格放不下时,数据将自动改为_____。
    A. 科学记数   B. 文本数据   C. 备注类型   D. 特殊数据
19. 在 Excel 2016 中,单元格中的换行可以按_____快捷键。
    A. Ctrl+Enter   B. Alt+Enter   C. Shift+Enter   D. Enter
20. 在 Excel 2016 中,输入当前时间可按_____快捷键。
    A. Ctrl+;   B. Shift+;   C. Ctrl+Shift+;   D. Ctrl+Shift+:
21. 在 Excel 2016 中有一个数据非常多的成绩表,从第 2 页到最后均不能看到每页最上面的行表头,应_____。

A. 设置打印区域　　　　　　　　B. 设置打印标题行
C. 设置打印标题列　　　　　　　D. 无法实现

22. 下列函数，能对数据进行绝对值运算的是_____。
    A. ABS　　　B. ABX　　　C. EXP　　　D. INT

23. 在 Excel 2016 中移动或复制公式单元格时，以下说法正确的是_____。
    A. 公式中的绝对地址和相对地址都不变
    B. 公式中的绝对地址和相对地址都会自动调整
    C. 公式中的绝对地址不变，相对地址自动调整
    D. 公式中的绝对地址自动调整，相对地址不变

24. Excel 2016 图表中的水平 X 轴通常用来作为_____。
    A. 排序轴　　B. 分类轴　　C. 数值轴　　D. 时间轴

25. 删除工作表中与图表链接的数据时，图表将_____。
    A. 被复制　　　　　　　　　　B. 必须用编辑删除相应的数据点
    C. 不会发生变化　　　　　　　D. 自动删除相应的数据点

26. _____函数用来返回某个数字在数字列表中的排位。
    A. SUM　　　B. RANK　　　C. COUNT　　　D. AVERAGE

27. 已知单元格 A1 中存有数值 563.68，若输入函数"=INT(A1)"，则该函数值为_____。
    A. 563.7　　B. 563.78　　C. 563　　D. 563.8

28. 设 A1 和 B1 中分别有内容 12 和 34，在 C1 中输入公式=A1&B1，则 C1 中的结果是_____。
    A. 1234　　B. 12　　C. 34　　D. 46

29. 关于 Excel 文件保存，_____说法是错误的。
    A. Excel 文件可以保存为多种类型的文件
    B. 高版本 Excel 不能保存为低版本的工作簿
    C. 高版本 Excel 可以打开低版本的工作簿
    D. 要将本工作簿保存在别处，不能选"保存"，要选"另存为"

30. 在 Excel 2016 中，打印学生成绩单时，对不及格成绩用醒目的方式表示(如用红色表示等)，当要处理大量的学生成绩时，利用_____命令最为方便。
    A. 条件格式　　B. 定位　　C. 查找　　D. 数据筛选

31. 在 Excel 2016 中，为了使以后在查看工作表时能了解某些重要的单元格的含义，可以给其添加_____。
    A. 批注　　B. 公式　　C. 特殊符号　　D. 颜色标记

二、多选题

1. Excel 2016 中关于筛选后隐藏起来的记录的叙述，正确的是_____。
   A. 不打印　　B. 不显示　　C. 永远丢失　　D. 可以恢复

2. 关于电子表格的基本概念，正确的是_____。
   A. 工作簿是 Excel 中存储和处理数据的文件
   B. 工作表是存储和处理数据的工作单位

C. 单元格是存储和处理数据的基本编辑单位

D. 活动单元格是已输入数据的单元格

3. 以下属于 Excel 单元格中的数据类型有_____。

　　A. 文本　　　　B. 数值　　　　C. 逻辑值　　　　D. 出错值

4. 在 Excel 2016 中，Delete 键和"全部清除"命令的区别在于_____。

　　A. Delete 删除单元格的内容、格式和批注

　　B. Delete 仅能删除单元格的内容

　　C. 清除命令可删除单元格的内容、格式或批注

　　D. 清除命令仅能删除单元格的内容

5. 下列关于 Excel 图表的说法，正确的是_____。

　　A. 图表与生成的工作表数据相独立，不自动更新

　　B. 图表类型一旦确定，生成后不能再更新

　　C. 图表选项可以在创建时设定，也可以在创建后修改

　　D. 图表可以作为对象插入，也可以作为新工作表插入

6. 在 Excel 费用明细表中，列标题为"日期""部门""姓名""报销金额"等，若按部门统计报销金额，可用_____方法。

　　A. 高级筛选　　　　　　　　B. 分类汇总

　　C. SUMIF 函数计算　　　　　D. 数据透视表计算汇总

7. 要在 Excel 2016 中输入身份证号码，应_____。

　　A. 直接输入

　　B. 先输入单引号，再输入身份证号码

　　C. 先输入冒号，再输入身份证号码

　　D. 先将单元格格式转换成文本，再直接输入身份证号码

8. 下列关于 Excel 2016 的排序功能，说法正确的有_____。

　　A. 可以按行排序　　　　　　B. 可以按列排序

　　C. 最多允许有三个排序关键字　　D. 可以自定义序列排序

9. 在 Excel 2016 中，关于条件格式的规则有_____。

　　A. 项目选取规则　　　　　　B. 突出显示单元格规则

　　C. 数据条规则　　　　　　　D. 色阶规则

三、判断题

1. 在进行分类汇总时不需要先排序。

2. Excel 2016 允许用户根据自己的习惯自己定义排序的次序。

3. 数据透视图跟数据透视表一样，可以在图表上拖动字段名来改变其外观。

4. 在 Excel 2016 中，原始数据列表中的数据变更后，数据透视表的内容不会随之更新。

5. 降序排序时序列中空白的单元格行将被放置在排序数据列表的最后。

6. 利用复杂的条件来筛选数据表时，必须使用"高级筛选"功能。

7. SUMIF 函数的功能是根据指定条件对若干单元格求和。

8. 迷你图可以使用 Delete 键删除。

9. 对 Excel 2016 中工作表的数据进行分类汇总，汇总选项可有多个。

第 8 章　演示文稿软件 PowerPoint 2016

8.1　PowerPoint 2016 概述

PowerPoint 2016 是微软公司推出的办公自动化软件 Microsoft Office 2016 家族中的一员,主要用于设计和制作广告宣传、产品展示、课堂教学课件等电子幻灯片,其制作的演示文稿可以通过计算机屏幕或大屏幕投影仪播放,是人们在各种场合下进行信息交流的重要工具,也是计算机办公软件的重要组成部分。

应用 PowerPoint 2016 制作的演示文稿可以集文字、图形及多媒体对象于一体,将要表达的内容以图文并茂的形式展示出来,为人们进行信息传播与交流提供了强有力的手段。PowerPoint 2016 对用户界面进行了改进并增强了对智能标记的支持,使用户可以更加便捷地创建和查看高品质的演示文稿。

8.1.1　PowerPoint 2016 的启动与退出

1. PowerPoint 2016 的启动

启动 PowerPoint 2016 有多种方法,下面介绍比较常用的 3 种方法。

方法一:利用"开始"按钮。单击"开始"按钮,在弹出的菜单中拖动菜单右侧的滚动条,找到"PowerPoint 2016"后单击。

方法二:利用桌面快捷方式。如果计算机桌面上有 PowerPoint 2016 的快捷方式,则双击该快捷方式图标即可启动。

方法三:直接打开文档。选择任何一个 PowerPoint 文档,双击它(如果计算机中还安装了 WPS,则可能双击是默认用 WPS 打开的,这时可以通过右击文档,在打开方式中选择 Power Point 2016)即可启动 PowerPoint 2016,并且自动加载该文档。

2. PowerPoint 2016 的退出

退出 PowerPoint 2016 应用程序的方法也很多,主要有以下几种方法。

方法一:单击 PowerPoint 2016 窗口右上角的"关闭"按钮。

方法二:按 Alt+F4 快捷键。

方法三:单击"文件"选项卡中的"关闭"命令。

方法四:右击标题栏任意空白区域,选择快捷菜单中的"关闭"命令。

8.1.2　PowerPoint 2016 的窗口与视图

1. PowerPoint 2016 窗口

在启动 PowerPoint 2016 后,将会看到一个如图 8-1 所示的工作界面。

图 8-1 PowerPoint 2016 工作界面

PowerPoint 2016 的工作界面主要由 4 部分组成。

(1) 功能区：位于窗口最上方，由标题栏、快速访问工具栏、功能区选项卡和工具栏等组成。

(2) 状态栏：位于下方，显示页计数、总页数、设计视图、备注、批注等信息。

(3) 任务窗格：位于左侧，可用于组织和开发演示文稿中的内容。

(4) 幻灯片窗格：位于中部主体区域，用来编辑和制作幻灯片，以及查看每张幻灯片的整体效果。

2. PowerPoint 2016 视图

为了使演示文稿便于浏览和编辑，PowerPoint 2016 根据不同的需要提供了多种视图来显示演示文稿的内容。PowerPoint 2016 中提供了普通视图、大纲视图、幻灯片浏览视图、备注页视图、阅读视图、幻灯片放映视图以及母版视图。

1) 普通视图

普通视图是建立和编辑幻灯片的主要环境，是 PowerPoint 2016 默认的视图模式，也是最常用的视图模式。在此视图模式下可以编写和设计演示文稿，也可以同时显示幻灯片、大纲和备注内容。

单击"视图"选项卡中"演示文稿视图"组中的"普通"命令按钮，即可打开普通视图方式，如图 8-2 所示。

普通视图是阅读视图、幻灯片视图和备注页视图 3 种模式的综合，它将工作区分为 3 个窗格，在窗口左侧显示的是任务窗格，右侧上面显示的是幻灯片窗格，下面显示的是备注窗格。使用幻灯片窗格可以查看、编辑、设计每张幻灯片中的文本外观，并能够在单张幻灯片中添加图片、声音等，还可创建超链接及添加动画。使用任务窗格可组织和开发演示文稿中的内容。使用备注窗格可以添加与观众共享的演说者备注或信息。

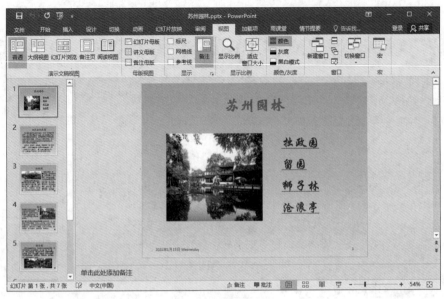

图 8-2　普通视图

2) 幻灯片浏览视图

在幻灯片浏览视图中,演示文稿中的幻灯片是整齐排列的,可以从整体上对幻灯片进行浏览,对幻灯片的顺序进行排列和组织,并可以对幻灯片的背景、配色方案进行调整,还可以同时对多张幻灯片进行移动、复制、删除等操作。

要切换到幻灯片浏览视图可单击 PowerPoint 2016 窗口右下角的视图方式按钮中的"幻灯片浏览视图"按钮 ,或者单击"视图"选项卡下"演示文稿视图"组中的"幻灯片浏览"命令按钮,如图 8-3 所示。

图 8-3　幻灯片浏览视图

3）备注页视图

备注页视图用于显示和编辑备注页，在该视图下既可插入文本内容，也可插入图片等其他对象信息，一般提供给演讲者使用。

备注页视图的画面被分为上下两部分，上面是幻灯片，下面是一个文本框，这个文本框用来输入和编辑备注内容。

单击"视图"选项卡下"演示文稿视图"组中的"备注页"命令按钮可以切换到备注页视图，如图 8-4 所示。

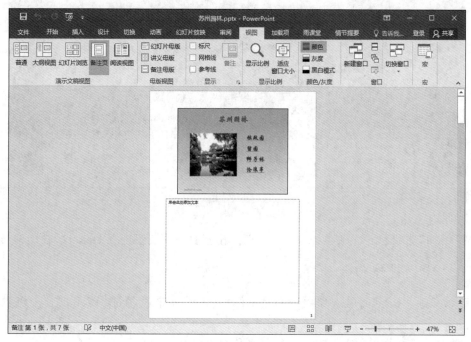

图 8-4　备注页视图

4）阅读视图

阅读视图用于在方便审阅的窗口中查看演示文稿，而不使用全屏的幻灯片放映视图，如图 8-5 所示。若要切换到阅读视图，可单击视图方式按钮中的"阅读视图"按钮，或者单击"视图"选项卡下"演示文稿视图"组中的"阅读视图"命令按钮。

5）幻灯片放映视图

幻灯片放映视图显示的是演示文稿的放映效果，是制作演示文稿的最终目的。在这种全屏幕视图中，可以看到图形、时间、影片、动画等元素及对象的动画效果和幻灯片的切换效果。

单击 PowerPoint 2016 窗口右下角的视图方式按钮中的"幻灯片放映"按钮，或者按 Shift+F5 快捷键均可从当前编辑的幻灯片开始放映，进入幻灯片放映视图。

6）母版视图

母版视图包括幻灯片母版视图、讲义母版视图和备注母版视图。使用母版视图可以对与演示文稿关联的每张幻灯片、备注页或讲义的样式进行全局更改，包括背景、颜色、字体、效果、占位符的大小和位置等。

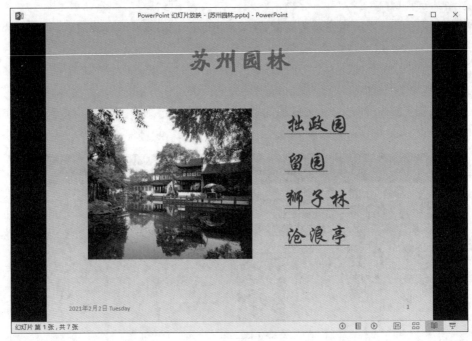

图 8-5　阅读视图

在"视图"选项卡下"母版视图"组中可选择相应的命令按钮进行不同母版视图的切换。

8.1.3　PPT 制作的一般流程

每个人制作 PPT 的风格和顺序都是不同的,但总体来说,制作 PPT 的整个流程大致如下。

（1）从一个空白的 PPT 开始,这个时候什么也没有。

（2）确定一个配色方案定义到 PPT 的配色方案中。

（3）将所有文字打在每页幻灯片上,注意区别标题和正文的不同。

（4）这时候考虑是否需要模板,如果要,就设计模板,然后替换到 PPT 中。

（5）文字组块,需要用图示的则设计图示。

（6）每张幻灯片要不要配图？如果需要,将每张的配图要点全部列出在一张纸上,开始找图。

（7）处理所有的图片,然后插入到 PPT 中。

（8）版式调整,设置位置、字体、大小等。

（9）需要音乐和动画吗？对每页的音乐和动画进行处理。

（10）检视全部,查找漏洞：多余的空白文本、错误的动画……

（11）收尾细化：主题、模板名称……

（12）文件大小检查、压缩。

（13）测试核对。

（14）交付。

8.2 演示文稿的基本操作

演示文稿就是利用演示软件(如 PowerPoint 2016)制作出的文档。一份完整有意义的演示文稿,通常由若干张具有相互联系并按一定顺序排列而成的"幻灯片"组成。幻灯片就是演示文稿中创建和编辑的单页,类似于 Word 里的一页。每页幻灯片中可以有文字、表格、图片、声音、动画、视频等元素。

8.2.1 新建演示文稿

在启动 PowerPoint 2016 后,单击"空白演示文稿",系统会自动新建一个空白演示文稿,用户可以直接利用此空白演示文稿工作,也可以自行新建演示文稿。单击"文件"选项卡中的"新建"命令,系统将显示如图 8-6 所示的"新建"页面。用户可以选择空白演示文稿、Office 主题或者其他主题等方式来创建演示文稿。

图 8-6 "新建"页面

8.2.2 操作幻灯片

1. 选择幻灯片

在对幻灯片编辑之前,首先要选择进行操作的幻灯片。

选择单张幻灯片。如果是在幻灯片浏览视图中可以很方便地选择,单击它即可。如果是在普通视图中,则在左侧任务窗格单击幻灯片即可,或者选择大纲视图,单击文字左侧的幻灯片标记图标即可。

如果希望选择连续的多张幻灯片,则先选中第一张,然后按住 Shift 键单击要选中的最后一张,就可以完成多张连续幻灯片的选择。

如果希望选择不连续的多张幻灯片,可先选中第一张,然后按住 Ctrl 键单击其他不连续的幻灯片。

2. 添加与插入幻灯片

当建立了一个演示文稿后,常常需要增加幻灯片。所谓"添加"是把新增加的幻灯片都排在已有幻灯片的最后面;而"插入"操作的结果是新增加的幻灯片位于当前幻灯片之后。

添加幻灯片的操作方法是:选择一张幻灯片,使被选中的幻灯片成为当前幻灯片,在"开始"选项卡下的"幻灯片"组中,单击"新建幻灯片"按钮,则在当前幻灯片后插入了一张新的幻灯片,该幻灯片具有与之前幻灯片相同的版式。若单击"新建幻灯片"右侧的▼,则可在下拉列表中为新增幻灯片选择新的版式。

3. 重用幻灯片

可将已有的其他演示文稿中的幻灯片插入到当前演示文稿中,具体操作步骤如下。

第1步:在当前演示文稿中选定一张幻灯片,则其他幻灯片将插入到该幻灯片之后。

第2步:选择"开始"选项卡,在"幻灯片"组中单击"新建幻灯片"右侧的▼,在下拉列表中选择"重用幻灯片"命令,此时可打开"重用幻灯片"任务窗格。

第3步:单击"浏览"按钮,其下拉列表中有"浏览幻灯片库"和"浏览文件"两个命令,可用于选择使用的幻灯片来自幻灯片库或其他演示文稿。若选择"浏览文件",则打开"浏览"对话框,从中选择要使用的文件后单击"打开"按钮。这时"重用幻灯片"窗格中列出了该文件中的所有幻灯片,如图8-7所示。单击要使用的幻灯片即可将该幻灯片插入到当前幻灯片之后。若选中"保留源格式"复选框,则插入的幻灯片保留其原有格式。

4. 删除幻灯片

选中待删除的幻灯片,直接按Delete键,或右击,在弹出的快捷菜单中选择"删除幻灯片"命令,该幻灯片立即就被删除了,后面的幻灯片会自动向前排列。

5. 复制幻灯片

幻灯片的复制有3种方法,在复制之前,首先需选定待复制的幻灯片。

方法一:使用"复制"和"粘贴"命令复制幻灯片。

方法二:使用"开始"选项卡下"幻灯片"组中的"新建幻灯片"按钮。单击"新建幻灯片"按钮右侧的▼,在下拉列表中选择"复制所选幻灯片"即可。

方法三:使用鼠标拖放复制幻灯片。在幻灯片浏览视图中,选中要复制的幻灯片,按住Ctrl键并用鼠标将幻灯片拖到指定位置后,松开鼠标再松开Ctrl键即可将选中的幻灯片复制到新的位置。

6. 重新排列幻灯片的次序

在幻灯片浏览视图中,或者普通视图的幻灯片选项卡下,单击要改变次序的幻灯片,该幻灯片的外框出现一个粗的边框,用鼠标拖动该幻灯片到新位置,松开鼠标,就把幻灯片移动到新的位置上了。此外,也可以利用"剪切"和"粘贴"命令来移动幻灯片。

图8-7 "重用幻灯片"任务窗格

8.2.3　打开、关闭和保存演示文稿

1. 打开演示文稿

PowerPoint 2016 可以打开该版本及之前任一版本下制作的演示文稿和演示文稿模板文件,常用的打开演示文稿的方法有以下两种。

方法一:单击"文件"选项卡中的"打开"命令,在界面中单击"浏览"按钮,弹出"打开"对话框,在其中选择演示文稿所在的文件夹,在文件列表框中选中要打开的演示文稿,然后单击"打开"按钮。

方法二:直接双击要打开的演示文稿,就可打开该演示文稿。

2. 关闭演示文稿

关闭 PowerPoint 2016 演示文稿的方法有多种,常用的有两种。

方法一:单击"文件"选项卡中的"关闭"按钮,则关闭当前的演示文稿,但并不退出 PowerPoint 2016。

方法二:直接单击窗口右上角的"关闭"按钮,则关闭当前的演示文稿,并退出 PowerPoint 2016。

3. 保存演示文稿

创建演示文稿并对其进行编辑后,需要将演示文稿保存到计算机上的指定位置。操作步骤是:单击"文件"选项卡中的"保存"按钮,如果文件是第一次保存,将出现"另存为"页面,单击"浏览"按钮弹出"另存为"对话框,在其中选择保存的路径,输入保存的文件名(扩展名为.pptx);若要以其他格式保存演示文稿,请单击"保存类型"列表,选择需要的文件格式进行保存。

8.3　编辑演示文稿

8.3.1　输入和编辑文本

文本是演示文稿中的重要内容,几乎所有的幻灯片中都有文本内容,在幻灯片中添加文本是制作幻灯片的基础,同时对输入的文本还要进行必要的格式设置。

1. 文本的输入

在幻灯片中创建文本对象有两种方法。

1)在占位符中输入文本

占位符就是预先占住的一个固定位置,等待用户在其中输入内容,带有虚线或阴影线的边框。在这些边框内可以放置标题、正文、图表、表格、图片等对象。

当创建一个空演示文稿时,系统会自动插入一张"标题幻灯片"。在该幻灯片中,共有两个虚线框,这两个虚线框就是占位符,占位符中显示"单击此处添加标题"和"单击此处添加副标题"的字样。将光标移至占位符中,单击即可输入文字。

2)使用文本框输入文本

如果要在占位符之外的其他位置输入文本,可以在幻灯片中插入文本框。

单击"插入"选项卡中的"文本框"命令,在幻灯片的适当位置拖出文本框的形状,此时就

可在文本框的插入点处输入文本了。在选择文本框时默认的是"横排文本框",如果此时需要的是"竖排文本框",可以单击"文本框"命令右侧的▼,然后进行选择。

将鼠标指针指向文本框的边框,按住左键可以移动文本框到任意位置。

2. 文本的格式化

文本的格式化,包括对文本的字体、字号、样式及颜色进行必要的设定。通常文本的字体、字号、样式及颜色由当前模板或主题设置和定义,模板或主题作用于每个文本对象或占位符。

在格式化文本之前必须先选择该文本。若要格式化文本对象中的所有文本,先单击文本对象的边框选择文本对象本身及其所包含的全部文本。若格式化某些内容的格式,先拖动鼠标指针选择要修改的文字,使其呈高亮显示,然后执行所需的格式化命令。

利用"开始"选项卡下"字体"组中的有关按钮可以进行文字的格式设置,包括字体、字号、字形、颜色等。还可以单击"字体"组右下角的 ,打开"字体"对话框进行设置。

3. 段落的格式化

段落的格式化包括以下 3 种。

1) 段落对齐设置

演示文稿均在文本框中输入文字,设置段落的对齐方式,主要是用来调整文本在文本框中的排列方式。首先选择文本框或文本框中的某段文字,然后单击"开始"选项卡下"段落"组中的有关文本对齐按钮进行设置,如图 8-8 所示。

图 8-8 "段落"组中的按钮

2) 行距和段落间距的设置

单击"开始"选项卡下"段落"组右下角的 ,在弹出的"段落"对话框中可进行段前、段后及行距的设置。

3) 项目符号的设置

在默认情况下,在幻灯片各层次小标题的开头位置上会显示项目符号,若增加或删除项目符号或编号,可在"开始"选项卡下"段落"组中单击"项目符号"或"编号"按钮。若需要重新设置,可单击"项目符号"或"编号"按钮右侧的▼,在下拉列表中选择"项目符号和编号"命令,弹出"项目符号和编号"对话框,从中可重新对项目符号或编号进行设置。

在 PowerPoint 2016 中涉及对文字的复制、移动、粘贴、删除的操作,对文字字体、字号、颜色,对段落的设置等均与 Word 中的相关操作类似,可以和 Word 中的相关操作进行比较,掌握其操作方法。

8.3.2 插入图片和艺术字

1. 插入图片

在幻灯片中插入图片的操作方法如下。

第 1 步：单击"插入"选项卡"图像"组中的"图片"按钮，弹出"插入图片"对话框。

第 2 步：在弹出的"插入图片"对话框中选择所需的图片。

第 3 步：单击"插入"按钮。

在演示文稿中，对插入幻灯片的图片进行编辑是图片处理的重要环节，关系到图片的实际应用效果。编辑图片的方法是选中待编辑的图片，然后在"图片工具"中单击"格式"选项卡"图片样式"组中的相关按钮，可以设置图片样式和图片效果等，如图 8-9 所示。

图 8-9 "图片样式"组中的按钮

2. 插入艺术字

单击"插入"选项卡"文本"组中的"艺术字"，如图 8-10 所示。从打开的下拉列表中选择合适的艺术字样式，幻灯片中将出现提示信息"请在此放置您的文字"，将艺术字文本框拖曳到适当的位置后，按 Delete 键将艺术字文本框中的文字"请在此放置您的文字"删除，然后输入所需文字，并进一步设置文字的相应属性。

图 8-10 插入艺术字

8.3.3 绘制和编辑图形

1. 绘制图形

在幻灯片中，用户可以自行绘制图形，具体方法是：单击"插入"选项卡"插图"组中的"形状"按钮，从下拉列表中选择合适的形状，然后在当前幻灯片适当位置拖动鼠标光标绘制图形。

2. 编辑图形

选中绘制好的图形，右击，在弹出的快捷菜单中选择"设置形状格式"命令，在右侧会出现"设置形状格式"任务窗格，如图 8-11 所示。在"设置形状格式"任务窗格中对图形的填充颜色、线条颜色等效果进行设置。

8.3.4 插入和编辑表格

1. 插入表格

第 1 步：单击占位符或直接单击"插入"选项卡"表格"组中的"表格"按钮。

第 2 步：选择下拉列表中的"插入表格"命令，在弹出的"插入表格"对话框中设置需要的列数和行数后单击"确定"按钮，即可在幻灯片中插入表格。

第 3 步：将光标移至表格边框的轮廓上，按住鼠标左键并拖曳至合适位置后释放鼠标左键。

2. 编辑表格

在幻灯片上选中需要设置样式的表格，单击"表格工具"中"设计"选项卡"表格样式"组中的相应表格样式按钮，即可完成表格样式的设置，如图 8-12 所示。

8.3.5 制作和编辑图表

图表具有较好的视觉效果，当演示文稿中需要用数据说明问题时，往往用图表显示更为直观。利用 PowerPoint 2016 可以制作出常用的图表形式，包括二维图表和三维图表。在 PowerPoint 2016 中也可以链接或嵌入 Excel 文件中的图表，并在 PowerPoint 2016 提供的数据表窗口中进行修改和编辑。

图 8-11 "设置形状格式"对话框

图 8-12 "表格样式"组中的按钮

1. 制作图表

第 1 步：单击"插入"选项卡"插图"组中的"图表"按钮，弹出"插入图表"对话框，如图 8-13 所示。

第 2 步：选择所需的图表类型后单击"确定"按钮，即可插入选择的图表样式，同时系统会自动启动 Excel 2016 应用程序，其中显示有图表数据，当修改表格和数据时图表会同步变化。

2. 编辑图表

在幻灯片中选中需要编辑的图表，然后右击弹出快捷菜单，如图 8-14 所示。用户可根据需要选择相应命令对图表进行编辑修改。

图 8-13 "插入图表"对话框

图 8-14 编辑图表快捷菜单

8.3.6 插入和编辑 SmartArt 图形

SmartArt 图形包括层次结构图、流程图、循环图、关系图等。

1. 插入 SmartArt 图形

第 1 步：在普通视图中选择要插入 SmartArt 图形的幻灯片。

第 2 步：单击"插入"选项卡"插图"组中的 SmartArt 按钮，弹出"选择 SmartArt 图形"对话框，如图 8-15 所示。

第 3 步：从左侧列表框中选择一种类型，再从中部列表框中选择子类型。

第 4 步：单击"确定"按钮，即可创建一个 SmartArt 图形。

图 8-15 "选择 SmartArt 图形"对话框

2. 编辑 SmartArt 图形

输入图形中所需的文字，可利用"SmartArt 工具"下的"设计"选项卡和"格式"选项卡中的相关按钮设置图形的格式，分别如图 8-16 和图 8-17 所示。

图 8-16 "SmartArt 工具"下的"设计"选项卡

图 8-17 "SmartArt 工具"下的"格式"功能选项卡

8.3.7 插入声音和视频

PowerPoint 2016 为用户提供了一个功能强大的媒体剪辑库,其中包含了"音频"和"视频"。为了改善幻灯片放映时的视听效果,用户可以在幻灯片中插入声音、视频等多媒体对象,从而制作出有声有色的幻灯片。

1. 插入声音

第 1 步:在普通视图中,选择需要插入声音的幻灯片。

第 2 步:单击"插入"选项卡"媒体"组中"音频"按钮下方的▼,从下拉菜单中选择一种插入音频的方式,有"PC 上的音频"和"录制音频"。例如,选择"PC 上的音频",将打开"插入音频"对话框,在本机中选择需要的音频文件,单击"插入"按钮,该音频文件将插入幻灯片中。同时,幻灯片中会出现声音图标和播放控制栏,如图 8-18 所示。

第 3 步:选中声音图标,单击"音频工具"的"播放"选项卡"音频选项"组中的"开始"下拉列表框右侧的▼,从中选择一种播放方式。

第 4 步:单击"音频工具"的"播放"选项卡"音频选项"组中"音量"按钮下方的▼,从下拉列表中选择一种音量。

图 8-18 在幻灯片中插入声音

2. 插入视频

第 1 步:在普通视图中,选择需要插入视频的幻灯片。

第 2 步:单击"插入"选项卡"媒体"组中"视频"按钮下方的▼,从下拉菜单中选择一种插入视频的方式,有"联机视频"和"PC 上的视频"。例如,选择"PC 上的视频"命令,打开"插入视频文件"对话框,从中选择要插入的视频文件,单击"插入"按钮即可在当前幻灯片中插入视频文件。

第3步:选中插入的视频对象,单击"视频工具"的"播放"选项卡"视频选项"组中"开始"下拉列表框右侧的▼,从中选择一种播放的方式。

第4步:单击"视频工具"的"播放"选项卡"视频选项"组中"音量"按钮下方的▼,从下拉列表中选择一种音量。当放映幻灯片时,会按照已设置的方式来播放该视频对象。

需要注意的是,由于演示文稿文件中只是记录了音视频文件的地址而不存储音视频文件本身,所以在其他计算机上放映幻灯片时,可能会因为找不到添加的"音频"和"视频"文件而不能被播放。

3. 设置音频/视频播放效果

第1步:选中幻灯片中要设置效果选项的音频或视频对象。

第2步:单击"动画"选项卡"动画"组右下角的 ,根据媒体对象的不同,打开的对话框有所不同,例如,音频文件打开的是"播放音频"对话框,如图8-19所示。

第3步:在"效果"选项卡中可以设置包括如何开始播放、如何停止播放以及声音增强方式等;在"计时"选项卡中可以设置"开始""延迟"等。

图8-19 "播放音频"对话框

8.3.8 插入和编辑超链接

在 PowerPoint 中,超链接是指从一张幻灯片到另一张幻灯片、一个网页或一个文件的链接。超链接本身可能是文本或其他对象(如图片、图形、形状、艺术字等)。表示超链接的文本用下画线显示,图片、形状和其他对象的超链接没有附加格式。

1. 插入超链接

在普通视图下,选择要创建超链接的文本或对象,单击"插入"选项卡"链接"组中的"超链接"按钮,打开"编辑超链接"对话框,如图8-20所示。可以在左侧的"链接到"列表框中选择"现有文件或网页""本文档中的位置""新建文档"或"电子邮件地址"后,单击"确定"按钮完成超链接的插入。

图 8-20 "编辑超链接"对话框

（1）单击"现有文件或网页"图标，在"编辑超链接"对话框右侧选择或输入此超链接要链接到的文件或 Web 页的地址。

（2）单击"本文档中的位置"图标，右侧将列出本演示文稿的所有幻灯片以供选择。

（3）单击"新建文档"图标，在"新建文档名称"文本框中输入新建文档的名称。单击"更改"按钮，设置新文档所在的文件夹名，再在"何时编辑"选项组中设置是否立即开始编辑新文档。

（4）单击"电子邮件地址"图标，系统会显示"电子邮件地址"对话框。在"电子邮件地址"文本框中输入要链接的邮件地址，在"主题"文本框中输入邮件的主题。当用户希望访问者给自己回信，并且将信件发送到自己的电子信箱中时，可以创建一个电子邮件地址的超链接。

（5）单击"屏幕提示"按钮，可以在"设置超链接屏幕提示"对话框中设置当鼠标指针置于超链接上时出现的提示内容。

在放映演示文稿时，如果将鼠标指针移到超链接上，鼠标指针会变成"手形"，再单击就可以跳转到相应的链接位置。

2. 删除超链接

如果要删除超链接，先选中链接文字或对象，再单击"插入"选项卡中"链接"组中的"超链接"按钮，系统会显示出"编辑超链接"对话框，单击右下角的"删除链接"按钮即可。

如果删除的是整个超链接，请选定包含超链接的文本或图形，然后按 Delete 键，即可删除该超链接以及代表该超链接的文本或图形。

3. 动作按钮设置超链接

为使演示文稿的交互界面更加友好，PowerPoint 2016 提供了一组代表一定含义的动作按钮。用户可以在幻灯片上插入各式各样的交互按钮，并像其他对象一样为这些按钮设置超链接。这样在幻灯片放映过程中，可以通过这些按钮在不同的幻灯片间跳转，也可以播放图像、声音等文件，还可以用它启动应用程序或链接到 Internet 上。

在幻灯片上插入动作按钮的具体方法是：选择需要插入动作按钮的幻灯片，单击"插入"选项卡下"插图"组中的"形状"按钮，在下拉列表的动作按钮区选择所需的按钮，将鼠标移到幻灯片中要放置该动作按钮的位置,按下鼠标左键并拖动鼠标直到动作按钮的大小符合要求为止。此时,系统自动打开"操作设置"对话框,如图 8-21 所示。

图 8-21 "操作设置"对话框

"操作设置"对话框中有"单击鼠标"和"鼠标悬停"两个选项卡。"单击鼠标"选项卡设置的超链接是通过鼠标单击动作按钮时发生跳转;而"鼠标悬停"选项卡设置的超链接则是通过鼠标移过动作按钮时跳转的,一般鼠标悬停方式适用于提示、播放声音或影片。

无论在哪个选项卡中,当选择"超链接到"单选按钮后,都可以在其下拉列表框中选择跳转目的地,如图 8-22 所示。选择的跳转目的地既可以是当前演示文稿中的其他幻灯片,也

图 8-22 设置超链接

可以是其他演示文稿或其他文件,或是某一个 URL 地址。选中"播放声音"复选框,在其下拉列表中可选择对应的声音效果,最后单击"确定"按钮。

4. 为对象设置动作

为对象设置动作的操作方法是:先选中要创建动作链接的文字或对象,再单击"插入"选项卡中"链接"组中的"动作"按钮,系统将显示如图 8-21 所示的"操作设置"对话框。根据提示选择"超链接到"的位置即可。

8.4　设置幻灯片外观

PowerPoint 2016 的一大特色就是可以使演示文稿的所有幻灯片具有一致的外观。控制幻灯片外观的方法主要有 5 种:幻灯片版式、背景、页眉页脚、主题及母版。

8.4.1　使用幻灯片版式

在创建新幻灯片时,可以使用 PowerPoint 2016 的幻灯片自动版式。在创建幻灯片后,如果发现版式不合适,也可以更改该版式。更改幻灯片版式的方法如下。

第 1 步:选中需要修改版式的幻灯片,然后单击"开始"选项卡下"幻灯片"组中"版式"按钮右侧的▼。

第 2 步:在打开的"Office 主题"下拉列表中选择想要的版式即可,如图 8-23 所示。

或者在需要修改版式的幻灯片上右击,在弹出的快捷菜单中选择"版式"命令,其级联菜单中也列出了图 8-23 中所示的版式列表。

图 8-23　选择幻灯片版式

8.4.2 设置幻灯片背景

利用 PowerPoint 的"背景样式"功能,可自己设计幻灯片背景颜色或填充效果,并将其应用于演示文稿中指定或所有的幻灯片。

为幻灯片设置背景颜色的具体操作如下。

第 1 步:选中需要设置背景颜色的一张或多张幻灯片。

第 2 步:单击"设计"选项卡"自定义"组中的"设置背景格式"命令,或者在要设置背景颜色的幻灯片中任意位置(占位符除外)右击,然后在弹出的快捷菜单中选择"设置背景格式"命令。不论采用哪种方法,都将在当前幻灯片右侧打开"设置背景格式"的任务窗格,如图 8-24 所示。

第 3 步:在"填充"选项中选择所需的背景设置,如单击"渐变填充"单选按钮,可以进行预设效果的设置。单击"图片或纹理填充"单选按钮,可为幻灯片设置纹理效果或用某一图片文件作为背景。

第 4 步:完成上述操作后,只是将背景格式应用于当前选定的幻灯片;如果单击"全部应用"按钮,则将背景格式应用于演示文稿中的所有幻灯片。

图 8-24 "设置背景格式"任务窗格

8.4.3 设置页眉和页脚

在幻灯片上添加页眉和页脚,可以使演示文稿中的每张幻灯片显示幻灯片编号,或者作者单位、时间等信息。设置和修改页眉页脚的具体操作步骤如下。

第 1 步:单击"插入"选项卡"文本"组中的"页眉页脚"按钮,打开"页眉和页脚"对话框,如图 8-25 所示。

第 2 步:在"幻灯片"选项卡中勾选"日期和时间"复选框,表示在幻灯片的"日期区"显示日期和时间;若选择了"自动更新"单选按钮,则时间域会随着制作日期和时间的变化而改变;选中"幻灯片编号"复选框,则每张幻灯片上将增加编号;选中"页脚"复选框,并在页脚区输入内容,可作为每一页的页脚注释。

第 3 步:单击"应用"按钮,则只将页眉页脚格式应用于当前选定的幻灯片;单击"全部应用"按钮,则将页眉页脚格式应用于演示文稿中的所有幻灯片。

8.4.4 应用主题

应用主题可以使演示文稿中的每一张幻灯片都具有统一的风格,如色调、字体格式及效果等。在 PowerPoint 2016 中提供了多种内置的主题,用户可以直接进行选择,还可以根据需要分别设置不同的主题颜色、主题字体和主题效果等。

1. 应用 Office 主题

选择需要应用主题的幻灯片,在"设计"选项卡下的"主题"组中列出了一部分主题效果,

图 8-25 "页眉和页脚"对话框

单击"主题"列表框右下方的 ▼，展开所有主题列表，如图 8-26 所示。在 Office 下列出了 PowerPoint 2016 提供的所有主题，从中选择一种即可将其应用到当前演示文稿中。

图 8-26 设置内置主题

2. 自定义主题效果

除了 PowerPoint 2016 提供的主题效果外，用户还可根据需要对主题的颜色、字体、效果进行更改。例如，若要对主题的颜色进行修改，具体操作步骤如下。

第 1 步：单击"设计"选项卡下"变体"组中列表框右下方的⊡，在展开的下拉列表中选择"颜色"，即列出了各个主题效果的配色方案及名称，如图 8-27 所示。这些配色方案是用于演示文稿的 8 种协调色的集合，包括文本、背景、填充、强调文字所用的颜色等。方案中的每种颜色都会自动用于幻灯片上的不同组件。

第 2 步：单击"自定义颜色"命令，打开"新建主题颜色"对话框，如图 8-28 所示。该对话框中，主题颜色包含 12 种颜色方案，前 4 种颜色用于文本和背景，后面 6 种为着色（强调文字颜色），最后 2 种颜色为超链接和已访问的超链接。

图 8-27 "颜色"下拉列表　　　　　图 8-28 "新建主题颜色"对话框

第 3 步：单击需要修改的颜色块右侧的▼，可对该颜色进行更改。然后在"名称"文本框中输入主题颜色的名称，单击"保存"按钮，可对该自定义配色方案进行保存，同时将该配色方案应用到演示文稿中。这样，当再次单击"颜色"按钮时，已保存过的主题颜色名称就会出现在其下拉列表中。

采用同样的方法，还可以对主题字体、主题效果和主题背景样式进行设置，这里不再详细介绍。

8.4.5　应用幻灯片母版

母版用于设置演示文稿中每张幻灯片的预设格式。这些格式包括每张幻灯片的标题及正文文字的位置和大小、项目符号的样式、背景图案等。

母版可以分成 3 类：幻灯片母版、讲义母版和备注母版。

1. 幻灯片母版

幻灯片母版是所有母版的基础，控制演示文稿中所有幻灯片的默认外观。选择"视图"选项卡下"母版视图"组中的"幻灯片母版"命令，就进入了"幻灯片母版"视图，如图 8-29 所示。在左侧窗格中幻灯片母版以缩略图的方式显示，下面列出了与上面的幻灯片母版相关联的幻灯片版式，对幻灯片母版上文本格式的编辑会影响这些版式中的占位符格式。

图 8-29　"幻灯片母版"视图

幻灯片母版中有 5 个占位符，即标题区、文本区、日期区、页脚区、编号区。修改占位符可影响所有基于该母版的幻灯片。对幻灯片母版的编辑包括以下几方面。

（1）编辑母版标题样式：在幻灯片母版中选择对应的标题占位符或文本占位符，可以设置字体格式、段落格式、项目符号与编号等。

（2）设置页眉、页脚和幻灯片编号：如果希望对页脚占位符进行修改，可以在幻灯片母版状态选择"插入"选项卡下"文本"组中的"页眉页脚"命令，这时打开"页眉和页脚"对话框，其设置方法与前文介绍的设置页眉页脚方法一样，这里不再赘述。

（3）向母版插入对象：要使每一张幻灯片都出现某个对象，可以向母版中插入该对象。例如，在某个演示文稿的幻灯片母版中插入一个剪贴画，则每一张幻灯片（除了标题幻灯片外）都会自动拥有该对象。

完成对幻灯片母版的编辑后，单击"幻灯片母版"选项卡下"关闭"组中的"关闭母版视图"按钮，则可返回原视图方式。

2. 讲义母版和备注母版

除了幻灯片母版外，PowerPoint 2016 的母版还有讲义母版和备注母版。讲义母版用于控制幻灯片以讲义形式打印的格式，如页面设置、讲义方向、幻灯片大小、每页幻灯片数量等。还可增加日期、页码（并非幻灯片编号）、页眉、页脚等。

备注母版用来格式化演示者备注页面，以控制备注页的版式和文字的格式。

8.5 设置动画效果

8.5.1 为幻灯片的对象设置动画效果

PowerPoint 2016 提供了动画功能,利用动画可为幻灯片上的文本、图片或其他对象设置出现的先后顺序及声音效果。

1. 为对象设置动画效果

使用"动画"选项卡可对幻灯片上的对象应用、更改或删除动画。具体操作步骤如下。

第1步:在幻灯片中选定要设置动画效果的对象,"动画"选项卡的"动画"组中列出了多种动画效果,单击"动画"列表框右下方的 ,可以展开列出更多的动画选项,如图8-30所示。这里的动画选项包括"进入""强调""退出""动作路径"4类,每类中都包含了不同的效果。

图 8-30 设置动画效果

(1) "进入"指使对象以某种效果进入幻灯片放映演示文稿。
(2) "强调"指为已出现在幻灯片上的对象添加某种效果进行强调。
(3) "退出"即为对象添加某种效果以使其在某一时刻以该种效果离开幻灯片。
(4) "动作路径"指为对象添加某种效果以使其按照指定的路径移动。

若单击"更多进入效果""更多强调效果"等命令,则可以得到更多不同类型的效果。图8-31所示为选择"更多进入效果"后打开的对话框,其中包括"基本型""细微型""温和型""华丽型"效果。对同一个对象不仅可同时设置上述4类动画效果,而且还可对其设置多种不同的"强调"效果。

第2步：在幻灯片中选定一个对象，单击"动画"组中的"效果选项"命令，可设置动画进入的方向。注意"效果选项"下拉列表中的内容会随着添加的动画效果的不同而变化，如添加的动画效果是"进入"中的"百叶窗"，则"效果选项"中显示为"垂直"和"水平"。

第3步：在"动画"选项卡下"计时"组中的"开始"下拉列表中可以选择开始播放动画的方式。"开始"下拉列表框中有3种选择。

（1）单击时：当鼠标单击时开始播放该动画效果。

（2）与上一动画同时：在上一项动画开始的同时自动播放该动画效果。

（3）上一动画之后：在上一项动画结束后自动开始播放该动画效果。

用户应根据幻灯片中的对象数量和放映方式选择动画效果开始的时间。在"持续时间"框中可指定动画的长度，在"延迟"框中指定经过几秒后播放动画。

图 8-31 "更改进入效果"对话框

第4步：单击"动画"选项卡下的"预览"按钮，则设置的动画效果将在幻灯片区自动播放，用来观察设置的效果。

2. 效果列表和效果标号

当对一张幻灯片中的多个对象设置了动画效果后，有时需要重新设置动画的出现顺序，此时可利用"动画窗格"实现。

单击"动画"选项卡下"高级动画"组中的"动画窗格"命令，则会出现"动画窗格"任务窗格，如图 8-32 所示。

在"动画窗格"中有该幻灯片中的所有对象的动画效果列表，各个对象按添加动画的顺序从上到下依次列出，并显示有标号。通常该标号从1开始，但当第一个添加动画效果的对象的开始效果设置为"与上一动画同时"或"上一动画之后"时，则该标号从0开始。设置了动画效果的对象也会在幻灯片上标注出非打印编号标记，该标记位于对象的左上方，对应于列表中的效果标号。注意，在幻灯片放映视图中并不显示该标记。

3. 设置效果选项

右击动画效果列表中任意一项，或者单击该效果右端的▼，会出现一个下拉列表，如图 8-33 所示。

该列表的前3项对应于"计时"组中"开始"下拉列表中的3项：可以选择"单击开始""从上一项开始"或"从上一项之后开始"。对于包含多个段落的占位符，该选项将作用于所有的子段落。在列表中选择"效果选项"命令，则会打开一个含有"效果""计时""正文文本动画"3个选项卡的对话框，如图 8-34 所示。在该对话框中可以对效果的各项内容进行详细设置。由于不同的动画效果具体的设置是不同的，所以选择不同的效果出现的对话框也不一样。另外，单击"动画"组右下角的 ，也可打开相同的对话框。

图 8-32 "动画窗格"任务窗格

图 8-33 设置效果选项

图 8-34 "效果选项"对话框

8.5.2 设置幻灯片切换效果

幻灯片间的切换效果是指演示文稿播放过程中,幻灯片进入和离开屏幕时产生的视觉效果,是一种让幻灯片以动画方式放映的特殊效果。PowerPoint 2016 提供了多种切换效果,在演示文稿制作过程中,可以为每一张幻灯片设计不同的切换效果,也可以为一组幻灯片设计相同的切换效果。具体操作步骤如下。

第 1 步:在演示文稿中选定要设置切换效果的幻灯片。

第 2 步:选择"切换"选项卡,单击"切换到此幻灯片"组中列表框右下方的 ,可展开如图 8-35 所示的列表框,在该列表框中列出了各种不同类型的切换效果。

图 8-35 "幻灯片切换效果"列表框

第 3 步:在幻灯片切换效果列表框中选择一种切换效果,如"细微型"中的"擦除"。

第 4 步:单击"效果选项"按钮,从中选择切换的效果,如"自右侧""自顶部""自左侧"等。

第 5 步:在"计时"选项组中可设置换片方式,即一张幻灯片切换到下一张幻灯片的方式。选中"单击鼠标时"复选框,在单击鼠标时出现下一张幻灯片;选中"设置自动换片时间"复选框,则在一定时间后自动出现下一张幻灯片。另外,可在"声音"下拉列表中选择幻灯片切换时播放的声音效果。

第 6 步:单击"全部应用"命令,即可将设置的切换效果应用于演示文稿中的所有幻灯片。否则,应用于当前选定的幻灯片。

8.6 放映演示文稿

8.6.1 设置放映方式

在幻灯片放映前可以根据使用者的不同，通过设置放映方式满足各自的需要。选择"幻灯片放映"选项卡下"设置"组中的"设置幻灯片放映"命令，就可以打开"设置放映方式"对话框，如图 8-36 所示。

图 8-36 "设置放映方式"对话框

在对话框的"放映类型"选项组中，有 3 种放映方式。

（1）演讲者放映（全屏幕）：以全屏幕形式显示，可以通过快捷菜单或 PageDown 键、PageUp 键显示不同的幻灯片；也提供了绘图笔进行勾画。

（2）观众自行浏览（窗口）：以窗口形式显示，可以利用状态栏上的"上一张"按钮◎或"下一张"按钮◎进行浏览；或者单击"菜单"按钮▤，在打开的菜单中浏览所需幻灯片，并且可以利用该菜单中的"复制幻灯片"命令将当前幻灯片复制到 Windows 的剪贴板上。

（3）在展台浏览（全屏幕）：以全屏形式在展台上做演示，在放映过程中，除了保留鼠标指针用于选择屏幕对象外，其余功能全部失效（连终止也要按 Esc 键），因为此时不需要现场修改，也不需要提供额外功能，以免破坏演示画面。

在对话框的"放映选项"选项组中，提供了 4 种放映选项。

（1）循环放映，按 Esc 键终止：在放映过程中，当最后一张幻灯片放映结束后，会自动跳转到第一张幻灯片继续播放，按 Esc 键则终止放映。

（2）放映时不加旁白：在放映幻灯片的过程中不播放任何旁白。

（3）放映时不加动画：在放映幻灯片的过程中，先前设定的动画效果将不起作用。

（4）禁用硬件图形加速：硬件图形加速可以提升图形图像的显示效果，但是在配置较低的计算机上可能会造成计算机假死，所以需要设置禁用硬件图形加速。

8.6.2 排练计时

除了利用"切换"选项卡下"计时"组中的"设置自动换片时间"复选框右侧的微调框设置幻灯片的放映时间外,也可以通过"幻灯片放映"选项卡下"设置"组中的"排练计时"来设置幻灯片的放映时间。具体操作方法如下。

第 1 步:选定要设置放映时间的幻灯片。

第 2 步:单击"幻灯片放映"选项卡下"设置"组中的"排练计时"命令,系统自动切换到幻灯片放映视图,同时打开"录制"工具栏,如图 8-37 所示。

第 3 步:用户按照自己的演讲计划,依次放映幻灯片试讲。在放映过程中,"录制"工具栏将对每一张幻灯片的放映时间和总放映时间自动计时。

第 4 步:放映结束后,弹出对话框询问是否保留幻灯片的排练时间,如图 8-38 所示。

第 5 步:单击"是"按钮后,系统自动切换到浏览窗格视图,并在每个幻灯片图标的左下角给出幻灯片的放映时间。

图 8-37 "录制"工具栏

图 8-38 "提示是否保留排练时间"对话框

至此,演示文稿的放映时间设置完成,以后再放映该演示文稿时,将按照这次的设置自动放映。

8.6.3 画笔的使用

在演示文稿放映与讲解的过程中,对于文稿中的一些重点内容,有时需要勾画一下,以突出重点,引起观看者的注意。为此,PowerPoint 2016 提供了"画笔"功能,可以在放映过程中随意在屏幕上勾画、标注重点内容。

在放映的幻灯片上右击,在弹出的快捷菜单上选择"指针选项"命令,弹出如图 8-39 所示的级联菜单,其常用命令如下。

(1) 选择"激光指针"命令,可以像激光笔一样,在幻灯片上指出重点。

(2) 选择"笔"命令,可以画出较细的线形。

(3) 选择"荧光笔"命令,可以为文字涂上荧光底色,加强和突出该段文字。

(4) 选择"橡皮擦"命令,可以将画线擦除掉。

(5) 选择"擦除幻灯片上的所有墨迹"命令,可以清除当前幻灯片上的所有画线墨迹,使幻灯片恢复清洁。

(6) 选择"墨迹颜色"命令,可以为画笔设置一种新的颜色。

8.6.4 观看放映

1. 观看放映幻灯片

打开演示文稿后,启动幻灯片放映的常用方法有 3 种。

图 8-39 "画笔"功能

图 8-40 "放映控制"快捷菜单

方法一：单击演示文稿窗口右下角状态栏中的"幻灯片放映"按钮 。

方法二：单击"幻灯片放映"选项卡"开始放映幻灯片"组中的"从头开始"或"从当前幻灯片开始"按钮。

方法三：按 F5 键从第一张开始放映，按 Shift+F5 快捷键从当前幻灯片开始放映。

2．观看放映时的操作

在播放的幻灯片任意位置右击会出现"放映控制"快捷菜单，如图 8-40 所示。用户可以根据需要选择相应的命令。

3．结束放映

要结束幻灯片的放映，除了可以选择快捷菜单中的"结束放映"命令外，也可以按 Esc 键来结束放映。

8.7 打印与打包演示文稿

8.7.1 打印演示文稿

单击"文件"选项卡中的"打印"命令，系统会显示如图 8-41 所示的界面。用户可以设定或修改默认打印机、打印份数、打印颜色等信息。

如果单击"整页幻灯片"的下拉按钮，还可以对每张纸张上的打印内容进行选择，如图 8-42 所示。

8.7.2 打包演示文稿

制作好的演示文稿可以复制到需要演示的计算机中进行放映，但是必须保证演示的计算机上安装有 PowerPoint 2016 环境。如果需要脱离 PowerPoint 2016 环境放映演示文稿，

图 8-41 "打印"设置界面

图 8-42 "打印内容"选项

则可以将演示文稿打包后再放映。

1. 打包演示文稿

第 1 步:打开需要打包的演示文稿。

第 2 步:单击"文件"选项卡中的"导出"按钮,选择"将演示文稿打包成 CD"命令,如图 8-43 所示。

图 8-43 打包演示文稿

第 3 步：再单击右侧的"打包成 CD"按钮，在弹出的"打包成 CD"对话框中显示了当前要打包的演示文稿，若还要对其他演示文稿打包的话，可以单击"添加"按钮，在弹出的对话框中选择要添加的演示文稿。

第 4 步：单击"选项"按钮，将打开"选项"对话框。在"包含这些文件"选项组中根据需要选中相应的复选框，如图 8-44 所示。如果选中"链接的文件"复选框，则在打包的演示文稿中含有链接关系的文件。如果选中"嵌入的 TrueType 字体"复选框，则在打包演示文稿时，可以确保其在其他计算机上看到正确的字体。如果需要对打包的演示文稿进行密码保护，可以在"打开每个演示文稿时所用密码"文本框中输入密码，用来保护文件。

图 8-44 "选项"对话框

第 5 步：单击"确定"按钮后，返回到"打包成 CD"对话框。

第 6 步：单击"复制到文件夹"按钮，可以将打包文件保存到指定的文件夹中；如果单击"复制到 CD"按钮，则可以直接将演示文稿打包到光盘中。

2. 运行打包文件

第 1 步：打开打包文件夹下的子文件夹 PresentationPackage。

第 2 步：在联网的情况下，双击该文件夹下的 PresentationPackage.html 文件，在打开的网页上单击"下载查看器"按钮，下载 PowerPoint 播放器并安装。

第 3 步：启动 PowerPoint 播放器，出现 Microsoft PowerPoint Viewer 对话框，定位到打包文件夹，选定演示文稿文件，单击"打开"按钮，即可放映该演示文稿。

习　　题

一、判断题

1. 在 PowerPoint 2016 中，幻灯片中一个对象只能设置一种动画效果。
2. 在 PowerPoint 2016 中，幻灯片母版中不可以插入图片。
3. 在 PowerPoint 2016 中，幻灯片只能从头开始放映。
4. PowerPoint 2016 可以直接打开 PowerPoint 2003 制作的演示文稿。
5. PowerPoint 2016 的功能区中的命令不能进行增加和删除。

二、选择题

1. PowerPoint 2016 中可以对幻灯片进行移动、删除、复制、设置动画效果，但不能编辑幻灯片具体内容的视图是_____。

　　A. 普通视图　　　B. 幻灯片视图　　　C. 幻灯片浏览视图　　D. 大纲视图

2. _____不是 PowerPoint 允许插入的对象。

　　A. 图形、图表　　　　　　　　　B. 表格、声音

　　C. 视频剪辑、数学公式　　　　　D. 组织结构图、数据库

3. 下列对 PowerPoint 的主要功能叙述不正确的是_____。

　　A. 课堂教学　　　B. 学术报告　　　C. 产品介绍　　　D. 休闲娱乐

4. 由 PowerPoint 产生的_____类型文件，可以在 Windows 环境下双击而直接放映。

　　A. ppt　　　　　　B. pps　　　　　　C. pot　　　　　　D. ppa

5. 在 PowerPoint 2016 中，"视图"这个名词表示_____。

　　A. 一种视图　　　　　　　　　　B. 显示幻灯片的方式

　　C. 编辑演示文稿的方式　　　　　D. 一张正在修改的幻灯片

6. PowerPoint 2016 中，"打包"的含义是_____。

　　A. 压缩演示文稿便于存放

　　B. 将嵌入的对象与演示文稿压缩在同一张盘上

　　C. 压缩演示文稿便于携带

　　D. 将播放的其余演示文稿压缩到同一张盘上

7. 在 PowerPoint 2016 中，占位符的实质是_____。

　　A. 一种特殊符号

　　B. 一种特殊的文本框

　　C. 含有提示信息的对象框

　　D. 在所有的幻灯片版式中都存在的一种对象

三、填空题

1. 要在 PowerPoint 2016 中显示标尺、网格线、参考线，以及对幻灯片母版进行修改，应在功能区_____选项卡中进行操作。

2. 在 PowerPoint 2016 中要用到拼写检查、语言翻译、中文简繁体转换等功能时，应在功能区_____选项卡中进行操作。

3. 要在 PowerPoint 2016 中设置幻灯片的切换效果以及切换方式，应在功能区_____选项卡中进行操作。

4. 要在 PowerPoint 2016 中插入表格、图片、艺术字、视频、音频时，应在功能区_____选项卡中进行操作。

5. 在 PowerPoint 2016 中对幻灯片进行另存为、新建、打印等操作时，应在功能区_____选项卡中进行操作。

参 考 文 献

[1] 张福炎,孙志辉. 大学计算机信息技术教程[M]. 6版. 南京:南京大学出版社,2015.
[2] 金海东,朱锋,黄蔚. 大学计算机信息技术[M]. 上海:上海交通大学出版社,2017.
[3] 李海燕,周克兰,吴瑾. 大学计算机基础[M]. 北京:清华大学出版社,2013.
[4] 黄蔚. 新编大学计算机信息技术教程[M]. 北京:清华大学出版社,2010.
[5] 颜烨,刘嘉敏. 大学计算机基础[M]. 重庆:重庆大学出版社,2013.
[6] 战德臣,聂兰顺. 大学计算机:计算思维导论[M]. 北京:电子工业出版社,2013.
[7] 周洪利,朱卫东,陈连坤. 计算机硬件技术基础[M]. 北京:清华大学出版社,2012.
[8] 谢永宁. 计算机组成与结构[M]. 北京:中国铁道出版社,2013.
[9] 林福宗. 多媒体技术基础[M]. 3版. 北京:清华大学出版社,2012.
[10] 胡晓峰,吴玲达,老松杨,等. 多媒体技术教程[M]. 4版. 北京:人民邮电出版社,2015.
[11] 洪杰文,归伟夏. 新媒体技术[M]. 重庆:西南师范大学出版社,2016.
[12] 刘鹏. 大数据[M]. 北京:电子工业出版社,2017.
[13] 林子雨. 大数据技术原理与应用[M]. 2版. 北京:人民邮电出版社,2017.
[14] 王鹏,崔焱,安俊秀,等. 云计算与大数据技术[M]. 北京:人民邮电出版社,2014.
[15] 陈志德,曾彦青,李翔宇. 大数据技术与应用基础[M]. 北京:人民邮电出版社,2017.
[16] 王姗,萨师煊. 数据库系统概论[M]. 4版. 北京:高等教育出版社,2006.
[17] DAVID M K,DAVID J A. 数据库原理[M]. 5版. 赵艳铎,葛萌萌,译. 北京:清华大学出版社,2011.
[18] 郑小玲,张宏,卢山,等. Access数据库实用教程[M]. 2版. 北京:人民邮电出版社,2013.
[19] 王飞飞,崔洋,贺亚茹. MySQL数据库应用从入门到精通[M]. 2版. 北京:中国铁道出版社,2014.
[20] 蒋银珍,周红,李海燕,等. 大学计算机基础应用案例教程[M]. 北京:人民邮电出版社,2015.
[21] 沈玮,周克兰,钱毅湘,等. Office高级应用案例教程[M]. 北京:人民邮电出版社,2015.

附录　习题参考答案

第1章　计算机组成及工作原理

一、判断题
1. T　2. T　3. F　4. F　5. T　6. F　7. F　8. T

二、选择题
1. D　2. B　3. A　4. D　5. A　6. D　7. A　8. B　9. C
10. B　11. D　12. D　13. B

三、填空题
1. 操作码　　2. 指令系统　　3. 内存储器　　4. 数据总线, 地址总线
5. 芯片组

四、简答题
（略）

第2章　计算机软件与信息表示

一、判断题
1. T　2. F　3. F　4. F　5. T　6. T　7. F

二、选择题
1. D　2. A　3. A　4. D　5. B　6. C　7. B　8. A　9. A
10. D　11. C　12. D　13. D　14. B　15. C　16. C　17. C

三、填空题
1. 数据　　2. 共享　　3. 只读　　4. 327.2　　5. 11110101
6. 阶码, 尾数

四、简答题
（略）

第3章　计算机网络与信息安全

一、判断题
1. T　2. F　3. F　4. F　5. T　6. F　7. F

二、选择题
1. A　2. B　3. A　4. B　5. D　6. A　7. C　8. D　9. B
10. C　11. D　12. A　13. C

三、填空题
1. 双绞线　　2. 误码率　　3. 7　　4. C　　5. 网络　　6. 路由器

四、简答题
(略)

第4章　计算机新技术

一、判断题
1. F　2. T　3. F　4. T　5. F　6. T

二、选择题
1. A　2. D　3. D　4. B　5. A　6. C　7. B　8. C

三、填空题
1. 公有云,私有云,混合云,行业云　2. 强人工智能,弱人工智能
3. 沉浸　　　4. 公有区块链,行业区块链,私有区块链　　5. 法定,等价

四、简答题
(略)

第5章　Windows操作系统

一、判断题
1. T　2. F　3. F　4. T　5. T

二、选择题
1. D　2. C　3. B　4. B　5. C　6. D　7. A　8. D

三、填空题
1. PrintScreen　2. Ctrl　　3. Microsoft　　4. NTFS　　5. 复制,剪切,粘贴

第6章　文字处理软件Word 2016

一、判断题
1. T　2. T　3. T　4. F　5. F　6. F　7. F　8. T

二、选择题
1. D　2. B　3. B　4. B　5. C　6. A　7. C　8. C　9. B
10. A　11. C　12. A　13. D　14. A　15. D　16. D　17. D　18. B
19. A

三、填空题
1. 审阅　　　2. 引用　　　3. 公式　　　4. 数据源

第7章　电子表格软件Excel 2016

一、单选题
1. B　2. C　3. A　4. C　5. C　6. D　7. A　8. B　9. A
10. A　11. A　12. A　13. A　14. C　15. B　16. B　17. B　18. A

19. B 20. B 21. B 22. A 23. C 24. B 25. D 26. B 27. C
28. A 29. B 30. A 31. A

二、多选题

1. ABD 2. ABC 3. ABCD 4. BC 5. CD
6. BCD 7. BD 8. ABD 9. ABCD

三、判断题

1. F 2. T 3. T 4. F 5. T 6. T 7. T 8. F 9. T

第8章 演示文稿软件 PowerPoint 2016

一、判断题

1. F 2. F 3. F 4. T 5. F

二、选择题

1. C 2. D 3. D 4. B 5. B 6. B 7. C

三、填空题

1. 视图 2. 审阅 3. 切换 4. 插入 5. 文件

图书资源支持

感谢您一直以来对清华版图书的支持和爱护。为了配合本书的使用,本书提供配套的资源,有需求的读者请扫描下方的"书圈"微信公众号二维码,在图书专区下载,也可以拨打电话或发送电子邮件咨询。

如果您在使用本书的过程中遇到了什么问题,或者有相关图书出版计划,也请您发邮件告诉我们,以便我们更好地为您服务。

我们的联系方式:

清华大学出版社计算机与信息分社网站:https://www.shuimushuhui.com/

地　　址:北京市海淀区双清路学研大厦 A 座 714

邮　　编:100084

电　　话:010-83470236　010-83470237

客服邮箱:2301891038@qq.com

QQ:2301891038(请写明您的单位和姓名)

资源下载:关注公众号"书圈"下载配套资源。

书圈

清华计算机学堂

观看课程直播